Volker Wulf

Konfliktmanagement bei Groupware

Volker Wulf

Konfliktmanagement bei Groupware

Die Deutsche Bibliothek – CIP-Einheitsaufnahme

Wulf, Volker:
Konfliktmanagement bei Groupware / Volker Wulf. –
Braunschweig; Wiesbaden: Vieweg, 1997
  Zugl.: Dortmund, Univ., Diss., 1996

http://www.vieweg.de

Gedruckt auf säurefreiem Papier

ISBN 978-3-528-05576-9   ISBN 978-3-322-89553-0 (eBook)
DOI 10.1007/978-3-322-89553-0

meinem Vater

Eberhard Wulf

Vorwort

Computer Supported Cooperative Work (CSCW) wirft eine Vielzahl neuartiger Gestaltungsfragen für die Informatik auf. Zu deren Untersuchung haben wir am Projektbereich Software-Ergonomie und CSCW des Instituts für Informatik der Universität Bonn mehrere Forschungsprojekte durchgeführt. In dieser Arbeit will ich ein Gestaltungsproblem vertiefen, das sich in verschiedenen dieser Projekte gestellt hat. Es handelt sich dabei um den Umgang mit Konflikten, die beim Gebrauch einzelner Funktionen zwischen Nutzern einer Groupware-Anwendung entstehen können. Da sich Nutzer von Groupware nicht immer zur selben Zeit am selben Ort aufhalten, bin ich der Frage nachgegangen, inwiefern eine technische Unterstützung zur Regelung solcher Konflikte beitragen kann. Zur Beantwortung dieser Fragestellung werde ich im folgenden groupware-spezifische Konflikte näher betrachten und ihre Regelung unterstützende technische Mechanismen genauer untersuchen.

Das vorliegende Buch stellt eine überarbeitete Version meiner Dissertation am Fachbereich Informatik der Universität Dortmund dar. Thomas Herrmann hat mich von Beginn unserer gemeinsamen Arbeit an für die hier behandelte Thematik sensibilisiert. Seine engagierte und insistierende Betreuung hat den Gang der Arbeit wesentlich beeinflußt und zur Präzisierung meiner Ideen maßgeblich beigetragen. Danken möchte ich Horst Oberquelle für seine intensive Betreuung in der Endphase der Arbeit. Seine konstruktive Kritik hat mir wichtige Impulse beim Abfassen der Arbeit gegeben. Mein besonderer Dank gilt meinen Kollegen und Freunden im Institut für Informatik der Universität Bonn. Markus Rohde, Andreas Pfeifer, Helge Kahler, Günter Kniesel, Markus Rittenbruch, Karin Lehner, Thomas Lemke und Anja Hartmann haben mir nicht nur ausgiebige Diskussionsmöglichkeiten geboten, sondern sie haben Projektarbeit übernommen, um mir den zur Erstellung dieser Arbeit benötigten Freiraum zu verschaffen. Nicht zuletzt hat mich ihr Zuspruch in den emotionalen Wechselbädern eines nicht immer einfachen Promotionsvorhabens unterstützt.

Armin B. Cremers, Wolfgang Dzida, Heinzpeter Höller, Herbert Kubicek, Carmelita Lindemann, Michael Paetau und Ulrich Pordesch haben frühere Versionen dieser Arbeit kritisch gelesen und mit einer Vielzahl von äußerst hilfreichen Anmerkungen versehen. Dafür sei ihnen herzlich gedankt.

Mein besonderer Dank gilt Marie-Luise Niedt. Ich wüßte nicht, wie ich ohne ihre nachsichtige Geduld und schnelle Auffassungsgabe die teilweise chaotisch anmutenden Manuskripte in eine lesbare Form hätte bringen sollen. Last but not least, haben mich Torsten Engelskirchen und Meryem Atam in sehr engagierter Weise bei der redaktionellen Überarbeitung zur Erstellung des druckfertigen Manuskriptes unterstützt.

Inhaltsverzeichnis

1 Einleitung

Computer Supported Cooperative Work (CSCW) stellt ein in den letzten Jahren zunehmend an Bedeutung gewinnendes Anwendungsgebiet der Informatik dar. Die in diesem Bereich entwickelten Systeme (Groupware) zielen darauf ab, die Kommunikation und Kooperation zwischen ihren Nutzern zu unterstützen. Ihr Gebrauch ist dabei über das bisher bei Anwendungen der Informatik übliche Maß in den jeweiligen Anwendungskontext eingebettet. Die daraus resultierenden Wechselwirkungen zwischen technischem System und kollektiver Arbeitspraxis werfen eine Vielzahl von Gestaltungsfragen auf.

Einige dieser Fragestellungen sind auch software-ergonomischer Natur, insofern sie die menschengerechte Gestaltung computergestützter Arbeitssysteme thematisieren. In der Software-Ergonomie wurde bisher in erster Linie die Interaktion zwischen Mensch und Maschine untersucht. Durch die Beschäftigung mit computer-unterstützter Gruppenarbeit rückt auch in dieser Teildisziplin der Informatik die Gestaltung der technischen Unterstützung von Kommunikation und Kooperation zwischen Menschen ins Zentrum der Betrachtung. Wichtige und weit beachtete Ergebnisse der bisherigen software-ergonomischen Diskussion, wie die im Rahmen nationaler und internationaler Standardisierung beschriebenen Grundsätze für die Gestaltung der Dialog-Schnittstelle, sind insofern einzelplatzorientiert, als sie sich auf die Dyade Mensch-Maschine richteten. Für die Gestaltung der technischen Unterstützung der Kommunikation und Kooperation zwischen Nutzern sind diese Konzepte nicht ausreichend und müssen deshalb erweitert bzw. modifiziert werden (vgl. Nake 1987; Herrmann 1988; Herrmann, Maaß und Paetau 1989; Herrmann und Wulf 1991; Höller 1993; Herrmann 1994; Friedrich 1994).

In dieser Arbeit soll ein spezielles Gestaltungsproblem von Groupware vertieft werden. Dabei handelt es sich um den Umgang mit Konflikten, die durch den Gebrauch bestimmter Funktionen von Groupware entstehen. Bei einzelplatzorientierten Anwendungen hatte der Gebrauch von Funktionen durch einzelne Nutzer keine unmittelbare Wirkung auf Andere, weil diese technisch unterstützt nicht interagierten. Bei der Nutzung von Groupware ist genau dies häufig der Fall. Der Gebrauch einzelner Funktionen kann technisch vermittelte Effekte auf andere Nutzer bewirken. Dadurch können Konflikte zwischen den Nutzern entstehen.

In der bisherigen Forschung im Bereich CSCW wurde solchen Konflikten wenig Beachtung geschenkt. Die mangelnde Untersuchung dieses Sachverhaltes hat erhebliche Konsequenzen für die Gestaltung vorhandener Groupware-Anwendungen. So werden in den bisherigen Implementierungen solche Konflikte in der Regel einseitig zugunsten des die Funktion aktiv Nutzenden gelöst. Eine solche Strategie zum Umgang mit möglichen Konflikten ist naheliegend. Sie ist an die einzelplatzorientierte Gestaltung angelehnt und macht keine zusätzlichen technischen Mechanismen erforderlich. Diese Strategie ist aber unbefriedigend, weil damit eine bestimmte Form des Umgangs mit Konflikten starr vorgegeben wird, bei der die Interessen der von einer Funktionsaktivierung betroffenen Nutzer nicht berücksichtigt werden. Dies kann insbesondere dann zu Problemen führen, wenn die beteiligten Nutzer sich räumlich oder zeitlich voneinander getrennt aufhalten, weil sie dann häufig keine Gelegenheit haben, auf die Entscheidung des aktiven Nutzers Einfluß zu nehmen. Die Nutzer werden in einem solchen Fall durch eine häufig unreflektiert getroffene Designentscheidung auf eine Form der Konfliktregelung festgelegt, die möglicherweise nicht ihren Bedürfnissen entspricht.

Um einem solchen häufig unbewußt entstehenden Technikdeterminismus vorzubeugen, erscheint es angezeigt, genauere Untersuchungen zum Umgang mit Konflikten beim Gebrauch von Groupware durchzuführen. Aus Sicht der Informatik stellt sich die Frage nach Konzepten für ein technisch unterstütztes Konfliktmanagement. Es ist zu untersuchen, ob Nutzer bei der Regelung von Konflikten durch technische Mechanismen unterstützt werden können, in welcher Weise solche Mechanismen zu gestalten sind und wie zu verhindern ist, daß aus deren Implementierung ein neuer technischer Determinismus erwächst. Es stellt sich die Frage, wie Nutzer solche Mechanismen bewerten. Aus software-ergonomischer Sicht ist darüber hinaus zu untersuchen, was unter einem menschengerechten Umgang mit beim Gebrauch von Groupware entstehenden Konflikten zu verstehen ist und welche Konsequenzen sich daraus für die Anwendung technischer Mechanismen ergeben.

Zur Untersuchung dieser Fragestellungen ist zunächst der Gegenstandsbereich der Arbeit zu präzisieren und eine geeignete Begrifflichkeit zu entwickeln (Kap. 2). Davon ausgehend sollten im nächsten Schritt Hinweise auf die Existenz von Konflikten beim Gebrauch von Groupware gesammelt werden. Dies soll mittels einer Literaturanalyse und dem Hinweis auf die Ergebnisse einer explorativen empirischen Untersuchung erfolgen. Sind Konflikte zu erwarten, so stellt sich für die Informatik die Frage, ob technische Mechanismen zum Umgang mit diesen Konflikten beitragen können und, wenn ja, wie diese auszugestalten wären. Dazu soll zunächst ein Überblick über den Stand der Forschung gegeben werden (Kap. 3).

Um den dabei festgestellten Forschungsbedarf zu decken, werden im nächsten Kapitel Hinweise zum Umgang mit Konflikten bei Groupware hergeleitet. Dazu wird auf die sozialwissenschaftliche Konflikttheorie zurückgegriffen. Konflikttheoretische Ergebnisse werden dargestellt und auf die Besonderheiten der hier betrachteten Konflikte bezogen. Daraus lassen sich verschiedene technische Mechanismen zu deren Regelung ableiten. Diese werden ausführlich dargestellt und im Hinblick darauf untersucht, inwiefern sie Nutzern ermöglichen, einzelne Schritte der Konfliktregelung in technisch nicht unterstützter Weise vorzunehmen (Kap. 4).

Im folgenden wird die Frage aufgeworfen, ob die konflikttheoretisch hergeleiteten technischen Mechanismen auch die erwarteten Effekte bei der Unterstützung der Konfliktregelung zeigen. Um Hinweise zu deren Beantwortung zu erhalten, werden die Ergebnisse einer empirischen Studie herangezogen, die für einen Teil der Mechanismen untersuchte, ob sich das Konfliktpotential zwischen den beteiligten Nutzern bei ihrer Anwendung verringert. Diese Untersuchung erfolgte mittels einer fragebogenbasierten Szenariomethode (Kap. 5).

Die Ergebnisse der empirischen Evaluation deuten auf eine konfliktmoderierende Wirkung der Mechanismen hin. Deshalb wird im folgenden untersucht, wie diese Konfliktregelungsmechanismen implementiert werden können. Es wird diesbezüglich die Auffassung vertreten, daß weder in der Herstellungsphase einer Anwendung noch bei deren einmaliger Konfiguration im Anwendungsfeld eine endgültige Auswahl technischer Konfliktregelungsmechanismen erfolgen sollte. Vielmehr scheint ein evolutionärer (Re-)Konfigurationsprozeß wünschenswert zu sein, der unter Beteiligung der Nutzer durchzuführen ist. Dazu sind während der Herstellung von Groupware die notwendigen technischen Voraussetzungen zu schaffen, um eine einfach veränderbare Zuordnung der einzelnen Regelungsmechanismen zu den die Konfliktpotentiale beinhaltenden Grundfunktionen zu ermöglichen. Im folgenden werden deshalb Vorschläge für eine in diesem Sinne flexible Implementierung der Konfliktregelungsmechanismen entwickelt und deren exemplarische Umsetzung an zwei Beispielen beschrieben (Kap. 6).

Tritt man für einen menschengerechten Umgang mit dem Konfliktpotential von Groupware ein, so darf trotz der erforderlichen Flexibilität keiner Beliebigkeit des Konfigurationsgeschehens Raum gelassen werden. Es stellt sich allerdings die Frage, auf der Basis welcher Normen Hinweise für eine menschengerechte Konfiguration der Konfliktregelungsmechanismen gegeben werden können und mit welchen Normen sich die Einschränkung der Flexibilität begründen läßt. Die Arbeitspsychologie gibt auf Grund ihrer Ausrichtung am individuellen Arbeitshandeln keine ausformulierte Antwort auf diese Frage. Allerdings bestehen hinsichtlich bestimmter Konfliktgegenstände Anknüpfungspunkte an die rechts- und organisationswissenschaftliche Diskussion, aus denen sich Hinweise zur Regelung einzelner Konfliktgegenstände ableiten lassen. Die Ableitung dieser Hinweise erfolgt auf allgemeiner Ebene, d.h. unabhängig von einer bestimmten Anwendung oder einem bestimmten Anwendungskontext (Kap. 7).

Für die Gestaltung einzelner Anwendungen sind diese Hinweise allerdings weiter zu operationalisieren. Dies erfolgt in den Kapiteln 8 und 9. Im achten Kapitel wird die Regelung von Konflikten in Kommunikationssystemen erörtert. Dazu wird zunächst eine über verschiedene Anwendungen verallgemeinernde Klassifizierung der Funktionalität dieses Ausschnitts von Groupware unternommen. Für jede Klasse von Funktionen werden Rollen gebildet und deren Verhältnis zueinander im Hinblick auf mögliche Konflikte untersucht. Mit Hilfe der im vorigen Kapitel erzielten Ergebnisse zur Zuordnung der Konfliktgegenstände zu Regelungsmechanismen und unter Aufarbeitung bereits existenter Untersuchungen werden Hinweise zur menschengerechten Regelung von Konflikten entwickelt.

In Kapitel 9 werden Vorgangsbearbeitungssysteme im Hinblick auf das ihnen anhaftende Konfliktpotential mittels einer funktionalen Klassifizierung untersucht. Mit Hilfe der in Kapitel 7 dargestellten Hinweise zur Zuordnung der Konfliktgegenstände zu Regelungsmechanismen werden Hinweise für ein menschengerechtes Konfliktmanagement bei Vorgangsbearbeitungssystemen entwickelt. Abschließend werden die Ergebnisse der Arbeit zusammengefaßt und diskutiert.

2 Begriffliche Grundlagen

Ich will in diesem Kapitel zunächst einige Grundbegriffe erläutern, auf denen die Argumentation der Arbeit im weiteren beruht. Da die im folgenden zu thematisierenden Konflikte sich beim Gebrauch flexibel nutzbarer Funktionen von Groupware zeigen, sollen zunächst die drei Schlüsselbegriffe "Groupware", "technische Flexibilität" und "groupware-spezifischer Konflikt" präzisiert werden.

2.1 Groupware

Zunächst sollen das der Arbeit zugrundeliegende Verständnis von Groupware geklärt, Grundkonzepte verdeutlicht und wesentliche Aspekte der Funktionalität von Groupware klassifiziert werden.

2.1.1 Definition von Groupware

Ich will mich im folgenden mit dem Umgang mit Konflikten beim Gebrauch von Groupware beschäftigen. Dabei benutze ich den Begriff *Groupware* in Abgrenzung zu Einzelplatzanwendungen in einem breiten Sinne. Es sollen damit Computeranwendungen bezeichnet werden, die ihre Nutzer bei Aufgaben der Kommunikation, Kooperation und Koordination durch technische Funktionen unterstützen. Dies ist beispielsweise bei Systemen gegeben, die zur Unterstützung mehrerer Nutzer beim Austausch von Nachrichten oder zur Bearbeitung kooperationsrelevanten Materials verwendet werden. Beispiele für Groupware sind damit ISDN-Telefonsysteme[1], E-Mail, Voice-Mail, Videokonferenzen, gemeinsam genutzte Datenbanken, Shared-Windows-Anwendungen, Team Work Stations, gemeinsame Dokumenterstellungssysteme und Vorgangsbearbeitungssysteme.

---

[1] Die Frage, ob ISDN-Telefonanlagen zu den Groupwareanwendungen zu zählen sind, bleibt bei den meisten Autoren, die eine Definition des Begriffs Groupware geben, ungeklärt. Während andere, lediglich die Kommunikation zwischen Nutzern unterstützende Systeme wie E-mail oder Videokonferenzen ganz selbstverständlich zur Groupware gezählt werden (vgl. CSW '92; CSCW '94), finden sich in der Diskussion um Groupware nur wenige Beiträge, die Weiterentwicklungen bei Telefonanlagen zum Gegenstand haben (vgl. Resnick 1992). Ich will im folgenden ISDN-Telefonanlagen aus zwei Gründen unter dem Begriff Groupware subsumieren. Erstens sind diese Systeme seit dem Übergang von der analogen zur digitalen Technik computerbasiert - mit all den daraus resultierenden Problemen - und zweitens können sie Kommunikation, Kooperation und Koordination zwischen ihren Nutzern unterstützen.

Eine solch breite Definition läßt sich auch bei Bannon und Schmidt (1991) finden, die den kleinsten Nenner zur Bezeichnung des Feldes Computer Supported Cooperative Work (CSCW) darin ausmachen, daß es sich um "Computerunterstützung für Aktivitäten handelt, in die mehr als eine Person involviert ist"[1] (S. 359). Auch Greenberg (1991a, S. 1) benutzt den Begriff Groupware in Abgrenzung zu einzelplatzorientierten Anwendungen in einem sehr breiten Sinn.

Dieses Verständnis ist allgemeiner als die von Oberquelle (1991, S. 4) gegebene Definition, derzufolge von Groupware erst zu sprechen ist, wenn kooperative Arbeit der Nutzer unterstützt wird. Zur Bestimmung des Begriffs "Kooperative Arbeit" nennt er einzelne Merkmale wie: partielle Übereinstimmung der Ziele, gemeinsame Nutzung knapper Ressourcen, Koordination gemäß vereinbarter Konventionen und Verständigung über Ziele und Konventionen der Zusammenarbeit (vgl. ebenda, S. 4). Damit fallen Systeme, die ausschließlich der Kommunikation zwischen Nutzern dienen - wie beispielsweise Telefon oder E-Mail - nicht in den Bereich von Groupware. Da sich aber bei der Gestaltung von Kommunikationssystemen ähnliche Gestaltungsprobleme - insbesondere im Hinblick auf den Umgang mit Konflikten - ergeben, soll hier obige breite Definition verwendet werden.

Aus der Perspektive von Nutzern existiert Groupware natürlich nicht als Abstraktum, sondern tritt ihnen in Form eines bestimmten Programms bzw. eines Programmpakets entgegen. Ein solches Softwareprogramm will ich im folgenden als *Anwendung* bezeichnen. Das jeweils spezifische nutzer-, aufgaben- und organisationsbezogene Umfeld der Softwarenutzung soll *Anwendungskontext* genannt werden.

Eine Groupwareanwendung stellt den Nutzern eine bestimmte *Funktionalität* zur Unterstützung ihrer Kommunikations- oder Kooperationsaufgaben zur Verfügung. Als Funktionalität soll die Menge aller einzelnen Nutzern von einer Anwendung zur Verfügung gestellten Funktionen verstanden werden. Einzelne *Funktionen* sollen hier aus Sicht der Benutzer definiert werden. Sie bezeichnen im System implementierte, von Nutzern durch Eingaben an der Benutzungsoberfläche getrennt ansprechbare Einheiten, deren Ausführung bewirkt, daß sich der Zustand des Systems in für Nutzer relevanter Weise verändert. Insofern wird hier lediglich von einer Funktion gesprochen, wenn diese von den Nutzern eines Systems als solche zu erkennen ist. Es spielt für diese Betrachtung keine Rolle, welche internen Operationen letztendlich den durch die Nutzung der Funktion intendierten Zustandsübergang bewirken. Die

---

[1]Aus dem Englischen vom Autor übersetzt.

Ausführung einer Funktion kann – je nachdem, wer sie auf welchen Gegenstand anwendet – verschiedene Zustandsübergänge in einem System bewirken.[1]

Die Anwendungen von Groupware lassen sich in verschiedener Weise klassifizieren. Johansen (1988) hat vorgeschlagen, Groupware einerseits danach zu unterscheiden, ob sich die Nutzer am selben Ort oder räumlich getrennt aufhalten. Außerdem schlägt er vor zu unterscheiden, ob die Systeme zur selben Zeit oder nicht gleichzeitig genutzt werden. Sich von einer solchen Einteilung bei der Gestaltung von Groupware leiten zu lassen, ist kritisiert worden. Schmidt und Rodden (1996) argumentieren beispielsweise, daß die Unterteilung in Systeme für räumlich getrennte Nutzung und solche, die am selben Ort genutzt werden, durch zusätzliche technische Kommunikationskanäle - wie sie beispielsweise durch Videokonferenzen geboten werden - an Relevanz verliert. Unter Beibehaltung der Einteilung in synchrone und asynchrone Nutzung unterscheidet Maaß (1991, S. 12 f.) Groupware entsprechend der Gebrauchsabsicht der Nutzer. Gemäß dieser Einteilung dienen diese Anwendungen entweder der Kommunikation der Nutzer oder der Bearbeitung gemeinsamen Materials.

Als Grundlage für eine Untersuchung von Konflikten beim Gebrauch einzelner Funktionen sind diese Einteilungen nicht spezifisch genug. Johansen (1988), Ellis, Gibbs und Rein (1991) und Easterbrook u.a. (1993) haben einzelne Anwendungen von Groupware hinsichtlich der den Nutzern zur Verfügung gestellten Funktionalität unterschieden. Diese Ansätze weichen in den jeweils gebildeten Kategorien, die im folgenden als *Anwendungstypen* bezeichnet werden sollen, voneinander ab.[2] Nichtsdestotrotz scheint die Bildung von Anwendungstypen hilfreich zu sein, um Hinweise zum Umgang mit Konflikten beim Gebrauch einzelner Funktionen geben zu können. Dies soll bezogen auf die

---

[1]Die Funktionalität einer Groupware-Anwendung läßt sich dadurch bestimmen, daß die Menge der Funktionen ermittelt wird, die sich auf den Benutzungsoberflächen aller Nutzer – auch der priveligierten Nutzer – befinden oder auf diesen dargestellt werden könnten.

[2]Die Autoren beanspruchen weder, alle möglichen Anwendungen von Groupware zu erfassen, noch hinsichtlich der von ihnen gebildeten Anwendungstypen überschneidungsfrei zu sein (vgl. Easterbrook u.a. 1993, S. 52; Ellis, Gibbs und Rein 1991, S. 41 f; Johansen 1988, S. 13).

Anwendungstypen *Kommunikationssysteme*[1] und *Vorgangsbearbeitungssysteme*[2] erfolgen (vgl. Kap 8 und 9).

Bei der Untersuchung von Konflikten beim Gebrauch von Groupware spielt die Aktivierung und Ausführung von Funktionen eine zentrale Rolle. Ich will im folgenden den Begriff *Aktivierung* für die eine Funktion auslösende Handlung eines Nutzer verwenden. Diese Handlung kann beispielsweise aus dem Anklicken eines Knopfes in einer graphischen Benutzungsoberfläche oder aus dem Abschicken eines Befehls mittels der Enter-Taste bestehen. Bewirkt die Aktivierung den vom Nutzer intendierten Zustandsübergang, so will ich von der *Ausführung* einer Funktion sprechen.[3] In einzelplatzorientierten Systemen bewirkt die Aktivierung einer Funktion unmittelbar deren Ausführung; in solchen Fällen können diese Begriffe synonym verwendet werden.

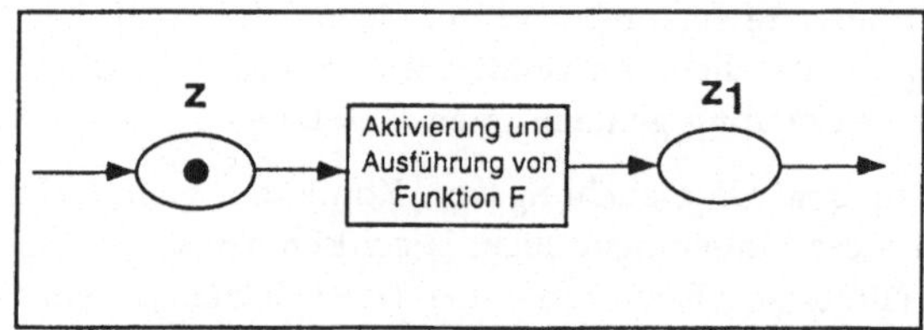

Abb. 2.1:   Zustandsübergang durch Aktivierung einer Funktion

Abb. 2.1 gibt einen Überblick über das Geschehen bei der Ausführung einer Funktion F. Vor der Ausführung einer Funktion befindet sich das System im Ausgangszustand (z). Nachdem der Nutzer die Funktion aktiviert hat, wird dies vom System automatisch erkannt und das System geht in den neuen Zustand (z1) über (Ausführung). Eine Funktion kann von Nutzern in einer Vielzahl von Startzuständen aktiviert werden. Zur Darstellung des Ablaufs bei der Aktivierung und Ausführung von Funktionen wird in diesem Kapitel auf Bedingungs-

---

[1]Easterbrook u.a. (1993, S. 52 ff) bezeichnet beispielsweise diesen Anwendungstyp als "Computer-Mediated Communication Systems". Außerdem gehören bestimmte Anwendungen der "Information-Sharing Systeme" - wie z.B. die Anwendung "Information-Lens" zu diesem Anwendungstyp. Die von Ellis, Gibbs und Rein (1991, S. 42ff) genannten Katagorien "Message Systems" und "Computer Teleconferencing Systems" decken diesen Anwendungstypus ab. Johansens (1988) Kategorien "Computer-Supported Spontaneus Interaction" und "Computer-Conferencing Systems" gehören ebenfalls zu diesem Anwendungstyp.

[2]Dieser Anwendungstyp findet sich nicht in den Klassifikationen von Johansen (1988) und Easterbrook u.a. (1993). Er wird von Ellis Gibbs und Rein (1991, S. 43) als dokument-orientierte Koordinationssysteme bezeichnet.

[3]Insofern kann die Ausführung einer Funktion auch darin bestehen, den im Rahmen der Ausführung einer anderen Funktion vorgenommenen Zustandsübergang wieder zurückzusetzen.

und Ereignis-Systeme[1] zurückgegriffen (vgl. Reisig 1991, S. 19ff; Baumgarten 1990, S. 111ff).[2]

Ein Beispiel einer für Nutzer relevanten Funktion in ISDN-Nebenstellenanlagen ist das Anrufen. Nach Abschuß des Wählvorgangs verändert sich der Zustand der Nebenstellenanlage in der Weise, daß das Telefon beim Empfänger klingelt, was dem Anrufer signalisiert wird. Bei Ausführung der Datenbankfunktion "Schreiben auf Datensatz" nimmt dieser Datensatz nach dem Ende der Transaktion einen veränderten Zustand ein. Eine Funktion in Groupware kann beispielsweise in Abhängigkeit vom Nutzer, der sie auslöst, unterschiedliche Zustandsübergänge des Systems bewirken.

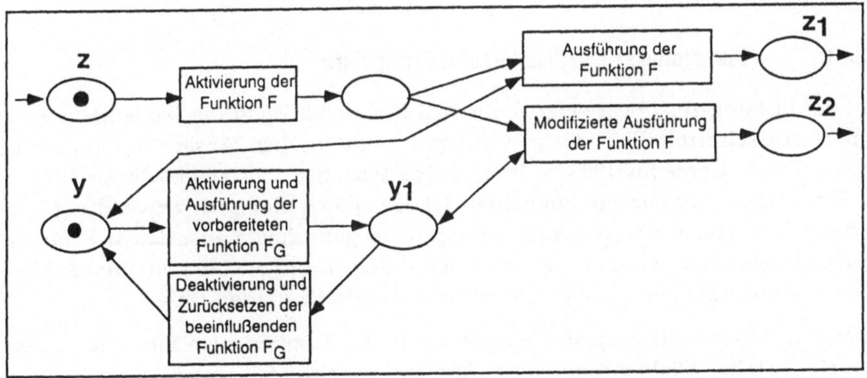

Abb. 2.2: Modifizierende Wirkung einer vorbereiteten Funktion

Die Ausführung bestimmter Funktionen kann die nachfolgende Aktivierung anderer Funktionen beeinflussen. Durch die Ausführung können beispielsweise gemeinsam zu nutzende Ressourcen belegt oder Voreinstellungen für die nachfolgende Ausführung einer Funktion getroffen werden. Für die weitere Diskussion zum Umgang mit Konflikten in Groupware sind insbesondere vorbereitete Funktionen relevant (vgl. Herrmann 1994, S. 73). Diese Funktionen dienen dazu,

---

[1] Dabei sind die S-Elemente (Ovale) als Bedingungen und die T-Elemente (Rechtecke) als Ereignisse zu interpretieren. Trägt eine Stelle eine Marke, so gilt die durch dieses S-Element ausgedrückte Bedingung. Ein Ereignis kann eintreten, wenn alle Vorbedingungen erfüllt sind, d.h. alle im Netz unmittelbar vor dem T-Element liegenden S-Elemente eine Marke tragen. Ist ein Ereignis eingetreten, gelten danach alle Nachbedingungen, d.h. in den entsprechenden S-Elementen befindet sich jeweils eine Marke.

[2] Diese Form der Petri-Netze unterscheidet sich von den später genutzten Netzen mit individuellen Marken dadurch, daß nur ein Typus von Marken benutzt wird. Die in dieser Arbeit verwendeten Konventionen zur Beschreibung von Petri-Netzen sind im Anhang dargestellt.

die Ausführung anderer Funktionen zu modifizieren. Ist eine solche Funktion F_G, die sich auf die Ausführung einer anderen Funktion F bezieht, ausgeführt, so überprüft das System im Falle der Aktivierung von F automatisch, ob F_G ausgeführt ist und nimmt eine modifizierte Ausführung von F vor. Ein Beispiel in ISDN-Nebenstellenanlagen für eine solche Funktion stellt die Anrufumleitungsfunktion dar. Ist diese Funktion ausgeführt, so wird die Adressierung eingehender Anrufe modifiziert. Abb. 2.2 zeigt die Wirkung der Funktion F_G auf die Ausführung der Funktion F.

Im folgenden soll zunächst – aufbauend auf Ergebnissen der Software-Ergonomie – eine Klassifikation von für Groupware wichtigen Funktionen vorgenommen werden. Dabei wird zunächst nicht zwischen einzelnen Anwendungstypen unterschieden.

2.1.2   Funktionale Klassifikation von Groupware

In der bisherigen software-ergonomischen Diskussion stellt die Modellierung der "Benutzerschnittstelle"[1] einen wichtigen methodischen Ansatz dar (vgl. VDI 1988, S. 4 ff.; Cornelius 1985, S. 38 ff.; Dzida 1983, S. 6 ff., Hampe-Neteler 1994, S. 24ff.). Dabei wird die Funktionalität der jeweiligen Computeranwendung analytisch in einzelne Komponenten zerlegt. Man geht davon aus, daß sich für die menschengerechte Gestaltung einzelner dieser Komponenten in unterschiedlichen Anwendungen verallgemeinerbare Grundsätze finden lassen.

Das IFIP-Modell unterscheidet beispielsweise die Komponenten Ein- und Ausgabeschnittstelle, Dialogschnittstelle, Werkzeugschnittstelle und Organisationsschnittstelle. Im Rahmen der Standardisierung software-ergonomischer Anforderungen wurde dieses Modell zur Bestimmung des Gegenstandsbereichs einzelner Gestaltungsgrundsätze genutzt. So beziehen sich die Gestaltungsanforderungen DIN 66234 Teil 8 zunächst auf die Dialogschnittstelle (vgl. DIN 1988, S. 1; Dzida 1988, S. 22 ff.).[2] Die VDI 5005 geht methodisch einen etwas anderen Weg und nutzt die im Modell entwickelte Vier-Ebenen-Klassifikation benutzungsrelevanter Aspekte von Software dazu, die drei in der Norm genannten Hauptkriterien für jede einzelne der Ebenen zu spezifizieren (vgl. VDI 1988, S. 6 ff.).

---

[1]Dieser im IFIP-Modell benutzte Begriff soll im folgenden nicht weiter verwendet werden. Da der in dieser Arbeit verwandte Funktionsbegriff lediglich die aus der Sicht von Nutzern relevanten Leistungsmerkmale bezeichnet, wird in dieser Terminologie die "Benutzerschnittstelle" durch die Menge der Funktionen (Funktionalität) gebildet.

[2]Hier sei allerdings schon darauf verwiesen, daß ich in Ermangelung geeigneter Bewertungs- und Gestaltungsanforderungen hinsichtlich der Werkzeugschnittstelle die in der DIN 66234 Teil 8 ausgeführten Grundsätze auch auf dieser Ebene angewandt habe.

Sowohl die im Rahmen des DIN als auch die beim VDI angewandten Verfahren differenzieren den Geltungsbereich der Gestaltungsanforderungen innerhalb einzelner Abstraktionsebenen nicht mehr. Im Gegensatz dazu nimmt Cornelius (1985) auf der Ebene der Werkzeugschnittstelle des IFIP-Modells eine weitere Klassifikation vor: Zunächst differenziert er zwischen Funktionen und Daten. Um die von ihm entwickelten Gestaltungshinweise besser spezifizieren zu können, schlägt er bezüglich der Funktionalität eine Klassifikation in die Komponenten aufgabenbezogene Funktionen, Informationsfunktionen, Gestaltungsfunktionen, Lernfunktionen, Datensicherung, Antwortzeiten und Kontrollfunktionen vor (vgl. ebenda 1985, S. 38 ff.).

Bisher gibt es für den Bereich der Groupware noch keine allgemeine Klassifikation der Funktionalität. Eingeschränkt auf ISDN-Nebenstellenanlagen haben Hammer, Pordesch und Roßnagel (1993, S. 90 ff.) einen Klassifizierungsansatz vorgestellt. Sie fassen dabei einzelne, in verschiedenen Anwendungen ähnlich anzutreffende Funktionen zu sogenannten Grundfunktionen zusammen, um diese anschließend mit den von ihnen entwickelten rechtlichen Anforderungen bewerten zu können (vgl. Kap. 3.2). Auch Olson u.a. (1993) haben eine Klassifikation der Funktionalität synchroner Groupware, die entsprechend dem Zugriffsprinzip ausgestaltet ist, aufgestellt. Dabei fassen sie die bisher realisierten Funktionen in vier Gruppen zusammen.[1] Sie beabsichtigen, dieses Schema zu nutzen, um systematisch Aussagen über das Design einzelner Systeme in bestimmten Anwendungskontexten herleiten zu können.

Auf Grund der großen Entwicklungsdynamik dieses Anwendungsbereichs der Informatik und seiner hohen Ausdifferenzierung erscheint es unwahrscheinlich anzunehmen, es könne eine alle realisierten Funktionen umfassende Klassifizierung der Funktionalität von Groupware geben. Deshalb soll hier, basierend auf bestehenden Vorarbeiten (vgl. Wulf 1993, S. 279 ff.; Herrmann 1994, S. 70 ff.), eine systematisierte Darstellung der für das Konfliktmanagement wesentlich erscheinenden Aspekte der Funktionalität von Groupware auf hohem Abstraktionsgrad erfolgen. Diese funktionale Klassifikation von Groupware wird in den Kapiteln 8 und 9 für einzelne Anwendungstypen verfeinert. Sie erhebt keinen Anspruch auf Vollständigkeit in dem Sinne, daß jede in irgendeiner Anwendung realisierte Funktion darin eingeordnet werden kann.

---

[1]Sie unterscheiden Funktionen,
-     die sich auf das die Aufgabe repräsentierende Objekt beziehen,
-     die sich auf die Benutzungsoberfläche beziehen,
-     die sich auf einen gemeinsamen Arbeitsbereich beziehen und
-     die sich auf die Arbeitsumgebung beziehen.

Bestimmung des Klassifikationsgegenstands

Im folgenden soll eine Klassifikation auf der Ebene der Funktionalität von Groupware erfolgen.[1] Da nicht alle Funktionen einer Groupwareanwendung für die folgende Erörterung relevant sind, soll der Gegenstandsbereich der Klassifikation zunächst eingegrenzt werden.

Im Rahmen einer Bewertung des CCITT-Standards X.400 hat Höller (1993) einen ersten Abgrenzungsversuch unternommen. Er unterscheidet unter Verwendung eines an Datenaustausch im technischen Sinne orientierten Kommunikationsbegriffs die folgenden Funktionen:

- Kommunikationsfremde sind solche Funktionen "in einem Anwendungssystem, die weder der technischen Kommunikation dienen noch der technischen Kommunikation bedürfen und sich allein auf lokale Ressourcen stützen" (ebenda, S. 112).

- Kommunikationsunterstützend sind solche Funktionen, "die für den Nutzer bei der Heranziehung einer Kommunikationsfunktion hilfreich sind, für deren Realisierung jedoch keine Kommunikation mit einem entfernten Anwendungssystem erforderlich ist" (ebenda, S. 112).

- Kommunikationsrelevant sind solche Funktionen, "die zur Erbringung der mit ihnen verbundenen Leistung der Kommunikation mit anderen Systemen bedürfen" (ebenda, S. 112).

Basierend auf dieser Einteilung grenzt er in seiner Arbeit den betrachteten Ausschnitt der Funktionalität auf kommunikationsrelevante Funktionen ein. Damit

---

[1] Bei dieser Klassifikation betrachte ich Funktionen ganzheitlich. Ich unterscheide dabei nicht die verschiedenen Ebenen der Benutzungsschnittstelle. Will man diese Betrachtungsweise im IFIP-Modell (vgl. Dzida 1983) einordnen, so definiert sich eine Funktion durch die Gestaltung auf der Werkzeugebene oder der technischen Organisationsschnittstelle, während die Gestaltung auf der Dialog- und E/A-Ebene sicherstellt, daß sie von Nutzern aktiviert werden kann. Insofern folge ich auch nicht Höllers (1993) – durch die Betrachtung der X.400 Norm nahegelegten – Beschränkung auf bestimmte Aspekte der Werkzeugschnittstelle. Die Implementierung von Konfliktregelungsmechanismen wird allerdings durch eine gemäß dem IFIP-Modell modularisierte Software erleichtert (vgl. Kap. 6.2.5).
Höller (1993) grenzt die in seiner Arbeit untersuchte Funktionalität mit Hilfe des IAO-Modells (vgl. Bullinger, Fähnrich, Hanne und Ziegler 1984) ab, welches eine Weiterentwicklung des IFIP-Modells (vgl. Dzida 1983) darstellt. Neben anderen Unterschieden wird im IAO-Modell die Werkzeugschnittstelle des IFIP-Modells durch das Anwendungssystem ersetzt. Dieses Anwendungssystem untergliedert sich in die AS' (Werkzeugrepräsentation) und die AS'' (Anwendungsrepräsentation). Während die AS' festlegt, wie auf die Funktionen zugegriffen werden kann, legt die AS'' fest, welche anwendungsspezifischen Funktionen vorhanden sind. Da es Höller in seiner Arbeit um eine Bewertung der standardisierten Aspekte von Message-Handling-Systemen geht, begrenzt er das Anwendungsfeld seines Bewertungsansatzes auf funktionelle Aspekte der AS''-Schnittstelle und blendet die übrigen Aspekte der Benutzerschnittstelle aus (vgl. Höller 1993, S. 111 ff.).

folgt er der von der OSI im Rahmen der kommunikationstechnischen Standardisierung vorgenommenen Abgrenzung.[1]

In dieser Arbeit soll keine Einschränkung des Betrachtungsgegenstands auf kommunikationsrelevante Funktionen erfolgen, sondern es werden auch kommunikationsunterstützende Funktionen miteinbezogen. Dies liegt daran, daß eine Beschränkung der Betrachtungsperspektive, die - wie in der OSI-Standardisierung üblich und von Höller für seine Klassifikation übernommen - am Begriff der technischen Kommunikation ausgerichtet ist, für die Gestaltung von Groupware nicht ausreicht.

So werden Empfangsfilter, die einzelne Nutzer von E-Mail-Systemen zur Filterung von eingehenden Nachrichten nutzen (vgl. Malone u. a. 1988), ebensowenig betrachtet wie Protokolle, die Netzbetreiber über das Verhalten der Nutzer automatisch erstellen lassen (vgl. Höller 1993, S. 131).[2] Da diese Funktionen für die Nutzung von Groupware von entscheidender Bedeutung sind, müssen sie aber bei einem allgemeineren Bewertungsansatz betrachtet werden.

Deshalb habe ich eine an sozialer Kommunikation und Kooperation im Anwendungskontext orientierte Begrifflichkeit entwickelt, bei der ich die Unterscheidung zwischen lokalen und globalen Funktionen eingeführt habe (vgl. Wulf 1993b; Herrmann 1994). Diese Unterscheidung stellt nicht auf technische Merkmale der Funktionen ab, sondern auf die Wirkung, die deren Aktivierung auf andere Benutzer im Netz hat. *Globale Funktionen* sind dabei definiert als solche, deren Ausführung andere Nutzer der Groupware beeinträchtigen kann. Auf globale Funktionen beziehen sich die folgenden Überlegungen zum Konfliktmanagement. Im Gegensatz dazu geht von der Ausführung von *lokalen Funktionen* keine Beeinträchtigung anderer Nutzer aus. Sie können deshalb entsprechend den in der DIN 66234 Teil 8 und der ISO 9241 Teil 10 entwickelten einzelplatzorientierten Richtlinien[3] gestaltet werden.[4]

---

[1]Höller (1993) trifft darüber hinaus aber noch eine weitere Abgrenzung, die für die internationale Normung auf Grund ihres sich ausschließlich auf den Nachrichtenaustausch zwischen technischen Systemen beziehenden Kommunikationsverständnisses nicht vorgenommen wurde. Er unterscheidet dabei aus Nutzerperspektive zwischen MCCM-, MCC- und CC-Systemen (vgl. ebenda, S. 127 ff.).

[2]Letztere Funktion läßt sich in Höllers Einteilung in kommunikationsfremde, kommunikationsunterstützende und kommunikationsrelevante Funktionen nicht ohne weiteres einordnen.

[3] In der Tat beziehen sich die genannten Richtlinien lediglich auf die Dialog-Schnittstelle des IFIP-Modells. Befolgt man aber dort genannte Grundsätze, so wirken sie sich auch auf die Gestaltung der Werkzeugschnittstelle aus und stellen auch für diese den bisher weitest ausgearbeiteten Anforderungskatalog dar (vgl. Höller 1993, S. 206 ff.).

[4]Diese Unterscheidung zwischen globalen und lokalen Funktionen ließe sich auch im IFIP-Modell abbilden. Differenziert man dort die Organisationsschnittstelle in eine technische und eine nicht-technische Komponente (vgl. Oppermann u. a. 1992), so liegt es m. E. nahe, die Funktionen von

Die Frage, ob die Ausführung bestimmter Funktionen andere Nutzer beeinträchtigt, kann vom Anwendungskontext abhängen und ist deshalb beim Systementwurf nur begrenzt antizipierbar. So wurde beispielsweise bezüglich der von Malone u. a. (1988) entwickelten Empfangsfilter bei E-Mail festgestellt, daß sie von bestimmten Nutzern nicht zum Ausfiltern von Nachrichten nach bestimmten Auswahlkriterien schon beim Empfang, sondern erst zum gezielten Löschen bereits zur Kenntnis genommener Nachrichten genutzt werden (vgl. Robinson 1993, S. 188). Während diese Funktion im ersten Fall zu einer Beeinträchtigung der Interessen des Absenders führen kann, weil versandte Nachrichten nicht zur Kenntnis genommen werden, wäre dies im zweiten Fall nicht gegeben.

Für die Definition einer globalen Funktion soll deshalb bereits die Möglichkeit ausreichen, daß ihre Ausführung zu einer Beeinträchtigung anderer Nutzer führen kann. Insofern lassen sich die beiden Abgrenzungsansätze wie folgt aufeinander beziehen: Alle kommunikationsrelevanten und kommunikationsunterstützenden Funktionen sind global, alle kommunikationsfremden Funktionen sind lokal. Die Unterscheidung zwischen lokalen und globalen Funktionen bezieht sich aber – im Gegensatz zu Höllers Klassifikation – nicht nur auf Kommunikationssysteme.

Grundkonzepte von Groupware

Die Funktionalität von Groupware soll im Rahmen dieser Arbeit auf verschiedene Weise klassifiziert[1] werden, um so allgemeine Gestaltungsgrundsätze für den Umgang mit Konflikten schrittweise zu verfeinern und damit konkrete Hinweise für die Implementierung von Mechanismen zum Konfliktmanagement zu geben.

Zunächst soll eine Klassifizierung der durch die Nutzung eines Groupware-Systems entstehenden Daten vorgenommen werden. Es kann dabei zwischen Inhalts- und Transparenzdaten unterschieden werden. Unter *Inhaltsdaten* werden die datentechnischen Repräsentationen der mittels Groupware zwischen den Benutzern ausgetauschten Kommunikationsinhalte bzw. des zwischen ihnen übermittelten kooperationsrelevanten Materials verstanden (vgl. Hammer, Pordesch, Roßnagel 1993, S. 32). Inhaltsdaten dienen in der Regel der Erfüllung des originären Nutzungsinteresses beim Einsatz der Anwendung.

Groupware, die mehr als einen Nutzer betreffen, auf der Ebene der technischen Organisationsschnittstelle einzuordnen. Dagegen könnten einzelplatzbezogene Funktionen der Werkzeugschnittstelle zugeordnet werden, um sie gemäß den Grundsätzen der traditionellen Software-Ergonomie zu gestalten.

[1]Ich werde im weiteren den Begriff der Klassifizierung verwenden, um den hier verfolgten Ansatz auch sprachlich von der bei der Bildung des IFIP-Modells genutzten Methodik abzugrenzen.

Davon werden *Transparenzdaten*[1] abgegrenzt, die nicht dem "originären Nutzungsinteresse" dienen[2], sondern Auskunft darüber geben, wie bestimmte Funktionen genutzt werden oder genutzt worden sind. In diese Kategorie fallen beispielsweise bei ISDN-Anlagen Verbindungsdaten, Gebührendaten, Leistungsmerkmalsdaten, Anlagenutzungsdaten, Kontrolldaten und Revisionsdaten (vgl. Hammer, Pordesch, Roßnagel 1993, S. 33 ff.).

In bestimmten Fällen kann die Entstehung von Transparenzdaten durch technische Notwendigkeiten bedingt sein. So erfordert die Aktivierung der Funktion "Anrufumleitung" beim Telefon, daß während dieser Zeitspanne personenbezogene Daten über Umleitenden und Ersatzempfänger gespeichert werden.

Der Umgang mit Daten zum Austausch von Kommunikations- und Kooperationsinhalten zwischen Nutzern kann in unterschiedlicher Weise realisiert sein. Ich unterscheide dabei zwischen Versand- und Zugriffsprinzip (vgl. Wulf 1993, S. 276 f.; Wulf 1995 a, S. 146). Abb. 2.3 verdeutlicht den Unterschied zwischen Versand- und Zugriffsprinzip und gibt einen Überblick über verschiedene mögliche Verteilungen von Zugriffsrechten zwischen zwei Nutzern. Die Helligkeit der Graustufen indiziert dabei, zu welchem Ausmaß Daten von den Nutzern gemeinsam verwendet werden.

Erfolgt die Nutzung gemäß dem *Versandprinzip*, so verliert der Sender durch die Übermittlung der Inhaltsdaten die Zugriffsrechte auf die anderen Nutzern zur Verfügung gestellten Nachrichteninhalte. Für eine Betrachtung aus der Nutzerperspektive ist es dabei unerheblich, was physikalisch de facto passiert. Es kann dabei also entweder zu einem tatsächlichen Transport eines Dokumentes kommen oder - wenn der Anwendung eine zentrale Datenbank zugrunde liegt - kann beim Versand eine Übergabe aller Zugriffsrechte vom Sender zum Empfänger erfolgen. Entscheidend ist lediglich, daß der Absender nach dem Versand aus eigener Initiative keinen weiteren Zugriff anstoßen kann. Dies ist in Abb. 2.3 durch einen Kanal zwischen den beteiligten Nutzern bzw. deren lokalen Speichern graphisch dargestellt.

---

[1]Herrmann (1994, S. 75 f.) spricht in diesem Zusammenhang auch von Transparenzdatensätzen und von einem Transparenzspeicher, in dem diese Daten abgelegt werden.

[2]Unsere Definition von Groupware schließt Anwendungen aus, die ausschließlich Daten über das Verhalten ihrer Nutzer sammeln, ohne die Möglichkeit zu bieten, Inhaltsdaten zu übertragen. Eine solche Anwendung stellen beispielsweise Batch-Systeme dar, bei denen mit Hilfe elektronischer Sender der Aufenthaltsort der Nutzer periodisch abgefragt und aufgezeichnet wird (vgl. Lövstrand 1991).

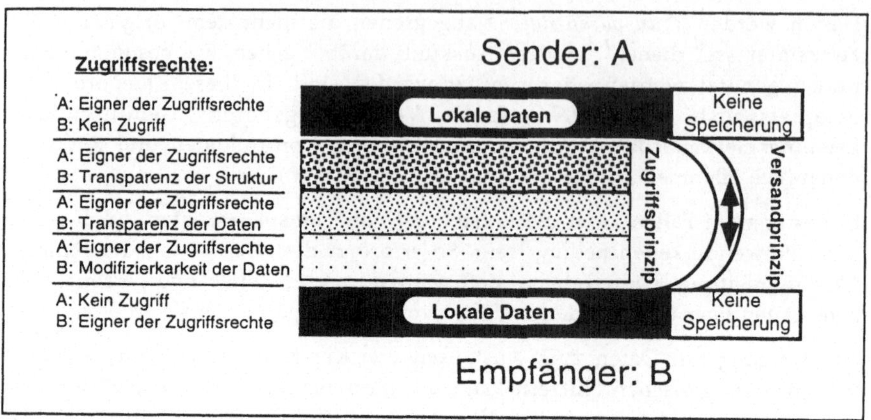

Abb. 2.3:   Versand- und Zugriffsprinzip beim Umgang mit Inhaltsdaten in Groupware
(vgl. Wulf 1995a, S. 146)

Beim *Zugriffsprinzip* verbleiben die Inhaltsdaten dagegen im System den Nutzern prinzipiell - eventuell sogar gleichzeitig - zugreifbar. *Zugriffsrechte* regeln die Zugangsmöglichkeiten einzelner Nutzer bzw. Nutzergruppen. Dabei kann die Möglichkeit bestehen, Zugriffsrechte an andere Nutzer weiterzugeben.

Bei traditionellen Datenbanktechniken wird das Zugriffsprinzip so realisiert, daß lediglich der Systemadministrator oder der Eigentümer einer Datenbank Schreib- und Leserechte an einzelne Nutzer vergeben kann (vgl. Rodden, Mariani, Blair 1992, S. 5 ff.). Diese zentralisierte Vergabe von wenig differenzierten Zugriffsrechten entspricht nicht den Anforderungen an Groupware, wo ein Katalog ausdifferenzierter Zugriffsrechte dynamisch von den Nutzern selbst verändert werden muß (vgl. Ellis, Gibbs, Rein 1991, S. 55; Greif und Sarin 1986, S. 179; Shen und Dewan 1992, S. 51 f.).

Shen und Dewan (1992) haben deshalb beispielsweise für kooperative Texterstellung eine Anwendung mit mehr als 50 verschiedenen Zugriffsrechten entwickelt. Um den Benutzern den Umgang mit dieser Vielzahl von Rechten zu erleichtern, wurden die Rechte in einer Hierarchie eingeordnet und ein Vererbungsmechanismus zur Vergabe dieser Rechte entwickelt (vgl. ebenda, S. 54 ff.).

In Abb. 2.3 ist die Vielzahl möglicher Zugriffsrechte in drei aufeinander aufbauende Klassen eingeteilt:

- Transparenz der Struktur,

- Transparenz der Daten,

- Manipulation der Daten.

Transparenz der Struktur liegt vor, wenn der Empfänger der Zugriffsrechte zwar den Aufbau der Daten erkennen kann, nicht aber die Daten selbst. Dies ist beispielsweise bei Datenbanken der Fall, wenn nur das Datenschema eingesehen werden kann. Bei Hyperdokumenten trifft dies zu, wenn lediglich ihr Aufbau transparent wird, nicht jedoch die einzelnen Teildokumente. Haben bestimmte Nutzer die Möglichkeit, die Struktur ihrer Dokumente zu verändern, so können solche Handlungen auf dieser Stufe anderen transparent werden.

Transparenz der Daten macht auch die Daten selbst für den Empfänger der Zugriffsrechte sichtbar. Dies kann sich sowohl auf ihren aktuellen Zustand als auch auf zurückliegende Veränderungen beziehen, die an dem entsprechenden Datensatz vorgenommen wurden. Damit kann der Inhaber der Rechte Einblick in die von den übrigen Nutzern vorgenommenen Handlungen nehmen.

Das *Recht, Daten zu manipulieren*, geht über die Leserechte hinaus und erlaubt dem Empfänger, Daten zu verändern. Solche Modifikationen werden aber zumindest dem Inhaber von Zugriffsrechten sichtbar. Andererseits müssen mit dem Recht, Daten manipulieren zu können, auch Leserechte auf diese Daten verbunden sein, die die Handlungen anderer modifizierender Nutzer sichtbar machen.

Grundmodell von Groupware

Auch wenn sich Groupware, die gemäß dem Versandprinzip implementiert ist, von solcher, die nach dem Zugriffsprinzip arbeitet, darin unterscheidet, in welcher Art der Zugang zu Inhaltsdaten geregelt ist, so sind in beiden Feldern sehr ähnliche Funktionen zu finden. Diese Gemeinsamkeiten erlauben es, einen beide Prinzipien umschließenden Modellierungsansatz zu verfolgen und die in einzelnen Anwendungen implementierten Funktionen in Teilfunktionalitäten zusammenzufassen.

Als beide obige Prinzipien integrierendes Grundmodell soll deshalb im folgenden davon ausgegangen werden, daß in Groupwareanwendungen technisch vermittelte *Kanäle* zwischen den einzelnen Benutzern errichtet werden. Mittels dieser Kanäle werden *Inhaltsdaten* zwischen den Benutzern zugänglich gemacht. Der Kanalaufbau erfolgt durch die Aktivierung einer entsprechenden Funktion durch den Sender. Dabei adressiert er die Nutzer, mit denen Inhaltsdaten ausgetauscht werden sollen, indem er deren Nutzer- oder Endgerätekennung als Argument dem Funktionsaufruf mitgibt. Außerdem kann er weitere Festlegungen über die *Merkmale* des zu etablierenden Kanals treffen. Ein Kanal wird aber in der Regel erst etabliert, wenn die Empfänger eine Funktion des Kanalempfangs aktivieren. Mittels solcher Funktionen kann der Empfänger den Austausch von Inhaltsdaten beeinflussen. Dieses einfache Grundmodell der Kanaletablierung ist in Abbildung 2.4 dargestellt.

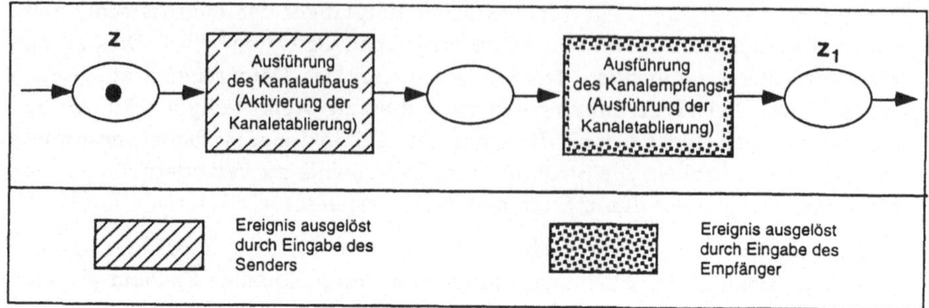

Abb. 2.4:   Modell der Kanaletablierung in Groupware

Zunächst sollen Beispiele für das Versandprinzip diskutiert werden, um die gewählte Terminologie zu verdeutlichen. Bei E-Mail, Voice-Mail, Telefax und Vorgangsbearbeitungssystemen wird der Kanal durch das Abschicken von Inhaltsdaten an den oder die Empfänger aufgebaut. Diese können dabei aus starkstrukturierten (z. B. E-Mail-Betreff-Feld) und schwächerstrukturierten Komponenten (z. B. E-Mail-Rumpf) bestehen. Der Vorgang des Abschickens mit der Adresse der Empfänger gewährt diesen dann Zugang zu den Inhaltsdaten. Der Kanalempfang erfolgt bei E-Mail und Voice-Mail durch das Öffnen der übersandten Nachrichten, in Vorgangsbearbeitungssystemen durch Öffnen eines übergebenen Vorgangs. Sieht man von der Möglichkeit des Ausschaltens des Geräts ab, besteht in konventionellen Telefaxgeräten keine Funktion des Kanalempfangs, mit der der Empfänger den Zugang von Telefaxen beeinflussen könnte. Der in diesen Anwendungen errichtete Kanal ist einseitig, weil die Übertragung nur in eine Richtung erfolgt. Antwortet der Empfänger beispielsweise durch Übermittlung modifizierter Inhaltsdaten, so würde gemäß diesem Grundmodell ein neuer Kanal aufgebaut. Beim Telefon baut der Anrufer einen zweiseitigen Kanal auf, indem er die Telefonnummer des Empfängers wählt. Nimmt der Empfänger den Hörer ab (Kanalempfang), so werden Inhaltsdaten zwischen den Nutzern mittels Sprachübertragung ausgetauscht.

Auch Groupwareanwendungen, die nach dem Zugriffsprinzip funktionieren, lassen sich in diesem Grundmodell darstellen. In einer gemeinsam genutzten Datenbank erfolgt der Kanalaufbau dadurch, daß der Eigentümer anderen Nutzern Zugriffsrechte auf bestimmte Datensätze einräumt. Die Inhaltsdaten bestehen aus dem Datensatz, auf den die Nutzer zugreifen können. Der Kanalempfang erfolgt dadurch, daß der Empfänger auf diesen Datensatz zugreift. Erfolgt dieser Zugriff zur selben Zeit durch zwei Nutzer, so handelt es sich auch hier um einen zweiseitigen Kanal. In diesem Sinne ermöglichen Shared-Window-Anwendungen (vgl. Greenberg 1991) immer zweiseitige Kanäle. Ist der Zugang zum Dokument nur zeitlich sequentiell möglich, so wird damit ein einseitiger Kanal etabliert. Dies ist beispielsweise in traditioneller Datenbanktechnik der Fall, wenn Datensätze während des Zugriffs eines Nutzers für andere nicht zugreifbar sind (Locking).

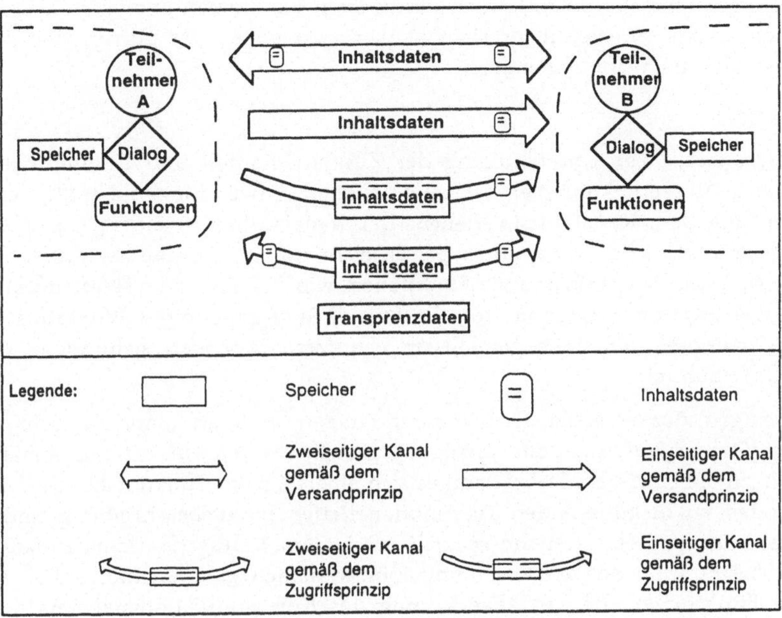

Abb. 2.5:   Kanäle in Groupware

Einseitige Kanäle gemäß dem Versandprinzip bestehen nur kurzfristig während des Empfangs. Die übrigen Typen von Kanälen können je nach Anwendung unterschiedlich lange Zeit bestehen bleiben, während dieser Zeit durch die Ausführung von Funktionen in ihren Merkmalen modifiziert und letztendlich abgebrochen werden.

Abb. 2.5 gibt einen Überblick über verschiedene Formen von Kanälen zwischen Nutzern in Groupware. Zur Vereinfachung sind hier lediglich zwei Nutzer dargestellt.

Teilfunktionalitäten von Groupware

Auf der Basis des hier entwickelten Grundmodells lassen sich eine Vielzahl von in den Groupware-Anwendungen feststellbaren Funktionen einzelnen Funktionsgruppen, die hier Teilfunktionalitäten genannt werden, zuordnen.[1] Dies soll im folgenden exemplarisch für Funktionen von ISDN-Nebenstellenanlagen, Computer Integrierter Telefonie, E-Mail, Vorgangsbearbeitungssystemen und gemeinsam genutzten Datenbanken getan werden. Bei den erstgenannten Anwendungen sind die im folgenden diskutierten Funktionen bereits realisiert. Im Bereich gemeinsam genutzter Datenbanken sind einige der postulierten Funktionen noch nicht implementiert.[2]

<u>Kanalaufbau</u>

Da Groupware zur Unterstützung der Zusammenarbeit und Kommunikation zwischen Nutzern konzipiert ist, sind in allen Anwendungen Funktionen zu finden, die dem Kanalaufbau dienen. Der Kanalaufbau in einem Groupwaresystem erfolgt in der Regel durch die Bezeichnung anderer Nutzer durch deren Adresse bzw. Nutzerkennung. Funktionen wie Wählen der Telefonnummer, Adressierung und Versand von E-Mails, Weitergabe eines Vorgangs und Zugriffsvergabe auf einen gemeinsam genutzten Datensatz gehören in diese Teilfunktionalität.

Demjenigen, der einen Kanal zu anderen Nutzern aufbaut, können verschiedene *Unterstützungsfunktionen* zur Verfügung gestellt werden, um die Merkmale des Kanals zu spezifizieren. Dabei kann es sich einerseits um Funktionen aus den im folgenden zu diskutierenden Teilfunktionalitäten Inhaltsbeschreibung und Ereignisdienst handeln oder um speziell zur Unterstützung des Kanalaufbau geschaffene Funktionen. Bei Kommunikationssystemen gehören hierzu beispielsweise Funktionen, die die Adressierung des Kommunikationspartners unterstützen (vgl. Kap. 8.1.2).

<u>Kanalempfang</u>

Ein Kanal wird aber in der Regel erst durch die Aktivierung einer Funktion des Kanalempfangs etabliert (vgl. Kap. 2.1.2). Den Empfängern können Funktionen zur *Unterstützung des Kanalempfangs* zur Verfügung gestellt werden. Dabei

---

[1]Bei dem hier verfolgten Klassifizierungsansatz knüpfe ich an die von mir (Wulf 1993, S. 279 ff.) vorgenommene Einteilung der Funktionalität asynchroner Groupware an. Unter dem Begriff "asynchroner Groupware" wurden dabei solche Anwendungen von Groupware verstanden, die von räumlich oder zeitlich getrennten Benutzern zur Unterstützung ihrer Kommunikations- und Kooperationsbeziehungen genutzt werden können (vgl. Wulf 1993, S. 276).

[2]Eine solche Klassifikation unterscheidet sich von dem siebenschichtigen ISO/OSI-Referenzmodell durch die Perspektivenwahl und den Klassifikationsgegenstand. Während das ISO/OSI Modell die zur Erbringung technischer Kommunikation notwendigen Dienstelemente in verschiedene Schichten einteilt (vgl. Effelsberg und Fleischmann 1986), orientiert sich die hier gewählte Klassifikation an den den Nutzern zur Verfügung stehenden Funktionen unabhängig davon, ob durch deren Ausführung technische Kommunikation in einem verteilten System entsteht.

kann es sich beispielsweise um die automatische Selektion des Empfangs bestimmter Kanäle oder Verweigerung des zeitweiligen Kanalempfangs handeln (vgl. Kap. 8.1.5).

Kanalabbruch

Bei Kanälen, die für eine bestimmte Dauer etabliert sind, bestehen Funktionen, die es den Nutzern erlauben, den Kanal abzubrechen. Beim Telefon gehört zu diesen Funktionen für Sender und Empfänger das Auflegen des Hörers, bei gemeinsam genutzten Datenbanken der Entzug des Zugriffsrechts durch den Sender und der Abbruch des Zugriffs für den Empfänger.

Kanalausrichtung

Eine besondere Form technischer Unterstützung des Kanalempfangs stellen Funktionen der Kanalausrichtung dar. Sie erlauben es, die beim Kanalaufbau vorgenommene Adressierung zu verändern. Man kann dabei zwischen Kanallenkung und Kanalverteilung unterscheiden. Funktionen der *Kanallenkung* ermöglichen dem Empfänger, angebotene Zugangsrechte anderen als den adressierten Empfängern zur Verfügung zu stellen. Beim ISDN-Telefon gehören die Funktionen Anrufumleitung und Heranholen in diese Kategorie (vgl. Höller, Kubicek 1989, S. 37, 44). Bei E-Mail fällt die Umleitung in diesen Bereich (vgl. Babatz u.a. 1990, S. 43). In Vorgangsbearbeitungssystemen gehören Funktionen, die die Delegation eines Vorgangs jenseits der normalen Ablaufreihenfolge erlauben, in diese Kategorie (vgl. Karbe, Ramsperger, 1991, S. 213). Bei gemeinsam genutzten Datenbanken würde die Weitergabe von Zugriffsrechten vom Empfänger an einen anderen Nutzer hier zu subsumieren sein.

Funktionen der Kanalverteilung stehen in der Regel nicht dem Empfänger zur Verfügung, sondern werden von einer übergeordneten Instanz genutzt. Sie sorgen für eine automatische Verteilung von Kanälen, ohne dabei notwendigerweise dem Aktivator eines Kanalaufbaus und dem adressierten Empfänger Einflußmöglichkeiten zu geben. Beispiele für Kanalverteilung sind der Sammelanschluß und Rufübernahmegruppen bei ISDN-Anlagen, automatische Anrufverteilung bei computer-integrierter Telefonie, die Nutzung eines festen Ablaufschemas bei Vorgangsbearbeitungssystemen und zentral vergebene Zugriffsrechte in gemeinsamen Datenbanken.

Kanalausweitung

Mittels der Funktionen der *Kanalausweitung* kann der Aktivator andere als die bis dato beteiligten Nutzer an einem Kanal teilnehmen lassen. Dies kann als Bestandteil des Kanalempfangs erfolgen oder sich auf einen bereits etablierten

Kanal beziehen. Beim ISDN-Telefon gehören die Funktionen Zeugenzuschaltung und variable Konferenz zu dieser Teilfunktionalität (vgl. Hammer/Pordesch/Roßnagel 1992, S. 92ff). Bei E-Mail fällt die Vergabe von Zugriffsrechten an der Mailbox des Empfängers in diese Klasse von Funktionen. In Vorgangsbearbeitungssystemen sind Funktionen, die Zugriffe auf Dokumente außerhalb des bei der Vorgangsdefinition vorgesehenen Nutzerkreises einräumen, hier anzusiedeln (vgl. Kreifelts u.a. 1991, S. 245ff). Bei Datenbanken gehören Funktionen, die den Kreis der Zugangsberechtigten auf gemeinsam genutzte Datensätze vergrößern, in diese Kategorie.

<u>Inhaltsbeschreibung</u>

Die Inhaltsbeschreibung legt die Darstellungsformen und die Formate der auszutauschenden Inhaltsdaten fest und bestimmt somit, wie Kommunikationsinhalte und kooperationsrelevantes Material technisch vermittelt dargestellt werden können. Die Aktivierung dieser Funktionen kann als Bestandteil des Kanalaufbaus oder während der Nutzung eines bereits etablierten Kanals erfolgen. Sender und Empfänger können verschiedene Funktionsalternativen präferieren.

Diese Funktionalität bezieht sich zunächst auf die Struktur der Inhaltsdaten. So wird mittels der Inhaltsbeschreibung festgelegt, welche Darstellungsformen - zum Beispiel Daten, Text, Sprache, Grafik, Bilder oder Animation - in welchen Spezifizierungen zur Codierung der Inhaltsdaten zur Verfügung stehen. Spezifizierungen können bei Text der Zeichensatz, bei Grafik die Art der verwendbaren geometrischen Objekte und bei Bildern die Pixelauflösung sein.

Im öffentlichen ISDN-Telefon bietet die Inhaltsbeschreibungsfunktionalität die Möglichkeit, Sprache digitalisiert in einer durch die Anwendung des Pulsecodemodulationsverfahrens bei einer Übertragungsrate von 64 kBit/s festgelegten Qualität darzustellen (vgl. Bocker 1990, S. 2f). Bei Message-Handling-Systemen, die das in der Norm X.400 festgelegte Leistungsspektrum im vollem Umfang ausfüllen, bietet die Inhaltsbeschreibungsfunktionalität die Möglichkeit, Text, Sprache und Bilder in in der Norm im einzelnen definierten Formaten zu übertragen. Außerdem ist die Semantik einzelner Felder vorgegeben. Es gibt Felder zur Übermittlung der Absenderadresse, des Themas der Nachricht, ihrer Dringlichkeit und von Bezügen zu anderen Dokumenten (vgl. Babatz u.a. 1990, S. 63 ff.).

In Vorgangsbearbeitungssystemen wird die Struktur der gemeinsam zu bearbeitenden Dokumente in der Inhaltsbeschreibungsfunktionalität festgelegt. In gemeinsam genutzten Datenbanken umfaßt die Inhaltsbeschreibung das Datenbankschema. Außerdem gehören Constraints bezüglich der Inhalte einzelner Attribute zu dieser Teilfunktionalität (vgl. Ullmann 1991; Paredaens 1989, S. 61 ff.).

Ereignisdienst

Der *Ereignisdienst* macht den Gebrauch einzelner Funktionen von Groupware durch das automatische Erzeugen[1] und Verarbeiten von Transparenzdaten nachvollziehbar. Außerdem werden mittels dieser Teilfunktionalität der Zugang zu den automatisch erhobenen Daten verwaltet und die Art ihrer Darstellung festgelegt.[2] Fuchs u.a. (1996) stellen die prinzipielle Funktionsweise des Ereignisdienstes in einem Pipelinemodell dar. Dabei fließen automatisch generierte Daten vom Erzeuger zum Konsumenten. Auf diesem Weg können sie zwischengespeichert werden. Der Ereignisdienst erzeugt zusätzlich personenbezogene bzw. personenbeziehbare Datensätze über die Systemnutzung.

Der Ereignisdienst kann die erzeugten Transparenzdaten entweder nur so lange speichern und zugänglich machen, bis die Nutzung der jeweiligen Funktion, auf die sich die Daten beziehen, beendet ist (akut). Die Speicherung und der Zugang zu den Daten kann aber auch darüber hinaus erfolgen (protokollierend). Das Nutzungsverhalten kann in verschiedenen Detaillierungsgraden dargestellt werden. Bei einer groben Detaillierung wird nur die Aktivierung einer Funktion dargestellt; in einer detaillierteren Form werden dagegen auch die gewählten Spezifizierungen der Funktion transparent.[3]

Bei Telefon und E-Mail sind Funktionen, die speichern und dem Anrufenden anzeigen, ob eine Rufumleitung beim Empfänger aktiv ist, Funktionen des Ereignisdienstes. In Vorgangsbearbeitungssystemen fallen Funktionen, die es ermöglichen, den augenblicklichen Status eines bestimmten Vorgangstyps abzufragen, in diese Kategorie. Bei gemeinsam genutzten Datenbanken gehören Funktionen, die anzeigen, welche anderen Nutzer augenblicklich ebenfalls Lesezugriff auf einen bestimmten Datensatz haben, zu dieser Teilfunktionalität.

Beim Telefon ist die Funktion "Fangen", bei der die Telefonnummern aller Anrufversuche an eine bestimmte Person aufgezeichnet werden, eine Funktion des Ereignisdienstes, bei der die Daten über die Nutzungsdauer hinaus gespeichert werden. Dies gilt auch für Funktionen, die nutzerspezifische Gebührendaten erfassen oder personenbeziehbare Verkehrsmessungen in Nebenstellenanlagen unterstützen und die Ergebnisse abspeichern (vgl. Hammer, Pordesch, Roßnagel

---

[1]Werden automatisch Daten über das Verhalten von Nutzern erzeugt, handelt es sich dabei um auslösbare Funktionen.

[2]In früheren Arbeiten wurde diese Teilfunktionalität als "nutzungsbezogene Transparenz" bezeichnet (vgl. Wulf 1993, Wulf und Hartmann 1994).

[3]Ein ausdifferenzierter Ansatz für eine objektorientierte Architektur eines Ereignisdienstes findet bezogen auf einen gemeinsamen Arbeitsbereich sich bei Fuchs, Pankoke-Babatz und Prinz (1995). Sohlenkamp und Chewelos (1994) diskutieren die Frage, wie eine geeignete Benutzerschnittstelle für einen Ereignisdienst aussehen könnte.

1992, S. 23ff; 111f). Die beiden letztgenannten Funktionen sind auch in E-Mail Systemen vorzufinden. In gemeinsam genutzten Datenbanken fallen Funktionen, die den schreibenden Zugriff auf bestimmte Datensätze protokollieren, in diesen Bereich.

Zusammenfassung

Die hier vorgenommene Begriffsbildung bietet im folgenden die Grundlage, Konflikte in Groupware zu beschreiben und Hinweise zum Umgang mit diesen Konflikten zu entwickeln. Besondere Beachtung bei der weiteren Untersuchung zum Umgang mit Konflikten wird das Aktivierungsgeschehen bei der Kanaletablierung einnehmen. Die Klassifikation der Funktionalität von Groupware zeigt, daß das in Abb. 2.4 dargestellte Modell des Kanalaufbaus genauer gefaßt werden kann. In Abb. 2.6 sind die für die Kanaletablierung relevanten Teilfunktionalitäten dargestellt.

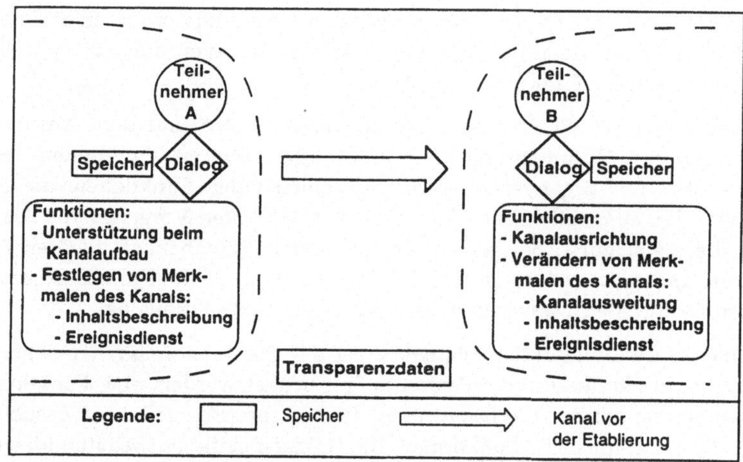

Abb. 2.6:   Erweitertes Modell der Kanaletablierung in Groupware

Durch die Nutzung bestimmter Funktionen (z. B. Inhaltsbeschreibung, Ereignisdienst) kann der Sender beim Kanalaufbau zwischen verschiedenen alternativen Merkmalen eines Kanals auswählen, bevor der Empfänger die Möglichkeit hat, den so spezifizierten Kanal zu empfangen. Funktionen der Kanalausrichtung können in diesem Moment die Adressierung des Aktivators verändern. Beim Kanalempfang kann das System durch die Nutzung verschiedener Unterstützungsfunktionen die Merkmale des Kanals verändern (z. B. Inhaltsbeschreibung, Kanalausweitung, Ereignisdienst).

2.2   Technische Flexibilität

In der Literatur wird eine Reihe von Argumenten genannt, warum die Funktionalität von Groupware aus Sicht der Nutzer flexibel zu gestalten ist. Dabei sollen hier unter technischer Flexibilität alle Konzepte zusammengefaßt werden, die den Handlungsspielraum von Nutzern dadurch erhöhen, daß sie es erlauben, bestehende Anwendungen in unterschiedlicher Weise zu nutzen bzw. in diese technischen Artefakte modifizierend einzugreifen. In der software-ergonomischen und software-technischen Literatur findet sich bisher keine einheitliche Begrifflichkeit zur Differenzierung der verschiedenen Spielarten technischer Flexibilität. Eine für diese Arbeit verbindliche Einteilung soll deshalb hier entwickelt werden.

2.2.1   Zur Notwendigkeit technischer Flexibilität

In der Literatur findet sich eine Vielzahl von Gründen, warum die Funktionalität von Groupware flexibel zu gestalten ist. Diese Diskussion läßt sich auf zwei grundlegende Argumente zurückführen:

- der Anwendungskontext von Groupware kann differenziert sein,

- der Anwendungskontext von Groupware kann dynamisch sein.

Als Anwendungskontext soll hier die Gesamtheit der für die Herstellung und den Einsatz von Groupware relevanten Umweltfaktoren verstanden werden (vgl. Kap. 2.1). Hinsichtlich des Anwendungskontextes von Groupware wird in der Literatur zwischen den Dimensionen Nutzern, Aufgaben, Organisationen und Technik unterschieden (vgl. Paetau 1993, Oberquelle 1991a, 1993 und 1994[1]). In jeder einzelnen dieser Kontextdimensionen spielt Differenziertheit und Dynamik eine wichtige Rolle bei der Begründung technischer Flexibilität.

Nutzer

Zunächst wollen wir die sich aus der Individualität der Nutzer ergebenden Flexibilitätserfordernisse thematisieren. Damit wird die in der klassischen Software-Ergonomie am besten ausgearbeitete Begründung für Flexibilitätsanforderungen angesprochen. Aber auch Arbeiten, die Gestaltungsgrundsätze aus gesetzlichen Normen ableiten, gründen die Anforderung nach flexibler Systemgestaltung im wesentlichen auf den im Grundgesetz verankerten Schutz der Persönlichkeit (vgl. Höller 1993; Hammer, Pordesch und Roßnagel 1993).

---

[1]Oberquelle (1993, 1994) bezieht sich dabei auf Arbeiten von Leavitt (die sogenannte Leavitt-Raute), der diese vier Dimensionen bereits benannt hatte.

Interpersonelle Unterschiede – Im Gegensatz zu einzelplatzorientierten Systemen nutzen bei Groupware immer mehrere Personen dasselbe System. Gemäß des Prinzips der differentiellen Arbeitsgestaltung (vgl. Ulich 1978) kann davon ausgegangen werden, daß kein für alle Nutzer bestmöglicher Weg der Arbeitsgestaltung besteht und deshalb die individuellen Bedürfnisse und Fähigkeiten der Menschen zu berücksichtigen sind. Interpersonelle Unterschiede beim Umgang mit Computeranwendungen sieht Haaks (1992, S. 6 ff.) in folgenden Aspekten begründet:

- Systemerfahrung,
- Nutzungshäufigkeit,
- Präferenzen bei Interaktionsformen,
- Interaktions- und Handlungsstruktur.

Ähnliche Gründe nennen auch Fischer und Girgensohn (1990, S. 184 f.), wenn sie auf verschiedene Arbeitsstile der Nutzer und unterschiedliches ästhetisches Empfinden hinweisen.

Im Hinblick auf die Spezifika von Groupware sind zusätzlich noch interpersonell unterschiedliche Kommunikations- und Kooperationsstile der Nutzer zu nennen.

Intrapersonelle Unterschiede – Solche Unterschiede resultieren aus der Tatsache, daß die Präferenzen der Nutzer im zeitlichen Verlauf nicht unverändert bleiben, sondern sich dynamisch während der Nutzungsdauer einer Anwendung entwickeln. Daraus wurde in der klassischen Software-Ergonomie das Prinzip der dynamischen Arbeitsgestaltung abgeleitet (vgl. Ackermann und Ulich 1987). Lernt der Nutzer beispielsweise im Laufe der Zeit mit dem System in anderer Weise umzugehen, so sollte die Software entsprechend den erweiterten Fähigkeiten des Nutzers verwendet werden können (vgl. Haaks, 1992, S. 13 f.). Oberquelle (1994) weist darauf hin, daß aus dem zu erwartenden Typus von Groupwarenutzern, dem er "... hohe Qualifikation, Kreativität und Lernfähigkeit ..." (S. 33) unterstellt, besondere Flexibilitätserfordernisse resultieren.

Aufgaben

Neben den Fähigkeiten und Präferenzen der Nutzer resultieren auch aus der Aufgabenstruktur Flexibilitätserfordernisse. Diese Dimension spielt in der klassischen Software-Ergonomie eine wichtige Rolle und kommt dort in dem Grundsatz nach Aufgabenangemessenheit zum Ausdruck, aus dem sich ebenfalls Flexibilitätsanforderungen ableiten lassen (vgl. DIN 66234, Teil 8).

Aufgabenbezogene Differenziertheit – Häufig werden dieselben Computeranwendungen zur Unterstützung der Bearbeitung verschiedener Aufgaben eingesetzt. Haaks (1992, S. 12) weist darauf hin, daß Nutzer, deren eigentliche Aufgabe im Sinne der Handlungsregulationstheorie als vollständig zu bezeichnen ist, andere Anforderungen an die Funktionalität haben als solche, deren Hauptaufgabe im Zusammenhang mit der Nutzung des Informationssystems steht. Solch unterschiedlicher Aufgabenkontext ergibt sich insbesondere, wenn die Software-Herstellung nicht speziell für einen bestimmten Anwendungskontext erfolgt, sondern wenn eine Anwendung vermarktet wird und deshalb in verschiedenen Einsatzfeldern genutzt wird (vgl. Henderson und Kyng 1991, S. 222).

Aufgabenbezogene Dynamik – Die Notwendigkeit technischer Flexibilität kann sich auch aus der zeitlichen Dynamik einzelner Aufgaben ergeben (vgl. Henderson und Kyng 1991, S. 221; Fischer und Girgensohn 1990, S. 184; Haaks 1992, S. 14 ff.). Ein Beispiel für die zeitliche Dynamik des Wandels von Aufgaben, die mit Hilfe von Groupware unterstützt werden, stellt die Bearbeitung von E-mail dar. Diese Aufgabe stellt sich im Vergleich zur normalen Arbeitszeit vor und nach einem Urlaub gänzlich verschieden dar (vgl. Oberquelle 1994, S. 33 f.).

<u>Organisation</u>

Werden Aufgaben arbeitsteilig erledigt, so hat auch die Organisation - verstanden als die kollektive Einheit, in der eine Aufgabenausführung erfolgt - einen entscheidenden Einfluß auf die Ausgestaltung der Technikunterstützung. Diese Dimension wurde in der einzelplatzorientierten Software-Ergonomie bisher wenig diskutiert.

Organisatorische Differenziertheit – Wird eine Anwendung in verschiedenen Organisationen eingesetzt, so kann die Ausführung gleicher Aufgaben in unterschiedlicher Weise aufgeteilt und koordiniert sein (vgl. Henderson und Kyng 1991, S. 222). Dies kann Konsequenzen für die Gestaltung der Technikunterstützung haben und ist insbesondere wichtig für Groupware, weil mit diesen Anwendungen die Kommunikation und Kooperation zwischen den Nutzern technisch unterstützt wird.

Organisatorische Dynamik – In der Organisationstheorie wird gemäß des Selbstorganisationsparadigmas (vgl. Türck 1989, Bleicher 1988) davon ausgegangen, daß Organisationen keine starren und nach festen Gesetzmäßigkeiten von außen steuerbare Einheiten darstellen, sondern daß es sich dabei eher um dynamisch sich entwickelnde Strukturen handelt. Dabei ist weder der Zeitpunkt noch das Ergebnis bestimmter Evolutionsschritte plan- oder vorhersehbar (vgl. Paetau 1993, S. 162). Werden bestimmte Aspekte des organisatorischen Kontextes Gegenstand groupware-gestützter Formalisierung, so droht dabei die Gefahr, daß sie sich im zeitlichen Verlauf als unangemessen erweisen werden (vgl. Schmidt 1991, S. 9 ff.).

Technik

Neben personellen, aufgabenbezogenen und organisatorischen Einflußfaktoren spielt auch die eine Anwendung umgebende übrige Technik eine wichtige Rolle. Bisher wurden die sich hieraus ergebenden Fragen immer aus organisatorischer bzw. aufgabenbezogener Differenziertheit und Dynamik abgeleitet. Neue organisationswissenschaftliche Ansätze stellen diese einseitige Determiniertheit der technischen Entwicklung in Frage und gehen eher von einer strukturellen Kopplung von organisatorischer und technischer Entwicklung aus (vgl. Paetau 1993, S. 152 ff.). Deshalb sollen hier auch Flexibilitätserfordernisse diskutiert werden, die aus der Differenziertheit und Dynamik der technischen Entwicklung resultieren.

Technische Differenziertheit – Je nach dem Kontext werden einzelne Anwendungen in unterschiedlichen technischen Umgebungen genutzt. So können sich Nutzer bereits an bestimmte Interaktionstechniken anderer Anwendungen gewöhnt haben. Oder es können – je nach Anwendungskontext – unterschiedliche Funktionalitäten bereits bestehen, die in ein System zu integrieren oder nachzubilden sind.

Technische Dynamik – Der technische Nutzungskontext einer Anwendung kann sich im zeitlichen Verlauf verändern. So können beispielsweise Nutzer Interesse an neuen Interaktionstechniken oder neuen Funktionalitäten entwickeln, welche deshalb in eine Anwendung integriert oder bei der Ausgestaltung einer Anwendung berücksichtigt werden müssen (vgl. Oberquelle 1994, S. 34).

Differenziertheit und Dynamik bedingen technische Flexibilität in unterschiedlicher Weise. Differenziertheit ist insbesondere dann beim Design zu berücksichtigen, wenn eine Anwendung in unterschiedlichen Kontexten genutzt werden soll. Da Groupware verschiedene Nutzer - häufig organisationseinheitenübergreifend - verbindet, wird von einer Differenziertheit des Anwendungskontextes auszugehen sein. Im Gegensatz zu einzelplatzorientierten Systemen findet man also auch Differenziertheit innerhalb des Kontextes nur einer Anwendung. Die Differenziertheit erfordert technische Flexibilität lediglich bei der Einführung eines Systems in einem bestimmten Anwendungskontext. Dynamik macht technische Flexibiltät während des Einsatzes notwendig. Dabei ist zu beachten, daß bei der Herstellung von Artefakten die sich aus der Differenziertheit und Dynamik des Anwendungskontextes ergebenden Anforderungen nicht vollständig antizipiert werden können. Insofern muß für die weiteren Überlegungen davon ausgegangen werden, daß die Ermöglichung technischer Flexibilität über die Herstellungsphase hinaus ein wesentliches Merkmal der Gestaltung von Groupware sein muß.

2.2.2   Dimensionen technischer Flexibilität

Um die einzelnen Konzepte zur Gewährleistung technischer Flexibilität unterscheiden zu können, sollen diese im Hinblick auf bestimmte Merkmale hin diskutiert werden. Kataloge solcher Untersuchungsdimensionen haben Paetau (1993) und Haaks (1992) bei der Diskussion technischer Anpassungsmöglichkeiten entwickelt. Für diese Untersuchung erscheinen daraus die folgenden Dimensionen relevant.[1]

Nutzen, Anpassen und Herstellen

In der Informatik im allgemeinen und auch in der Software-Ergonomie wurde traditionellerweise bisher im wesentlichen zwischen den Aktivitäten der Software-Herstellung und Software-Nutzung unterschieden. Diese Betrachtungsweise ist im Hinblick auf die sich mit dem erweiterten Anwendungsbereich der Informatik ergebenden technischen Flexibilitätsnotwendigkeiten nicht mehr ausreichend. Henderson und Kyng (1991) haben deshalb dafür plädiert, Anpassung als eine zusätzliche Aktivität im Umgang mit Software-Anwendungen zu verstehen. Ähnliche Auffassungen finden sich auch bei verschiedenen anderen Autoren (vgl. Friedrich 1990; Fischer und Girgensohn 1990; Greenberg 1991; Haaks 1992; Paetau 1993; Oberquelle 1993 und 1994; Dzida 1994, Bentley und Dourish 1995, Morch 1995). Ich will deshalb zunächst – in Anlehnung an Henderson und Kyng (1991, S. 223 f.) – die Besonderheiten der Aktivität des Anpassens in Abgrenzung von den Aktivitäten Herstellen und Nutzung einer Software herausarbeiten.[2]

Die Unterscheidung zwischen Herstellung und Anpassung wird von Henderson und Kyng (1991) einfach getroffen: Anpassung wird in einer bestimmten Situation der Nutzung angestoßen und hat zum Ergebnis nicht ein neues, sondern ein auf das konkrete Nutzungsproblem angepaßtes, modifiziertes System. Dabei gehen die Autoren allerdings von einem nicht iterativen Software-Herstellungsprozeß aus. Legt man dagegen einen evolutionären Prozeß der

---

[1]Neben den hier diskutierten Dimensionen schlägt Paetau (1993) vor, technische Flexibilität zusätzlich gemäß der Aspekte: "Reichweite der Maßnahmen" und "zur Flexibilisierung verwendete Softwareentwicklungs-Werkzeuge" einzuteilen. Die Dimension "Reichweite der Maßnahmen" bezieht sich dabei auf eine Verortung in dem an das IFIP-Modell angelehnten Strukturmodell der VDI-Richtlinie 5005. Hinsichtlich der Mittel für die Realisierung technischer Flexibilität schlägt er vor, zwischen applikationsinternen und -externen Werkzeugen zu unterscheiden. Haaks (1992) schlägt analog zur Dimension "Reichweite der Maßnahme" vor, zwischen "Modifikation der Benutzeroberfläche" und "Modifikation der Funktionalität" zu unterscheiden. Außerdem unterscheidet er noch zwischen "Adaptierbarkeit im Großen" und "Adaptierbarkeit im Kleinen" und benennt diese Dimension mit "Reichweite der Modifikationen".

[2]Im englischen Original benennen die Autoren die Aktivitäten Entwurf, Anpassen und Nutzung mit "inititial design", "tailoring" und "use".

Software-Entwicklung zugrunde, der iterative Verbesserungsschritte der Software an sich wandelnde Anforderungen der Nutzer mitbeinhaltet - wie dies beispielsweise beim STEPS-Prozeßmodell der Fall ist (vgl. Floyd, Reisin, Schmidt 1989) -, so wird eine Abgrenzung schwieriger zu treffen sein. Gemäß Henderson und Kyngs (1991) Definition würde es sich bei allen Aktivitäten in den sich wiederholenden Herstellungszyklen um Anpassungen handeln. Ein solches Verständnis von Anpassungen erscheint für die weitere Argumentation zu undifferenziert.

Die Aktivitäten, die notwendig sind, um Software modifizieren zu können, lassen sich im Hinblick auf ihre software-technische Komplexität und die sie durchführenden Akteure unterscheiden. Anpassungen werden von Nutzern[1] und sie unterstützenden DV-Fachkräften vorgenommen, um mittels software-technisch eher einfach zu handhabenden Mechanismen in das Verhalten der Software eingreifen zu können[2]. Im Gegensatz dazu wird im evolutionär orientierten Software-Engineering davon ausgegangen, daß Veränderungen immer so schwierig auszuführen sind, daß diese Aktivitäten von Programmierern durchgeführt werden müssen.

Die Unterscheidung zwischen Anpassung und Nutzung ist nicht eindeutig zu ziehen. Henderson und Kyng (1991, S. 223 ff.) schlagen die folgenden drei Merkmale zur Abgrenzung vor, von denen sie annehmen, daß sie in der Regel komplementär gültig sein werden:

- Anpassung verändert Aspekte der Funktionalität, die aus Sicht der Nutzer während der "normalen" Nutzung stabil sind.

- Anpassung bezieht sich immer auf Veränderungen der Funktionen, mit denen bestimmte Kanäle oder Transparenzdaten manipuliert werden, nicht auf die Modifikationen an den Kanälen oder den Transparenzdaten selbst.

- Anpassung bewirkt immer länger andauernde Veränderungen, während es sich bei nur kurzfristig wirksamen Effekten um Nutzung handelt.

Die hier getroffene Unterscheidung zwischen Nutzung, Anpassung und Herstellung kann auch graphisch verdeutlicht werden. Geht man von einem evolutionären Software-Herstellungszyklus aus – wie er dem STEPS-Prozeßmodell zu

---

[1]Es müssen dabei nicht alle Nutzer diese Anpassungsmaßnahmen vornehmen können, sondern diese können auch kollektiv in einer Gruppe oder von einzelnen speziell geschulten Nutzern durchgeführt werden. Nardi (1993) spricht in diesem Fall von Gärtnern.

[2] In der englischsprachigen Literatur besteht hinsichtlich der Akteure des Anpassungsprozesses keine einheitliche Auffassung. Während Trigg u.a. (1987) davon ausgehen, daß immer Nutzer die Akteure der Anpassung sein werden, kann Anpassung gemäß des Ansatzes von Henderson und Kyng (1991) auch von Systemspezialisten vorgenommen werden. Diese unterschiedlichen Auffassungen resultieren m.E. daraus, daß die Autoren hinsichtlich der verschiedenen Akteursgruppen wenig differenzierte Vorstellungen entwickeln.

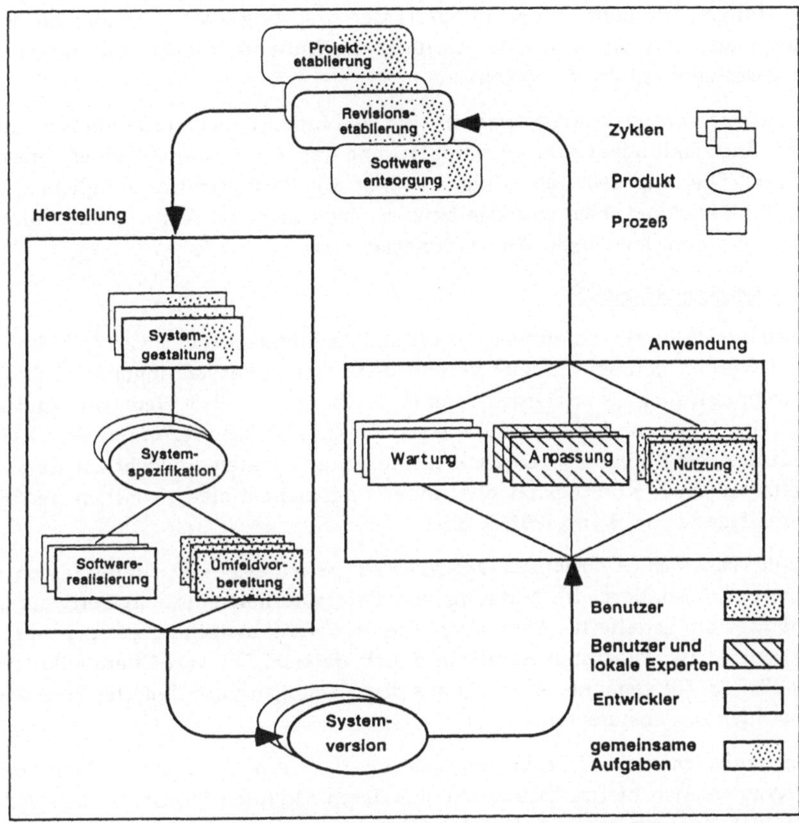

Abb. 2.7:   Nutzen, Anpassen und Herstellen in einem evolutionären Software-Entwicklungsprozeß
(vgl. Wulf 1994a, Dzida 1994, Floyd, Schmidt und Reisin 1989)

grunde liegt – so verhalten sich die einzelnen Aktivitäten in der in Abb. 2.7 dargestellten Weise zueinander.[1] Anpaßbarkeit ermöglicht es, während der Nutzung festgestellte Anforderungen im Anwendungskontext unmittelbar umzusetzen. Dazu ist es nicht erforderlich, eine neue Revision zu etablieren. Bei Software-Entwicklungsverfahren, die es Nutzern nicht ermöglichen, einen neuen Entwicklungszyklus anzustoßen, hat das Prozeßmodell einen linearen Verlauf.[2] Die

---

[1]Dzida (1994, S. 292 ff.) hat in ähnlicher Weise gezeigt, wie Anpassung in den Prozeß evolutionärer Software-Entwicklung integriert werden kann.

[2]Dies ist beispielsweise bei als Ware über einen Massenmarkt vertriebener Software der Fall. Dort haben Nutzer und auch einzelne Anwender in der Regel nur geringe Möglichkeiten, ihre Bedürfnisse

Anpassungen erfolgen immer auf Basis der ursprünglichen Version, die Revisionszyklen entfallen bzw. erfolgen nicht als Antwort auf Anforderungen aus dem jeweiligen Anwendungskontext.

Bei Software-Entwicklungsverfahren, die es Nutzern nicht ermöglichen, einen neuen Entwicklungszyklus anzustoßen, hat das Prozeßmodell einen linearen Verlauf.[1] Die Anpassungen erfolgen immer auf Basis der ursprünglichen Version, die Revisionszyklen entfallen bzw. erfolgen nicht als Antwort auf Anforderungen aus dem jeweiligen Anwendungskontext.

<u>Software-technische Komplexität</u>

Hier stellt sich die Frage, in welcher Weise Flexibilitätserfordernisse technisch realisiert werden können.[2] Es gibt verschiedene Zusammenstellungen, wie Flexibilität technisch umgesetzt werden kann (vgl. Oberquelle 1993, Herrmann und Just 1994). Henderson und Kyng (1991) haben drei zur Strukturierung dieser Diskussion hilfreiche Kategorien entwickelt. Sie unterscheiden hinsichtlich der software-technischen Komplexität der Anpassungsmaßnahmen zwischen den Stufen (vgl. Henderson, Kyng 1991, S. 225 ff.):

Auswahl zwischen Alternativen antizipierten Verhaltens[3] - Darunter fassen die Autoren insbesondere die Nutzung von Parameterlisten und in Software implementierten Schaltern. Aber auch die Auswahl zwischen zwei ähnlichen Funktionen bzw. Programmen fällt in diesen Bereich. Die von Oberquelle (1994, S. 39; 1993, S. 48) genannte Auswahl aus den Katalogen vordefinierter Funktionalität ist hier zu subsumieren.

Zusammenbauen neuen Verhaltens aus existierenden Modulen[4] - Henderson und Kyng meinen hiermit Baukästen, aus deren Modulen Nutzer je nach Bedarf Funktionen zusammensetzen können. Dies setzt voraus, daß geeignete Elementarmodule bei dem Entwurf der Systeme gefunden werden, aus denen die jeweils benötigten Funktionen abgeleitet werden können. Auch die Modifikation von

---

dem Hersteller gegenüber zu artikulieren, um damit Einfluß auf die Weiterentwicklung der Software zu nehmen.

[1] Dies ist beispielsweise bei als Ware über einen Massenmarkt vertriebener Software der Fall. Dort haben Nutzer und auch einzelne Anwender in der Regel nur geringe Möglichkeiten, ihre Bedürfnisse dem Hersteller gegenüber zu artikulieren, um damit Einfluß auf die Weiterentwicklung der Software zu nehmen.

[2] Haaks (1992, S. 63ff.) behandelt diese Fragestellung unter der Bezeichnung "Methodik der Adaption".

[3] Im englischen Original bezeichnen die Autoren dies als: "Choosing between Alternative Anticipated Behaviour"

[4] Im englischen Original bezeichnen dies die Autoren mit: "Constructing New Behaviours from Existing Pieces".

aus Modulen zusammengesetzten Funktionen ohne Veränderung der Module fällt in diesen Bereich. Die von Oberquelle (1993, S. 48) genannte Aufzeichnung bestimmter Handlungssequenzen und deren Bezeichnung als Makro ist hier ebenfalls zu subsumieren.

Veränderung des Artefaktes[1] - Die software-technisch weitestgehende Form der Anpassung ist die Veränderung des Artefaktes selbst, worunter Henderson und Kyng sowohl die Änderung des Programmcodes bestehender Anwendungen als auch das Hinzufügen neuer Module verstehen. Die von Oberquelle (1994, S. 59 f.) genannten Aktivitäten Erweiterung der Attributmengen, Kataloge und Baukästen gehören wie die Abwandlung von Programmen oder die Programmierung zu dieser Form der Anpassung. In diesen Bereich fallen damit auch Ansätze der Eigenprogammierung durch die Nutzer (vgl. Arbeitskreis Software-Ergonomie Bremen 1991).

<u>Initiatoren und Akteure</u>

Hier stellt sich die Frage, wessen Nutzungswünsche mittels technischer Flexibilität umgesetzt werden und wer die Realisierung dieser Anforderungen tatsächlich technisch vornimmt. Haaks (1992, S. 58) unterscheidet diesbezüglich zwischen Akteuren und Initiatoren. Während Initiatoren einen Nutzungswunsch artikulieren, nehmen Akteure dessen Umsetzung vor.[2] Bei Konzepten technischer Flexibilität werden die Initiatoren immer Endnutzer sein. Dagegen kommen bei der Umsetzung zusätzlich weitere Akteursgruppen in Frage. Haaks (1992, S. 58) unterscheidet bei den Akteuren zwischen Endnutzern, lokalen Experten und Systemspezialisten.

Paetau (1991, S. 288 ff.; 1993, S. 165 f.) unterscheidet hinsichtlich der Nutzer zwischen der Realisierung durch einen einzelnen Nutzer und einer Umsetzung in einem kollektiven Prozeß einer Gruppe von Endnutzern. Die Kategorie der "lokalen Experten" konkretisiert er als "Beratungspersonal des Anwenders (in größeren Betrieben meistens angesiedelt im Benutzer-Service der zentralen DV-Abteilung)" (Paetau 1993, S. 166). Berücksichtigt man auch dezentrale Konzepte des Benutzer-Services, in denen innerhalb der einzelnen anwendenden Fachabteilungen speziell geschulte Mitarbeiter zur Betreuung der Nutzer vor Ort bereitstehen (vgl. Langel-Nentwig 1991), so differentiert sich die Gruppe der lokalen Experten weiter aus. Es wird dann verschiedene Formen von Beratungspersonal geben, das sich in unterschiedlicher Nähe zu den Nutzern befindet. Auch die

---

[1]Die Autoren bezeichnen dies im englischen Original mit: "Changing the Artifact".

[2]An dieser Stelle soll der Fall nicht betrachtet werden, daß Anpassungen auch vom System selbst automatisch initiiert werden könnten, wie dies in dem Konzept der (Auto)- Adaptivität vorgesehen ist (vgl. Oppermann 1989, S. 133ff.; Friedrich 1990, S. 180 ff.).

Gruppe der Systemspezialisten läßt sich genauer aufschlüsseln: Paetau (1993, S. 166) unterscheidet diesbezüglich zwischen dem Beratungspersonal des Software-Herstellers und den Systementwicklern.

2.2.3   Konzepte der Realisierung technischer Flexibilität

Im Bereich der Software-Ergonomie wurden die ersten Konzepte technischer Flexibilität ausgearbeitet. Diese Ansätze bezogen sich auf die Nutzung einzelplatz-orientierter Software. Ihre Berücksichtigung während der Herstellung sollte sicherstellen, daß eine menschengerechte Nutzung möglich wird. Im Hinblick auf technische Flexibilität ist das Prinzip der Steuerbarkeit von entscheidender Bedeutung. Es besagt, daß Nutzer im Dialog "die Geschwindigkeit des Ablaufs sowie die Auswahl und Reihenfolge von Arbeitsmitteln oder Art und Umfang von Ein- und Ausgaben beeinflussen können (vgl. DIN 66234, Teil 8, S. 3.). In seiner einfachsten Ausprägung fordert Steuerbarkeit, daß Nutzer entscheiden können, ob sie sich einer bestimmten Funktion bedienen wollen oder nicht. Darüber hinaus sollen Nutzer über alternative Ausführungsmodi einer Funktion jederzeit entscheiden können.

Ein Spezialfall dieser Anforderung wird durch das Konzept der Vielfältigkeit ausgedrückt. Darunter wird verstanden, daß dem Nutzer eine Vielfalt verschiedener Optionen angeboten wird, zwischen denen er jeweils während der Nutzung auswählen kann. Oppermann wendet dieses Prinzip aber lediglich auf der Dialogebene im Sinne verschiedener Aktivierungsmöglichkeiten für dieselbe Funktion an. Es ist aber auch allgemeiner - auf andere Ebenen des IFIP-Modells - anwendbar (vgl. Oppermann, 1989, S. 133; 1994, S. 14 f.).

Steuerbarkeit und Vielfältigkeit fordern ein Systemdesign, das Nutzern permanent eine Vielzahl von alternativen Handlungsmöglichkeiten zur Auswahl stellt. Damit sind diese Anforderungen unmittelbar für die Systemnutzung relevant. Darüber hinaus kann Flexibilität dadurch erreicht werden, daß die im System vorgegebenen Alternativen verändert oder eingeschränkt werden können. Solche Aspekte werden in der klassischen Software-Ergonomie primär unter dem Aspekt der Anpassung der Systeme an inter- und intrapersonelle Unterschiede der Nutzer thematisiert (vgl. Ulich 1978; Ackermann und Ulich 1987, S. 131 ff.). Das sich daraus ableitende Konzept der Individualisierbarkeit (vgl. ISO 1993) geht davon aus, daß Nutzer die Möglichkeit haben sollten, bestimmte Optionen vor der tatsächlichen Nutzung einstellen zu können.[1] Das Konzept der

---

[1]Oppermann (1989) splittet das Konzept der Individualisierbarkeit noch weiter auf, indem er die von den Nutzern durchzuführenden Eingriffe (Anpaßbarkeit oder Adaptierbarkeit) von denen vom System automatisch durchgeführten Veränderungen (Auto-Adaptivität) unterscheidet. Da sich das Konzept der Auto-Adaptivität als wenig praxisrelevant erwiesen hat, soll hier darauf nicht näher eingegangen werden (siehe hierzu auch Friedrich 1990).

Individualisierbarkeit umfaßt die Auswahl zwischen bereits vorgegebenen Funktionsalternativen, das Setzen von Parametern, die Änderung von Bezeichnungen im Programm und die Definition von eigenen Makros (vgl. ISO 1993, S. 14 f.). Beim Konzept der Individualisierbarkeit wird davon ausgegangen, daß die sich hieraus ergebenden Anpassungsnotwendigkeiten beim Systementwurf antizipiert werden und deshalb im voraus bereitgestellt werden können.

Über das Konzept der Individualisierbarkeit gehen solche Ansätze hinaus, die Eingriffe höherer software-technischer Komplexität erlauben. In der englischsprachigen Literatur werden diese Konzepte unter den Begriffen "tailoring" oder "customizing" diskutiert (vgl. Kap. 2.2.1). Eine derartige Gestaltung motiviert sich in der Regel eher aus dem Versuch, Anpassungsmöglichkeiten technischer Artefakte an eine sich dynamisch verändernde Umwelt zu schaffen, denn aus der Erfüllung arbeitswissenschaftlicher Anforderungen.

Trigg, Moran und Halasz (1987) entwickeln am Beispiel eines Hypertextsystems ein Konzept von Anpaßbarkeit. Hinsichtlich der Komplexität software-technischer Eingriffe kann es sich sowohl um die Auswahl zwischen Alternativen antizipierten Verhaltens, den Zusammenbau neuen Verhaltens aus existierenden Modulen oder die Veränderung von Artefakten handeln. Als Akteure der Umsetzung werden ausschließlich Endnutzer begriffen. In ähnlicher Weise verstehen auch Girgensohn und Fischer (1990) Anpaßbarkeit. Sie entwickeln ihr Konzept "End-User-Modifiability" am Beispiel einer wissensbasierten Anwendung zur Konstruktionsunterstützung. Sie beziehen sich dabei auf ein objektorientiertes Programmierparadigma, um Komplexitätsdimensionen von Anpassungen zu systematisieren.[1] Ihr Verständnis von Anpassung unterscheidet sich aber kaum vom "tailoring"-Ansatz von Trigg, Moran und Halasz. Akteure der Eingriffe sind in beiden Fällen ausschließlich Nutzer.

In einem etwas erweiterten Sinn verstehen Henderson und Kyng (1991, S. 225) Anpaßbarkeit. Sie beschränken die Gruppe der Akteure nicht auf Endnutzer, sondern erweitern das Konzept dadurch, daß sie auch lokale Experten und Systemspezialisten als Akteure von durch Nutzer initiierte Anpassungen zulassen (vgl. Kap. 2.2.1).

Im deutschen Sprachraum finden sich verschiedene Konzepte zur Anpaßbarkeit von Systemen. Oberquelle (1993 und 1994) lehnt sich in seiner Definition von Anpaßbarkeit an das Verständnis von Henderson und Kyng (1991) an. Als spezielle Formen von Anpassungen versteht er Konfigurierbarkeit, "die es erlaubt, Aspekte von Hilfsmitteln vor der ersten Nutzung speziell für einzelne Benutzer

---

[1]Sie unterscheiden zwischen: Setzen von Parametern, Hinzufügen von Funktionalität zu existierenden Objekten, Schaffen neuer Objekte durch Modifikation existierender Objekte und Schaffen völlig neuer Objekte (vgl. Fischer und Girgensohn 1990, S. 184).

oder Benutzergruppen festzulegen. Das Konfigurieren kann sich in größeren Abständen wiederholen ..." (Oberquelle 1994, S. 35). In diesem Sinne soll der Begriff Konfigurierbarkeit als eine spezielle Form der Anpassung im folgenden verwandt werden.

Friedrich (1990) entwickelt - in Abgrenzung zu den automatisch vom System initiierten Modifikationen (Auto-Adaptivität) - das Konzept der "Adaptierbarkeit". Initiatoren und Akteure der Anpassung sind dabei die Nutzer. Anpassungen beziehen sich auf alle drei Ebenen software-technischer Komplexität. Sie reichen von der Auswahl geeigneter Systemkomponenten bis hin zur Eigenprogrammierung (vgl. Friedrich 1990, S. 182 ff.).

Umfassender faßt Haaks (1992) das Konzept der Adaptierbarkeit. Er beschränkt die Ausführung von Anpassung nicht auf Nutzer, sondern bezieht auch Aktivitäten mit ein, bei denen lokale Experten oder Systemspezialisten Akteure der von Nutzern initiierten Modifikationen sind (vgl. Haaks 1992, S. 58 ff.). In der von ihm realisierten Anwendung aus dem Bereich der Bildverarbeitung stellt er insbesondere auf die Ermöglichung komplexerer software-technischer Eingriffe ab. Er konzipiert dabei ein objektorientiertes Anwendungsrahmensystem, das aus einem Ensemble wohlstrukturierter, kleiner Komponenten besteht. Diese einzelnen Klassen und Objekte können in verschiedener Weise kombiniert, modifiziert und erweitert werden (vgl. Haaks, 1992, S. 153 ff.).

Als Ergebnis einer empirischen Untersuchung im Versicherungsbereich und der Industrieverwaltung entwickelt Paetau (1993 und 1994) das Konzept der (gruppenorientierten) Konfigurativität. Die software-technische Umsetzung seines Konzeptes erwartet er von einem objektorientierten Werkzeugkasten, der Eingriffe in die Funktionalität auf allen drei Komplexitätsebenen zulassen sollte. Besonders wichtig erscheint eine Benutzerbeteiligung in der Herstellungsphase - insbesondere bei der Konzeption der Objektklassen. Zur Umsetzung dieses Konzeptes schlägt er vor, eine Gruppe von Nutzern zu Akteuren dieses Prozesses zu machen, wobei die notwendige Gesamtqualifikation auf einzelne Mitglieder verteilt werden kann. Dadurch wird die Abhängigkeit der Gruppe von lokalen Experten oder Systemspezialisten schrittweise verringert.

Cords (1993) stellt als Ergebnis einer empirischen Studie im Konstruktionsbereich ein ähnliches Konzept vor. Sie schlägt ebenfalls vor, Anpassungen von CAD-Systemen unterschiedlicher Komplexität innerhalb einer Konstruktionsgruppe vornehmen zu lassen. Sie weist dabei insbesondere auf die betriebsorganisatorischen Veränderungsnotwendigkeiten im Konstruktionsbereich hin (vgl. Cords 1993, S. 189 ff.).

Einen speziellen Ausschnitt von Anpaßbarkeit umfaßt das Konzept von "radikaler Anpaßbarkeit".[1] Darunter verstehen Malone, Lai und Fry (1992) Systeme, die Nutzern die Möglichkeit geben, mittels intuitiv verständlicher Programmieroberflächen Anwendungen zu erstellen und zu modifizieren. Die in den Programmieroberflächen angebotenen Formalismen sollen weniger komplex zu handhaben sein als gewöhnliche Programmiersprachen. In dem von ihnen implementierten System (OVAL) bestehen diese Formalismen aus Objekten, Sichten, Verweisen und Agenten. Es gelang damit, grundlegende Konzepte wie den "Coordinator", "Lotus Notes" und "Information Lens" zu simulieren. Als Akteur kommen in radikal anpaßbaren Systemen Nutzer, lokale Experten und Systemspezialisten in Frage (vgl. Malone, Lai und Fry 1992, S. 289 ff).

Technische Flexibilität kann aber nicht nur im Rahmen der Nutzung und Anpassung sichergestellt werden, sondern auch im Herstellungsprozeß. Das erfordert allerdings ein evolutionäres Prozeßmodell, das im Gegensatz zu dem konventionellem Vorgehen des Software-Engineerings eine Anwendung nicht als ein einmal nach fest definierten Anforderungen zu erstellendes Produkt versteht, bei dessen Herstellung der Anwendungskontext weitgehend unberücksichtigt bleibt, sondern diese als ein Ergebnis eines situativen Prozesses wechselseitigen Lernens in veränderlichen Kontexten begreift (vgl. Floyd 1994, S. 29).

Bei einem evolutionären Vorgehen - wie dies beispielsweise beim STEPS-Modell (vgl. Floyd, Schmidt und Reisin 1989) oder dem EOS-Ansatz (vgl. Hesse und Welz 1994) gegeben ist - ist technische Flexibilität dadurch gewahrt, daß von Nutzern initiierte Änderungswünsche von den Systemspezialisten in einer neuen Systemversion implementiert werden. Dabei wird es sich in der Regel um Eingriffe hoher software-technischer Komplexität handeln, die im Rahmen der Anpassung nicht umgesetzt werden könnten.

In Abb. 2.8 werden die verschiedenen bisher diskutierten Konzepte technischer Flexibilität im Überblick dargestellt.

Im Fokus dieser Arbeit wird technische Flexibilität im Rahmen der Nutzung und Anpassung von Groupware stehen. Zur Durchführung dieser beiden Aktivitäten bedienen sich die Akteure bestimmter Funktionen (vgl. Kap. 2.1).[2] Reicht die den Nutzern oder lokalen Experten durch Funktionen gebotene technische Flexibilität nicht aus, so schließen sich wiederholende Herstellungszyklen an.

---

[1] Die Autoren bezeichnen dieses Konzept im englischen mit "radical tailorability" (vgl. Malone, Lai und Fry 1992).

[2] Natürlich werden Programmierern ebenfalls Funktionen zur Spezifikation und Implementierung einer neuen Systemversion angeboten. Dies sind aber in der Regel keine für Nutzer vorgesehene Funktionen der zu modifizierenden Groupware, sondern solche spezieller Anwendungen zur Software-Entwicklung.

Die bei der Aktivierung von Funktionen zu handhabende software-technische Komplexität kann sich über alle drei der in Abb. 2.8 dargestellten Stufen erstrecken. Durch die technische Flexibilität wird es möglich, von einem Ausgangszustand mehrere andere Systemzustände zu erreichen. Insofern ist das in Abb. 2.1 dargestellte Aktivierungsgeschehen um die Möglichkeit zu erweitern, verschiedene Zustandsübergänge von einem Ausgangszustand aus durch die Ausführung einer Funktion zu erreichen. Ich will im folgenden davon sprechen, daß ein bestimmter Zustandsübergang durch die Aktivierung einer Funktionsalternative ausgeführt wird.[1]

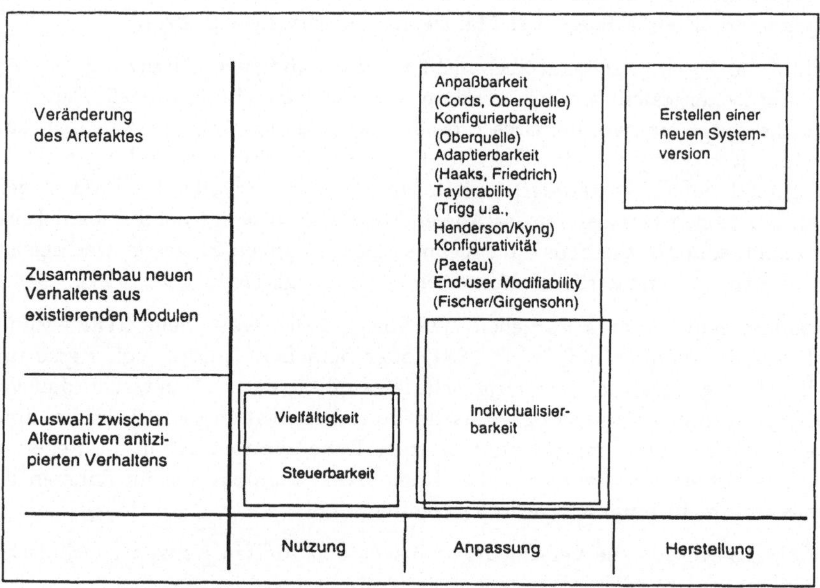

Abb. 2.8:   Konzepte technischer Flexibilität im Vergleich

Da die Ausführung einer dieser Alternativen jeweils einen anderen Zustandsübergang bewirkt, könnte auch jede einzelne Funktionsalternative selbst als Funktion aufgefaßt werden. Die gemeinsame Betrachtung dieser alternativen Zustandsübergänge ist dann sinnvoll, wenn dadurch im Anwendungskontext alternative Handlungsoptionen der Nutzer zum Zeitpunkt der Aktivierung einer Funktion entstehen.

---

[1]Wie schon angedeutet, sollen hier Funktionen betrachtet werden, die Flexibilität auf allen drei Stufen software-technischer Komplexität ermöglichen. Insofern bezieht sich der Begriff der Funktionsalternative auf alle drei Komplexitätsstufen und nicht nur auf die der Auswahl zwischen Alternativen antizipierten Verhaltens.

Abb. 2.9 gibt einen Überblick über das Geschehen bei der Ausführung einer Funktion "F", die mit verschiedenen Funktionsalternativen versehen ist. Vor der Ausführung einer Funktion befindet sich das System im Zustand z. Durch die Handlung des Nutzers, eine bestimmte Funktionsalternative (f_1,...., f_n) zu wählen, geht das System in einen der Zustände z_1 bis z_n über.

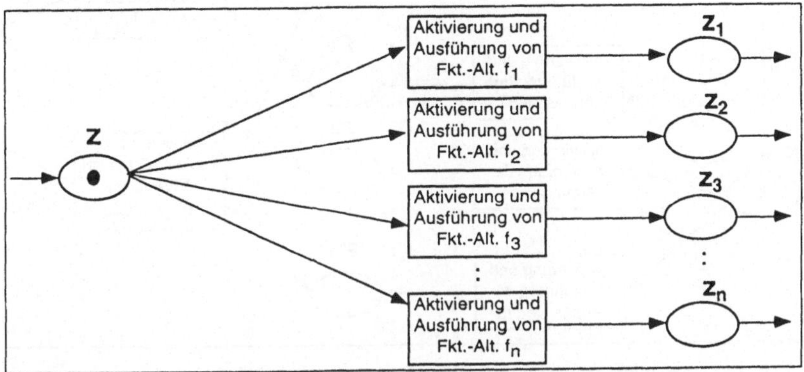

Abb. 2.9:   Mögliche Zustandsübergänge durch die Aktivierung von Funktionsalternativen

Die Funktion "Anrufumleitung" kann die Funktionsalternativen "Umleitung für alle eingehenden Anrufe", "Umleitung nur für externe Anrufer" und "Umleitung nur für interne Anrufer" beinhalten. Die Ausführung einer dieser verschiedenen Alternativen überführt die Nebenstellenanlage in einen anderen Zustand. Bei der Funktion "Schreiben auf einen Datensatz" in einer Datenbank gibt es eine Vielzahl von möglichen Zustandsübergängen, die sich darin unterscheiden, welche Inhalte geschrieben werden.

Funktionen können sich auf die Anpassung und die Nutzung von Groupware beziehen. Durch die Aktivierung von Funktionen, die die Anpassung von Groupware ermöglichen, wird bestimmt, in welcher Weise andere Funktionen genutzt werden können. Dies erfolgt beispielsweise dadurch, daß neue Funktionsalternativen generiert werden oder daß bestimmte Alternativen gesperrt werden. Dieser Zusammmenhang zwischen Nutzungs- und Anpassungsfunktionen wird in Abb. 2.10 dargestellt. Ohne angepaßt worden zu sein, bietet die Funktion F dem Aktivator die Auswahl zwischen den Funktionsalternativen f^0_1,...., f^0_n. Ist eine Anpassung vorgenommen worden, so verändert dies die zur Aktivierung bereitstehenden Funktionsalternativen. Die in Abb. 2.10 dargestellte Nutzung der Anpassungsfunktion kann selbstverständlich auch zurückgesetzt werden. Diese Zustandsübergänge sind zur Vereinfachung der Abbildung nicht dargestellt.

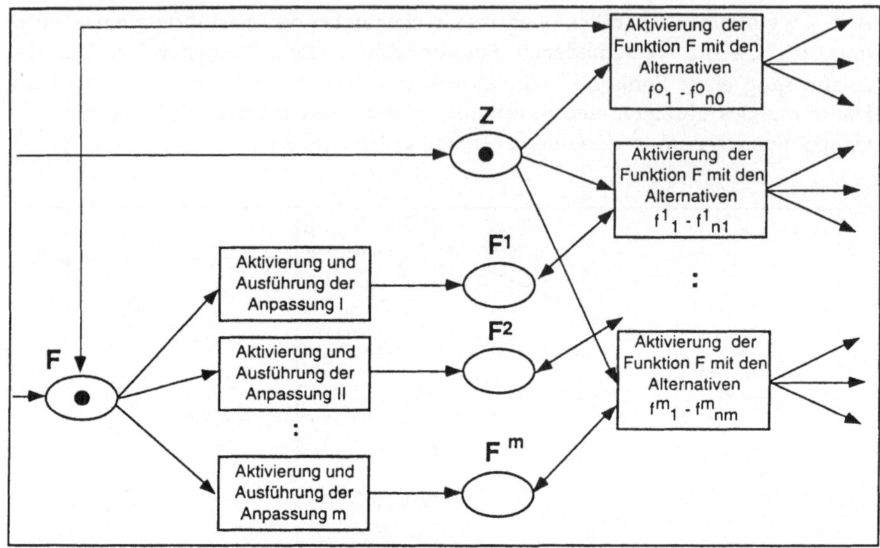

Abb. 2.10: Das Verhältnis von Nutzungs- und Anpassungsfunktionen

2.3 Groupware-spezifische Konflikte

Im folgenden will ich zunächst ausgewählte Ergebnisse der sozialwissenschaftlichen Konflikttheorie darstellen, um eine für den Umgang mit technischer Flexibilität nutzbare Konfliktdefinition abzuleiten. Die sozialwissenschaftliche Konflikttheorie hat bisher keinen einheitlichen Konfliktbegriff entwickelt (vgl. hierzu: Fink, 1968, S. 413 ff.; Krysmanski 1971, S. 18 f.; Glasl 1992, S. 12 ff. und 47 ff.). In betriebspsychologischen Arbeiten wird in der Regel eine sehr eingegrenzte Definition des Konfliktbegriffs genutzt (vgl. Rüttinger 1980, S. 22; Glasl 1992, S. 14 f.). So gibt Glasl (1992) folgende Definition:

"Sozialer Konflikt ist eine Interaktion
- zwischen Aktoren (Individuen, Gruppen, Organisationen)
- wobei wenigstens ein Aktor
- Unvereinbarkeiten im:
        Denken/Vorstellen/Wahrnehmen
        und/oder Fühlen
        und/oder Wollen
- mit dem anderen Aktor (anderen Aktoren) in der Art erlebt,
- daß im Realisieren eine Beeinträchtigung
- durch einen anderen Aktor (die anderen Aktoren) erfolge" (S. 14 f.).

Glasl (1992) versteht Interaktion dabei als ein von den Aktoren "aufeinander bezogenes Kommunizieren oder anderes Handeln" (S. 15). Bezüglich dieser Interaktion muß ein Aktor den Eindruck einer Unvereinbarkeit mit seinen eigenen Gedanken, Gefühlen oder Intentionen bewußt gewinnen, damit von einem Konflikt gesprochen werden kann. Konflikt entsteht immer als Folge einer Interaktion. Diese Konfliktdefinition klammert solche Fälle aus, in denen Konflikte bereits für einen außenstehenden Beobachter erkennbar sind, ohne daß dies den Aktoren bereits bewußt ist. Solche Konflikte werden als latent bezeichnet (vgl. Dahrendorf 1961, S. 201 f.; Pondy 1967, S. 297 ff.; Grunwald 1981, S. 58). Glasl interessiert sich aus der Perspektive eines externen Beraters für das Konfliktmanagement in Unternehmen. Seine Definition ist dem Erkenntnisinteresse geschuldet, etwas über den Verlauf bereits manifest gewordener Konflikte zu erfahren und nach Methoden des Konfliktmanagements zu suchen. Deshalb entwickelt er ein neunstufiges Phasenmodell der Konflikteskalation, das von der ersten Stufe "Verhärtung" bis zur letzten Stufe "Gemeinsam in den Abgrund" reicht. Für jede einzelne dieser Eskalationsstufen entwickelt er spezielle Methoden des Konfliktmanagements. Diese reichen von Moderation über Prozeßbegleitung, sozio-therapeutische Prozeßbegleitung, Vermittlung und Schiedsverfahren bis hin zum Machteingriff (vgl. Glasl 1992, S. 215 ff. und S. 368 ff.). Ziel der Interventionsmaßnahmen ist der konstruktive Umgang mit Konflikten im Sinne der jeweiligen Organisation.

Entgegen dieser engen Konfliktdefinition plädieren viele Autoren für ein breiteres Konfliktverständnis (vgl. Fink 1968, S. 456; Dahrendorf 1961, S. 201 f.; Krysmanski 1971, S. 18 f.). Der Begriff des Konflikts wird von Dahrendorf (1961) als "zunächst jede Beziehung von Elementen bezeichnet, die sich durch objektive (latente) oder subjektive (manifeste) Gegensätzlichkeiten kennzeichnen ..." definiert (S. 201). Dabei spielt es keine Rolle, ob den Aktoren der Konflikt bewußt ist. Latente Konflikte werden hier also subsumiert.

Dahrendorf (1961) sieht die Ursache von Konflikten in den sozialen Strukturen einer Gesellschaft. In den von ihm speziell behandelten Konflikten auf gesellschaftlicher Ebene sind dies insbesondere die bestehenden Herrschaftsverhältnisse. Da Konflikte - in diesem Sinne - in sich wandelnden Gesellschaften niemals verschwinden, stellt die Theorie der sozialen Konflikte ein "Herzstück der soziologischen Analyse ganzer Gesellschaften" dar (S. 230). Dahrendorf (1961) unterscheidet drei Entfaltungsstufen für Konflikte. Die erste Stufe stellt die "strukturelle Ausgangslage" als Kausalitätshintergrund bestimmter Konflikte dar. Dabei lassen sich auf Grund der "relevanten Strukturmerkmale ... zwei Aggregate sozialer Positionen, die 'beiden Seiten' der Konfliktfront unterscheiden ..." (S. 218). Den einzelnen Positionsträgern müssen ihre Interessen nicht notwendigerweise bewußt sein. Auf der nächsten Stufe der Entfaltung eines sozialen Konflikts werden den Beteiligten ihre Interessen bewußt. Diese "Kristallisierung" von Konflikten erfolgt allerdings nur unter bestimmten Vorbedingungen. Sind diese nicht erfüllt, bleibt der Konflikt latent. Auf der letzten Entfaltungsstufe handelt es sich um einen manifesten Konflikt, der zwischen den beteiligten Konfliktparteien ausgetragen wird (Dahrendorf 1961, S. 218 ff.).

Hinsichtlich des Konfliktmanagements unterscheidet Dahrendorf (1961) zwischen der Unterdrückung, der Lösung und der Regelung von Konflikten. Da die ersten beiden Ansätze mit dem objektiv gegebenen Konfliktpotential nicht angemessen umgehen, indem sie dieses leugnen bzw. verdrängen, erscheint lediglich die Konfliktregelung erfolgversprechend. Können sich Konflikte einfach manifestieren und erfolgt ihre Regelung gewaltfrei, so schreibt Dahrendorf (1961) Konflikten eine hohe schöpferische Wirksamkeit für die weitere Entwicklung der Gemeinschaft zu (S. 221 ff.).

Die hier vorgestellten konflikttheoretischen Ansätze sind vor dem Hintergrund unterschiedlicher Konfliktdomänen entstanden. Zur Einordnung dieser beiden Ansätze und zur Eingrenzung des im weiteren zu verfolgenden Konfliktbegriffs sollen im folgenden wichtige Dimensionen[1] einer Konfliktklassifikation diskutiert werden.

Dahrendorf (1961, S. 203 f.) klassifiziert Konflikte gemäß des "Umfangs der sozialen Einheit ..., innerhalb derer ein gegebener Konflikt besteht". Dabei unterscheidet er zwischen:
- Rollenkonflikten einer Person,
- Konflikten in Gruppen,
- Konflikten in Sektoren,
- Konflikten auf der Ebene einer Gesellschaft,
- Konflikten in übergesellschaftlichen Verbindungen.

Außerdem klassifiziert er Konflikte gemäß dem dabei zugrunde liegenden Rangverhältnis der am Konflikt Beteiligten. Diesbezüglich unterscheidet er (vgl. Dahrendorf 1961, S. 204 f.):
- Konflikte zwischen prinzipiell Gleichrangigen,
- Konflikte zwischen einander über- bzw. untergeordneten Gegnern,
- Konflikte zwischen dem Ganzen einer bestimmten Einheit und einem ihrer Teile.

Pondy (1967) führt diese Klassifikation weiter und führt drei Rahmentypen für die Handhabung sozialer Konflikte ein: Verhandlungsmodell, bürokratisches Modell und Systemmodell. Eine weitere in unserem Zusammenhang wichtige

---

[1] Es sollen hier nur einzelne für den weiteren Verlauf der Untersuchung wichtige Dimensionen dargestellt werden, weil es bisher keine in den Sozialwissenschaften allgemein anerkannte Konfliktklassifikation gibt (vgl. Fink 1968, S. 416 ff.; Grunwald 1981, S. 56; Glasl 1992, S. 95 ff.).

Klassifizierungsdimension stellen die Streitgegenstände dar. Pondy (1969) unterscheidet zwischen "strategischen" und "friktionalen"Konflikten. Während bei ersterem Konflikttyp eine Änderung der Gesamtorganisation bzw. der Gesamtgesellschaft angestrebt wird, werden in letzterem Typus solch weitreichende Fragen ausgeklammert und lediglich konkrete Probleme zwischen den Konfliktparteien zum Gegenstand des Konflikts gemacht.

Nun stellt sich die Frage, welche Rolle ein sozialer Konflikt bei kooperativer Arbeit hat. In der konflikttheoretischen Literatur finden sich verschiedene Auffassungen zum Verhältnis der Begriffe Kooperation und Konflikt zueinander. Grunwald (1981, S. 76 f.) stellt zwar fest, daß diese Begriffe[1] häufig als Gegenbegriffe in der Literatur gebraucht werden, spricht sich aber als Konsequenz aus theoretischen und empirischen Erkenntnissen dafür aus, diese Konzepte als zwei unabhängige Dimensionen zu sehen, die in der Realität häufig eng miteinander verwoben auftreten. Easterbrook u. a. (1993, S. 3) vertreten ebenfalls die Auffassung, daß aufgrund individueller Unterschiede der Beteiligten kooperative Arbeit von Konflikten begleitet sein wird. Auch Friedrich (1994, S. 19 f.) geht davon aus, daß Kooperation und Konflikt komplementäre Merkmale von Gruppenarbeit sind. Diese Annahmen können sich auf empirische Ergebnisse der Kleingruppenforschung stützen. So kommt Brehmer (1976) zum Schluß, daß, selbst wenn keine Gegensätze zwischen den Kooperierenden in Zielen, Interessen und Motivation vorliegen, die durch unterschiedliche Vorerfahrung geprägten Sichtweisen der Gruppenmitglieder mit großer Wahrscheinlichkeit zu Konflikten führen. Dieses komplementäre Verhältnis zwischen Kooperation und Konflikt läßt vermuten, daß bei der Herstellung und dem Gebrauch von Groupware mit Konflikten zu rechnen ist, die sich bei der Nutzung des durch technische Flexibilität entstehenden Handlungs- und Gestaltungsspielraums manifestieren werden.

Ich will im folgenden den Untersuchungsgegenstand dadurch einschränken, daß lediglich Konflikte, die während der Nutzung und Anpassung von Groupware entstehen, thematisiert werden. Dabei soll folgende Konfliktdefinition für die weiteren Überlegungen verfolgt werden:

Ein *groupware-spezifischer Konflikt* ergibt sich durch die Nutzung oder Anpassung von Groupware
- zwischen mindestens zwei Rollenträgern (Individuen oder Gruppen),
- wobei mindestens ein Rollenträger
- Unvereinbarkeit
- mit einem anderen Rollenträger in der Art erlebt,

---

[1]Grunwald benutzt anstelle des Begriffs "Konflikt" den Begriff "Konkurrenz", der für ihn einen Unterbegriff der Konfliktdefinition darstellt (1981, S. 70).

- daß durch dessen Aktivierung einer Funktion eine Beeinträchtigung seinerseits erfolgt bzw. erfolgen würde, wenn sie ihm bekannt wäre.

Diese Konfliktdefinition setzt voraus, daß eine Groupwareanwendung sich bereits im Einsatz befindet und Nutzer die beschriebenen Beeinträchtigungen als Konsequenz der Ausführung einzelner Funktionen in einer konkreten Nutzungssituation erfahren bzw. erfahren würden, wenn sie ihnen erkennbar wären. Für die Herstellung und Konfiguration von Anwendungen ist es aber wichtig, vor Einführung Aussagen über zu erwartende Konflikte treffen zu können. Ich bezeichne solche Annahmen als *groupware-spezifisches Konfliktpotential*.

Die Ausführung von Nutzungs- oder Anpassungsfunktionen bewirkt einen Zustandsübergang in einer Anwendung (vgl. Kap. 2.1).[1] Bestehen hinsichtlich eines solchen Zustandsübergangs unvereinbare Handlungsorientierungen verschiedener Nutzer in dem Sinne, daß einer von ihnen dadurch eine Beeinträchtigung seinerseits erwartet, so sollen diese im folgenden als *Interessengegensätze* zwischen diesen *Rollenträgern* bezeichnet werden. Sind solche Interessengegensätze feststellbar, so kennzeichnen sie ein groupware-spezifisches Konfliktpotential.

Bei der Suche nach dem groupware-spezifischem Konfliktpotential einer Anwendung kann auf die Ergebnisse der arbeitswissenschaftlichen Diskussion um die Gestaltung menschengerechter Arbeit – insbesondere die arbeitswissenschaftlichen Humankriterien (vgl. Kap. 7) – zurückgegriffen werden. Wann immer die Nutzung oder Anpassung von Groupware solche Grundsätze aus der Perspektive einzelner Nutzer verletzt, ist zu vermuten, daß ein groupware-spezifisches Konfliktpotential besteht. Insofern kann beispielsweise ein Verstoß gegen die software-ergonomischen Gestaltungsgrundsätze nach Informationsangemessenheit, informationeller Moderierbarkeit, Transparenz und Steuerbarkeit der wechselseitigen Beeinflussung (vgl. Herrmann, Wulf und Hartmann 1993, S. 194ff; Herrmann 1994, S. 65ff) auf die Existenz groupware-spezifischen Konfliktpotentials hindeuten.

Obiges an Glasls Definition eines sozialen Konflikts angelehnte Konfliktverständnis unterscheidet sich von diesem in zwei Punkten. Zunächst ist die Interaktionssituation stark eingeschränkt auf Konflikte, die durch die Nutzung und Anpassung von Groupware entstehen. Die Einschränkung auf Konflikte im Zusammenhang mit Groupware motiviert sich aus der informatikbezogenen Frage-

---

[1]Ich werde im folgenden beim Konfliktmanagement nicht mehr zwischen den Aktivitäten der Nutzung und der Anpassung unterscheiden. Diese Unterscheidung ist immer relativ zu den Aufgaben der betrachteten Akteure. Die Aktivierung einer bestimmten Funktion mag für einen lokalen Experten eine Nutzung darstellen, weil seine Aufgabe in der Anpassung des Systems besteht. Die Aktivierung derselben Funktion kann für einen Nutzer dagegen eine Anpassung darstellen. Unabhängig von dieser Unterscheidung kann für die Betroffenen ein Konfliktpotential bestehen.

stellung der Arbeit. Darüber hinaus werden hier Konflikte ausgeblendet, die bei der Herstellung dieser technischen Artefakte entstehen. Dies ergibt sich aus der stärker software-ergonomischen denn software-technischen Schwerpunktsetzung. Nichtsdestotrotz ist diese Definition in einer Hinsicht breiter als Glasls Konfliktverständnis, weil auch ein bestimmter Typus latenter Konflikte miteinbezogen wird. Immer dann, wenn sich Konflikte nur deshalb nicht unmittelbar manifestieren, weil den Beteiligten das Handeln anderer Rollenträger verborgen bleibt, soll hier trotzdem von einem Konflikt gesprochen werden. Diese Erweiterung der Definition ist notwendig, um Konflikte thematisieren zu können, die sich deshalb nicht unmittelbar manifestieren, weil einzelne Nutzer von Groupware auf Grund zeitlicher oder räumlicher Trennung konfligierende Handlungen nicht erkennen (vgl. Kap. 4.2).

Falls sich also groupware-spezifische Konflikte nachweisen lassen, stellen sie eine Teilmenge der sozialen Konflikte dar. Es handelt sich dabei um Konflikte auf der Ebene von Gruppen, d. h. zwischen einzelnen Personen oder Gruppen. Da bereits bei der Entscheidung über die Einführung einer Groupwareanwendung und der Gestaltung der einzelnen Funktionen tiefergreifende Konflikte geregelt sein sollten[1], handelt es sich hinsichtlich des Streitgegenstandes hier eher um friktionale denn um strategische Konflikte. Über die Art der Rangordnung der Konfliktparteien zueinander wird in obiger Definition nichts ausgesagt. Sie ergibt sich aus dem Anwendungskontext.

Groupware-spezifische Konflikte stellen eine spezielle Form sozialer Konflikte dar. Sie definieren sich über den Anlaß ihrer Manifestierung - der Nutzung und Anpassung von Groupware. Dadurch, daß bei der Einführung von Groupware bestimmte soziale Akteure in durch die jeweiligen Funktionen formalisierte Beziehungen zueinander gesetzt werden, können sowohl neue soziale Konflikte entstehen als auch zuvor lediglich latent bestehende soziale Konflikte sich manifestieren. Außerdem ist es möglich, daß bereits zuvor manifestierte soziale Konflikte durch den Einsatz einer bestimmten Groupwarefunktionalität einen veränderten Kristallisationspunkt erfahren. Die Ausgestaltung der Funktionalität von Groupware beinhaltet somit Konfliktpotential, das durch die übrigen Konfliktpotentiale des Anwendungskontextes verstärkt werden kann.

---

[1] Ein vielzitiertes Beispiel für mangelnde Berücksichtigung des Konfliktpotentials einzelner Leistungsmerkmale bei der Herstellung von Software stellt die Kanaletablierungsfunktion im bundesdeutschen ISDN-Netz dar. Dort wird die Anruferidentifizierung starr mit dem Kanalaufbau verknüpft, so daß Telefonate im ISDN-Netz lediglich gekoppelt an eine Vorabidentifizierung des Anrufers erfolgen können. Diese Designentscheidung beinhaltet keine technische Flexibilität bezüglich der Anruferidentifizierung für die Nutzer, und somit besteht auch diesbezüglich kein groupware-spezifisches Konfliktpotential. Nichtsdestotrotz entfällt durch diese Entscheidung die Möglichkeit, anonym kommunizieren zu können, was Konflikte bezüglich dieser Designentscheidung zur Folge hatte (vgl. Kubicek 1987; Roßnagel 1990).

Je nach der Art der Funktionen, bei deren Nutzung oder Anpassung sich groupware-spezifische Konflikte manifestieren, können diese unterschiedliche Gegenstände berühren. Dabei erscheinen insbesondere die folgenden Konfliktgegenstände von Bedeutung:

- Konflikte, die die Arbeitsteilung zwischen Nutzern zum Gegenstand haben,
- Konflikte, die sich aus der Erzeugung, Verarbeitung und Nutzung von personenbezogenen Daten zum Gegenstand ergeben,
- Konflikte, die die Frage zum Gegenstand haben, welcher Nutzer wann mit wem und unter welchen Bedingungen technisch vermittelt kommuniziert,
- Konflikte, die den Zugang zu und den Umgang mit gemeinsam genutzten Ressourcen zum Gegenstand haben,
- Konflikte, die sich aus der Koordination verteilt vorgenommener Arbeitsschritte ergeben.

Aus der Art des Konfliktgegenstandes lassen sich Hinweise darauf ableiten, wie mit den jeweils entstehenden Beeinträchtigungen einzelner Rollenträger im Sinne eines menschengerechten Konfliktmanagements umzugehen ist (vgl. Kap. 7).

In obiger Konfliktdefinition wird der Rollenbegriff benutzt, um – in Dahrendorfs Terminologie gesprochen – die beiden Seiten der aus der Nutzung und Anpassung von Groupware resultierenden Konfliktfronten[1] zu unterscheiden. Mit *Rollen* sollen einerseits die Handlungsmöglichkeiten aus der Perspektive der aktiv eine Funktion Nutzenden und andererseits die dabei entstehenden Effekte aus der Perspektive der davon Betroffenen dargestellt werden. Rollen beziehen sich also immer auf eine bestimmte Funktion von Groupware und dienen dazu, die durch den Gebrauch einer Funktion entstehenden Konfliktkonstellationen unabhängig von einzelnen Nutzern analysieren und bewerten zu können. Bei der Funktion Telefonumleitung sind beispielsweise die folgenden Rollen zu berücksichtigen: Umleitender, Umgeleiteter und Ersatzempfänger. Durch die Aktivierung dieser Funktion nimmt ein bestimmter Nutzer die Rolle des Umleitenden ein und wird mit bestimmten Handlungsmöglichkeiten versehen - wie beispielsweise über die Dauer der Umleitung zu entscheiden. Für den betroffenen Nutzer, der durch die Umleitung in die Rolle des Ersatzempfängers gerät, ergeben sich aus der Aktivierung der Funktion ebenso Effekte wie für Nutzer, die in die Rolle der Umgeleiteten geraten.

In diesem Sinne wurde der Rollenbegriff bereits in einigen Arbeiten zur software-ergonomischen Gestaltung von Groupware benutzt (vgl. Grudin 1989, S. 246; Höller 1993, S. 242 ff.; Wulf 1993, S. 279 ff., implizit bei: Hammer, Pordesch,

---

[1]Ich werde im folgenden den Begriff Dahrendorfs "Konfliktfront" durch den Begriff "Konfliktkonstellation" ersetzen.

Roßnagel 1993, S. 119 ff.). Dieser Rollenbegriff unterscheidet sich von der soziologischen Kategorie der sozialen Rolle (vgl. Dahrendorf 1977, S. 33 ff.; Wiswede 1977, S. 14 ff.)[1] ebenso wie vom Gebrauch dieses Begriffs im Rahmen bestimmter Implementierungstechnik für Groupware (z. B.: Kreifelts u. a. 1984, 1991; Trevor, Rodden, Blair 1993).[2] Im folgenden will ich den oben definierten Rollenbegriff verwenden, um bei der Nutzung und Anpassung von Groupware bestehende Konfliktpotentiale aufzuzeigen.

In dieser Arbeit werde ich groupware-spezifische Konflikte auf verschiedenen Abstraktionsebenen betrachten, um Hinweise zu ihrer Regelung abzuleiten. Dazu ist es notwendig, die das Konfliktpotential beinhaltende Funktionalität ebenfalls auf verschiedenen Abstraktionsebenen zu klassifizieren.[3] Da sich die Konfliktkonstellationen und somit die Definition von Rollen immer aus der betrachteten Funktionalität ergibt, erfordert dieses Vorgehen auch Rollenbegriffe auf verschiedenen Abstraktionsebenen. Auf der allgemeinsten Ebene werde ich nun die Rollen Aktivator und Betroffener unterscheiden. *Aktivator* ist derjenige, der eine Funktion aktiv nutzt oder anpaßt. *Betroffene* sind diejenigen, die dadurch eine Unvereinbarkeit mit ihren Interessen empfinden könnten. Die Rolle der Betroffenen wird im Laufe der Arbeit weiter ausdifferenziert (vgl. Kap. 4.4, 8 und 9).

Da die verschiedenen konflikttheoretischen Ansätze auch für den Umgang mit Konflikten eine unterschiedliche Terminologie verwenden, will ich hier die von mir im weiteren genutzte Begrifflichkeit klarlegen. *Konfliktregelung* wird als der

---

[1]Dahrendorf versteht unter sozialer Rolle "Bündel von Erwartungen, die sich in einer gegebenen Gesellschaft an das Verhalten von Trägern von Positionen knüpfen" (Dahrendorf 1977, S 33). In der von Dahrendorf gewählten Terminologie wäre das Pendant die "soziale Position". Mit Hilfe dieses Terms beschreibt er Konfliktparteien wie folgt: "Aufgrund des jeweils relevanten Strukturmerkmals lassen sich in der betreffenden sozialen Einheit zwei Aggregate sozialer Positionen, die "bciden Seiten" der Konfliktfront unterscheiden ..." (Dahrendorf 1961, S. 218). Der in diesem Zusammenhang interessanten Frage, inwieweit durch Funktionen in Groupware zur Definition sozialer Rollen in bestimmten Anwendungskontexten beigetragen wird, soll an dieser Stelle nicht nachgegangen werden.

[2]Kreifelts u. a. (1984, 1991) verwenden den Rollenbegriff bei elektronischen Vorgangsbearbeitungssystemen als Beschreibungselement, um daran einzelne bei der Bearbeitung eines bestimmten Vorgangstyps notwendige Aktionen zu binden. Trevor, Rodden und Blair (1993, S. 22 f.) nutzen diesen Begriff, um daran Zugriffsrechte zu binden. In beiden Ansätzen sind Rollen eine Zwischeninstanz, um Zugangsrecht oder Leistungsmerkmale in sich im zeitlichen Verlauf verändernder Weise einzelnen Nutzern zur Verfügung zu stellen.

[3]Diese Abstraktionsebenen reichen von der allgemeinen Klassifizierung der Funktionalität für Groupware (vgl. Kap. 2.1) bis hin zur Betrachtung einer einzelnen Funktion in einem konkreten Anwendungskontext.

Prozeß verstanden, eine Lösung[1] für einen manifesten Konflikt zu finden. Aus den Besonderheiten groupware-spezifischer Konflikte ergibt sich, daß es sich dabei nur um eine Konfliktlösung hinsichtlich der Frage handelt, ob und wie ein vom Aktivator vorgeschlagener Zustandübergang erfolgen soll. Erfolgt die Konfliktregelung nach zuvor festgelegten "Spielregeln", so sollen diese als *Mechanismen der Konfliktregelung* bezeichnet werden. Die Auswahl der für ein bestimmtes Konfliktpotential geeigneten Konfliktregelungsmechanismen soll im folgenden Konfliktmanagement genannt werden.

---

[1]Wenn wir im folgenden trotzdem von Konfliktlösungen sprechen, dann handelt es sich - im Sinne Dahrendorfs - um Quasilösungen, die einen Konflikt für einen bestimmten Zeitabschnitt verschwinden lassen (vgl. Dorow 1978, S. 226 f.). Das Konfliktpotential bleibt weiter bestehen.

3 Ansätze zum Umgang mit Konfikten bei Groupware

Im folgenden soll ein Überblick über bereits bestehende Ansätze des Konfliktmanagements bei Groupware gegeben werden. Das Kapitel beginnt damit, in der Literatur zu findende Hinweise auf die Existenz groupware-spezifischer Konflikte darzustellen. Es werden dazu Fallstudien aus der CSCW-Literatur wiedergegeben und die Ergebnisse einer empirischen Studie vorgestellt. Neben der empirischen Untersuchung von Konflikten im Anwendungskontext ist es aber auch wichtig, das Konfliktpotential einzelner Funktionen vor dem Einsatz zu erkennen. Dazu sollen die Ergebnisse zweier auf (grund)rechtlicher Evaluation der Funktionalität von Groupware basierender Arbeiten vorgestellt werden. Nachdem auf diese Weise die Notwendigkeit für ein Konfliktmanagement erhärtet wurde, soll untersucht werden, mit welchen technischen Mechanismen Konflikte bis dato bei Groupware geregelt wurden. Aus der kritischen Betrachtung der bisherigen Arbeiten läßt sich letztendlich die mit dieser Arbeit zu besetzende Lücke definieren.

3.1 Zur Existenz groupware-spezifischer Konflikte

In der CSCW-Literatur finden sich einige allgemeine Hinweise darauf, daß kooperative Tätigkeiten Konfliktpotential beinhalten. So ist Schmidt (1991, S. 9) auf die potentielle Konflikthaftigkeit des Verhältnisses der Groupwarenutzer zueinander eingegangen. Er geht davon aus, "daß kooperierende Gruppen eher Koalitionen von divergierenden und sogar konfligierenden Interessen sind, denn perfekt zusammenarbeitende Ensembles"[1]. Auch Easterbrook u. a. (1993, S. 15) kommen als Ergebnis einer Literaturstudie zu der Feststellung, daß Spannungen, die zu Konflikten führen können, in fast allen kooperierenden Gruppen gefunden werden können.

Das dieser Arbeit zugrunde liegende breite Verständnis von Groupware beinhaltet auch Systeme, die ausschließlich der technischen Unterstützung der Kommunikation zwischen ihren Nutzern dienen. Dies läßt das Konfliktpotential sogar größer erscheinen, weil bei der Nutzung all dieser Anwendungen nicht immer davon auszugehen ist, daß die bei kooperativer Arbeit bestehende zumindest partielle Übereinstimmung der Ziele der Beteiligten gegeben ist (vgl. Oberquelle 1991, S. 4; Piepenburg 1991, S. 81 ff.). Fehlende Ziel-Übereinstimmung kann aber das Konfliktpotential erhöhen.

---

[1]Übersetzt aus dem Englischen vom Verfasser.

Der Frage nach der Existenz von groupware-spezifischen Konflikten soll in zwei Schritten nachgegangen werden. Zunächst wird ein Überblick über den Stand der Literatur im Hinblick darauf gegeben, inwiefern Konflikte beim Gebrauch einzelner Funktionen manifest geworden sind. Danach werden Ergebnisse der Untersuchung des Konfliktpotentials einzelner Funktionen präsentiert.

3.1.1   Konflikte in einzelnen Fallstudien

Hinsichtlich der Frage, ob sich die hier allgemein unterstellten Konflikte bei der Nutzung bestimmter Funktionen manifestieren, gibt es bisher keine systematischen empirischen Untersuchungen. Ich will zunächst zwei Fallstudien aus dem Bereich der Zeitmanagementsysteme behandeln, die nicht in den Bereich groupware-spezifischer Konflikte fallen, weil dabei Designfragen angesprochen werden. Diese veranschaulichen das Konfliktpotential, das in einzelnen Anwendungskontexten von Groupware besteht. Aus diesen Fallstudien lassen sich außerdem Vermutungen über groupware-spezifisches Konfliktpotential ableiten.

Grudin (1989, S. 246 ff.) hat den Einsatz eines elektronischen Terminplanungswerkzeugs untersucht und darauf hingewiesen, daß dessen Gebrauch zu einer Umverteilung von Arbeit führt. Die daraus resultierenden Konflikte behindern die Nutzung der Systeme wesentlich. Das untersuchte Terminplanungstool sucht nach den Vorgaben des Aktivators automatisch einen freien Termin für eine Gruppenbesprechung und teilt diesen den Beteiligten mit. Dazu ist es erforderlich, daß alle Gruppenmitglieder ihre persönlichen Termine permanent eingeben und so die Datenbasis des Tools aktuell halten. Der Anwendungskontext war der Art, daß vornehmlich Manager zu gemeinsamen Treffen einluden und dabei das System aktiv nutzten, während die übrigen Beschäftigten keine Gelegenheit hatten, das System aktiv zu nutzen, sondern lediglich zur Pflege der Datenbasis verpflichtet waren.

Der in dieser Fallstudie dokumentierte Konflikt hatte seine Ursache darin, daß durch den Gebrauch des Systems eine Gruppe von Nutzern – hier die Manager – eine geringere Arbeitsbelastung erfuhren, während die übrigen Nutzer zusätzlich belastet wurden. Dieser Konflikt war bereits im Design dieser Anwendung angelegt, weil das Terminplanungstool nur sinnvoll nutzbar war, wenn jedes Gruppenmitglied seine Termine auf dem aktuellen Stand hielt. Die eigentliche Nutzung des Tools - d. h. die Aktualisierung eigener Termine und gemeinsame Terminplanung - führte zu keinen Beeinträchtigungen der übrigen Beteiligten. Insofern kann hier nicht von einem groupware-spezifischen Konflikt gesprochen werden. Groupware-spezifische Konflikte würden vorliegen, wenn das Terminplanungstool dem aktiven Nutzer Flexibilität durch Auswahl zwischen verschiedenen Terminallokationsstrategien geben würde und die Auswahl einer Strategie zu Beeinträchtigungen der anderen Nutzer führen würde.

Egger und Wagner (1992, S. 254) sowie Gärtner und Egger (1994, S. 273 ff.) führen eine weitere Konfliktkonstellation aus dem Bereich der Zeitmanagementsysteme aus. Sie beschreiben Konflikte zwischen den Nutzergruppen Chirurgen, Anästhesisten und Schwestern bezüglich der Ausgestaltung eines Zeitplanungssystems in einer Universitätsklinik. Während die Chirurgen das Führen eines elektronischen Kalenders als Einschränkung ihrer zeitlichen Spielräume sehen, erhofften sich Schwestern und Anästhesisten erhebliche Vorteile davon, so ihre Präferenzen in die Zeitplanung besser einbringen zu können.

Der hier dokumentierte Konflikt manifestierte sich während der Spezifikationsphase bei der Entwicklung eines Groupwaretools. Daraus resultierten unterschiedliche Anforderungen an das Systemdesign. Die hier angesprochenen Interessengegensätze zwischen den verschiedenen Berufsgruppen sind grundsätzlicher Natur und lassen sich auf unterschiedlich stark ausgeprägte Einflußmöglichkeiten auf die gemeinsame Zeitplanung im vortechnischen Zustand zurückführen. Auch dieser Typus von Konflikten soll im folgenden nicht weiter diskutiert werden, weil er sich während der Herstellung einer Anwendung manifestierte. Würden die konfligierenden Anforderungen allerdings in verschiedenen alternativen Ausprägungen der Funktionalität umgesetzt, so könnten sich daraus groupware-spezifische Konflikte ergeben, wenn einzelne Nutzer die Auswahl bestimmter Alternativen als Beeinträchtigung empfänden.

Groupware-spezifische Konflikte wurden beim Gebrauch von Videokonferenzen nachgewiesen. Die dort dokumentierten Erfahrungen wurden in erster Linie im Forschungsbereich gesammelt. So haben Gaver u. a. (1992, S. 29 ff.) und Dourish (1993, S. 127 ff.) darauf hingewiesen, daß in den von ihnen entwickelten RAVE-Video-Kommunikationssystemen die "Glance"-Funktion den Aktivatoren die Möglichkeit bietet, eine Videokamera am Arbeitsplatz eines anderen Nutzers ohne dessen Einverständnis zu aktivieren. Dies führte zu Konflikten zwischen den Nutzern. Die Autoren, die selbst zum Kreise der Nutzer gehören, berichten über die von ihnen empfundene Ambivalenz dieser Funktionen. Einerseits verbessern sie die – auch informellen – Kommunikationsmöglichkeiten, andererseits gehen damit Störungen der eigenen Arbeit und Beeinträchtigungen durch Überwachungsmöglichkeiten einher.

Auch Cool u. a. (1992, S. 30) berichten von Konflikten zwischen Nutzern bei einzelnen Funktionen des Cruiser-Video-Kommunikationssystems. Sie beschreiben Konflikte zwischen Nutzern hinsichtlich des Kanalaufbaus. Die interviewten Nutzer sprachen einerseits dabei den Wunsch an, jederzeit einen Gesprächspartner erreichen zu können, und andererseits forderten sie die Möglichkeit, abgeschottet zu sein und keinen Einblick in den persönlichen Arbeitsbereich zu geben. Die aus einem Kanalaufbau entstehenden Beeinträchtigungen werden von den Nutzern in der Rolle der von einem Kanalaufbau Betroffenen insbesondere deshalb als so schwerwiegend empfunden, weil sie Videokanäle als die Privatheit stärker störend empfinden als ein persönliches Gespräch im Büro.

Ein weiterer Konflikt besteht bei transparenzschaffenden Funktionen, die die Aktivierung einer Abschottung anzeigen. Während Nutzer in der Rolle des Betroffenen, dessen Kanalaufbauwunsch sich nicht realisieren läßt, genau wissen wollen, warum dies nicht möglich ist und wie lange die Abschottung noch aktiv ist, war der Aktivator daran interessiert, die Nutzung der Abschottungsfunktion nicht transparent werden zu lassen (vgl. Cool u. a. 1992, S. 30).

Die von Cool u. a. (1992) dokumentierten Konflikte manifestierten sich im Verlauf eines evolutionären Software-Entwicklungsprozesses bei der Nutzung einer Version, in der die genannten Funktionen implementiert waren. Sie wurden durch eine rollenorientierte Befragung der Nutzer erhoben. Der Nutzungskontext der Anwendung war derart, daß alle Nutzer prinzipiell die Möglichkeit hatten, die verschiedenen durch die Funktion entstehenden Rollen im zeitlichen Verlauf einzunehmen. Dadurch sind die jeweiligen Konfliktkonstellationen zwischen den Nutzern vom Zeitpunkt der Nutzung abhängig. Natürlich wurden Videoverbindungen von den Nutzern zu bestimmten anderen Zeitpunkten nicht als störend empfunden.

Über groupware-spezifische Konflikte wird auch bei der Nutzung gemeinsamer Datenbanken berichtet. Insbesondere der gleichzeitige Zugriff und die Aufrechterhaltung der Datenintegrität bei räumlich oder zeitlich verteiltem Arbeiten kann dann zu groupware-spezifischen Konflikten führen, wenn diese Aspekte der Datenbankfunktionalität aus Sicht der Nutzer flexibel gestaltet sind. Condon (1993, S. 176 ff.) beschreibt am Beispiel dreier Groupwareanwendungen Konflikte zwischen Nutzern, die beim zeitgleichen Zugriff auf kooperativ genutzte Daten und deren Manipulation entstehen können. Basierend auf den Erfahrungen, die er beim probeweisen Einsatz dieser Anwendungen innerhalb der Automobilindustrie gesammelt hat, diskutiert er das Konfliktpotential der genannten Funktionen, ohne die Existenz von Konflikten im einzelnen empirisch zu belegen.

Ein ähnliches Problem thematisieren Narayanaswamy und Goldman (1992, S. 257 ff.), die unterstellen, daß es beim kooperativen Erstellen von Programmcodes zu Konflikten zwischen den Nutzern kommt, die auf asynchron durchgeführten, nicht abgestimmten Veränderungen bereits erstellter Programmcodes beruhen. Solche Konflikte konnten beim Probeeinsatz des von ihnen entwickelten Tools zur kooperativen Software-Entwicklung festgestellt werden. Darüber hinaus wird von der Existenz groupware-spezifischer Konflikte beim Gebrauch von Anwendungen zur Unterstützung der Kooperation im Concurrent Engineering ausgegangen. Diese Konflikte entstehen, wenn einzelne Nutzer Daten manipulieren, die für andere Mitglieder eines Entwicklungsteams von Bedeutung sind (Bahler, Dupont und Bowen 1994, Easterbrook u.a. 1994, Mark und Dukes-Schlossberg 1994).

3.1.2   Konflikte in einer explorativen Feldstudie

Konflikte bei der Nutzung einzelner Funktionen von Groupware sind auch in einer explorativen Feldstudie zutage getreten. Dabei waren insgesamt 31 Nutzer von Groupware in zwei Anwendungsfeldern (einer Gemeindeverwaltung und einem weltweit operierenden Dienstleistungsunternehmen) mittels teilstrukturierter Interviews im Hinblick auf Nutzungsprobleme beim Einsatz von Groupware befragt worden. Die Befragung erfolgte zu bestimmten Problembereichen rollenorientiert. Hier sollen die Ergebnisse, die sich aus der Untersuchung der Konfliktpotentiale bei Funktionen des Ereignisdienstes und des Kanalaufbaus in ISDN-Telefonanlagen ergaben, zusammengefaßt werden.[1] Eine ausführlichere Darstellung findet sich bei Hartmann, Kahler und Wulf (1993 a/b); Wulf und Hartmann (1994) und Kahler (1994).

<u>Funktionen des Ereignisdienstes</u>

Die Ergebnisse der Befragung zeigten, daß einzelne Funktionen des Ereignisdienstes ambivalente Wirkungen haben. Auf der einen Seite können sie die Kooperations- und Kommunikationsbeziehungen zwischen den Nutzern fördern, auf der anderen Seite besteht die Gefahr der Leistungs- und Verhaltenskontrolle für die von der Aktivierung einer Funktion Betroffenen. Aus dieser Ambivalenz ergeben sich Beeinträchtigungen der Nutzer in der Rolle des Betroffenen, was zu Konflikten zwischen Aktivator und Betroffenem führte.

In den untersuchten Anwendungsfeldern hatten die Interviewpartner bereits Erfahrung mit folgenden Funktionen des Ereignisdienstes: Telefaxjournale, Telefonabrechnungslisten, Log-In-Protokollisten, Feedbackinformationen über das Lesen von E-mails und Statusinformationen über den Bearbeitungsstand bestimmter Vorgänge. In der Einschätzung dieser Funktionen kamen rollenspezifische Interessengegensätze zum Ausdruck. Während sich kein Befragter in der Rolle des aktiven Nutzers von transparenzschaffenden Funktionen gestört fühlte, äußerten mehrere Befragte dieses Gefühl in der Rolle des passiv Betroffenen (vgl. Wulf und Hartmann 1994).

Rollenspezifische Interessengegensätze dieser Art treten auch bei Einschätzungen zur Notwendigkeit zusätzlicher Funktionen des Ereignisdienstes zutage. Aus der Sicht des aktiven Nutzers erscheinen zusätzliche Funktionen des Ereignisdienstes erforderlich, sowohl zur Behebung von Koordinationsproblemen als auch zur Milderung von Intransparenzproblemen bei kommunikationsunter-

---

[1]Die Begriffe "Ereignisdienst" und "Kanalaufbau" sind in Kap. 2.1.2 eingeführt worden.

stützenden Systemen. Demgegenüber äußerte aber eine deutliche Mehrheit der Befragten in der Rolle der passiv Betroffenen Vorbehalte gegenüber Kontrollmöglichkeiten, die mit zusätzlichen Funktionen des Ereignisdienstes einhergehen. Andere Nutzer in der Rolle der passiv Betroffenen würden sich von zusätzlichen transparenzschaffenden Funktionen nicht gestört fühlen (vgl. Wulf und Hartmann 1994). Die Interessengegensätze zwischen den Aktivatoren und einer Teilgruppe der Betroffenen würden zu groupware-spezifischen Konflikten führen, wenn bei der Herstellung dieser Funktionen die unterschiedlichen Anforderungen umgesetzt werden und dadurch die jeweiligen Rollenträger flexible Nutzungs- und Anpassungsmöglichkeiten erhalten.

Ein Hinweis auf gewünschte Hilfsmittel zum Umgang mit Konflikten ergaben sich aus den Antworten auf die Frage, ob passiv Betroffene ihrerseits Transparenz über die Aktivierung von Funktionen des Ereignisdienstes wünschten. Dies wurde mehrheitlich gewünscht, von einem Benutzer aber begründet abgelehnt. Dies führe nach Meinung dieses Nutzers zu einer Spirale der Überwachungsmöglichkeiten. Unter den Bedingungen einer räumlich verteilten oder asynchronen Systemnutzung deutet der mehrheitlich vertretene Wunsch der Nutzer nach Transparenz darauf hin, daß technische Hilfsmittel zur Konfliktregelung in Groupware verfügbar sein sollten. Das Minderheitenvotum verdeutlicht dagegen, daß über deren Anwendung zum Konfliktmanagement in jedem Einzelfall zu entscheiden ist (vgl. Wulf und Hartmann 1994).[1]

<u>Kanalaufbau beim Telefon</u>

In den beiden untersuchten Anwendungsfeldern ließen sich auch bei der Nutzung des Telefons Konflikte feststellen. Einerseits werden die durch Telefonanlagen verursachten Störungen beklagt, andererseits stellt mangelnde Erreichbarkeit der gewünschten Gesprächspartner eine wichtige Beeinträchtigung bei der Arbeitsausführung dar. Es existieren rollenspezifische Interessengegensätze zwischen demjenigen, der einen synchronen Kommunikationskanal (z. B. Telefonanruf) zum Gegenüber errichten will (Anrufer) und dem davon betroffenen Empfänger (Angerufener). Dies wird in den Interviews insbesondere dadurch deutlich, daß Abschottung und veränderte Arbeitsteilung sowohl als wichtiges Mittel zur Linderung der Unterbrechungsprobleme genannt werden als auch als entscheidende Ursache des "Nichterreichens" von Gesprächspartnern (vgl. Kahler 1994).

Im Gegensatz zum Sender, der das "Nichterreichen" des gewünschten Gesprächspartners immer mit negativen persönlichen Empfindungen verbindet, ist die Haltung der Empfänger eher ambivalent. Die Empfänger sehen natürlich die

---

[1]Diese Anforderung wird in Kap. 6 aufzugreifen sein.

Notwendigkeit, Anrufe annehmen zu müssen. Deshalb sieht eine Gruppe der Befragten in der Rolle des Empfängers auch keine Möglichkeit zu einer Verbesserung ihrer Situation. Andere fordern dagegen mehr Optionen beim Umgang mit ankommenden Anrufen, also entweder die Möglichkeit zur Abschottung oder zur Anrufumleitung. Diese beiden Gruppen von Nutzern unterscheiden sich in der Rolle des Empfängers von Telefonaten hinsichtlich des von ihnen präferierten Umgangs mit eingehenden Telefonaten. Während die eine Gruppe fallweise auf technische Mechanismen zur Vermeidung von Störungen zurückgreifen möchte, sieht die andere Teilgruppe keinen Anlaß dazu. Dabei motivierte sich die Anforderung nach einem flexiblen Umgang mit Unterbrechungen bei der Gruppe der Empfänger aus wechselnden Arbeitsaufgaben. Sie verlangten nach Abschottung bzw. veränderter Arbeitsteilung in Phasen, in denen die Einzelnen ungestört und konzentriert arbeiten (wollen) (vgl. Kahler 1994).

Durch eine zeitweilig veränderte Arbeitsteilung taten sich weitere Konflikte auf zwischen denen, die von dieser Art der Arbeitsteilung profitieren, und denen, die zusätzliche Störungen in Vertretung eines Kollegen erdulden müssen. So verursacht die Funktion "Rufumleitung", die zu einer zeitweiligen Veränderung der Arbeitsteilung führt, Störungen in den untersuchten Anwendungsfeldern (vgl. Kahler 1994).

Bezogen auf die Kanaletablierung beim Telefon lassen sich groupware-spezifische Konflikte feststellen. Eine Teilgruppe der befragten Angerufenen wünschte technische Unterstützung bei der Konfliktregelung. Solche Mechanismen sollten allerdings im zeitlichen Verlauf flexibel eingesetzt werden können. Es gab außerdem Anzeichen dafür, daß die Konfliktregelungsmechanismen selbst wieder konfliktträchtig sein können.

3.1.3   Zusammenfassung

Bisher finden sich in der CSCW-Literatur nur wenige Hinweise auf die Existenz von groupware-spezifischen Konflikten. Dies läßt sich dadurch erklären, daß groupware-spezifische Konflikte bisher kaum Gegenstand wissenschaftlicher Erörterung und empirischer Untersuchungen waren. Die in der Literatur zu findenden Befunde erscheinen eher als Ergebnis zufälliger Beobachtungen denn als Resultat einer systematischen Untersuchung dieser Fragestellung. Der Mangel an empirischen Befunden kann neben fehlender Sensibilität für diese Fragestellung auch darin begründet liegen, daß viele dieser Systeme sich eher im (wissenschaftlichen) Pilotbetrieb denn im alltäglichen Einsatz befinden. Die Ergebnisse der explorativen Feldstudie weisen aber darauf hin, daß groupware-spezifische Konflikte in den untersuchten Anwendungskontexten bestanden und durch rollenorientierte Befragung erhoben werden konnten.

3.2 Analyse des Konfliktpotentials mittels (grund)rechtlicher Evaluation

Neben empirischen Untersuchungen zur Existenz von groupware-spezifischen Konflikten gibt es normative Ansätze, um auf Interessengegensätze zwischen Nutzern schließen zu können. In diesen Arbeiten wird zwar kein Nachweis für die Existenz groupware-spezifischer Konflikte gegeben. Dennoch sind die Arbeiten wichtig, weil sie dazu beitragen können, groupware-spezifisches Konfliktpotential vor Einführung der Anwendungen auszuweisen. Dazu wird in den beiden hier vorzustellenden Studien die Funktionalität existierender Anwendungen von Groupware auf der Basis rechtlicher[1] Anforderungen evaluiert. Widersprechen sich einzelne der rechtlich abgeleiteten Grundsätze aus der Perspektive verschiedener Rollen, so wird dieser Tatbestand als ein Indiz für das Vorliegen eines groupware-spezifischen Konfliktpotentials gewertet. Damit ist allerdings noch kein Nachweis dafür gegeben, daß die kontrastierten Konfliktpotentiale tatsächlich zu Konflikten in einem bestimmten Anwendungskontext führen.

3.2.1 KORA - Eine Methode zur Konkretisierung rechtlicher Gestaltungsvorschläge

Einen ersten methodischen Ansatz stellen Arbeiten dar, die aus rechtlichen Vorgaben Gestaltungsanforderungen für einzelne Groupware-Anwendungen ableiten. Unter Nutzung rechtlicher Vorgaben wurden Gestaltungsanforderungen für synchrone Telefonkommunikation in ISDN-Nebenstellenanlagen (vgl. Hammer, Pordesch, Roßnagel 1993), asynchrone Telekommunikation (Sprachserver) und Text- und Datenübertragung in ISDN-Anlagen (vgl. Andelfinger, Pordesch, Roßnagel 1991), Systeme zur Prüfung des rechtmäßigen Betriebs von ISDN-Anlagen (vgl. Pordesch, Hammer, Roßnagel 1991) sowie für den Einsatz elektronischer Signaturverfahren (vgl. Pordesch 1993) und für Verzeichnisdienste und Personal Digital Assistants in der Telekooperation (vgl. Hammer, Pordesch, Roßnagel, Schneider 1993) entwickelt. In diesen Fallbeispielen haben die Autoren Anwendungen untersucht, die entweder in den Bereich von Groupware fallen oder als Komponenten in Groupwareanwendungen integrierbar sind. Im Gegensatz zur gängigen Methodik der Ableitung software-ergonomischer Grundsätze erfolgt die Entwicklung von rechtlichen Gestaltungsanforderungen in diesen Studien einzelfallorientiert, d. h. für jede Anwendung wird die Ableitung neu vorgenom-

---

[1]Ich werde im folgenden auch die Arbeit von Höller (1993) hier einordnen, obwohl er seinen Evaluationsansatz sowohl auf rechtliche als auch software-ergonomische Vorarbeiten gründet. Dort, wo er den Umgang mit Konflikten thematisiert, argumentiert er aber ausschließlich rechtlich (vgl. ebenda, S. 219 ff.).

men. Aus den Erfahrungen der Ableitung rechtlicher Gestaltungsanforderungen in den einzelnen Anwendungsfällen ist dann ein verallgemeinertes Vorgehensmodell entstanden - die KORA-Methode (vgl. Hammer, Pordesch, Roßnagel 1993 a). Abbildung 3.1 gibt einen Überblick über das Vorgehen der KORA-Methode.

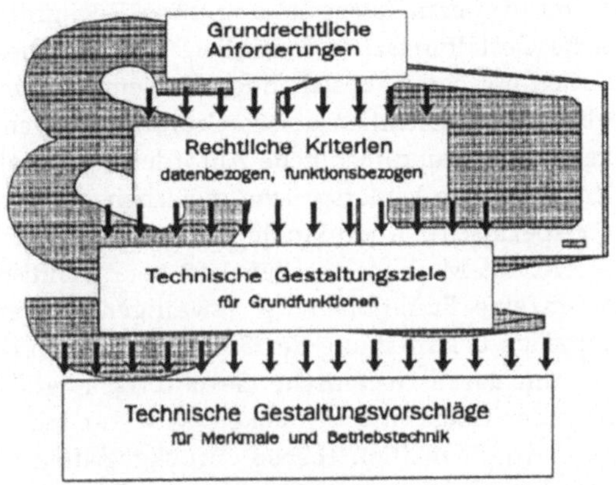

Abb. 3.1:   KORA - Ein Verfahren zur Konkretisierung rechtlicher Anforderungen
(vgl. Pordesch 1994, S. 198)

Die Methode KORA (Konkretisierung rechtlicher Anforderungen) besteht darin, aus rechtlichen Normen in vier Schritten technische Gestaltungsmaßnahmen für einzelne Funktionen abzuleiten. Im ersten Schritt werden rechtliche Vorgaben des Grundgesetzes, der Rechtssprechung des Bundesverfassungsgerichts und - so sie existieren - grundrechtskonkretisierende gesetzliche Regelungen gezielt im Hinblick auf die zu untersuchende Technik ausgewählt und daraus (grund)rechtliche Anforderungen abgeleitet.[1] Der Rückgriff auf das Grundgesetz erscheint an dieser Stelle erforderlich, weil bei neuen technischen Anwendungen rechtliche Regelungen vom Gesetzgeber noch nicht technik- und risikoadäquat konkretisiert sind (vgl. Hammer, Pordesch, Roßnagel 1993, S. 45 f.).

Aus diesen (grund)rechtlichen Anforderungen und den Konkretisierungen werden im zweiten Konkretisierungsschritt rechtliche Kriterien zur Bewertung und Gestaltung der betreffenden Anwendung entwickelt. Bis zu dieser Stelle sind die Anforderungen noch soziotechnischer Art und in dem Sinne allgemein, daß sie

---

[1]Bezogen auf die Gestaltung von ISDN-Telefonanlagen werden im ersten Schritt die folgenden sechs grundrechtlichen Anforderungen konkretisiert: Entfaltungsmöglichkeiten, unbefangene Kommunikation, informationelle Selbstbestimmung, kommunikative Selbstbestimmung, autonome Arbeitsgestaltung und Schutz von Geheimnissen (vgl. Hammer, Pordesch und Roßnagel 1993, S. 53 ff.).

sich nicht auf bestimmte Merkmale einer Anwendung beziehen.[1] Eine genauere Analyse des groupware-spezifischen Konfliktpotentials einer Anwendung erfolgt auf der dritten Stufe des KORA-Verfahrens. Hier wird zunächst eine Dekomposition und anschließende Klassifikation der in bestimmten Anwendungen vorzufindenden Funktionen vorgenommen. Als Ergebnis werden daraus sogenannte "Grundfunktionen"[2] definiert, die mit Hilfe der (grund)rechtlichen Anforderungen bewertet und für deren Ausgestaltung unter Rückgriff auf die rechtlichen Kriterien technische Gestaltungsziele formuliert werden. Diese technischen Gestaltungsziele werden mit bereits bestehenden Implementierungen dieser Grundfunktionen verglichen.[3] Hinsichtlich dieser Grundfunktionen wird eine Bewertung unter Rückgriff auf (grund)rechtliche Anforderungen vorgenommen. Dabei auftretende rollenspezifische Widersprüche zwischen den Anforderungen können als groupware-spezifisches Konfliktpotential gedeutet werden. Im letzten Ableitungsschritt der KORA-Methode werden konkrete technische Gestaltungsanforderungen für einzelne Funktionen der jeweiligen Anwendung entwickelt. Nach einer prinzipiellen Beschreibung der Funktion werden deren Chancen und Risiken diskutiert, um daraus technische Gestaltungsmöglichkeiten abzuleiten. Bei der Darstellung der Chancen und Risiken wird auf rechtliche Kriterien zur Untermauerung der Argumentation ebenso zurückgegriffen wie bei der Formulierung der technischen Gestaltungsmöglichkeiten. Die Ausformung konkreter Konfliktregelungsmechanismen für einzelne Funktionen erfolgt dabei unter Rückgriff auf die für die jeweilige Grundfunktion formulierten technischen Gestaltungsziele.

Die KORA-Methode beruht also nicht darauf, groupware-spezifische Konflikte empirisch festzustellen. Vielmehr wird davon ausgegangen, daß Konfliktpotential dann besteht, wenn sich (grund)rechtliche Anforderungen aus der Perspektive unterschiedlicher Rollen widersprechen. Am Beispiel der ISDN-Nebenstellenanlagen zeigt sich, daß auf diese Weise eine umfassende Untersuchung des Konfliktpotentials einer Anwendung möglich wird (vgl. Hammer, Pordesch, Roßnagel 1993). Die Suche nach Konfliktpotential erfolgt allerdings nicht immer systematisch, weil nicht zu jeder "Grundfunktion" eine rollenorientierte Bewer-

---

[1]Die folgenden rechtlichen Kriterien wurden für ISDN-Nebenstellenanlagen entwickelt: Transparenz, Entscheidungsfreiheit, Erforderlichkeit, Zweckbindung, Werkzeugeignung, Arbeitserleichterung, Anpassungsfähigkeit, Kontrolleignung und Techniksicherung (vgl. Hammer, Pordesch, Roßnagel 1993, S. 71 ff.).

[2]Man beachte, daß in dieser Arbeit der Begriff "Grundfunktion" anders genutzt wird.

[3]Im Falle der Untersuchung von ISDN-Telefonanlagen werden die folgenden Grundfunktionen gebildet: Identifizieren, Mikrophonfunktion im Endgerät, automatische Verbindungsannahme, Weitervermittlung, besondere Verbindungsvollendung, Gesprächsausweitung, Gesprächsaufzeichnung, Senden von Sprachmeldungen, Zustandsmeldungen, Kommunikationsadreßlisten, Berechtigungen und Zugriffsschutz am Endgerät (vgl. Hammer, Pordesch, Roßnagel 1993, S. 90 ff.).

tung mittels (grund)rechtlicher Anforderungen stattfindet.[1] Eine Verallgemeinerbarkeit der erzielten Ergebnisse findet ausschließlich innerhalb einer Anwendung durch die Einführung von "Grundfunktionen" statt. Da es keine darüber hinausgehende Klassifikation der Funktionalität gibt, können möglicherweise bestehende Widersprüche auf der Ebene der rechtlichen Kriterien nicht systematisch dargestellt und für die Erkennung von Konfliktpotentialen in anderen Anwendungen nutzbar gemacht werden.

3.2.2.   Gestaltungsanforderungen an (infrastrukturelle) Kommunikationssysteme

Ähnlich wie Hammer, Pordesch und Roßnagel (1993) geht Höller (1993, 1994) bei der Analyse des Konfliktpotentials nicht empirisch sondern normativ vor. Er entwickelt zunächst einen Bewertungsansatz für bestimmte von der CCITT-Norm X.400 festgelegte Aspekte der Funktionalität von Message-Handling-Systemen (Höller 1993). Im folgenden weitet er den Gegenstandsbereich seines Bewertungsansatzes auf eine ganze Klasse Groupwareanwendungen - die infrastrukturellen Kommunikationssysteme - aus. Dazu zählt er Telefon, elektronische Postsysteme, Telefax oder den Mobilfunk (vgl. Höller 1994, S. 220 f).

Um Konfliktpotential aufzuspüren, geht er systematisch vor. Er nimmt eine Klassifizierung der von ihm betrachteten Funktionen vor. Dabei unterscheidet er bei den Funktionen zwischen solchen, die das "orginäre Nutzungsinteresse" nach dem Austausch von Inhaltsdaten zwischen Sendern und Empfängern berühren, und anderen Funktionen, die Transparenz über die genauen Umstände der Nachrichtenzustellung geben (vgl. Höller 1993, S. 218, 221).

Für jede dieser beiden Teilfunktionalitäten leitet er spezifische Gestaltungsanforderungen ab. Dabei stützt er sein Vorgehen einerseits auf die Diskussion um eine software-ergonomische Gestaltung von Einzelarbeitsplätzen - insbesondere der DIN 66234 Teil 8 - und andererseits auf die im vorigen Kapitel vorgestellten Ergebnisse zur rechtlichen Bewertung einzelner Anwendungen. Da Höller davon ausgeht, daß die von ihm betrachteten Kommunikationssysteme "nicht den bestimmenden Ausschnitt einer übergeordneten Aufgabe" (1993, S. 214) technisch unterstützen, bezieht er sich - unter Vernachlässigung der aufgabenbezogenen Aspekte - auf solche software-ergonomischen Gestaltungsgrundsätze, die sich am Schutz und der Förderung der Persönlichkeit der Nutzer orientieren. Er verbindet diese mit den auf der zweiten Stufe der KORA-Methode abgeleiteten rechtlichen Gestaltungskriterien.

---

[1]So wird beispielsweise bei der Untersuchung von ISDN-Nebenstellenanlagen die Grundfunktion "Senden von Sprachmitteilungen" ausschließlich aus Sicht des Senders betrachtet (vgl. ebenda, S. 107 f.). Dies führt dazu, daß auf der Ebene der konkreten Gestaltung einzelner Funktionen hinsichtlich des Leistungsmerkmals "Verteiler" Probleme der Empfänger durch Informationsüberflutung nicht thematisiert werden (vgl. ebenda, S. 169 f.).

Die so abgeleiteten Gestaltungsanforderungen berücksichtigen den speziellen Anwendungskontext der Kommunikationssysteme nicht. Sie basieren lediglich auf der Annahme, daß die Systeme zum Nachrichtenaustausch zwischen "freien Individuen" genutzt werden (vgl. Höller 1993, S. 202). Die folgenden Gestaltungsanforderungen werden benutzt, um das Konfliktpotential einzelner Funktionen aufzudecken.

Flexibilität — "Die Flexibilität ist für einen Teilnehmer an einem System dann gegeben, wenn ihm für verschiedene Nutzungssituationen jeweils die Nutzungsoptionen zur Verfügung stehen, die er benötigt, um seine Kommunikationsinteressen optimal zur Geltung zu bringen" (Höller 1994, S. 221). Diese Anforderung ist aus den software-ergonomischen Anforderungen nach Steuerbarkeit (vgl. DIN 1988 S. 2) bzw. Flexibilität (vgl. Oppermann u. a. 1988, Balzert 1988) und dem rechtlichen Gestaltungskriterium nach Entscheidungsfreiheit (vgl. Kap. 3.3.1) abgeleitet.[1]

Voraussetzung für die Systemnutzung ist s. E. eine Gestaltung der Funktionen, die den Nutzern die jeweilige Kommunikationssituation transparent machen. Die Anforderung nach Transparenz leitet Höller aus der einzelplatzorientierten software-ergonomischen Forderung nach Selbstbeschreibungsfähigkeit (vgl. DIN 1988, S. 3) und dem rechtlichen Gestaltungskriterium nach Transparenz (vgl. Kap. 3.3.1) ab. Zur differenzierten Behandlung der Problematik, inwieweit durch Transparenz die Interessen anderer Nutzer berührt werden, unterteilt Höller die Transparenzanforderung in zwei Aspekte. Funktionsorientierte Transparenz unterstützt die Nutzer, standardisiert vorgegebene Funktionalität nachvollziehen zu können. Demgegenüber fordert datenorientierte Transparenz, daß auch die durch das Verhalten anderer Teilnehmer entstehenden Einflüsse auf das Systemverhalten sichtbar gemacht werden. Zur Aufdeckung groupware-spezifischen Konfliktpotentials wird nur die Anforderung "datenorientierte Transparenz" genutzt.

Datenorientierte Transparenz — "Die datenorientierte Transparenz reicht weiter. Der konkrete Ablauf eines Mitteilungsaustausches ergibt sich durch die prinzipiellen Systemabläufe, gesteuert durch die konkrete Anwendung der Systemleistungen durch die an der Kommunikation beteiligten Kommunikanten. Um eine weitergehende Transparenz herzustellen, muß deshalb auch offenbart werden, welche Bedingungen andere Kommunikanten zu einem Kommunikations-

---

[1]Höller versteht Flexibilität nicht ausschließlich technisch im Sinne der Auswahl zwischen Funktionsalternativen, sondern auch sozial, d. h.: "Entscheidungen in eine zwischen Menschen stattfindende und technisch gestützte Kommunikationsbeziehung einbringen und vertreten zu können" (vgl. Höller 1993, S. 215). Insofern hebt sich diese von den übrigen Anforderungen ab. Für die Aufdeckung groupware-spezifischen Konfliktpotentials spielt dies allerdings keine Rolle.

ablauf beigetragen haben und wohin letztlich der Kommunikationsinhalt und die begleitenden Verbindungsdaten gelangt sind" (Höller 1993, S. 217).

Dieser Transparenzanforderung steht das Erfordernis nach autonomer Datenpreisgabe gegenüber.

Autonome Datenpreisgabe — "Um den funktionsorientierten und auf die primären Nutzungsinteressen gerichteten Aspekt, der unter der Flexibilitätsanforderung gefaßt ist, von dem der Entscheidung über die Offenbarung personenbezogener Daten zu lösen, führe ich das eigenständige Kriterium der autonomen Datenpreisgabe ein" (ebenda, S. 218). Diese Anforderung räumt jedem Nutzer die Wahlmöglichkeit ein, über die Freigabe seiner personenbezogenen Daten selbst zu entscheiden. Höller leitet diese Anforderung aus dem rechtlichen Gestaltungskriterium nach Entscheidungsfreiheit (vgl. Kap. 3.3.1) und aus ersten Ergebnissen der software-ergonomischen Diskussion um die Gestaltung vernetzter Systeme ab, in der dieser Aspekt unter der Anforderung nach Steuerbarkeit subsumiert war (vgl. Herrmann, Maaß, Paetau 1989, S. 53).[1]

Diese Gestaltungsanforderungen gemeinsam mit einer rollenorientierten Betrachtung einzelner Funktionen nutzt Höller (1993) zur Aufdeckung von Konfliktpotential. Wann immer sich unterschiedliche Rollenträger bezüglich einer Funktion so auf Anforderungen berufen können, daß dadurch ein Widerspruch zwischen diesen Anforderungen entsteht, deutet dies auf ein groupware-spezifisches Konfliktpotential hin.

Konflikte, die zwischen Kommunikanten bezüglich des orginären Nutzungsinteresses auftreten, nennt Höller funktionsbedingte Konflikte. Bezüglich dieser Konflikte können sich alle Beteiligten auf die Anforderung der Flexibilität berufen. Die dabei zugrunde liegenden Konfliktpotentiale werden dadurch sichtbar, daß sich verschiedene Rollenträger in unterschiedlicher Weise auf diese Anforderung berufen können.

Im Gegensatz dazu bezeichnet Höller Konflikte bezüglich der transparenzschaffenden Aspekte von Funktionen als datenbedingte Konflikte. Für diese Klasse von Funktionen entwickelt Höller jeweils eine Anforderung aus der Sicht jeder der dabei auftretenden Rollen. Die Anforderung datenorientierter Transparenz ist aus der Sicht der Rolle formuliert, die durch die Nutzung dieser Aspekte erhöhte Sichtbarkeit bezüglich des Kommunikationsgeschehens erzielen will. Demgegenüber ist die Anforderung autonomer Datenpreisgabe aus der Perspektive des vom Abfluß personenbezogener Daten Betroffenen formuliert. Es steht ihm frei, über die Abgabe seiner Daten zu entscheiden.

---

[1]Daneben hat Höller (1993) noch die Anforderung nach "Mitbestimmungseignung" entwickelt. Diese Anforderung nutzt er aber im weiteren nicht, um groupware-spezifisches Konfliktpotential aufzudecken.

		A	
		Über Versand über Verteilliste selbst bestimmen	Rückmeldung über Ergebnis der Zustellung erhalten
E	Über Empfang über Verteilerlisten selbst bestimmen	K	
	Über Rüchmeldung selbst bestimmen		K

Abb. 3.2: Konfliktmatrix für die Funktion "Versand über Verteilerlisten" des X. 400-Standards
(vgl. Höller 1994, S. 286)

Basierend auf diesen methodischen Vorüberlegungen untersucht Höller (1993) das Konfliktpotential bestimmter kommunikationsrelevanter Funktionen (vgl. Kap. 2.1) der CCITT-Norm X.400 zu Message-Handling-Systemen. Für jede einzelne Funktion benennt er die relevanten Rollen explizit. Ausgehend von den so definierten Rollen formalisiert er die Erfassung von Konfliktpotentialen durch sogenannte Konfliktmatrizen. Konfliktmatrizen werden jeweils für eine Funktion angelegt.[1] Dort sind auf den Achsen die Rollen und von Höller unterstellte Interessen der Nutzer aus der Perspektive jeder einzelnen Rolle abgetragen. Widersprechen sich einzelne dieser offensichtlich unter Rückgriff auf die Anforderungen von Höller formulierten Interessen, so wird dies als ein groupware-spezifisches Konfliktpotential im entsprechenden Feld der Matrix vermerkt (vgl. ebenda, S. 243). Zur Veranschaulichung ist in Abb. 3.2 die Konfliktmatrix für die Funktion "Versand über Verteilerlisten" dargestellt.

Der hier dargestellte Ansatz basiert auf einem systematischen Vorgehen beim Aufspüren von Konfliktpotentialen. Die Funktionalität wird klassifiziert, für einzelne Teilfunktionalitäten werden Anforderungen abgeleitet, bezogen auf eine Funktion werden die relevanten Konfliktkonstellationen durch Rollen bezeichnet und mittels einer rollenorientierten Interpretation der Anforderungen wird das Konfliktpotential einer Funktion sichtbar. Lediglich die Bildung der Konfliktmatrizen und die Beschriftung der Achsen ist nicht ohne weiteres nachvollziehbar. Es stellt sich die Frage, ob eine formalisierte Darstellungsweise in Matrizen zur Aufdeckung von Konfliktpotentialen erforderlich ist. Auf Grund der starken Einschränkungen hinsichtlich der betrachteten Funktionalität fällt deren Klassifikation und die darauf beruhenden Gestaltungsanforderungen al-

---

[1]Höller geht dabei nicht immer systematisch vor. So behandelt er in einer Konfliktmatrix den "Versand und Empfang von Mitteilungen" und spricht dabei im Sinne der hier verwendeten Begriffsdefinition verschiedene Funktionen an. Alle übrigen Konfliktmatrizen behandeln dagegen jeweils nur eine Funktion (vgl. ebenda, S. 262ff).

lerdings sehr grob aus. Für eine spezifischere Suche nach groupware-spezifischen Konfliktpotentialen ist eine breitere Betrachtung der Funktionalität wünschenswert (vgl. Kap. 2.1).

3.3   Technische Mechanismen des Konfliktmanagements

Die Tatsache, daß Nutzung und Anpassung von Groupware zu Problemen führen kann, ist bisher in der CSCW-Literatur wenig beachtet worden   (vgl. Kap. 3.2.1).[1] Deshalb wird bei der Herstellung in der Regel eine aus der Tradition einzelplatzorientierter Systeme abgeleitete Strategie verfolgt. Über die Aktivierung einer Funktion entscheidet ausschließlich der Aktivator. Die Position anderer Rollenträger wird bei der Gestaltung nicht berücksichtigt. Lediglich in einzelnen Anwendungen finden sich technische Hilfsmittel, die den Umgang mit Konflikten unterstützen. Das dabei zugrundeliegende Konfliktpotential wird aber nicht systematisch analysiert, und technische Mechanismen des Konfliktmanagements werden nur punktuell eingesetzt.

In einzelnen Anwendungen wird den Betroffenen die Entscheidung des Aktivators sichtbar gemacht. Condon (1993) schlägt eine solche Strategie für den Umgang mit Konflikten beim synchronen Bearbeiten von Zeichnungen vor. Bei der Nutzung des MILAN-Systems können Nutzer Grafiken in ein allen Beteiligten angezeigtes Arbeitsfeld importieren; sie können dort gemeinsam bearbeitet werden. Während der gemeinsamen Bearbeitung besteht eine Video-Verbindung zwischen den Teilnehmern. Verändern die Teilnehmer nun dasselbe Objekt in verschiedener Weise, so erzeugt das System zwei verschiedene Versionen und macht sie dem Gegenüber jeweils sichtbar. Diese haben dann die Möglichkeit, den Konflikt über den Videokanal zu regeln. In ähnlicher Weise wird auch mit Konflikten umgegangen, die sich aus der Manipulation von Video-Fenstern zwischen Mitgliedern einer Arbeitsgruppe ergeben. Jeder kann die Fenster verändern. Das System nimmt dann den vom Aktivator vorgeschlagenen Status ein,

---

[1]Eine Ausnahme stellen Anwendungen dar, die für den Umgang mit sozialen Konflikten speziell konzipiert wurden. Solche Anwendungen sind in der Regel für face-to-face-Meetings konzipiert und erlauben dem Aktivator, seine Vorstellungen durch die Nutzung einzelner Funktionen zu explizieren. Die übrigen Beteiligten haben die Möglichkeit, darauf in der Sitzung zu reagieren. Beispiele hierfür sind die Anwendungen des Colabs "Cognoter" und "Argnoter" (vgl. Stefik u. a. 1988), mit deren Hilfe Gruppen Brainstormings durchführen können und die dabei gesammelten Ideen nachher diskutieren und bewerten können. Auch bei elektronischen Versionen des "House of Quality" - einer Methode zur Qualitätssicherung in einem Produktentwicklungsprozeß - sind die Nutzer gezwungen, ihre Sicht der Dinge auf Kundenwünsche und Produktmerkmale durch Eintragungen in einer allen Beteiligten sichtbaren Korrelationsmatrix auszudrücken. Durch diese Nutzung einzelner Funktionen werden Konflikte sichtbar, die dann in einer eventuell moderierten Gruppensitzung ausdiskutiert werden können (vgl. Jakobs 1994, S. 51 ff.). Bei diesen Systemen besteht das Konfliktmanagement darin, soziale Konflikte durch die Nutzung einzelner Funktionen zu explizieren und diese offen in face-to-face-Verhandlungen auszutragen.

und die Manipulation wird den anderen Gruppenmitgliedern nach dem WYSIWIS-Prinzip sichtbar (vgl. ebenda. S. 180 ff.).

Belotti und Sellen (1993) diskutieren die Möglichkeit, wie durch Feedback Datenschutzprobleme bei der Etablierung eines Videokanals von privaten Büros zu einem öffentlichen Raum gemildert werden können. Sie schlagen vor, die Namen derjenigen auf einem neben der Kamera angebrachten Monitor anzuzeigen, die augenblicklich die Signale der Video-Kamera empfangen. Die von den Aufnahmen Betroffenen hätten dann die Möglichkeit, sich aus der Aufnahmezone zu bewegen, die Kamera zu verhängen oder sich entsprechend den vermuteten Erwartungen der Zuschauer zu verhalten (vgl. ebenda. S. 87 f.).

Auch der Umgang mit Videoverbindungen zwischen Büros hat zu erheblichen Konflikten geführt (vgl. Kap. 3.2.1). Dies trifft insbesondere auf die Glance-Funktion zu, die es dem Aktivator erlaubt, einen einseitigen Videokanal zu beliebigen anderen Büros zu eröffnen. Um die daraus resultierenden Konflikte zu handhaben, sind verschiedene Formen von Transparenz entwickelt worden. So stellt das Cruiser-Video-System prinzipiell nur zweiseitige Kanäle zur Verfügung, d. h. jeder Nutzer, der angewählt wird, sieht den Aktivator auf seinem Bildschirm. In anderen Systemen wird der Kanalaufbau durch akustische Signale (z. B.: Knarren einer Tür) oder eine entsprechende Anzeige am Bildschirm angezeigt. Die so erreichte Sichtbarkeit trägt nach Auffassung des Autors dazu bei, Verletzungen der Privatsphäre einzelner Nutzer sichtbar zu machen und dann soziale Kontrollmechanismen zur Verhinderung von Mißbrauch auf den Plan zu rufen (vgl. Dourish 1993, S. 129 ff.).

Neben Transparenz sind in einigen Anwendungen weitere Mechanismen geschaffen worden, mit denen Betroffene gegen die beabsichtigte Aktivierung einer Funktion intervenieren können. So haben Malone u. a. (1988) die Empfänger von E-Mail mit individuell einstellbaren Filtern ausgestattet. Mit Hilfe dieser technischen Hilfsmittel konnten strukturierte Attribute im Header einer ankommenden Mail automatisch ausgewertet werden und auf diese Weise bestimmte Nachrichtentypen unmittelbar gelöscht werden. Auch den Nutzern von Videokonferenzanwendungen wurde alternativ zur Transparenz die technische Möglichkeit gegeben, den Aufbau von einseitigen Kanälen (z. B.: mittels Glance-Funktion) zu ihnen einzuschränken. Dem Empfänger steht dazu eine weitere Funktion zur Verfügung, mittels derer er Kanäle entweder gänzlich unterdrücken oder den Kreis der Anrufenden einschränken kann. Außerdem kann er bestimmen, daß eine Verbindung erst nach seiner Zustimmung errichtet werden darf (vgl. Dourish 1993, S. 128 ff.). Entsteht also ein Konflikt um die Nutzung der Glance-Funktion, so ist eine Schlichtungsstrategie derart implementiert, daß die Betroffenen ihr Recht auf Abschottung unmittelbar durchsetzen können. Dabei wird ihnen im Falle der vollständigen Unterdrückung des Kanalaufbauwunsches der Konflikt noch nicht einmal sichtbar gemacht.

Für die technische Unterstützung von Abstimmungsprozessen bei der Bearbeitung gemeinsamer Datenbestände sind verschiedene Formen von Verhandlungsmechanismen vorgeschlagen worden. Narayanaswamy und Goldman (1992) schlagen das Konzept "Lazy Consistency" vor, um mit bei verteilter Software-Entwicklung sich ergebenden inkonsistenten Änderungen umzugehen. Änderungen an gemeinsamen Daten kann der Aktivator zunächst an seiner Kopie vornehmen. Sie werden dann allen Betroffenen zur Kenntnis gegeben, und nach deren Zustimmung werden die Veränderungen in allen übrigen Kopien des Datensatzes eingefügt. Werden die vom Aktivator vorgeschlagenen Änderungen abgelehnt, so werden die Änderungen an seiner Kopie automatisch zurückgesetzt (vgl. ebenda, S. 258 ff.). Die Verhandlungen erfolgen hier in strukturierter Weise durch das Übermitteln der Änderungen an die Betroffenen. Wird keine Einigung erzielt, so sieht die Schlichtungsstrategie das Zurücksetzen der Änderungen vor. Während des Verhandlungsprozesses stellt sich das System dem Aktivator in der von ihm intendierten Weise dar, die Betroffenen sehen nach wie vor den ursprünglichen Zustand der Daten.

Zur Unterstützung der Konfliktregelung bei der Manipulation von Daten, die für eine Gruppe von Konstrukteuren von Bedeutung sind, wurden im Bereich des Concurrent Engineering verschiedene Strategien vorgeschlagen. Mark und Dukes-Schlossberger (1994, S. 174ff.) schlagen vor, den von einer Manipulation betroffenen Nutzern Änderungen anzuzeigen und ihnen die Möglichkeit zu geben, diesen Änderungen zuzustimmen, daraus resultierende weitere Änderungen vorzunehmen oder ihre Ablehnung technisch vermittelt auszudrücken. Sie sehen in ihrem Ansatz keinen technischen Mechanismus zur Schlichtung für den Fall vor, daß eine Änderung abgelehnt wird. Im Gegensatz dazu schlagen Bahler, Dupont und Bowen (1994, S. 201 ff.) vor, mittels einer zuvor zu bestimmenden Nutzenfunktion dann einen Schlichtungsvorschlag automatisch zu generieren, wenn einer der Betroffenen mit einem Gegenvorschlag auf eine Änderung reagiert. In dieser Anwendung wird der Aktivator außerdem gezwungen, seinen Modifikationsvorschlag in einem an die Betroffenen zu übermittelnden Freitextfeld zu erläutern.

Kirsche u. a. (1993, 1994) und Jablonski u. a. (1993) erweitern traditionelle Sperr- und Transaktionsmechanismen in Datenbanken, um bei langanhaltenden Transaktionen kooperatives Arbeiten auf gemeinsamen Daten zu ermöglichen. Durch eine Einbettung langanhaltender Transaktionen in einen sogenannten Konversationsprozeß wird es möglich, von verschiedenen Nutzern angelegte, möglicherweise inkonsistente Zwischenzustände zu sichern und diese erst am Ende der Transaktion zusammenzufügen. Bei der Regelung von Konflikten, die aus dem Abgleich möglicherweise inkonsistenter Zwischenzustände resultieren, werden die Nutzer je nach der in einer sogenannten Agenda getroffenen Festlegung vom System mit strukturierten Verhandlungsmöglichkeiten unterstützt.

In einer von Berse und Wulf (1993 S. 191 ff.) vorgestellten Arbeit werden inkonsistente Änderungen an gemeinsamen Datensätzen dadurch vermieden, daß vor dem Ende einer Transaktion ein technisch gestützter strukturierter Verhandlungsprozeß zwischen den Beteiligten abläuft. Diese Verhandlungsmöglichkeiten wurden durch Trigger in einer aktiven Datenbank realisiert. Verschiedene Trigger spezifizieren dabei unterschiedliche Aushandlungsstrategien. Somit entscheiden die gerade aktiven Trigger über die Aushandlungsform.

Neben diesen punktuell realisierten technischen Mechanismen des Konfliktmanagements sind die bisher am besten ausgereiften Vorschläge zum Umgang mit groupware-spezifischen Konflikten aus der Evaluation der bestehenden Funktionalität von ISDN-Nebenstellenanlagen und dem X. 400-Standard zu Message-Handling-Systemen hervorgegangen (vgl. Kap. 3.3). In diesen Arbeiten werden zwei unterschiedliche Formen des Konfliktmanagements herausgearbeitet. Zum einen wird gefordert, daß Funktionen vor dem Gebrauch in einem Anwendungskontext für bestimmte Nutzergruppen gesperrt werden können. Zum andern werden die in der Anwendung verbliebenen groupware-spezifischen Konfliktpotentiale differenziert mit verschiedenen technischen Mechanismen geregelt.

Bestimmte Funktionen sollten deshalb gänzlich gesperrt werden, weil nur auf diese Weise die aus dem Betriebsverfassungsgesetz resultierenden kollektiven Mitbestimmungsrechte verwirklicht werden können (vgl. Andelfinger, Pordesch und Roßnagel 1991, S. 56 f.; Hammer, Pordesch und Roßnagel 1993, S. 80 ff.; Höller 1993, S. 218 f.). Höller (1993) entwickelt dazu die Anforderung "Mitbestimmungseignung" bei der Bewertung von Message-Handling-Systemen.[1] Er argumentiert, daß die in Message-Handling-Systemen anfallenden personenbezogenen Daten zur Leistungs- und Verhaltenskontrolle herangezogen werden können. Deshalb fallen Message-Handling-Systeme unter die Mitbestimmungsregeln des § 87 Abs. 1 Nr. 6 BetrVG. Das Ergebnis dieser Mitbestimmung sind in der Regel Betriebsvereinbarungen über den Gebrauch der jeweiligen Anwendungen. Um die Wahrnehmung dieser Mitbestimmungsrechte technisch überhaupt zu ermöglichen, ist eine anwendungsspezifische Konfigurierbarkeit erforderlich, damit Groupware an die Ergebnisse von Betriebsvereinbarungen angepaßt werden kann (vgl. ebenda, S. 218 f.).

---

[1]Diese Anforderung ist im Gegensatz zu den übrigen von ihm formulierten Anforderungen an einem bestimmten Anwendungskontext - dem innerbetrieblichen Einsatz in Organisationen, die der deutschen Gesetzsprechung unterliegen - orientiert. Deshalb spielt es für die Bewertung infrastruktureller Kommunikationssysteme ohne Betrachtung spezifischer Anwendungsaspekte keine Rolle.

Neben den Möglichkeiten zur Sperrung einzelner Leistungsmerkmale werden für bestimmte Funktionen Mechanismen vorgeschlagen, die die beim Gebrauch entstehenden Konflikte zum Zeitpunkt ihrer Manifestierung regeln helfen. Bei der KORA-Methode erfolgt dies während des letzten Ableitungsschritts bei der Entwicklung technischer Gestaltungsanforderungen für einzelne Funktionen. Nach einer prinzipiellen Beschreibung einer Funktion werden deren Chancen und Risiken diskutiert, um daraus technische Gestaltungsmöglichkeiten abzuleiten. Die Ausformung konkreter Konfliktregelungsmechanismen für einzelne Leistungsmerkmale erfolgt dabei unter Rückgriff auf die für die jeweilige Grundfunktion formulierten technischen Gestaltungsziele.

Insofern werden bei der KORA-Methode Konzepte der Konfliktregulierung nicht verallgemeinerbar diskutiert, sondern auf der vierten Stufe des Ableitungsmodells für jede einzelne Funktion entwickelt. Sie können im wesentlichen aber als technische Realisierung der Kriterien Transparenz, Entscheidungsfreiheit und Anpassungsfähigkeit verstanden werden, wobei diese Kriterien aber nicht speziell auf die Notwendigkeiten der Konfliktregelung hin formuliert sind (vgl. Kap. 3.3.1).

Ein für verschiedene Funktionen vorgeschlagener Konfliktregelungsmechanismus stellt die *Transparenz der Aktivierung* dar. Die Funktion wird wie vom Aktivator gewünscht aktiviert, die Betroffenen erhalten aber auf diese Weise die Möglichkeit, in einer konkreten Nutzungssituation angemessen handeln zu können. So wird beispielsweise gefordert, daß dem Anrufer, der auf eine Telefonumleitung stößt, dies sichtbar wird, so daß er Gelegenheit hat, seinen Anrufversuch einzustellen. Beim Leistungsmerkmal "Lauthören" wird gefordert, daß dessen Aktivierung dem betroffenen Gegenüber optisch oder akustisch kenntlich gemacht werden muß, damit er eventuell sein Kommunikationsverhalten darauf abstellt (vgl. Hammer, Pordesch und Roßnagel 1993, S. 71 ff.).

Zur Konfliktregelung bei der Aktivierung anderer Funktionen ist ein Verhandlungsmechanismus für ISDN-Telefonanlagen vorgeschlagen worden. Unter der Bezeichnung "Handshaking" wird ein technisch unterstütztes Verhandlungsverfahren zwischen Aktivator und Betroffenem dargestellt, dessen konkrete Ausformulierung für einzelne Grundfunktionen variiert. Insbesondere werden verschiedene Ausgestaltungen des Kommunikationskanals angeboten, über den die Verhandlungen ablaufen. Während bei dem Leistungsmerkmal "Anruferidentifizierung" strukturierte Verhandlungsakte über den D-Kanal versandt werden sollen, wird bei der Aktivierung der Anrufumleitung zwischen Aktivator und Ersatzempfänger eine technisch erzwungene Verhandlung über den Sprachkanal vorgeschlagen. In beiden Fällen wird eine Schlichtungsstrategie der Art vorgesehen, daß das Leistungsmerkmal nur mit Zustimmung der Betroffenen aktiviert werden kann (vgl. Hammer, Pordesch und Roßnagel 1993, S. 123 ff.).

Höller (1993) geht bei der Auswahl der Mechanismen zur Konfliktregelung während der Nutzung von Message-Handling-Systemen systematischer vor, trifft aber unschärfere Aussagen über deren Ausgestaltung. Zum Umgang mit funktionsorientierten Konfliktpotentialen entwickelt er zwei verschiedene Konfliktregelungsmechanismen. Bestimmte Konfliktpotentiale müssen gemäß zweier von ihm entwickelter Regeln, die grundrechtlich abgeleitet sind, geregelt werden. Die erste Regel besagt, daß der Versand von Nachrichten unter der Kontrolle des Absenders bleiben muß, während die zweite Regel fordert, daß der Empfang von Nachrichten unter der Kontrolle des Empfängers zu verbleiben hat (vgl. Höller 1993, S. 221 ff.). Diese beiden Regeln nutzt Höller zur Evaluation der gegebenen Norm, er macht allerdings keine konkreten Vorschläge zu ihrer technischen Umsetzung. Für die übrigen funktionalen Konflikte, die nicht nach diesem Muster zu lösen sind, schlägt er - zur Umsetzung der von ihm postulierten Anforderung nach "Aushandlungsfähigkeit" - einen technisch unterstützten Verhandlungsmechanismus vor.

Er argumentiert, daß, wenn Konflikte zwischen bestimmten Rollenträgern bei der Nutzung einzelner Funktionen auftreten, das System die von allen Beteiligten gewünschten Kommunikationsbedingungen nicht herstellen kann. In diesem Fall fordert Aushandlungsfähigkeit, "daß die beteiligten Kommunikanten sich über alle Phasen der Kommunikation verständigen und ggf. in mehreren Zyklen die Bedingungen hierfür aushandeln können. Das System muß dazu geeignete Mechanismen bereitstellen und gewährleisten, daß die gefundene Konfliktlösung auch tatsächlich so durchgesetzt wird" (vgl. Höller 1993, S. 230).

Bezüglich der Implementierung der Anforderung nach Aushandlungsfähigkeit bei Message-Handling-Systemen wird Höller präziser als bei den zuvor benannten Regeln. Er entwickelt zwei Umsetzungsformen: Bei der "Vorabaushandlung" führt das System während des Verhandlungsprozesses die zur Aktivierung vorgeschlagene Funktion nicht aus. Es versendet einen Mitteilungsumschlag, aus dem die vom Absender angebotenen Kommunikationsbedingungen für den Empfänger sichtbar werden. Der Empfänger kann darauf mit einer Zustimmung oder einem eigenen Mitteilungsumschlag reagieren, den er dem Versender zukommen läßt. Dieser Vorgang kann mehrere Verhandlungsschleifen durchlaufen. Erst wenn eine Einigung erzielt wird, wird der eigentliche Nachrichteninhalt vom Absender zum Empfänger übermittelt (vgl. Höller 1993, S. 244 f.).

Im Gegensatz dazu nimmt bei der kommunikationsbegleitenden Aushandlung das System während des Abstimmungsprozesses den vom Aktivator vorgeschlagenen Status ein. Die Kommunikationsbedingungen werden gemeinsam mit dem Nachrichteninhalt vom Absender übermittelt. Die Verhandlung beschränkt sich dann darauf, daß der Empfänger diesen entweder zustimmt oder sie ablehnt. Die Realisierung der Aushandlungsfunktion im Message-Handling-System sorgt dafür, daß nur bei einer Zustimmung des Empfängers zu allen Bedingungen des Absenders der Nachrichteninhalt ausgeliefert wird (vgl. Höller 1993, S. 245ff.). Insofern ist als Schlichtungsstrategie bei nicht erfolgter Einigung die Nicht-aktivierung der Funktion vorgesehen.

Zur Regelung datenbedingter Konfliktpotentiale schlägt Höller ebenfalls die Nutzung "kommunikationsbegleitende Aushandlung" für den Fall vor, daß die übermittelten Daten einen erheblichen Personenbezug aufweisen. Ansonsten spricht er sich dafür aus, die Daten automatisch - wie in der X. 400 Norm vorgeschlagen - mitzuübertragen (vgl. Höller 1993, S. 230ff.). Transparenz zieht Höller nicht explizit als Möglichkeit zum Umgang mit groupware-spezifischen Konflikten in Betracht.[1] Die Übermittlung von Transparenzdaten stellt sich bei ihm immer als ein Gegenstandsbereich der Konfliktentstehung, aber nie als ein Mittel zur Regelung von Konflikten dar (vgl. Höller 1993, S. 213ff.). Diese Sichtweise ist m. E. durch die Spezifika von Message-Handling-Systemen bedingt, weil dort nicht davon ausgegangen werden kann, daß Transparenzdaten schnell ausgetauscht werden können und die Beteiligten die Anwendung synchron nutzen.

---

[1] In der Tat lassen sich allerdings einige der von ihm praktisch geäußerten Vorschläge zum Umgang mit Konflikten bei der Nutzung von Message-Handling-Systemen auf der Ebene aktivierungsbezogener Transparenz einordnen (vgl. Kap. 8.2.3).

3.4 Zusammenfassung

Aus der Differenziertheit und Dynamik des Anwendungskontextes folgt, daß technische Flexibilität eine entscheidende Rolle für die Gestaltung von Groupware spielt. Obwohl diese Ansicht in der CSCW-Literatur kaum bestritten wird, werden die sich aus technischer Flexibilität bei Groupware ergebenden Konflikte bisher kaum thematisiert. So gibt es bisher wenige Untersuchungen, die empirisch die Existenz groupware-spezifischer Konflikte behandeln. Eine dementsprechend geringe Rolle wird diesem Thema auch bei der Gestaltung von Groupware zugemessen. Die Suche nach groupware-spezifischem Konfliktpotential erfolgt in der Regel unsystematisch. Die Implementierungen von Konfliktregelungsmechanismen machen den Eindruck der Zufälligkeit. Wann immer Designern das Konfliktpotential einer Funktion auffiel, wurde eine Lösung implementiert. Das Konfliktpotential anderer Funktionen in derselben Anwendung wurde dagegen kaum konstruktiv aufgegriffen.

Demgegenüber gehen die beiden angeführten Evaluationsstudien systematischer vor. Sie beschränken sich aber auf das Konfliktmanagement bei einzelnen Kommunikationssystemen. Die im Rahmen dieser Arbeiten vorgeschlagenen technischen Mechanismen sind deshalb nicht ohne weiteres auf andere Anwendungen übertragbar. In diesen Arbeiten werden keine Vorstellungen darüber entwickelt, wie die vorgeschlagenen Konfliktregelungsmechanismen in den untersuchten Anwendungen zu implementieren wären. In fast keiner Arbeit, in der entweder Vorschläge zur Regelung groupware-spezifischer Konflikte entwickelt oder einzelne Mechanismen implementiert wurden, fand bislang eine empirische Evaluation dieser Konzepte statt. Vor diesem Hintergrund erscheint es zunächst erforderlich, anwendungsübergreifend gültige Hinweise für technische Mechanismen der Konfliktregelung zu entwickeln und diese empirisch zu evaluieren.

Die bisher implementierten Konfliktregelungsmechanismen bieten nur in geringem Maße technische Flexibilität. Bei ihrer Herstellung wurde in der Regel nur eine bestimmte Form der technischen Unterstützung der Konfliktregelung vorgesehen. Deshalb besteht keine Möglichkeit, die einzelnen Mechanismen anzupassen.[1] Die Verknüpfung zwischen den das Konfliktpotential beinhaltenden

---

[1]In den auf rechtlicher Evaluation beruhenden Ansätzen ist diese Starrheit dem Ableitungshintergrund geschuldet. Aus einer (grund-)rechtlichen Norm läßt sich nur eine Form der Konfliktregelung ableiten. Dies gilt insbesondere für die in den Mechanismen verankerten Schlichtungsverfahren. Nichtsdestotrotz besteht bei der Ausgestaltung der Regelungsmechanismen ein gewisser Spielraum. Aus diesem Grund gibt Höller wohl auch keine genauen technischen Umsetzungswege für seine Konfliktregelungsmechanismen an. Verläßt man die Ebene der verfassungsrechtlich gleichgestellten Individuen als Anwendungsumfeld von Groupware und geht von einer Nutzung innerhalb einer Organi-

Funktionen und den Konfliktregelungsmechanismen erfolgt in starrer Weise, d. h. eine Konfliktkonstellation ist für alle Nutzer mit einem Mechanismus zur Konfliktregelung versehen.[1] Hinsichtlich der Nutzung der Verhandlungsmechanismen fällt auf, daß sie den Betroffenen nur die Möglichkeit zur einmaligen Reaktion auf eine Aktivierungsentscheidung erlauben. Dabei können sie häufig nur zwischen Zustimmung und Ablehnung wählen. Das Verlassen des Verhandlungsmechanismus mit einem Übergang zu technisch nicht unterstützten Formen der Konfliktregelung ist nicht vorgesehen.

Der in den hier untersuchten Anwendungen feststellbare Mangel an technischer Flexibilität des Konfliktmanagements ist auch deshalb problematisch, weil technische und soziale Konfliktregelungsmechanismen im Anwendungskontext zusammenwirken.[2] Dort, wo beispielsweise durch räumliche Nähe und zeitgleiche Nutzung die Voraussetzungen für direkte Verhandlungen zwischen den Konfliktparteien bestehen, kann es bereits ausreichen, einen groupware-spezifischen Konflikt den Beteiligten sichtbar zu machen. Sind diese Voraussetzungen in einem anderen Kontext nicht gegeben, so können sich dort technisch unterstützte Verhandlungsmöglichkeiten als hilfreich zur Konfliktregelung erweisen. Insofern ist bei der Ausgestaltung technischer Konfliktregelungsmechanismen stark auf die Besonderheiten des Anwendungsfeldes einzugehen. Diese können sich im zeitlichen Verlauf ändern. Deshalb ist es erforderlich, die Konfliktregelungsmechanismen technisch flexibel zu implementieren. Dazu finden sich bisher kaum Überlegungen in der Literatur.

Einen ersten Ansatz, das Konfliktmanagement so zu gestalten, daß es entsprechend den Anforderungen des Anwendungskontextes konfiguriert werden kann, stellen technische Möglichkeiten dar, bestimmte Funktionen entweder gänzlich oder für einen bestimmten Nutzerkreis zu sperren (vgl. Hammer, Pordesch und Roßnagel 1993, S. 80 ff.; Höller 1993, S. 218 ff.). Solche Konfigurationsmöglichkeiten sollen auch auf die Auswahl zwischen alternativen Konfliktregelungsmechanismen bezogen werden. Dadurch werden auch vorab im Anwendungskontext getroffene Vereinbarungen über die Regelung des Konfliktpotentials nicht gesperrter Funktionen technisch umsetzbar.

---

sation und dem daraus sich ergebenden Weisungsrecht des Arbeitgebers aus, so ist dabei von einer eingeschränkten Geltung (grund-)rechtlicher Normen auszugehen (vgl. Hammer, Pordesch und Roßnagel 1993, S. 62 ff.). Insofern relativieren sich dabei die strikten Vorgaben für die Konfliktregelung.

[1]Lediglich das RAVE-Videosystem gibt dem betroffenen Nutzer Anpaßungsmöglichkeiten bei der Auswahl des Konfliktregelungsmechanismus. Dieser kann wählen, auf welche Weise er mit Konfliktpotentialen umgehen will (vgl. Kap. 3.3).

[2]Dourish (1993) hat, bezogen auf Video-Konferenzsysteme in unterschiedlichen Anwendungskontexten, Beispiele für verschiedenartiges Zusammenwirken von technischen und sozialen Kontrollmechanismen gegeben.

4 Entwicklung von Konfliktregelungsmechanismen

Ich will im folgenden Möglichkeiten des technisch unterstützten Konfliktmanagements diskutieren. Dazu sollen zunächst Ergebnisse der sozialwissenschaftlichen Konflikttheorie dargestellt werden, um daraus bestimmte Formen des Umgangs mit Konflikten herauszukristallisieren. Danach sollen die Besonderheiten des Umgangs mit groupware-spezifischen Konflikten diskutiert werden, um daraus verschiedene Typen technischer Konfliktregelungsmechanismen zu entwickeln.

4.1 Konfliktregelung in der Konflikttheorie

In der sozialwissenschaftlichen Konflikttheorie gibt es verschiedene Systematisierungen des Umgangs mit Konflikten (vgl. Dorow 1978, S. 199 ff.). Dahrendorf (1961, S. 225) unterscheidet zwischen Unterdrückung, Lösung und Regelung von Konflikten. Ersteres Vorgehen besteht darin, die Manifestierung von latenten Konflikten durch Unterdrückung der Konfliktparteien von Beginn an zu verhindern. Die Lösung von Konflikten versucht dagegen, latente Konflikte durch die Beseitigung ihrer Ursachen aus der Welt zu schaffen. Auf Grund der Tatsache, daß – nach Dahrendorfs Auffassung – Konflikte gesellschaftlichem Sein immanent sind, hält er diese Formen des Konfliktmanagements für ungeeignet und gefährlich und schlägt deshalb vor, Strategien der Regelung von immer wieder neu entstehenden Konflikten zu finden. Dazu ist es notwendig, die Bedingungen dafür zu schaffen, daß sich Konflikte manifestieren können. Außerdem sind sogenannte "Spielregeln" zwischen den Beteiligten zu vereinbaren, nach denen die Konflikte ausgetragen werden sollen. Auf gesellschaftlicher Ebene sind solche Spielregeln beispielsweise in Verfassungen verankert. Formen der Konfliktregelung können Verhandlung, Vermittlung, Schlichtung und Zwangsschlichtung sein. Bei der Verhandlung wird eine Institution geschaffen, in der die Parteien Konfliktbereiche unmittelbar miteinander diskutieren können. Bei den übrigen Formen der Konfliktregelung tritt ein Vermittler als dritte Partei auf, dessen Teilnahme an den Verhandlungen und dessen Konfliktentscheid je nach der gewählten Form unterschiedlich verbindlich sein kann.

In der betriebswirtschaftlichen Diskussion wird diese aus der liberalen Denktradition herrührende Einstellung zur Konfliktregelung kritisiert. So wird angemerkt, daß betriebliche Sanktions- und Einflußmöglichkeiten zu Determinierungsprozessen führen, die keinen Spielraum für auf Kommunikation beruhende Regelungsverfahren lassen (vgl. Dorow, 1978, S. 35 f.). Dorow unterstellt dabei, daß es zur Erreichung des Unternehmensziels auch langfristig möglich ist, Konflikte durch aktives Einwirken auf das Zielsystem der Konfliktparteien oder Umfelddeterminierung im Verlauf zu bestimmen. Dabei wirken die Regelungsverfahren Überzeugung, Manipulation, Kompensation und Verhandlung auf das einen Konflikt auslösende Zielsystem der Konfliktparteien ein, während die Androhung negativer Äquivalente (wie Gehaltskürzungen oder Kompetenzbeschneidungen) zu den Verfahren der Umfelddetermination gehören (vgl. ebenda, S. 207 ff.). Während erstere Methode zu einer freiwilligen Akzeptanz des Ergebnisses der Konfliktregelungen führt, wird Konfliktmanagement durch Umfelddetermination immer in erzwungener Akzeptanz resultieren. Dorow geht davon aus, daß in "bürokratisch-pyramidalen" Machtstrukturen eine Tendenz besteht, Konflikte durch einseitig abwärts gerichtete Umfelddeterminierung zu unterdrücken. Erzwungene Akzeptanz von Konfliktregelungen erhöht aber langfristig das Konfliktpotential in Unternehmungen, was einer effektiven Realisierung von Unternehmenszielen im Wege steht. Daraus leitet Dorow ab, daß es in der Regel vorteilhaft ist, Konflikte auf der Basis von freiwilliger Akzeptanz und Konsens zu regeln (vgl. ebenda, S. 227 ff.). Insofern scheint eine auf Kommunikation zwischen den Konfliktparteien beruhende Form der Konfliktregelung zwar nicht die einzig mögliche, aber die langfristig erfolgversprechendste Form der Konfliktregulierung zu sein. Diese Überlegung trifft insbesondere auf neuere Organisationskonzepte zu, die mit bürokratisch-pyramidalen Strukturen brechen und der Selbstorganisation ihrer Mitglieder Raum lassen (vgl. Paetau 1994).

Rüttinger (1980), der den Umgang mit Konflikten aus der Perspektive eines hierarchisch Vorgesetzten thematisiert, schlägt zur Konfliktregelung die Strategien Konfliktvermeidung, Konfliktunterdrückung, Konfliktlösung und Konfliktüberbrückung vor. Dabei kommt er zu dem Schluß, daß Konfliktlösung[1], verstanden als kollektives Problemlösen, der geeignetste Weg des Umgangs mit Konflikten ist. Dabei sollte der Vorgesetzte insbesondere auf eine Intensivierung der Kommunikation zwischen den Konfliktparteien hinwirken. Außerdem kann er bestimmte Verfahrensweisen zum Umgang mit Konflikten vorgeben. Während sich am Ende eines Konfliktlösungsprozesses - verstanden als eine diskursive Erörterung des Gegenstands - Frustrationen und Aggressionen vermeiden lassen und Kreativität, Produktivität und Initiative der Mitarbeiter gefördert wird, drohen bei Konfliktvermeidung und Konfliktunterdrückung durch Vorgesetzte langfristige Gefahren, die die Zielerreichung der gesamten Organisationseinheit negativ beeinflussen. Kurzfristig können diese Strategien angemessen sein, wenn

---

[1]Bei der Konfliktlösung handelt es sich nicht um eine Lösung, sondern um eine Konfliktregelung in der Terminologie Dahrendorfs.

beispielsweise nicht genügend Zeit vorhanden ist, um die Konflikte offen auszutragen. Als letzte Form des Konfliktmanagements nennt Rüttinger die Konfliktüberbrückung, bei der der Vorgesetzte einen Konflikt schlichtet und bei der Durchsetzung des Schiedsspruchs eventuell seinen Machtvorsprung nutzt. Da in diesem Falle eine hohe Akzeptanz des Schiedsspruchs bei den Beteiligten erforderlich ist, sollte der Prozeß der Schiedsfindung ähnlich organisiert sein wie bei der Konfliktlösung (vgl. ebenda, S. 178 ff.).

Glasl (1992) differenziert die Konzepte der Konfliktregelung weiter aus und ordnet sie einzelnen Phasen des von ihm entwickelten Modells der Eskalationsdynamik zu. Da er sich aus der Perspektive eines externen Beraters mit in der Regel eher strategischen und bereits manifesten innerbetrieblichen Konflikten beschäftigt, beruhen die von ihm entwickelten Methoden immer auf der Intervention einer dritten Partei. Zunächst stellt er die Moderation als eine Methode vor, bei der der Moderator seine Eingriffe auf die Unterstützung der Kommunikations- und Verhandlungsprozesse zwischen den Konfliktparteien beschränkt. Er gibt Hilfe zur Selbsthilfe beim Lösen der Probleme. Auf der Ebene der Prozeßbegleitung werden zusätzlich die psychosozialen Mechanismen der Eskalation vom Berater thematisiert, um damit den weiteren Konfliktverlauf zu beeinflussen. Auf jeder weiteren Stufe gewinnt die Drittpartei weitergehende Funktionen im Rahmen des Konfliktmanagements. Dabei tritt die Ermöglichung von direkten Verhandlungen zwischen den Konfliktparteien in den Hintergrund (vgl. Glasl 1992, S. 368 ff.).

Als Fazit der bisher rezipierten Ansätze läßt sich feststellen, daß in sozialen Systemen Konflikte nicht letztendlich lösbar - im Sinne von Dahrendorf - sind, sondern permanente Erscheinungen bleiben werden. In allen hier rezipierten Ansätzen wird aber davon ausgegangen, daß es wichtig ist, bestimmte Konflikte, die bisher latent sind, aufzudecken und offen auszutragen. Für das Konfliktmanagement in Phasen niedriger Eskalation ist es erforderlich, den Konfliktparteien Kommunikationsmöglichkeiten zu eröffnen, damit sie durch solche Verhandlungen zu konsensuellen Lösungen kommen können. Diesbezüglich kann auch auf empirische Ergebnisse verwiesen werden, die höhere Zufriedenheit der Konfliktparteien bei partizipativer Konfliktregelung belegen (vgl. Easterbrook et al. 1993, S. 48 f.).

Diesen Ansätzen zum Umgang mit Konflikten liegt die Annahme zugrunde, daß durch diskursive Verständigung eine Konfliktlösung gefunden werden kann, die die beteiligten Konfliktparteien als wechselseitig vorteilhaft empfinden. Diese in der Konflikttheorie vorherrschende Annahme wird von Egger und Wagner (1992, S. 252) in Zweifel gezogen. In der von ihnen dargestellten Fallstudie wurden Konflikte in einem partizipativen Software-Herstellungsprozeß zwischen den Beteiligten nicht offen ausgetragen. Dies führten sie u. a. auf das stark ausgeprägte Herrschaftsverhältnis zwischen einzelnen der Beteiligten zurück. Egger und Wagner (1992) berufen sich bei ihrer Kritik der gängigen Ansätze der Konfliktregelung des weiteren auf die Ergebnisse eine Studie von Murnighan und Conlon (1991), die den Umgang mit Konflikten innerhalb von zwanzig britischen Streichquartetten untersuchten. Dabei stellen die Autoren Unterschiede im Umgang mit verschiedenen Konflikttypen fest.

Sie unterscheiden fundamentale Konflikte (Paradoxien), für die es keine konsensuelle Lösung in dem geschilderten Arbeitskontext gibt, und alltägliche, friktionale Konflikte. Hinsichtlich der fundamentalen Konflikte kamen die Autoren zu dem Schluß, daß erfolgreiche Quartette vermieden, diese zu thematisieren (ebenda, S. 182). Im Gegensatz dazu wurden friktionale Konflikte anders gehandhabt. Diesbezüglich kamen die Autoren zu dem Ergebnis, daß erfolgreiche Gruppen eine Vielzahl von Konfliktregelungsmechanismen nutzten. Diese reichten von "Vertagen der Konfliktregelung" über "implizite Kompromisse", "Konfliktregelung durch den Spieler der ersten Geige" und "Ausprobieren verschiedener Lösungsmöglichkeiten während der Proben". Erfolgreiche Gruppen hatten eine positive Haltung zur offenen Austragung von Konflikten. Im Gegensatz dazu vermieden weniger erfolgreiche Quartette die Austragung von Konflikten, diskutierten zu häufig anstelle zu proben, hatten verschiedene Auffassungen über die Ursache der Konflikte und hielten einmal getroffene Regelungen nicht ein (vgl. ebenda, S. 177 ff.).

Insofern plädieren die beiden hier vorgestellten Studien für einen differenzierteren Umgang mit Konflikten in kooperativen Arbeitsgefügen. Insbesondere bei solchen Konflikten, für die absehbar ist, daß keine konsensuelle Lösung gefunden werden kann, erscheinen Regelungsformen unangebracht zu sein, die bei jeder Manifestierung des Konfliktes eine diskursive Auseinandersetzung zwischen den Konfliktparteien beinhalten. Beim Umgang mit friktionalen Konflikten wurden dagegen verschiedene Regelungsformen festgestellt, die darauf basierten, daß die Konflikte sichtbar wurden.

Nachdem sich gezeigt hat, daß je nach Konflikt verschiedene Formen der Konfliktregulierung sich als angemessen erweisen können, stellt sich die Frage, zu welchem Zeitpunkt und von wem eine Auswahl diesbezüglich getroffen werden soll. In den Ansätzen, die von der Beteiligung einer dritten Partei bei der Konfliktregelung ausgehen, obliegt diese Auswahl der konfliktmoderierenden dritten Partei. Dahrendorf (1961), der im Gegensatz dazu von direkten Verhandlungen zwischen den Konfliktparteien ausgeht, weist darauf hin, daß es für den Umgang mit Konflikten hilfreich sein kann, wenn dieser im Rahmen bereits vorgegebener Verfahrensweisen erfolgt. Diese ergeben sich in der Regel aus von Konfliktparteien als gültig erachteten Verhaltensnormen, wie z. B. Gesetzen oder Dienstanweisungen, oder sie werden von den Beteiligten vorab vereinbart. Die

Festlegung von "Spielregeln" für die Regelung von Konflikten im Vorfeld ihrer Manifestierung ist insbesondere wichtig, wenn keine konfliktmoderierende dritte Partei mit der Konfliktregelung befaßt ist.

Insofern ist bei Dahrendorf eine zweistufige Form des Konfliktmanagements angelegt. Zunächst erfolgt auf der Basis erkannter Konfliktpotentiale eine Verständigung über das Verfahren der Konfliktregelung. Gemäß dieser Vorgaben werden Konflikte dann geregelt, wenn sie manifest werden. Solchen Vorabfestlegungen sind dadurch Grenzen gesetzt, daß das Konfliktpotential nicht immer antizipiert werden kann. Außerdem können im Konfliktverlauf die Mechanismen der Konfliktregelung selbst Konfliktgegenstand werden.

Die bisherigen Arbeiten zum Umgang mit groupware-spezifischen Konflikten verweisen auf die Bedeutung (grund)rechtlicher Vorgaben für das Konfliktmanagement bei Groupware (vgl. Kap 3.2). Bei diesen Normen handelt es sich – im Sinne Dahrendorfs – um "Spielregeln", die innerhalb ihres Geltungsbereichs zwingend zu berücksichtigen sind. Rechtliche Normen - wie beispielsweise das Recht auf informationelle und kommunikative Selbstbestimmung - gehen nicht von einer Konfliktregelung durch Verhandlungen aus, sondern sie schützen das Recht einzelner Konfliktparteien dadurch, daß sie Einspruchsrechte gegen die Handlungen anderer schaffen (vgl. Kap. 3). Da dieses Einspruchsrecht nicht gemeinhin zu Verhandlungen zwischen den Beteiligten führen muß, unterscheiden sich auch die rechtlich abgeleiteten Formen der Konfliktregelung von den auf diskursiver Auseinandersetzung beruhenden.

Die bisher dargestellten Arbeiten bieten kein homogenes Bild darüber, wie mit Konflikten umgegangen wird bzw. wie mit Konflikten umzugehen wäre. Der "Mainstream" der Konflikttheorie verweist auf die Notwendigkeit, Konfliktpotentiale aufzudecken und offen auszutragen. Dies setzt voraus, daß den Betroffenen konfliktauslösende Handlungen sichtbar werden, diese verhandelt werden können und Einspruchsmöglichkeiten gegen diese Handlungen gegeben sind. (Grund)rechtliche Vorgaben fordern bei bestimmten Handlungen lediglich ein Einspruchsrecht der Betroffenen. Empirische Untersuchungen des Konfliktverhaltens stellen dagegen fest, daß auch andere Formen der Konfliktregelung praktiziert werden.

Da sich in sozialen Systemen empirisch eine Vielzahl von Konfliktregelungsformen finden lassen, muß für die weitere Arbeit an dieser Stelle eine Fokussierung vorgenommen werden. Ich will mich bei der Gestaltung technischer Mechanismen zur Konfliktregelung am "Mainstream" der Konflikttheorie orientieren. Insofern sollte ein technisch unterstütztes Konfliktmanagement bei Groupware den Konflikt für die Beteiligten sichtbar machen, Verhandlungsmöglichkeiten zwischen den Konfliktparteien bieten und den Betroffenen eine Einspruchsmöglichkeit einräumen. Diese Anforderungen können zu einer menschengerechten Konfliktregelung beitragen (vgl. Kap. 7). Da eine technische Unterstützung des Konfliktmanagements auch für darüber hinausgehende Regelungsformen offen sein sollte, muß die zu entwickelnde Systemarchitektur die Möglichkeit bieten, Systeme einfach zu erweitern und anzupassen, um dadurch weitere Konfliktregelungsformen technisch zu unterstützen.

4.2   Besonderheiten der Regelung groupware-spezifischer Konflikte

Im folgenden will ich mich mit den Spezifika des Konfliktmanagements bei Groupware beschäftigen. Aus diesen Besonderheiten soll abgeleitet werden, welche technischen Anforderungen sich aus der Unterstützung von Sichtbarkeit gegenüber den Betroffenen, Verhandlungsmöglichkeiten zwischen den Beteiligten sowie der Gewährung von Einspruchsmöglichkeiten ergeben. Groupware-spezifische Konflikte werden definitionsgemäß durch die Aktivierung einer Funktion ausgelöst. Durch diese Handlung eines Aktivators erfolgt ein Zustandsübergang eines technischen Artefaktes (vgl. Kap. 2.1). Dieser Zustandsübergang beeinträchtigt andere Nutzer des technischen Artefaktes. Will man den Betroffenen Möglichkeiten geben, groupware-spezifische Konflikte zu erkennen, Einspruch gegen die Aktivierung zu erheben oder darüber zu verhandeln, so sind die aus möglichen Anwendungskontexten von Groupware zu erwartenden Bedingungen ebenso zu berücksichtigen wie die sich aus dem Konfliktgegenstand ergebenden Besonderheiten.

Gegenstand groupware-spezifischer Konflikte ist der vom Aktivator beabsichtigte Zustandsübergang in einem sich im Gebrauch befindlichen technischen Artefakt. Dieses Artefakt muß sich zur Laufzeit jederzeit in einem wohldefinierten Zustand befinden. Will man nun Betroffenen Verhandlungs- oder Einspruchsmöglichkeiten bezüglich des vom Aktivator beabsichtigten Zustandsübergangs geben, so muß die Ausführung des Zustandsübergangs nach der Aktivierung angehalten werden. Das System muß zusätzliche beim Design vorzusehende Zustände einnehmen, in denen die Regelung des Konfliktes erfolgen kann. Erst wenn der groupware-spezifische Konflikt gelöst ist, wird der endgültige Zustandsübergang durch Ausführung einer Funktionsalternative oder durch das Nichtausführen der Funktion vorgenommen.

Abb. 4.1 stellt das Aktivierungsgeschehen der in den Abb. 2.1 und 2.5 dargestellten Funktionen für den Fall dar, daß technisch unterstützt den Betroffenen Konfliktregelungsmöglichkeiten gegeben werden.[1] Nachdem der Aktivator die

---

[1]Mit Hilfe von Petri-Netzen wird das Systemverhalten bei technisch unterstützter Konfliktregelung aus der Perspektive der Nutzer formalisiert. Die Nutzer selbst und ihr Verhalten sind nicht Gegenstand der Formalisierung. Lediglich ihre Eingaben in das System werden als möglicherweise eintretende Ereignisse dargestellt. Es wird in den Darstellungen der Kapitel 4 und 5 nicht auf Implementierungsfragen eingegangen. Dies erfolgt in Kap. 6.2.

Funktion "F" aktiviert hat, nimmt das System den Nutzern gegenüber zunächst den Zwischenzustand "Funktion F aktiviert" ein. Außerdem wird eine Konfliktregelung angestoßen. Ist diese erfolgt, so geht das System in den dabei bestimmten Zustand über. Das die technisch unterstützte Konfliktregelung repräsentierende T-Element soll im folgenden verfeinert werden (vgl. Kap. 4.3 und 6.2).

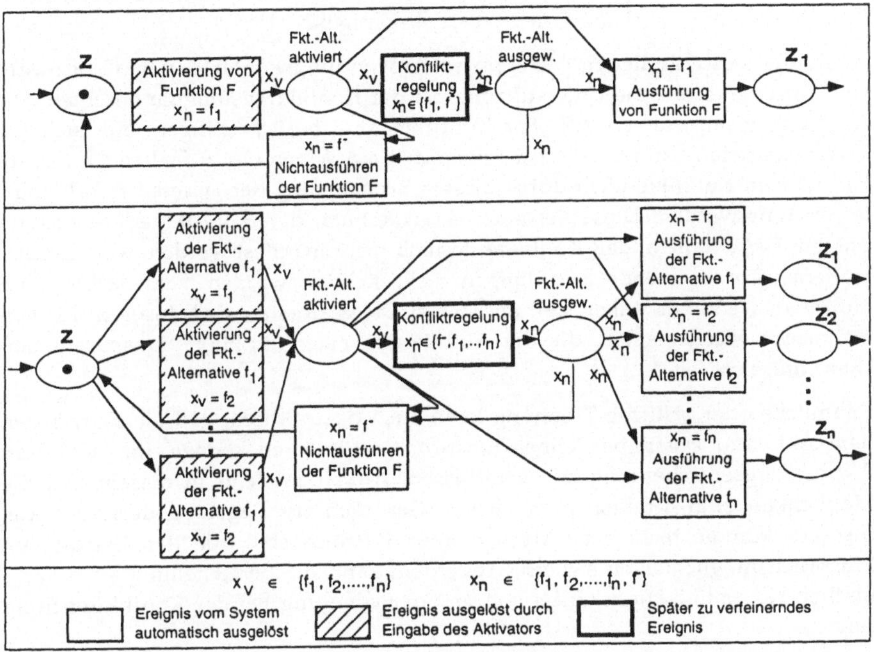

Abb. 4.1:   Aktivierungsgeschehen einer Funktion bei Nutzung technischer Konfliktregelungsmechanismen

Zur Darstellung der Konfliktregelung wird hier auf Netze mit individuellen Marken zurückgegriffen. Im Gegensatz zu den in Kap. 2 als Formalisierungsmittel gewählten Bedingungs- und Ereignisnetzen können die Marken in diesen Netzen verschiedene Identitäten haben. Netze mit individuellen Marken stellen eine Verallgemeinerung der bisher verwandten Petri-Netze dar und bieten ein besseres Instrumentarium zur Beschreibung komplexerer Tatbestände (vgl. Genrich und Lautenbach 1981, S. 109ff; Jensen 1981, S. 317ff; Jensen 1987, S. 249ff, Baumgarten 1990, S. 193ff).[1]

Bei groupware-spezifischen Konflikten besteht der Lösungsraum aus den verschiedenen beim Systemdesign vorgegebenen Zustandsübergängen einer Funktion. Solche aus dem Systemdesign oder der Konfiguration herrührende Restriktionen sind bei vielen anderen sozialen Konflikten nicht gegeben. Sie sind den Konfliktparteien transparent zu machen und bei der Gestaltung von technischen Konfliktregelungsmechanismen zu berücksichtigen.

Auch die Besonderheiten bestimmter Anwendungskontexte von Groupware sind für eine technische Unterstützung bei der Konfliktregelung zu beachten. Die Regelung groupware-spezifischer Konflikte muß berücksichtigen, daß sich die Konfliktparteien häufig nicht zur selben Zeit am selben Ort aufhalten. In diesem Fall können Konflikte nicht durch direkte Beobachtung der anderen Konfliktpartei erkannt werden. Diese Besonderheiten können den Konfliktverlauf negativ prägen. Das Problem, daß Konflikte deshalb nicht manifest werden, weil den Betroffenen konfligierende Handlungen nicht sichtbar werden, kann selbst dann auftreten, wenn zur selben Zeit am selben Ort gearbeitet wird. Insofern können technische Mechanismen, die die Aktivierung einer Funktion transparent machen, hilfreich sein.

Räumliche oder zeitliche Trennung kann auch dazu führen, daß die Betroffenen dem Aktivator gegenüber keinen Einspruch artikulieren können, um so dessen Aktivierungsentscheidung zu beeinflussen. Außerdem fehlt in diesem Fall die Möglichkeit zum direkten persönlichen Gespräch zur Regelung der Konflikte. Insofern können technische Mechanismen hilfreich sein, die den Betroffenen Einspruchsmöglichkeiten sichern. Außerdem kann die Bereitstellung eines technischen Kommunikationskanals von großer Bedeutung bei der Konfliktregelung sein.

Zu den Besonderheiten der Konfliktregelung groupware-spezifischer Konflikte gehört desweiteren, daß zum Zeitpunkt, in dem der Konflikt entsteht, die Aktivatoren einzelner Groupwarefunktionen Initiatoren und Akteure in einer Person sind. Da zu erwarten ist, daß groupware-spezifische Konflikte sich häufig manifestieren werden, soll im folgenden aus Gründen der Verfahrensökonomie davon ausgegangen werden, daß keine dritte Partei bei der Konfliktregelung zu beteiligen ist.[2] Deshalb sollen nur Mechanismen betrachtet werden, die ohne eine dritte Partei auskommen. Bietet man den Betroffenen auf technischem Wege

---

[1] Die in dieser Arbeit verwendeten Konventionen zur Beschreibung von Netzen mit individuellen Marken sind im Anhang dargestellt.

[2] Allerdings wird die in Kap. 6 vorgestellte Systemarchitektur so angelegt sein, daß auch auf Beteiligung einer dritten Partei beruhende Verfahren implementiert werden können.

Einspruchs- oder Verhandlungsmöglichkeiten, so sind technische Schlichtungsverfahren vorzusehen, die dafür sorgen, daß im Falle fehlender Einigung zwischen den Beteiligten ein zuvor festgelegter System-Default-Zustand eingenommen wird.

Die Besonderheiten groupware-spezifischer Konflikte weisen darauf hin, daß technische Mechanismen bei ihrer Regelung eine wichtige Rolle spielen können. Diese Mechanismen sind in die soziale Praxis des Konfliktmanagements im jeweiligen Anwendungskontext der Groupware eingebunden. Einerseits können technische Mechanismen durch nicht technisch unterstütztes Handeln in ihrer konfliktregelnden Wirkung ergänzt werden. So kann beispielsweise ein technischer Mechanismus, der konfliktauslösende Handlungen transparent macht, dazu führen, daß zwischen den Beteiligten ein persönliches Gespräch zu Verhandlungszwecken entsteht oder der Betroffene seinen Einspruch äußert und dieser dann den Aktivator veranlaßt, den strittigen Zustandsübergang zurückzunehmen. In diesem Sinne hat auch Dourish (1993) bei der Untersuchung der Nutzung von Videokommunikationssystemen in verschiedenen Anwendungsfeldern darauf hingewiesen, daß die Wirkung der teilweise kaum existenten technischen Konfliktregelungsmechanismen beim Aufbau von Videokanälen immer unter Berücksichtigung der sozialen Praxis in den Nutzergruppen beurteilt werden muß.

Neben einer Ergänzung technischer Mechanismen durch soziale Praxis ist aber auch davon auszugehen, daß sich aus dem Anwendungskontext Anforderungen an eine flexible Nutzung der technischen Mechanismen ergeben. Dies ist gegeben, wenn die auf der Basis des Konfliktpotentials antizipierten Konfliktregelungsmechanismen sich in einem konkreten Konfliktfall als ungeeignet erweisen. So kann ein den Konfliktparteien technisch unterstützt angebotener Kommunikationskanal von ihnen in einer bestimmten Situation nicht genutzt werden, weil die Betroffenen - nachdem sie von der Entscheidung des Aktivators Kenntnis genommen haben - auf Einspruch und Verhandlung verzichten.

Im Rahmen der Einschränkungen, die sich aus der Eingebundenheit der Mechanismen in soziale Praxis und ihrer möglichen Flexibilität während der Nutzung ergeben, werden mittels der Gestaltung dieser Mechanismen "Spielregeln" der Konfliktregelung formalisiert. Insofern erfordert der Einsatz technischer Mechanismen der Konfliktregulierung ein mindestens zweistufiges Konfliktmanagement. In der ersten Stufe müssen die technischen Mechanismen der Konfliktregelung auf der Basis des erkannten Konfliktpotentials festgelegt werden und der Grad der den einzelnen Konfliktparteien zur Verfügung stehenden Flexibilität bei der Nutzung dieser Mechanismen bestimmt werden. Man kann hierbei von einer Konfiguration der Konfliktmanagementkomponente einer Groupware

gelung auf der Basis des erkannten Konfliktpotentials festgelegt werden und der Grad der den einzelnen Konfliktparteien zur Verfügung stehenden Flexibilität bei der Nutzung dieser Mechanismen bestimmt werden. Man kann hierbei von einer Konfiguration der Konfliktmanagementkomponente einer Groupware sprechen. In der zweiten Stufe werden diese technischen Mechanismen dann zur Konfliktregelung eingesetzt (Nutzung der Konfliktregelungskomponente).

Eine weitere Besonderheit groupware-spezifischer Konflikte läßt ein zweistufiges Konfliktmanagement wünschenswert erscheinen: Groupware-spezifische Konfliktpotentiale können nämlich dadurch beseitigt werden, daß man die Nutzung oder Anpassung der sie auslösenden Funktion sperrt. Die dem Konflikt zugrundeliegenden Interessengegensätze werden dadurch zwar nicht - in Dahrendorfs Sinne - gelöst, sie können sich aber nicht mehr durch die Nutzung oder Anpassung einer bestimmten Funktion von Groupware manifestieren. Dies setzt eine Systemarchitektur voraus, die das Sperren einzelner Funktionen erlaubt. Dies kann ebenso wie die Festlegung der technischen Konfliktregelungsmechanismen vor Beginn der Nutzung einer Anwendung erfolgen.

4.3   Technische Mechanismen der Konfliktregelung

Die bisherige Diskussion hat verdeutlicht, daß technische Mechanismen zur Regelung groupware-spezifischer Konflikte bereitgestellt werden müssen. Sie können dazu beitragen, die Existenz von Konflikten transparent zu machen, den Betroffenen Einspruchsmöglichkeiten zu geben und einen Kommunikationskanal zwischen den Beteiligten aufzubauen. Im folgenden will ich eine Typisierung verschiedener technischer Konfliktregelungsmechanismen nach den genannten Merkmalen entwickeln.[1]

Das Zusammenwirken zwischen technischen und nicht-technisch unterstützten Verfahren hat für die Gestaltung technischer Mechanismen zur Folge, daß sie Raum für nicht-technisch basierte Formen des Konfliktmanagements lassen müssen. Hinsichtlich jedes der Mechanismen sollen deshalb die Möglichkeiten des Zusammenwirkens von technischen und sozialen Konfliktregelungsmechanismen untersucht werden.

Abb. 4.2 gibt einen Überblick über die im folgenden vorzustellenden technischen Mechanismen. Die drei für die Unterscheidung der Mechanismen wesentlichen

---

[1]In früheren Arbeiten sind diese Konfliktregelungsmechanismen auch Metafunktionen genannt worden, weil sie in das Aktivierungsgeschehen einer anderen Funktion eingreifen (vgl. Wulf 1993a, Wulf 1993b, Wulf 1994, Wulf 1995a, Wulf und Rohde 1996, Rohde, Pfeifer und Wulf 1996).

mentierbarkeit und Aushandelbarkeit) finden sich an den Blättern des Baumes. Mit Ausnahme der einseitigen Steuerbarkeit sind alle übrigen Typen von Konfliktregelungsmechanismen aus der Perspektive der Betroffenen bezeichnet und beschreiben die ihnen zum Konfliktmanagement technisch zur Verfügung gestellten Optionen.

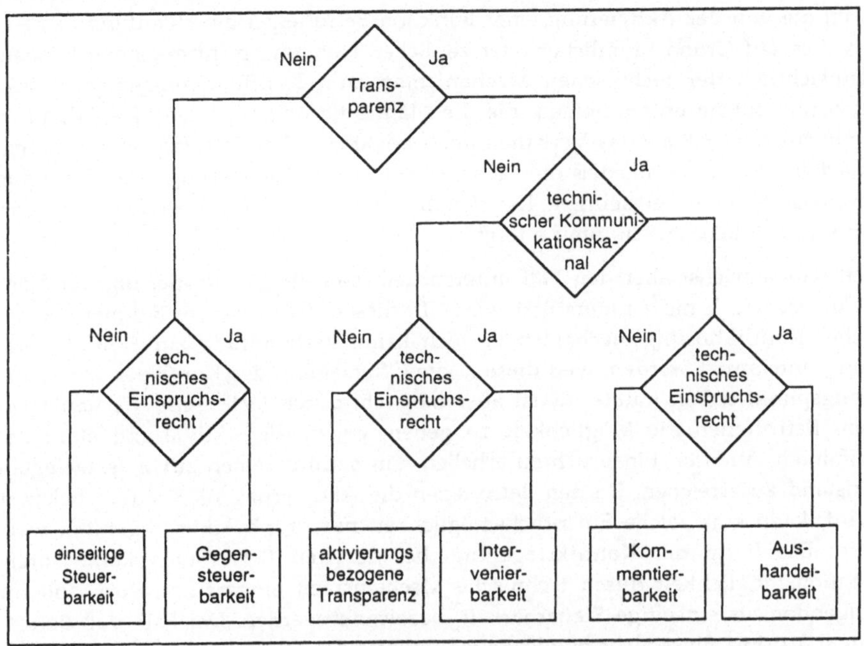

Abb. 4.2:   Technische Mechanismen der Konfliktregelung im Überblick

Die einzelnen Klassen der Konfliktregelungsmechanismen sollen im folgenden vorgestellt werden und an zwei Beispielen verdeutlicht werden. Dabei handelt es sich einerseits um die Regelung von Konflikten, die bei der Nutzung der Glance-Funktion in Videokommunikationssystemen entstehen können (vgl. Kap. 3.2), und andererseits um technische Unterstützung beim Umgang mit Konflikten, die sich aus der Änderung eines von mehreren Nutzern gemeinsam aktuell zu haltenden Datensatzes ergeben können. Ein solcher Datensatz könnte beispielsweise in kooperativen Arbeitszusammenhängen eine Schnittstellenbeschreibung zwischen zwei Arbeitspaketen beinhalten.

Ein wichtiges Gestaltungsproblem des Konfliktmanagements bei Groupware stellt das Problem dar, daß bestimmte Konflikte deshalb nicht manifest werden, weil die von der Aktivierung einer Funktion Betroffenen die Handlung des Ak-

die sich aus der Änderung eines von mehreren Nutzern gemeinsam aktuell zu haltenden Datensatzes ergeben können. Ein solcher Datensatz könnte beispielsweise in kooperativen Arbeitszusammenhängen eine Schnittstellenbeschreibung zwischen zwei Arbeitspaketen beinhalten.

Ein wichtiges Gestaltungsproblem des Konfliktmanagements bei Groupware stellt das Problem dar, daß bestimmte Konflikte deshalb nicht manifest werden, weil die von der Aktivierung einer Funktion Betroffenen die Handlung des Aktivators auf Grund räumlicher oder zeitlicher Trennung nicht erkennen können. Hinsichtlich der technischen Mechanismen zum Konfliktmanagement lassen sich nun solche unterscheiden, die die Manifestierung von Konflikten dadurch unterstützen, daß sie das Verhalten der Aktivatoren den Betroffenen transparent machen. Für den Fall, daß dies geschieht, löst die Aktivierung einer Funktion mindestens einen einseitigen Kanal zum Betroffenen aus, über den eine entsprechende Benachrichtigung erfolgt.

Ich will zunächst aber den Fall untersuchen, daß die Manifestierung der Konflikte technisch nicht unterstützt wird.[1] In diesem Fall kann im Rahmen technischer Konfliktlösungsmechanismen auch keine Verhandlung zur Konfliktregelung unterstützt werden, weil diese ja die Offenlegung des Konfliktes zum Ausgangspunkt haben müßte. Es ist aber möglich, durch technische Mechanismen den Betroffenen die Möglichkeit zu geben, gegen die Aktivierung einer bestimmten Funktion Einspruch zu erheben, um dadurch einen zuvor festgelegten Zustand zu erreichen. Da den Betroffenen die Aktivierung nicht zuvor bekannt wird, kann eine solche Einspruchsmöglichkeit nur prophylaktisch genutzt werden. Die Form der Konfliktregelung, bei der den Betroffenen keine Interventionsmöglichkeit durch technische Mechanismen eingeräumt wird, soll im folgenden als einseitige Steuerbarkeit[2] bezeichnet werden. Der Fall, daß Betroffenen à priori Einspruchsmöglichkeiten bereitstehen, soll als Gegensteuerbarkeit bezeichnet werden.

4.3.1   Einseitige Steuerbarkeit

Bei der einseitigen Steuerbarkeit bleibt die Nutzung oder Anpassung einer Funktion vollständig unter der Kontrolle des Aktivators. Er entscheidet allein über

---

[1]Dies sagt nichts darüber aus, ob dieser Konflikt nicht auf andere Weise sichtbar wird. Beispielsweise kann die Grundfunktion so gestaltet sein, daß der Konflikt unmittelbar sichtbar wird. Dies ist z. B. bei face-to-face-Meeting-Tools der Fall. Außerdem können die Betroffenen durch persönliche Mitteilung anderer Nutzer in Kenntnis gesetzt werden.

[2]Der Begriff der "Steuerbarkeit" wird hier über den bisher üblichen Rahmen hinaus erweitert (vgl. Kap. 2.2), weil auch bestimmte Formen der Anpaßbarkeit mit subsumiert werden. Dieser Begriff wird hier benutzt, weil dadurch der in der Tradition einzelplatzorientierter Systeme stehende Ansatz der Konfliktregulierung besonders deutlich wird.

sung potentieller Interessengegensätze bezüglich der Grundfunktionen wird vom Aktivator entschieden (vgl. Wulf 1993b, S. 986 f.).

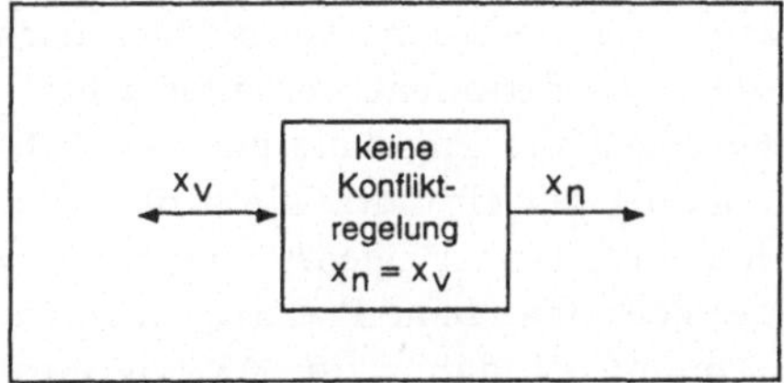

Abb. 4.3:   Konfliktregelung bei einseitiger Steuerbarkeit (Verfeinerung von Abb. 4.1)

Abb. 4.3 stellt diese Form der Konfliktregelung dar. Da keine technische Unterstützung bei der Konfliktregelung erfolgt, wird das T-Element "Konfliktregelung" aus Abb. 4.1 durch "keine Konfliktregelung" ausgefüllt.

Einseitige Steuerbarkeit der Glance-Funktion bedeutet, daß der Videokanal vom Aktivator aufgebaut werden kann, ohne daß der Betroffene dies erkennen oder beeinflussen kann. Dies entspricht der ursprünglichen Gestaltung im RAVE-System. Bezogen auf die Veränderung eines gemeinsam genutzten Datensatzes erhält der Aktivator auf der Stufe einseitiger Steuerbarkeit die Möglichkeit, eine Modifikation vorzunehmen, ohne daß dies dem Betroffenen speziell angezeigt wird oder er die Veränderung des Datensatzes verhindern könnte. Dies stellt die übliche Realisation von Konfliktregelungsmechanismen auf Betriebssystem- oder Datenbankebene dar, wenn beide Beteiligte über Schreibrechte verfügen.

Dieser Verzicht auf technische Mechanismen der Konfliktregelung kann sinnvoll sein, wenn das Konfliktpotential als so gering eingestuft wird, daß es keiner Regelungsmechanismen bedarf. Bei Konflikten, die einer Regelung bedürfen, beruht bei einseitiger Steuerbarkeit der Umgang mit Konflikten ausschließlich auf sozialen Konventionen zwischen den Konfliktparteien. Es besteht dabei aber die Gefahr, daß Konflikte deshalb latent bleiben, weil sie von den Betroffenen nicht erkannt werden.

4.3.2   Gegensteuerbarkeit

Auch bei der Gegensteuerbarkeit bleibt Nutzung oder Anpassung einer Funktion unter der Kontrolle des Aktivators. Dem Betroffenen wird die Form der Aktivierung nicht transparent. Es werden keine technischen Verhandlungsmöglichkeiten geschaffen. Die Betroffenen erhalten allerdings die Möglichkeit, auf technischem Wege gegen die Entscheidung des Aktivators Einspruch zu erheben. Da die Aktivierung der Grundfunktion dem Betroffenen nicht transparent wird, ist dies nur mittels einer eigenständigen Funktion möglich. Mittels

4.3.2   Gegensteuerbarkeit

Auch bei der Gegensteuerbarkeit bleibt Nutzung oder Anpassung einer Funktion unter der Kontrolle des Aktivators. Dem Betroffenen wird die Form der Aktivierung nicht transparent. Es werden keine technischen Verhandlungsmöglichkeiten geschaffen. Die Betroffenen erhalten allerdings die Möglichkeit, auf technischem Wege gegen die Entscheidung des Aktivators Einspruch zu erheben. Da die Aktivierung der Grundfunktion dem Betroffenen nicht transparent wird, ist dies nur mittels einer eigenständigen Funktion möglich. Mittels dieser Funktion legt der Betroffene seine Präferenz für den Fall der Aktivierung im vorhinein fest. Kommt es dann zur Aktivierung, interveniert diese gegensteuernde Funktion gemäß ihrer Voreinstellung automatisch gegen die Entscheidung des Aktivators. Insofern handelt es sich bei der gegensteuernden Funktion um eine vorbereitete Funktion (vgl. Kap. 2.1.1).

Abb. 4.4 verdeutlicht das Aktivierungsgeschehen, wenn Gegensteuerbarkeit zur Konflikthandhabung herangezogen wird. Der Betroffene der Funktion F wird zum Aktivator der Funktion F_G. Die Art, in der er die Funktion F_G nutzt, bestimmt den Gang der Aktivierung von Funktion F. Widerspricht seine Voreinstellung den Wünschen des Aktivators von F, so erfolgt eine Schlichtung, indem ein zuvor eingestellter Default-Zustand bei Nichteinigung angenommen wird.

Diese Form der Konfliktregelung erscheint insbesondere angebracht, wenn Rechte der Betroffenen zu schützen sind und ihnen nicht zugemutet werden kann, in jeder einzelnen Nutzungssituation ihre Interessen zu artikulieren. Gegensteuerbarkeit bietet ihnen die Möglichkeit, für einen längeren Zeitraum ihre Interessen zu explizieren und in das Aktivierungsgeschehen einzubringen. Verhandlungen zur Konfliktregelung werden technisch nicht unterstützt. Insofern erscheint dieser Mechanismus insbesondere zum Umgang mit Konflikten geeignet, deren diesbezügliche Regelungsweise im Anwendungskontext bereits fest vorgegeben ist. Ein solcher Fall liegt beispielsweise bei Abschottungs- oder Filterfunktionen zur Durchsetzung des Rechts auf kommunikative Selbstbestimmung vor. In diesem Fall wird gegen die Entscheidung des Senders zum Kanalaufbau vom Empfänger auf technischem Wege vorab Einspruch erhoben.

Gegensteuerbarkeit wurde bei der Glance-Funktion dadurch realisiert, daß der betroffene Nutzer eine Funktion F_G erhielt, die ihm ermöglichte, vorab festzulegen, welche anderen Nutzer einen Kanal zu ihm aufbauen konnten. Gegensteuerbarkeit ist auch auf gemeinsam genutzten Datensätzen über die Möglichkeit des Entzugs schreibender Zugriffsrechte realisiert. Insofern stellt die Zugriffsrechtsvergabe eine den Zugriff unterbindende Funktion F_G dar. In beiden Beispielen besteht die Schlichtungsstrategie bei konfligierenden Handlungsabsichten darin, den Vorgaben des Betroffenen zu folgen.

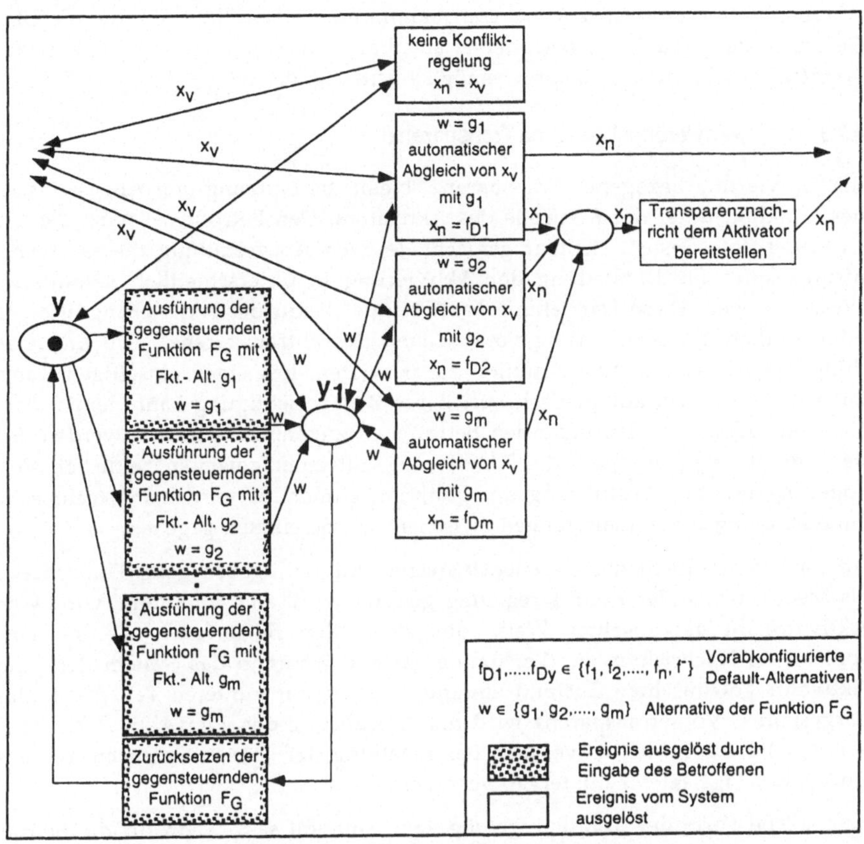

Abb. 4.4:   Konfliktregelung bei Gegensteuerbarkeit (Verfeinerung von Abb. 4.1)

Dieser Mechanismus der Gegensteuerbarkeit bietet selbst natürlich erhebliches Konfliktpotential, weil keine Möglichkeit geboten wird, zu einer auf diskursiver Verständigung zwischen den Konfliktparteien beruhenden Konfliktregelung zu gelangen. Dem Betroffenen wird der Konflikt nicht sichtbar, dem Aktivator nur dann, wenn er ein Feedback über das Resultat der Schlichtung erhält.

Bei Steuerbarkeit und Gegensteuerbarkeit wurden die groupware-spezifischen Konflikte nicht technisch unterstützt transparent gemacht. Die Manifestierung von Konflikten ist aber ein wesentliches Element der Konfliktregelung. Insofern sollen als nächstes Mechanismen vorgestellt werden, die Konflikte sichtbar machen, ohne daß dabei Möglichkeiten für Verhandlungen implementiert sind. Auch bei diesen Mechanismen läßt sich zwischen solchen unterscheiden, die den Betroffenen Einspruchsmöglichkeiten einräumen, und anderen, die dies nicht erlauben. Aktivierungsbezogene Transparenz macht Konflikte für die von dem Gebrauch einer Funktion Betroffenen sichtbar, während Intervenierbarkeit den Betroffenen zusätzliche Einspruchsmöglichkeiten gibt.

4.3.3   Aktivierungsbezogene Transparenz

Bei aktivierungsbezogener Transparenz[1] bleibt die Nutzung und Anpassung einer Funktion unter der Kontrolle des Aktivators. Den Betroffenen wird die Aktivierung vom System sichtbar gemacht. Je nach Ausgestaltung dieses Mechanismus kann die Darstellung der Aktivierung in unterschiedlich detaillierter Weise erfolgen. Diese Darstellung kann zeitgleich mit der Aktivierung erfolgen oder zeitlich der Aktivierung vorausgehen (Vorabtransparenz). Die Entscheidung des Aktivators, eine Funktion zu aktivieren, löst einen einseitigen Kanal zu den Betroffenen automatisch aus. Diese Benachrichtigung kann gemäß dem Versand- oder Zugriffsprinzip den Betroffenen zugänglich gemacht werden. Bei der Vorabtransparenz geht die Aktivierung mit einer gewissen zeitlichen Verzögerung mit der Ausführung der Funktion einher. Es wird keine technische Unterstützung für Verhandlungen zwischen den Beteiligten gegeben.

Abb. 4.5 verdeutlicht das Geschehen, wenn aktivierungsbezogene Transparenz als Mechanismus der Konfliktregelung genutzt wird. Die Funktion F wird vom Aktivator in gewünschter Weise ausgelöst, den Betroffenen werden entsprechende Nachrichten zur Verfügung gestellt, während das System den vom Aktivator gewünschten Zustand einnimmt. Bei der im unteren Teil des Bildes dargestellten Vorabtransparenz wird die Ausführung der vom Aktivator ausgewählten Funktionsalternative nach Bereitstellung der Transparenznachricht um ein vorab festgelegtes Zeitintervall verzögert.

Eine solche Form der Konfliktregelung kann sinnvoll sein, wenn für die Betroffenen aus dem Anwendungskontext heraus Möglichkeiten bestehen, mit dem Aktivator zu verhandeln oder gegen die Entscheidung zu intervenieren. Verhandlungsmöglichkeiten können beispielsweise bestehen, wenn es einen technischen Kommunikationskanal zwischen den Beteiligten oder die Gelegenheit zu face-to-face-Meetings gibt. Möglichkeiten, durch Intervention die den Betroffenen durch die Aktivierung entstehenden Nachteile zu kompensieren, können in mehrerer Hinsicht bestehen. Die Betroffenen können beispielsweise durch den Gebrauch einer anderen Funktion oder durch ein an die Aktivierung angepaßtes Verhalten ihnen entstehende Nachteile zu vermeiden versuchen (vgl. Kap. 3.2).

---

[1] In früheren Arbeiten wurde dieser Konfliktregelungsmechanismus als nutzungsbezogene Transparenz bezeichnet und wurde von funktionaler Transparenz abgegrenzt. Dabei bezog sich nutzungsbezogene Transparenz auf die Aktivität der Nutzung, während funktionale Transparenz sich u.a. auch auf die Aktivität der Anpassung von Funktionen bezog (vgl. Wulf 1994, S. 129ff).

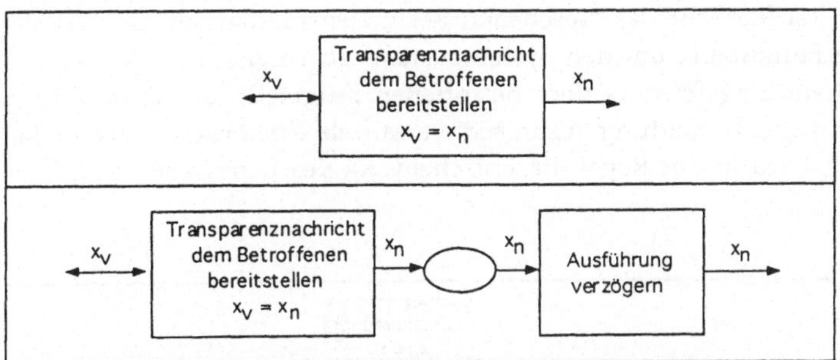

Abb. 4.5   Konfliktregelung bei aktivierungsbezogener Transparenz und
aktivierungsbezogener Vorabtransparenz (Verfeinerung von Abb. 4.1)

Aktivierungsbezogene Transparenz bei der Glance-Funktion ist dadurch realisiert worden, daß am Endgerät der Betroffenen im Augenblick des Kanalaufbaus ein an das Türöffnen erinnerndes knarrendes Geräusch erzeugt wurde. Aktivierungsbezogene Transparenz könnte aber auch durch eine Anzeige an der Video-Kamera realisiert werden, die deren Aktivierung anzeigt. Bei der Manipulation eines gemeinsamen Datensatzes könnte aktivierungsbezogene Transparenz durch das automatische Versenden einer die Änderungen beschreibenden Benachrichtigung an den Betroffenen realisiert sein.

Der Konfliktregelungsmechanismus "Aktivierungsbezogene Transparenz" bietet selbst Konfliktpotential. Durch die Benachrichtigung der Betroffenen werden in der Regel personenbezogene Daten des Aktivators übermittelt, die dessen Recht auf informationelle Selbstbestimmung beeinträchtigen. Der Betroffene kann sich durch die möglicherweise entstehende Nachrichtenflut gestört fühlen.

4.3.4   Intervenierbarkeit

Wie bei aktivierungsbezogener Transparenz wird bei Intervenierbarkeit[1] der Betroffene über den Gebrauch einer Funktion in Kenntnis gesetzt. Dadurch entsteht ein einseitiger Kanal vom Aktivator zum Betroffenen. Im Gegensatz zur Transparenz hat dieser nun die Möglichkeit, auf technischem Wege gegen die Aktivierung der Funktion Einspruch zu erheben. Interveniert er, so nimmt das System einen zuvor festgelegten Default-Zustand bei Nichteinigung ein. Es ist vorab festzulegen, welcher Zustand nach einer bestimmten Zeitspanne bei ausbleibender Reaktion der Betroffenen vom System automatisch einzunehmen ist. Der Mechanismus der Intervenierbarkeit bietet keine technische Unterstützung für Verhandlungen zwischen den Beteiligten.

---

[1] In meinen bisherigen Arbeiten wurde diese Form der Konfliktregelung als einschleifige, strukturierte Aushandelbarkeit bezeichnet (vgl. Wulf 1994).

Abb. 4.6 verdeutlicht das Geschehen bei Intervenierbarkeit. Der Aktivator aktiviert die Funktion F, um den Systemzustand zu verändern. Dies wird mittels eines Verhandlungsfensters dem Betroffenen mitgeteilt, der daraufhin gegen die Aktivierungsentscheidung technisch vermittelt Einspruch erheben kann. Dem Aktivator wird in der Regel die Entscheidung des Betroffenen ebenfalls transparent.

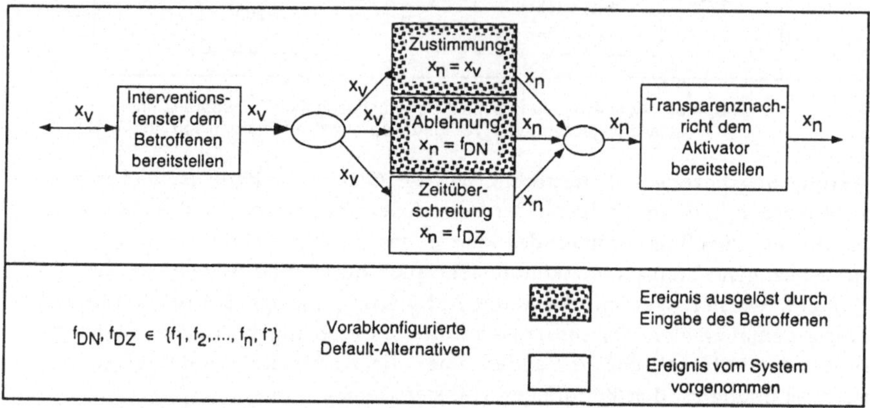

Abb. 4.6:   Konfliktregelung bei Intervenierbarkeit (Verfeinerung von Abb. 4.1)

Diese Form der Konfliktregelung erlaubt es, die Rechte der Betroffenen zu sichern. Im Gegensatz zur Gegensteuerbarkeit haben sie jederzeit die Möglichkeit, ihre Interessen innerhalb des konkreten Aktivierungsvorgangs zur Geltung zu bringen. Dies erhöht ihren Aufwand im Vergleich zur Gegensteuerbarkeit, erlaubt aber eine situationsangemessene Reaktion. Die Transparenz des Aktivierungsversuchs oder der Reaktion des Betroffenen kann für die Beteiligten Anlaß zu Verhandlungen sein, die von diesem Mechanismus technisch nicht unterstützt werden.

Intervenierbarkeit wurde bei der Glance-Funktion bereits realisiert. Der Betroffene kann festlegen, daß der Versuch, einen Videokanal zu ihm aufzubauen, angezeigt und erst nach seiner Zustimmung etabliert wird. Bezogen auf die Manipulation eines gemeinsam genutzten Datensatzes wäre Intervenierbarkeit realisiert, wenn Änderungen, die der Aktivator vorschlägt, erst nach Zustimmung des Betroffenen in den gemeinsam genutzten Datensatz übernommen werden (vgl. Berse und Wulf 1993).

Der Mechanismus der Intervenierbarkeit bietet selbst erhebliches Konfliktpotential. Die Handlungen des Aktivators und der Betroffenen werden transparent, was deren Recht auf informationelle Selbstbestimmung einschränkt. Gegensätzliche Aktivierungsentscheidungen führen in einen zuvor festgelegten Default-Zustand. Dies beeinträchtigt die Entscheidungsfreiheit des Aktivators. Dieser Mechanismus erscheint deshalb insbesondere geeignet, Konflikte zu handhaben, für deren Schlichtung im Konfliktfall bereits feste Vorgaben im Anwendungskontext bestehen.

Ein weiteres wichtiges Element des Konfliktmanagements stellt die Möglichkeit dar, über die Aktivierung einer Funktion verhandeln zu können. Dies erfordert die Bereitstellung eines zweiseitigen Kommunikationskanals zwischen Aktivator und Betroffenen. Diese Mechanismen lassen sich im Hinblick darauf unterscheiden, ob sie den Betroffenen ein Interventionsrecht im Rahmen des technisch realisierten Schlichtungsverfahrens einräumen. Mechanismen der Konfliktregelung, die den Betroffenen ein Interventionsrecht einräumen, fallen in den Bereich der Aushandelbarkeit. Haben die Betroffenen kein Interventionsrecht, soll von Kommentierbarkeit gesprochen werden.

4.3.5   Aushandelbarkeit

Auf der Ebene der Aushandelbarkeit schlägt der Aktivator mittels der Aktivierung einer Funktion einen Zustandswechsel des Systems vor. Dies wird dem Betroffenen transparent gemacht. Er hat die Möglichkeit, darauf zu reagieren und seine Haltung zur Statusänderung dem Aktivator mitzuteilen. Daraus kann sich eine in verschiedener Weise technisch unterstützte Verhandlung ergeben. Das Ergebnis dieser Verhandlung kann der Betroffene durch sein technisch realisiertes Einspruchsrecht beeinflussen.

Da es sich bei einer Veränderung des Systemzustands um sehr verschiedene Konfliktgegenstände handeln kann und demzufolge auch verschiedene Alternativen zu der vom Aktivator intendierten Zustandsveränderung zur Wahl stehen können, erscheinen verschiedene Ausprägungen des Kommunikationskanals, über den die Konfliktparteien verhandeln, wünschenswert. Insofern sollte die Möglichkeit vorgesehen werden, verschiedene Arten von Kommunikationskanälen technisch zu unterstützen. Ich spreche von *strukturierter Aushandelbarkeit*, wenn die Kommunikation zwischen den Konfliktparteien ausschließlich darin besteht, die Auswahl eines vom Sender intendierten Zustandübergangs vom System beim Gegenüber anzeigen zu lassen. Bei *semistrukturierter Aushandelbarkeit* können neben der beabsichtigten Zustandsveränderung noch zusätzliche schwach strukturierte Inhaltsdaten an diesen stark strukturierten Nachrichtenbestandteil gehängt werden.

Diesen beiden Ansätzen liegt ein in der Sprechakttheorie entwickeltes Kommunikationsverständnis zugrunde (vgl. Austin 1976). Diese Theorie basiert auf der Erkenntnis, daß bestimmte menschliche Handlungen nur mit Hilfe sprachlicher Äußerungen vollzogen werden können. Eine wesentliche Aufgabe dieser Theorie stellt es daher dar, Sprechakte zu identifizieren und zu klassifizieren. Winograd und Flores (1988) haben, basierend auf der Sprechakttheorie, ein asynchrones Koordinationssystem - den Coordinator - entworfen. Dort deklarieren die Nutzer den mit einer Nachricht verbundenen Sprechakt vor dem Versenden. Den Empfängern werden dann in Abhängigkeit von den zuvor ausgetauschten Nachrichten mögliche Sprechakte zur Beantwortung angeboten, zwischen denen sie aussuchen können. Winograd (1988) hat vorgeschlagen, dieses System für beliebige Koordinationsaufgaben in Organisationen einzusetzen, um das Kommunikationsgeschehen zu effektivieren. Die mit dem Zwang zur Einhaltung der vorgegebenen Akte und der Notwendigkeit der Vorabexplizierung der Kommunikationsakte einhergehende Einschränkung der kommunikativen Ausdrucksformen ist zu Recht kritisiert worden (vgl. Herrmann 1991, S. 65f; Suchman 1993, S. 12).

Nichtsdestotrotz ist diese Idee zum Umgang mit bestimmten groupware-spezifischen Problemen interessant. Ist die Anzahl möglicher Zustandsveränderungen einer Funktion begrenzt und sind die aus der Aktivierung resultierenden Konsequenzen klar erkennbar, so erscheint eine solche Form der Verhandlungsunterstützung angemessen, weil dadurch der für die Kommunikation notwendige Aufwand gering gehalten wird.[1] Dies trifft insbesondere für die strukturierte Variante von Aushandelbarkeit zu, bei der der Eingabeaufwand auf das Drücken von Schaltern reduziert werden kann (vgl. Herrmann 1991, S. 66).

Sind die hier skizzierten Voraussetzungen nicht gegeben und halten die Nutzer einen erhöhten Verhandlungsaufwand für angemessen, sollte auf eine Vorstrukturierung des Kommunikationsgeschehens verzichtet werden. So wird im Falle unstrukturierter Aushandelbarkeit lediglich ein schwach-strukturierter Kommunikationskanal aktiviert, mittels dessen die Beteiligten über die Aktivierung verhandeln können. Um das Einspruchsrecht der Betroffenen zu sichern, ist durch den Aushandlungsmechanismus zu gewährleisten, daß die letztendliche Ausführungsentscheidung über eine Funktion vom Betroffenen aus erfolgen muß. Damit die Konfliktparteien den Bezug zwischen dem Kommunikationskanal und der Aktivierungsentscheidung einfach herstellen können, sollte dieser Bezug beim Kanalaufbau und Kanalempfang technisch unterstützt werden.

---

[1] Herrmann (1991, S. 66) bezeichnet diese auf das Aktivierungsgeschehen einer Funktion gerichteten Sprechakte als Steuerungsakte.

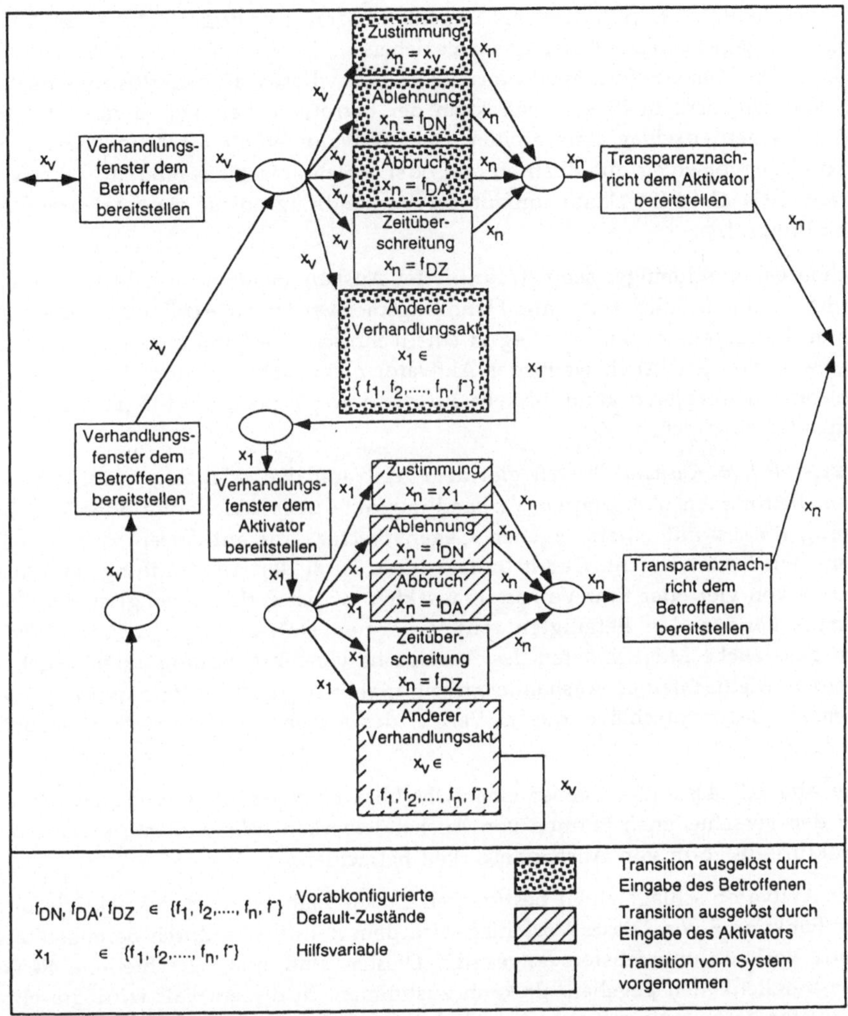

Abb. 4.7:   Konfliktregelung bei strukturierter Aushandelbarkeit (Verfeinerung von Abb. 4.1)

Strukturierte und semi-strukturierte Formen der Aushandelbarkeit lassen sich auch nach der Anzahl möglicher Verhandlungsschleifen unterscheiden. Die Anzahl der Verhandlungsschleifen beeinflußt die den Konfliktparteien gegebenen Kommunikationsmöglichkeiten. *Einschleifige Aushandelbarkeit* begrenzt den Verhandlungsprozeß auf einen Vorschlag des Aktivators und die zustimmende oder ablehnende Reaktion des betroffenen Benutzers. Deshalb kann bei Intervenierbarkeit nicht vom Entstehen von Kommunikation gesprochen werden. Es werden lediglich Handlungen der Gegenpartei transparent gemacht. Möglichkeiten zum gegenseitigen Aufeinander-Beziehen sind bei strukturierter Aushandelbarkeit erst bei *eineinhalbschleifigen Varianten* dieses Konfliktlösungsmechanismus gegeben. In diesem Fall kann der betroffene Benutzer dem Aktivator einen Gegenvorschlag unterbreiten. Der Aktivator erhält die Möglichkeit, auf den Gegenvorschlag mit Zustimmung oder Ablehnung zu reagieren (vgl. Herrmann 1994, S. 94 ff.) Damit umfaßt der Verhandlungsablauf maximal drei Verhandlungsakte.

Schon bei einschleifiger semi-strukturierter Aushandelbarkeit besteht für die Beteiligten die Möglichkeit, ihre Handlungsmotivation zu explizieren. Insofern kann dies bereits als ein Einstieg in eine technische Verhandlungsunterstützung gewertet werden. Auch wenn der Aktivator nicht mehr auf den Vorschlag des Betroffenen reagieren kann, besteht auf diese Weise doch die Möglichkeit, aufeinander einzugehen.

Zweischleifige Aushandelbarkeit gibt dem Aktivator die Möglichkeit, auf die von dem Betroffenen übersandten Verhandlungsakte über Ablehnung oder Zustimmung hinaus mit einem eigenen Gegenvorschlag zu antworten, der diesem dann wiederum zugeht. Damit umfaßt diese Form der Aushandlung den Austausch von vier oder fünf Verhandlungsakten zwischen den Beteiligten. Darüber hinaus können den Beteiligten mittels Formen *mehrschleifiger Aushandelbarkeit* zusätzliche Möglichkeiten des Austauschs von Verhandlungsakten gegeben werden. Mehrschleifige Aushandelbarkeit erlaubt so auch die Verhandlung über mehrere Gegenvorschläge, die im Verlauf des Aushandlungsprozesses gemacht werden.

Die Abb. 4.7, 4.8 und 4.9 geben einen Überblick über das Aktivierungsgeschehen bei den verschiedenen Formen von Aushandelbarkeit. Wir wollen zunächst die strukturierte Form von Aushandelbarkeit betrachten.

Der Aktivator schlägt einen bestimmten Zustandsübergang durch Aktivierung der Funktion F vor. Dieser Vorschlag wird dem Betroffenen durch Bereitstellung eines Verhandlungsfensters angezeigt. Diesem sind nun verschiedene Reaktionsmöglichkeiten gegeben. Er kann zustimmen. In diesem Fall wird die vom Aktivator beabsichtigte Zustandsveränderung unmittelbar ausgeführt. Ist er mit dem Vorschlag des Aktivators nicht einverstanden, sollten ihm je nach Art der beabsichtigten Aktivierung und des Anwendungskontextes verschiedene Reaktionsmöglichkeiten in Form von Verhandlungsakten angeboten werden. Da Aushandelbarkeit dem Betroffenen ein technisch abgesichertes Einspruchsrecht gibt, sollte er die Möglichkeit zur Ablehnung des Vorschlags des Aktivators haben. In diesem Fall nimmt das System einen für diesen Fall zuvor festgelegten Default-Zustand (bei Nichteinigung) ein. Dieser Zustand muß sich vom Vorschlag des Aktivators unterscheiden und sollte allen Beteiligten bekannt sein. In vielen Fällen wird dieser Default-Status in der Beibehaltung des ursprünglichen Zustands des Systems bestehen. Sowohl der Übergang in den Default-Zustand als auch die Zustimmung zur Aktivierung sind dem Aktivator transparent zu machen, damit er sein weiteres Handeln darauf abstimmen kann.

Daneben können dem Betroffenen weitere Verhandlungsakte zur Verfügung stehen. Dies können beispielsweise eine Modifizierung des Aktivierungsvorschlags, eine vorläufige Ablehnung (mit dem Recht des Aktivators, zu insistieren) oder eine vorläufige Zustimmung (mit dem Recht des Betroffenen, später zu widerrufen)[1] sein. Insofern kann der in Abb. 4.7 aufgeführte "Andere Verhandlungsakt" in verschiedener Weise implementiert werden. In jedem Fall wird dem Aktivator die Reaktion des Betroffenen durch die Bereitstellung eines Verhandlungsfensters transparent, und er hat seinerseits die Möglichkeit, mit einem neuen Verhandlungsakt zu reagieren. Die Möglichkeit zur Zustimmung zu dem zuvor unterbreiteten Vorschlag sollte immer bestehen, um damit das System in den ausgehandelten Zustand zu überführen. Er sollte den modifizierten Vorschlag auch ablehnen können, um so der Verhandlung ein Ende zu setzen. Damit geriete das System in den Default-Zustand bei Nichteinigung. Beide Reaktionen sind dem Betroffenen transparent zu machen, damit er seine Handlungsweise darauf einstellen kann. Wie schon den Betroffenen zuvor, können auch dem Aktivator an dieser Stelle weitere Verhandlungsakte bereitstehen, mit denen er die Kommunikation fortsetzen kann.

Durch die starke Strukturierung des Kommunikationsgeschehens kann jederzeit der genaue Zustand der Verhandlungen automatisch ermittelt werden und das Ergebnis in Zustandsveränderungen des Systems umgesetzt werden.[2] Da die Nutzer im Anwendungskontext häufig räumlich oder zeitlich getrennt sein werden, können sie möglicherweise nicht feststellen, ob ein bestimmter Verhandlungspartner kommunikationsbereit ist oder nicht. Je nach Funktion und Anwendungskontext kann eine durch Abwesenheit oder Untätigkeit hervorgerufene Verhandlungsverzögerung störend wirken. Insofern kann es sinnvoll sein, zeitliche Bedingungen bei der Konfiguration des Verhandlungsmechanismus zu formulieren, d. h. bis wann eine Reaktion erfolgen muß. Erfolgt diese nicht, so sollte das System einen Default-Zustand bei Zeitüberschreitung einnehmen.

---

[1] Der Vorschlag für diesen Verhandlungsakt wurde erstmalig von Herrmann und Just (1994, S. 100) gemacht.

[2] Ein strukturierter oder semi-strukturierter Aushandelbarkeit zugrundeliegendes Verhandlungsschema läßt sich immer als endlicher Automat darstellen (vgl. Winograd 1988).

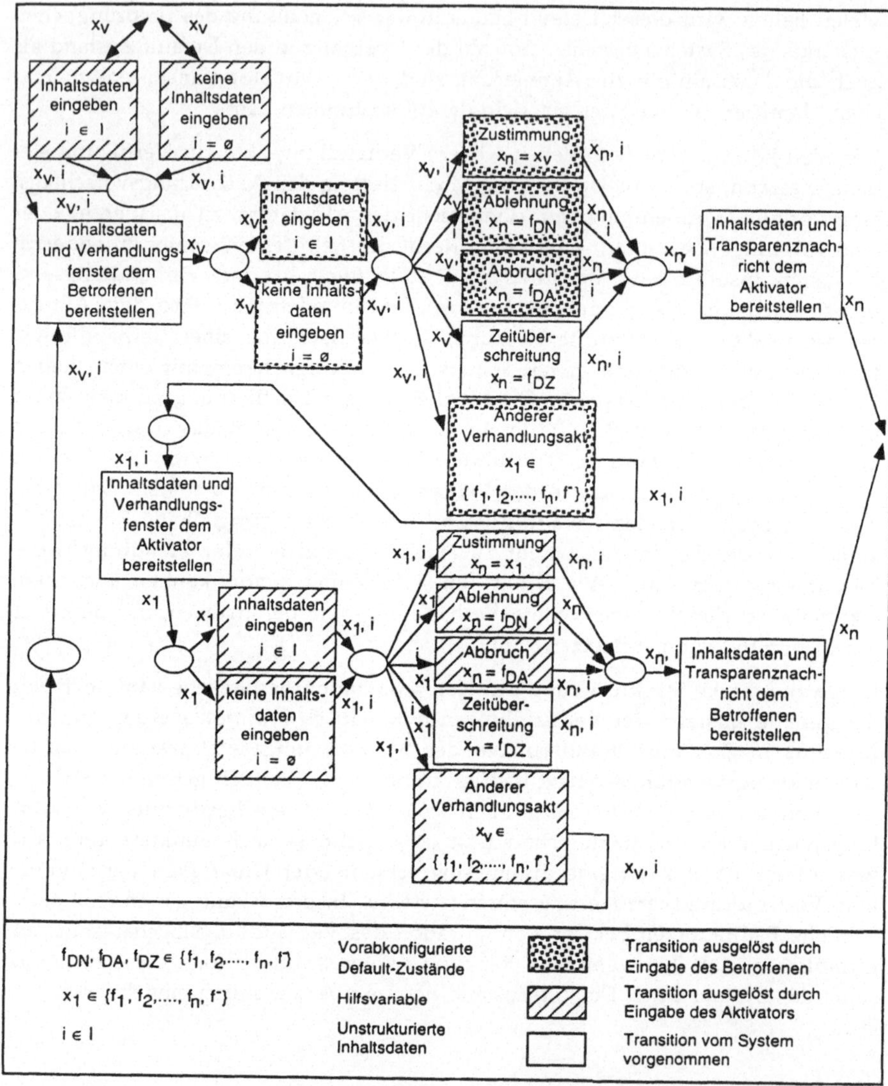

Abb. 4.8:   Konfliktregelung bei semi-strukturierter Aushandelbarkeit (Verfeinerung von Abb. 4.1)

Herrmann und Just (1994, S. 100) haben darauf hingewiesen, daß es den Konflikt-parteien möglich sein sollte, jederzeit die technisch vermittelte Aushandlung ab-zubrechen, um einen anderen Weg der Einigung zu finden. Diese Möglichkeit eröffnet den Betroffenen zusätzliche Handlungsmöglichkeiten im Aushand-

lungsgeschehen. Deshalb kann die Möglichkeit des Abbruchs der technisch unterstützten Verhandlungen als ein möglicher Verhandlungsakt zusätzlich vorgesehen werden. Eine solche Option hat zur Folge, daß für diesen Fall ein zusätzlicher Default-Zustand bei Verhandlungsabbruch vorgesehen werden muß, den
das System in diesem Fall annimmt.

Abb. 4.8 gibt auch einen Überblick über das Aktivierungsgeschehen bei semistrukturierter Aushandelbarkeit. Die denkbaren Verhandlungsschemata sind im
wesentlichen identisch mit der strukturierten Form der Aushandelbarkeit. Neben der automatischen Übermittlung von Transparenzdaten wird den Konfliktparteien in diesem Fall die Möglichkeit geboten, Verhandlungsakte zusätzlich
mit Inhaltsdaten zu versehen. Diese Erweiterung der Kommunikationsmöglichkeit ist optional, weil sie nicht zu einem Zwang zur Kommunikation führen
sollte.

Aushandelbarkeit erscheint bezogen auf die Glance-Funktion insbesondere in
stark strukturierter Variante sinnvoll anwendbar. Nachdem der Wunsch zum
Kanalaufbau von dem Betroffenen zurückgewiesen wurde, kann dieser Konfliktregelungsmechanismus dem Aktivator die Möglichkeit geben, durch Drücken
einer Taste auf dem Kanalaufbau zu insistieren. Dies wird dem Betroffenen angezeigt, und er hat die Möglichkeit, darauf zustimmend oder ablehnend zu reagieren. Semi-strukturierte oder unstrukturierte Formen von Aushandelbarkeit machen in diesem Fall weniger Sinn, weil die Verhandlungen lediglich die Auswahl zwischen den beiden Systemzuständen "Aufbau des Videokanals: ja/nein"
zum Gegenstand haben.

Hinsichtlich der Modifikation eines gemeinsam genutzten Datensatzes wäre
semi-strukturierte Aushandelbarkeit beispielsweise dadurch zu realisieren, daß
der Aktivator die von ihm vorgeschlagenen Änderungen mit erläuternden Annotationen in Sprache oder Schrift versieht und sie auf diese Weise dem Betroffenen zukommen läßt. Dieser kann den Änderungsvorschlag in seinem Sinne
modifizieren und entsprechende Erläuterungen annotieren. Auf diese Weise
können mehrere Verhandlungszyklen durchlaufen werden, bis sich ein Konsens
herstellt. Mittels des Default-Zustands kann die im Anwendungsfeld übliche
Form der Letztentscheidung über Änderungen abgebildet werden. Die Beteiligten
sollten aber auch die Gelegenheit haben, den hier skizzierten Aushandlungsmodus verlassen zu können und andere Medien zur Verhandlungsunterstützung
zu nutzen.

Abb. 4.9 gibt einen Überblick über das Aktivierungsgeschehen bei unstrukturierter Aushandelbarkeit. Der Aktivator schlägt eine Statusveränderung einer
Funktion vor. Diese wird dem Betroffenen durch Bereitstellung eines
Verhandlungsfensters transparent gemacht. Zusätzlich wird den Beteiligten vom
System ein zweiseitiger Kommunikationskanal zur Etablierung angeboten, den

diese zur Verhandlung um die intendierte Statusveränderung nutzen können, aber nicht nutzen müssen. Als Ergebnis dieser Verhandlungen hat der Betroffene folgende drei Reaktionsmöglichkeiten: Er kann der Aktivierung zustimmen, er kann sie ablehnen oder er kann eine Modifikation eingeben. Diese Reaktionen werden dem Aktivator transparent gemacht. Findet kein Austausch von Inhaltsdaten während der Aktivierung statt, dann ist das Vorgehen in diesem Fall ähnlich dem bei Intervenierbarkeit. Wie bei allen übrigen Formen der Aushandelbarkeit müssen Default-Zustände für die Fälle Ablehnung und Zeitüberschreitung vorgesehen werden.

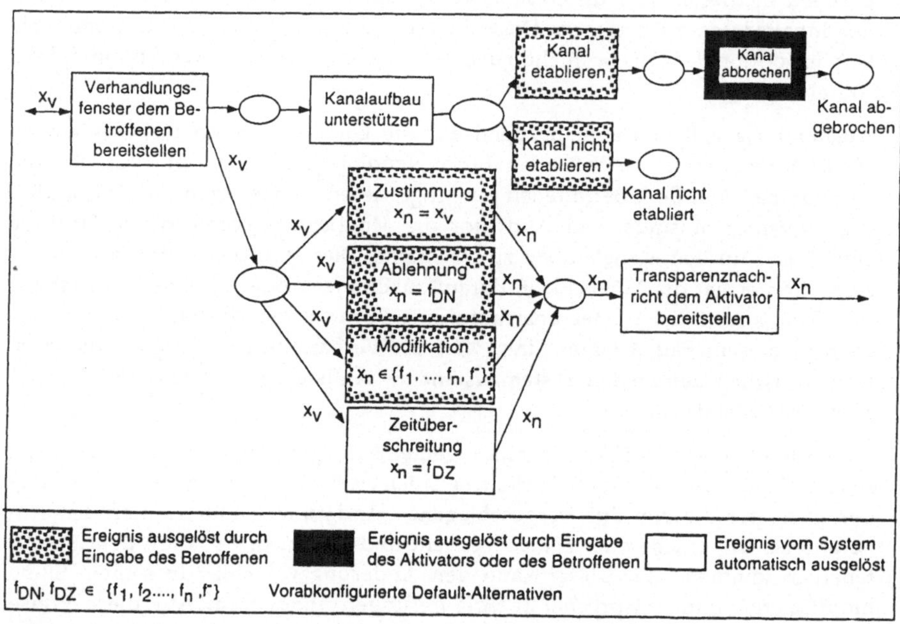

Abb. 4.9:   Konfliktregelung bei unstrukturierter Aushandelbarkeit (Verfeinerung von Abb. 4.1)

Handelt es sich bei der Anwendung, in der eine Funktion aktiviert werden soll, nicht um ein Kommunikationssystem, dann erscheint es sinnvoll, bei der Realisierung von unstrukturierter Aushandelbarkeit auf ein solches zurückzugreifen. Dies setzt allerdings voraus, daß alle Nutzer der ursprünglichen Anwendung mit dem betreffenden Kommunikationssystem ausgestattet sind. Der Aushandlungsmechanismus müßte dann im Augenblick der Aktivierung das Kommunikationssystem aufrufen, den Kanalaufbau vorbereiten und diesen aus der ursprünglichen Anwendung heraus steuerbar machen. Dies setzt auf Seiten des Kommunikationssystems eine entsprechende Programmierschnittstelle voraus, auf die der Aushandlungsmechanismus bei der Kanaletablierung zugreifen könnte.

Unstrukturierte Aushandelbarkeit kann im Falle der Veränderung eines gemeinsam genutzten Datensatzes so realisiert werden, daß im Moment, in dem der Aktivator eine Veränderung vornehmen will, diese dem Betroffenen angezeigt und ein zusätzlicher Sprachkanal zwischen den Beteiligten aufgebaut wird. Über diesen Kanal werden die Verhandlungen geführt. Deren Ergebnis wird nach expliziter Zustimmung (z. B. Drücken einer Taste) durch den Betroffenen in den gemeinsam genutzten Datensatz übernommen.

Alle Formen von Aushandelbarkeit bieten als Konfliktregelungsmechanismen durch ihre Ausgestaltung selbst Konfliktpotential. Auf das Problem, daß während des Aktivierungsprozesses personenbezogene Daten über die Auswahlentscheidungen der Gegenseite bekannt werden, ist bereits hingewiesen worden. Das gilt auch für Konflikte, die aus dem Interventionsrecht des Aktivators resultieren. Neu auf der Ebene der Aushandelbarkeit sind Konflikte, die aus unterschiedlichen Interessen hinsichtlich der aktivierungsbegleitenden Kommunikation resultieren. Es ist zu vermuten, daß Nutzer nicht in jeder Situation bereit sind, zu verhandeln, weil sie dadurch in ihrer Arbeit gestört werden. Dieses Konfliktpotential verschärft sich noch bei semi-strukturierten und unstrukturierten Varianten durch den damit verbundenen erhöhten Kommunikationsaufwand.

Da es nicht in jedem Anwendungskontext sinnvoll ist, einen technisch unterstützten Kommunikationskanal mit technisch abgesicherten Einspruchsmöglichkeiten der Betroffenen zu verbinden, kann es angebracht sein, lediglich einen Kommunikationskanal zwischen den Konfliktparteien vorzusehen. Vor diesem Hintergrund erscheint der Mechanismus Kommentierbarkeit von Bedeutung.

4.3.6   Kommentierbarkeit

Bei Kommentierbarkeit schlägt der Aktivator eine Statusveränderung vor, die dem Betroffenen transparent wird. Im Gegensatz zur Aushandelbarkeit hat dieser aber kein technisch realisiertes Einspruchsrecht gegen die Aktivierung. Die Funktion nimmt den vom Aktivator gewünschten Zustand ein. Dies kann zeitgleich mit der Aktivierung oder mit einer zeitlichen Verzögerung erfolgen (Vorabkommentierbarkeit). Den Konfliktparteien wird aber ein Kommunikationskanal bei der Aktivierung angeboten, mittels dessen sie über den erfolgten Zustandsübergang verhandeln können. Wie bei der Aushandelbarkeit kann dieser Kommunikationskanal verschiedenartig ausgeprägt sein. In Anbetracht der Tatsache, daß die Einflußmöglichkeit des Betroffenen ausschließlich auf seiner Überzeugungsfähigkeit beruht, sollte aber die Möglichkeit zur Übermittlung von Inhaltsdaten bestehen, so daß eher semi-strukturierte oder unstrukturierte Formen der Kommentierbarkeit zur Konfliktregelung beitragen werden. Abb. 4.10 gibt einen Überblick über das Aktivierungsgeschehen bei dem Konfliktregelungsmechanismus "Kommentierbarkeit". Im unteren Teil der Abbildung ist das Vorgehen bei "Vorabkommentierbarkeit" für den Fall dargestellt, daß die Ausführung der aktivierten Funktion erst nach Abbruch des Kommunikationskanals erfolgt. In diesem Fall kann es sinnvoll sein, dem Aktivator zu ermöglichen, die von ihm ausgewählte Funktionsalternative während der Verhandlungen zu verändern.

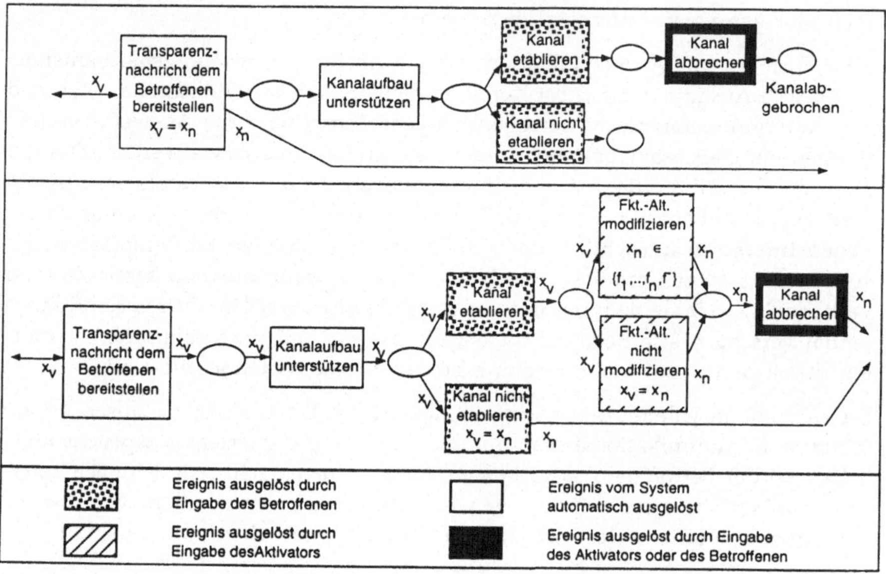

Abb. 4.10: Konfliktregelung bei Kommentierbarkeit (Verfeinerung von Abb. 4.1)

Kommentierbarkeit läßt sich bezüglich der Glance-Funktion auf folgende Weise realisieren: Nachdem der Videokanal vom Aktivator etabliert ist und dies dem Betroffenen angezeigt wird, hat dieser die Möglichkeit, mittels eines zusätzlich zu schaltenden Sprachkanals eine Bemerkung diesbezüglich an den Aktivator abzugeben, auf die dieser gegebenenfalls antworten kann. Hinsichtlich der Manipulation eines gemeinsam genutzten Datensatzes wäre Kommentierbarkeit gegeben, wenn die vom Aktivator vorgenommenen Veränderungen unmittelbar umgesetzt werden, dies dem Betroffenen automatisch mitgeteilt würde und dieser dann die Möglichkeit hätte, darauf zu antworten - beispielsweise mit einer E-mail -, wobei der Bezug zwischen dieser Nachricht und der sie auslösenden Änderung technisch vermittelt sichtbar gemacht würde.

Wie Aushandelbarkeit bietet auch Kommentierbarkeit ein erhebliches Konfliktpotential. Dies resultiert einerseits aus der Transparenz der Aktivierung und zusätzlich aus dem Aufwand, der mit den zusätzlichen Kommunikationsmöglichkeiten verbunden ist.

4.3.7   Zusammenfassung

Die hier vorgenommene Typisierung der Konfliktregelungsmechanismen dient zunächst der systematischen Darstellung verschiedener Möglichkeiten der technischen Unterstützung beim Umgang mit Konflikten in Groupware.

Für die Implementierung von Konfliktregelungsmechanismen stellt sich allerdings die Frage, ob es nicht ausreicht, einen einzigen Mechanismus bereitzustellen und den Nutzern die Möglichkeit zu geben, sowohl durch alternative Nutzungsmöglichkeiten als auch durch Anpassungsmöglichkeiten mittels eines Programms, das sich entsprechend von Nutzern vorgegebenen Voreinstellungen im Aktivierungsgeschehen verhält ("Agent"), eine den übrigen Mechanismen vergleichbare Form der Konfliktregelung zu erzielen. Herrmann und Just (1994) vertreten beispielsweise den Ansatz, lediglich (semi)strukturierte Aushandelbarkeit als Konfliktregelungsmechanismus zu implementieren. Der Betroffene kann durch ausschließliche Nutzung der Verhandlungsakte "Ablehnung" oder "Zustimmung" und durch die automatische Unterdrückung des Empfangs eventuell übermittelter Inhaltsdaten durch ein entsprechendes Programm eine Konfliktregelung ähnlich der bei Intervenierbarkeit erreichen. Dasselbe trifft für den Aktivator zu, der eine der Intervenierbarkeit ähnliche Form der Konfliktregelung durch das automatische Unterdrücken des Empfangs von Verhandlungsakten erreichen kann. Insofern ist es möglich, auf die Implementierung von Intervenierbarkeit zu verzichten, weil dieser Mechanismus durch agentenbasierte Anpassung von (semi)strukturierter Aushandelbarkeit realisiert werden kann und dadurch keinem der Beteiligten ein Nachteil bei der Konfliktregelung entsteht. Trotzdem kann es m. E. aber sinnvoll sein, Intervenierbarkeit als eigenständigen Mechanismus zu implementieren, weil dadurch im Vergleich zu einer agentenbasierten Anpassung von (semi)strukturierter Aushandelbarkeit das Aktivierungsgeschehen sich vereinfacht und unmittelbar nach der Entscheidung der Betroffenen ein Zustandsübergang vorgenommen werden kann.

Auf die Implementierung von aktivierungsbezogener Transparenz und Kommentierbarkeit kann nicht verzichtet werden, weil diese Mechanismen im Gegensatz zu strukturierter bzw. semi-strukturierter Aushandelbarkeit den Betroffenen kein technisch realisiertes Einspruchsrecht bieten (vgl. Kap. 4.3.3, 4.3.6). Würden sie durch (semi)strukturierte Aushandelbarkeit mit entsprechenden Anpassungsmöglichkeiten ersetzt, veränderte sich die Konfliktregelung. Auch unstrukturierte Aushandelbarkeit ist eigenständig zu implementieren, weil bei diesem Mechanismus ein Kommunikationskanal mit anderen Eigenschaften zwischen den Nutzern zu etablieren ist (vgl. Kap. 4.3.5). Gegensteuerbarkeit kann ebenfalls nicht durch Anpassung mittels Agenten aus strukturierter Aushandelbarkeit hergeleitet werden, weil dieser Mechanismus die Aktivierungsentscheidung des Aktivators dem Betroffenen nicht notwendigerweise transparent macht (vgl. Kap. 4.3.2).

4.4   Erweiterung des Rollenkonzeptes

Bei der bisherigen Darstellung der Konfliktregelungsmechanismen wurden die Funktionen von Groupware in allgemeiner Weise betrachtet. Deshalb wurde auch nur zwischen den Rollen des Aktivators und des Betroffenen unterschieden. Dabei wurde bei der konfliktauslösenden Nutzung oder Anpassung einer Funktion bisher unterstellt, daß sich jeweils ein Nutzer in einer der beiden Rollen befindet und diese der Anwendung zum Zeitpunkt der Aktivierung explizit bekannt sind. Diese Annahmen können hinsichtlich des Aktivators aufrechterhalten werden, weil es für die Aktivierung einer Funktion immer einen die Handlung ausführenden Nutzer geben muß. Demgegenüber ist die Rolle des Betroffenen weiter zu spezifizieren. So kann der Fall eintreten, daß die Betroffenen zum Zeitpunkt der Aktivierung einer Funktion noch nicht explizit bekannt sind. Außerdem kann bei der Aktivierung bestimmter Funktionen eine Gruppe von Nutzern durch den vom Aktivator intendierten Zustandsübergang betroffen sein. Durch die Ausführung der Funktion "Anrufumleitung" werden sowohl die Nutzer betroffen, die vergeblich versuchen, den umgeleiteten Anschluß zu erreichen, als auch der Nutzer, der jetzt die zusätzlichen Anrufe erhält. Erstere Klasse von Betroffenen ist zum Zeitpunkt der Aktivierung der Anrufumleitung noch nicht explizit bekannt. Nutzer werden erst dann Betroffene der Umleitfunktion, wenn sie einen Kanal zu dem umgeleiteten Anschluß aufbauen. Letztere Klasse der Betroffenen ist zum Zeitpunkt der Aktivierung durch die Eingabe des Aktivators explizit bestimmt. Werden bei der Funktion "Schreibe auf Datensatz" für mehrere Nutzer relevante Daten verändert, so können die einzelnen Nutzer davon in unterschiedlicher Weise betroffen sein. Die Zuordnung einzelner Betroffener zu einer bestimmten Konfliktkonstellation kann explizit – z.B. durch Vorkonfiguration – oder implizit – beispielsweise gebunden an einen Zugriff auf den Datensatz – erfolgen.

Verschiedene Konfliktkonstellationen

Aus der Differenziertheit der durch eine Funktion ausgelösten Beeinträchtigungen kann folgen, daß für verschiedene Nutzergruppen unterschiedliche Formen der Konfliktregelung angemessen erscheinen. In diesem Fall ist die Konfliktkonstellation "Aktivator versus Betroffener" auszudifferenzieren in die

Konstellationen: "Aktivator versus Betroffenen-Rolle 1", "Aktivator versus Betroffenen-Rolle 2", etc.. Hinsichtlich der Funktion "Telefonumleitung" läßt sich die Rolle "Betroffener" in die Rollen "Anrufer" und "Ersatzempfänger" ausdifferenzieren. Bei der Funktion "Schreiben auf Datensatz" sind die Rollen "Besitzer des Datensatzes", "Gruppenmitglied" und "Externer" denkbar.[1] Jede einzelne der so gebildeten Konfliktkonstellationen kann nun in anderer Weise mit Konfliktregelungsmechanismen versehen werden. Insofern ist die Unterteilung der Rolle "Betroffener" und die Bildung verschiedener Konfliktkonstellationen ein Mittel zum differenzierteren Umgang mit Konflikten.

Explizit und implizit Betroffene

Bei der Bestimmung der von einer Funktion betroffenen Benutzer·können verschiedene Verfahren angewandt werden. Die Betroffenen können vom Aktivator im Rahmen der Funktionsaktivierung explizit benannt werden. Eine weitere Möglichkeit, den Kreis der von einer Funktion Betroffenen festzulegen, kann darin bestehen, die von der Aktivierung einer Funktion Betroffenen durch Konfiguration vorab festzulegen. So kann es beispielsweise sinnvoll sein, vorab festzulegen, welche Nutzer von der Modifikation eines gemeinsam genutzten Datensatzes betroffen sind.

Solche Festlegungen sind für manche Grundfunktionen nicht im voraus möglich. In diesem Fall kann die Aktivierung bestimmter Zustandsübergänge zur Definition des Kreises der Betroffenen verwendet werden. Aktiviert ein Nutzer eine bestimmte Funktion, die einen solchen Zustandsübergang auslöst, so ist er damit von der Aktivierung einer anderen Grundfunktion betroffen. Ein solches Vorgehen macht beispielsweise Sinn beim Umleiten von Anrufen in Telefonnetzen. Da potentiell jeder Netzteilnehmer weltweit von einer an irgendeinem Endgerät vorbereiteten Umleitung betroffen sein könnte, müßte jedem Transparenz darüber gewährt werden. Dies kann aber eine zu große Beeinträchtigung des Rechts auf informationelle Selbstbestimmung des Aktivators darstellen. Deshalb sollte in diesem Fall die Definition der Betroffenen über die Aktivierung der Funktion "Verbindungsaufbau" mit dem konkreten Zustandsübergang "Verbindungsaufbau zum Aktivator" erfolgen.

Gruppen von Betroffenen

Neben einer Erweiterung des Rollenkonzepts zu einer differenzierteren Behandlung einzelner Konfliktkonstellationen muß des weiteren beachtet werden, daß sich innerhalb einer Konfliktkonstellation mehrere Nutzer durch die Aktivie-

---

[1] Ein weiteres Beispiel für die Ausdifferentierung der Rolle "Betroffener" findet sich bezogen auf die Teilfunktionalitäten von Groupware in Kap. 2.1 bei der Kanallenkung.

rung einer Funktion in der gleichen Rolle befinden können. In einem solchen Fall wird der gleiche Konfliktregelungsmechanismus auf eine Gruppe von Betroffenen angewendet. Dazu sind die einzelnen Mechanismen zu erweitern.

Sind für die Betroffenen bei der Regelung eines groupware-spezifischen Konflikts keine technischen Mechanismen vorgesehen (einseitige Steuerbarkeit), so ist das Aktivierungsgeschehen im Hinblick auf eine Gruppe von Betroffenen nicht zu verändern.

Ist der potentielle Konflikt zwischen einem Aktivator und einer Gruppe von Betroffenen durch den Mechanismus der Gegensteuerbarkeit geregelt, so bleibt der in Abb. 4.4 dargestellte Ablauf des Aktivierungsgeschehens bestehen. Nun ist allerdings jedes Mitglied der Gruppe der Betroffenen mit einer Funktion G zu versehen. Bei der Abfrage, ob Betroffene die gegensteuernde Funktion genutzt haben, sind dann alle diesbezüglichen Systemzustände abzufragen. Im vorhinein ist festzulegen, wie unterschiedliches Verhalten der Betroffenen zu werten ist. Eine Ausführung der Funktion F kann beispielsweise auf Fälle beschränkt sein, in denen niemand bzw. nur eine Minderheit gegengesteuert hat.

Ist aktivierungsbezogene Transparenz als Konfliktregelungsmechanismus vorgesehen, so ist bei deren Realisierung sicherzustellen, daß allen Betroffenen die automatisch erzeugte Benachrichtigung zur selben Zeit zugänglich gemacht wird, damit die ganze Gruppe Gelegenheit erhält, ihr Verhalten entsprechend zu verändern oder auf nichttechnischem Wege gegen die Veränderung zu intervenieren. Beim Mechanismus Intervenierbarkeit werden den Betroffenen neben Transparenz auch noch Interventionsmöglichkeiten gegen die Aktivierungsentscheidung gegeben. Ist eine Gruppe von Nutzern von der Aktivierung einer Funktion betroffen, muß sichergestellt sein, daß allen Betroffenen umgehend eine Benachrichtigung zukommt. Dies erfolgt durch die Versendung einer entsprechenden Nachricht. Daraufhin hat jeder einzelne der Betroffenen die Möglichkeit, sein Interventionsrecht zu nutzen. Die Reaktion der Betroffenen wird vom Konfliktregelungsmechanismus nach einer vorkonfigurierten Methode ausgewertet (Abstimmungsmechanismus). Dabei können für die Abstimmung Kriterien wie beispielsweise einfache Mehrheit, Zweidrittelmehrheit oder Einstimmigkeit vorgesehen sein.

Bei Kommentierbarkeit wird den Betroffenen neben Transparenz noch ein Kommunikationskanal zum Aktivator zur Verfügung gestellt. Ist eine Gruppe von Nutzern von der Aktivierung einer Funktion betroffen, sollten alle Betroffenen umgehend über die Aktivierung informiert werden. Dies erfolgt durch die Versendung einer entsprechenden Nachricht. Außerdem wird den Beteiligten die Möglichkeit gegeben, technisch vermittelt Inhaltsdaten über eine entsprechende Verteilerliste bzw. in einer Konferenzschaltung untereinander auszutauschen.

Der Konfliktregelungsmechanismus Aushandelbarkeit eröffnet den Betroffenen neben Transparenz und Einspruchsmöglichkeiten zusätzlich noch einen technischen Kommunikationskanal. Bei unstrukturierter Aushandelbarkeit in einer Gruppe Betroffener kann der oben beschriebene Aktivierungsablauf des Mechanismus Intervenierbarkeit übernommen werden. Dieser ist zu ergänzen um die Möglichkeit, Inhaltsdaten über eine entsprechende Verteilerliste bzw. in einer Konferenzschaltung zwischen den Beteiligten auszutauschen.

Soll strukturierte oder semi-strukturierte Aushandelbarkeit für eine Gruppe von Betroffenen implementiert werden, so gestaltet sich das Aktivierungsgeschehen komplexer. Nachdem alle Betroffenen über die Aktivierung informiert sind, hat jeder einzelne der Betroffenen die Möglichkeit, darauf unter Rückgriff auf einen der zur Verfügung stehenden Verhandlungsakte zu reagieren. Die Reaktion der Betroffenen geht nicht direkt an den Aktivator, sondern wird vom Konfliktregelungsmechanismus ausgewertet. Sind neben Zustimmung und Ablehnung noch andere Verhandlungsakte wie beispielsweise ein Gegenvorschlag vorgesehen, so wird die technisch unterstützte Abstimmung innerhalb der Gruppe der Betroffenen komplexer. Dann ist festzulegen, wie mit Gegenvorschlägen innerhalb der Gruppe der Betroffenen umzugehen ist: Ob sie zunächst der Gruppe nochmals vorgelegt und dann nach eventueller Zustimmung dem Aktivator als Gegenvorschlag unterbreitet werden oder ob sie bei einem mehrheitlichen Votum für Zustimmung oder Ablehnung unberücksichtigt bleiben. All diese Entscheidungen sind bei der Einrichtung des Abstimmungsmechanismus zu berücksichtigen. Strukturierte oder semi-strukturierte Aushandelbarkeit scheint wegen der Komplexität der Entscheidungsfindung allerdings nur in kleinen Gruppen bei Funktionen mit wenigen Funktionsalternativen praktikabel einsetzbar.

Der zeitliche Aufwand, den die Aushandlungsprozesse benötigen, ist durch die gruppeninternen Abstimmungsprozesse höher anzusetzen. Da in vielen Fällen nicht alle Gruppenmitglieder zur gleichen Zeit verfügbar sein werden, wird die Dauer der gruppeninternen Abstimmungsprozesse im wesentlichen dadurch bestimmt, wie lange den einzelnen Mitgliedern Zeit für Ihre Reaktion gelassen wird. Dann sind auch Vorkehrungen zu treffen für den Fall, daß einzelne Betroffene nicht reagieren.

4.5 Zusammenfassung

Ausgehend von Ergebnissen der sozialwissenschaftlichen Konflikttheorie sind verschiedene Typen von Regelungsmechanismen für groupware-spezifische Konflikte abgeleitet worden. Diese Mechanismen unterstützen unterschiedliche Konfliktregelungsstrategien und bieten dabei unterschiedlich weitreichende technische Unterstützung. Dadurch wird ein flexibles Zusammenspiel zwischen technischen Mechanismen und sozialer Praxis der Konfliktregelung im Anwendungskontext von Groupware ermöglicht.

Es zeigte sich bereits, daß nicht jeder Typus technischer Mechanismen zur Regelung einzelner groupware-spezifischer Konflikte geeignet ist. Insofern ist es hilfreich, vor dem Hintergrund des Konfliktpotentials einzelner Funktionen einer Anwendung eine Auswahl der geeignet erscheinenden Mechanismen zu ihrer Regelung zu treffen.

Jeder einzelne Typ von Konfliktregelungsmechanismen kann innerhalb einer Anwendung in verschiedener Weise ausgeprägt sein. Sogar zur Regelung des Konfliktpotentials einer Funktion können zwei verschiedene Formen aktivierungsbezogener Transparenz implementiert sein, die beispielsweise eine unterschiedlich detaillierte Beschreibung der Handlung des Aktivators geben oder sich darin unterscheiden, ob sie die Benachrichtigung den Betroffenen zusenden oder zugreifbar halten. Insofern kann es über die hier entwickelte Typisierung technischer Konfliktregelungsmechanismen bei einzelnen Anwendungen eine detailliertere Ausdifferenziertheit der technischen Unterstützung zur Konfliktregelung geben.

Im folgenden soll zunächst empirisch untersucht werden, ob die hier entwickelten Konfliktregelungsmechanismen die ihnen zugeschriebene konfliktmoderierende Wirkung entfalten. Gelingt es, dies zu zeigen, stellt sich die Frage, wie diese Konfliktregelungsmechanismen implementiert werden können. Bei der Implementierung ist auf eine Systemarchitektur zu achten, die der Differenziertheit und Dynamik des Anwendungskontextes von Groupware Rechnung trägt.

5 Evaluation ausgewählter Mechanismen der Konfliktregelung

Nachdem im vorangegangenen Kapitel technische Mechanismen der Konfliktregelung aus Ergebnissen der Konflikttheorie abgeleitet worden sind, stellt sich die Frage nach ihrer Wirksamkeit beim Umgang mit groupware-spezifischen Konflikten. Diese Frage muß empirisch untersucht werden. Dabei stellt sich allerdings das Problem, daß diese Mechanismen bisher kaum in Groupwaresystemen realisiert sind. Um vor diesem Hintergrund eine erste Evaluation der Mechanismen vornehmen zu können, haben wir eine auf textueller Beschreibung einzelner Mechanismen beruhende Szenariomethode entwickelt (vgl. Klein und Rohde 1994).

In dieser Untersuchung wurden nicht alle im vorigen Kapitel entwickelten Mechanismen in Szenarien umgesetzt. Dies liegt darin begründet, daß diese Untersuchung der endgültigen Formulierung der im vorigen Kapitel dargestellten Mechanismen zeitlich vorausging und ihr deshalb ein eingeschränktes Verständnis dieser Mechanismen – das Konzept gestufter Metafunktionen (vgl. Wulf 1994, S. 133 ff.) – zugrunde lag. Die Ergebnisse dieser Untersuchung, die die Konfliktregulierungsmechanismen aktivierungsbezogene Transparenz, Intervenierbarkeit und strukturierte sowie semi-strukturierte Aushandelbarkeit zum Gegenstand hatte, können als Indiz für die Wirksamkeit dieser Mechanismen gewertet werden. Sie sind allerdings durch eine auf der Basis implementierter Mechanismen vorgenommenen Untersuchung zu überprüfen.

5.1 Methode

Zur empirischen Evaluation der Wirkung technischer Konfliktregelungsmechanismen waren wir an der Beantwortung folgender Fragen interessiert:

- Bestehen rollenspezifische Interessengegensätze bei der Bewertung einzelner Groupwarefunktionen?
- Tragen technische Konfliktregelungsmechanismen vor diesem Hintergrund zur Minderung von rollenspezifischen Interessengegensätzen bei?
- Werden technische Konfliktregelungsmechanismen bei der Kooperation von Benutzern im Büro- und Verwaltungsbereich gewünscht?
- Wie werden Konfliktregelungsmechanismen aus der Perspektive des Aktivators eingeschätzt?

Zur Untersuchung dieser Fragen wurden den Befragten verschiedene software-technische Gestaltungsoptionen für zwei Einsatzbereiche von Groupware darge-stellt, von denen wir aufgrund von Voruntersuchungen vermuteten, daß die da-bei thematisierten Probleme für das Arbeitsleben der Befragten relevant sein würden. Bei diesen Untersuchungsfeldern handelt es sich um den Umgang mit Störungen, die durch Telefonanrufe verursacht wurden, und um den außerhalb der festgelegten Reihenfolge erforderlichen Zugriff auf einen Bürovorgang. Für den Problembereich Störungen durch Telefonate leiteten wir diese Vermutung aus den Ergebnissen einer explorativen Vorstudie ab (vgl. Kap. 3.2.2). Hinsicht-lich des Aktenzugriffs stützten wir uns auf die Ergebnisse einer explorativen Stu-die, in der der Einsatz eines Bürovorgangssystems zur Unterstützung eines in-stitutsinternen Beschaffungsvorgangs in einem wissenschaftlichen Forschungs-institut untersucht wurde. Kreifelts u.a. (1991a) weisen dabei auf Probleme hin, die aus einer zu starren Sequentialisierung der Zugriffsrechte auf einen Beschaf-fungsvorgang resultieren.

> *"Des weiteren erlauben die strikten Ein/Ausgabebeziehungen zwischen den Bearbeitungsschritten eines Vorgangs nicht, daß Daten, die in ei-nem Schritt produziert werden, in einem nachfolgenden Schritt verän-dert werden. .... Diese Eigenschaft des Systems wurde oft diskutiert, und wir mußten sie in einigen als besonders störend empfundenen Fäl-len außer Kraft setzen"* (ebenda, S. 245).

Es erschien uns wichtig, daß die Befragten die Szenarien vor dem Hintergrund ihrer persönlichen Berufssituation und unter Berücksichtigung einer dem Frage-bogen vorangestellten standardisierten Ausgangssituation bewerten (vgl. Rohde 1994, S. 157 ff.). Wir versprachen uns von dieser Einpassung des Szenariobogens in den Berufsalltag der Befragten eine erhöhte externe Validität der Ergebnisse.

Stellen Sie sich vor, Sie arbeiten in einer Abteilung in der Verwaltung. Ihr Arbeitsplatz ist mit einem Telefon und einem vernetzten Computer-Terminal ausgestattet. Bei Ihrer Tätig-keit handelt es sich weitgehend um die EDV-gestützte Bearbeitung schriftlicher Vorgänge. Zu diesem Zweck werden bestimmte Dokumente in Form elektronischer Dateien am Computer von Ihnen aufgerufen und bearbeitet. Danach werden diese Dateien über das hauseigene Computernetz an den im Umlauf nächsten zuständigen Kollegen geschickt. Bei der Erledigung dieser Vorgänge handelt es sich in der Regel um Terminarbeiten.

Sie sitzen an Ihrem Schreibtisch und gehen Ihrer Arbeit nach.

Abb. 5.1:   Darstellung der allen Fragebögen vorangestellten Ausgangssituation

Die technische Gestaltung in den beiden Einsatzbereichen von Groupware wurde nun innerhalb der Szenarien in analoger Weise variiert. Der Szenariobogen um-faßte jeweils ein Ausgangsszenario, in dem der Einsatzbereich ohne technische

Lösung dargeboten wird, d. h. der telefonisch Angerufene hat keine technische Möglichkeit, sich vor Unterbrechungen zu schützen, und der Nutzer, der einen bestimmten Vorgang verschickt hat, kann darauf technisch unterstützt nicht mehr zugreifen. Diese Ebene wird im folgenden als Starrheit bezeichnet.

Auf der nächsten Ebene werden diese Ausgangsszenarien durch das Hinzufügen einer neuen Funktion variiert. Im Fall des Telefonszenarios wird dem Angerufenen die zusätzliche Grundfunktion der automatischen Abschottung eingehender Anrufe zur Verfügung gestellt. Beim elektronischen Aktenumlauf wird dem Bearbeiter, der seinen Arbeitsschritt durch Verschicken der Akte beendet hat, das Recht gegeben, außer der Reihe auf den Vorgang beim Empfänger erneut zuzugreifen, beispielsweise um etwaige Irrtümer im Nachhinein zu korrigieren. Wir bezeichnen diese Ebene als einseitige Steuerbarkeit, weil der Rolleninhaber, der diese neue Funktion aktivieren kann (Aktivator), dadurch die Möglichkeit erhält, über die Nutzung dieser Funktion zu entscheiden (vgl. Kap. 4.3.1).

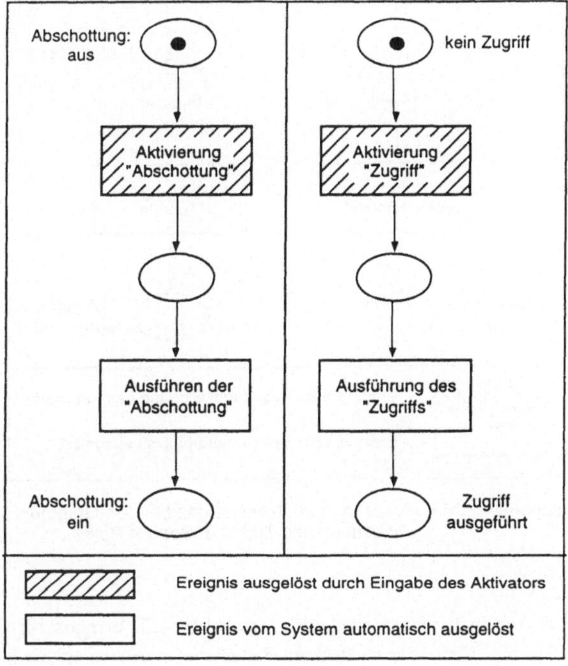

Abb. 5.2: Ablaufschema einseitiger Steuerbarkeit bei den Grundfunktionen Telefonabschottung und Zugriff außer der Reihe

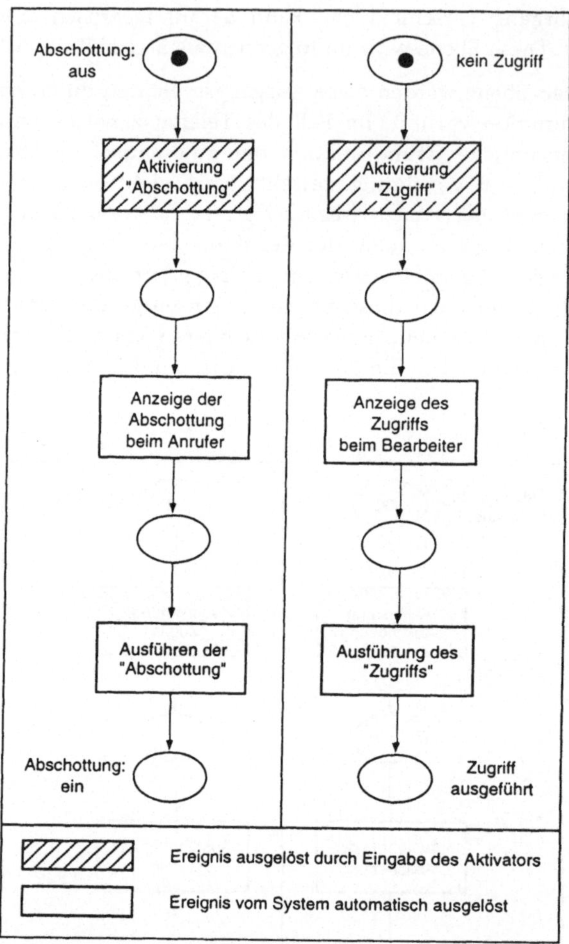

Abb. 5.3: Ablaufschema aktivierungsbezogener Transparenz bei den Grundfunktionen Telefonabschottung und Zugriff außer der Reihe

Abb. 5.2 stellt die Konkretisierung der in Abb. 4.3 vorgestellten einseitigen
Steuerbarkeit für die Grundfunktionen Telefonabschottung und Aktenzugriff
außer der Reihe graphisch dar.

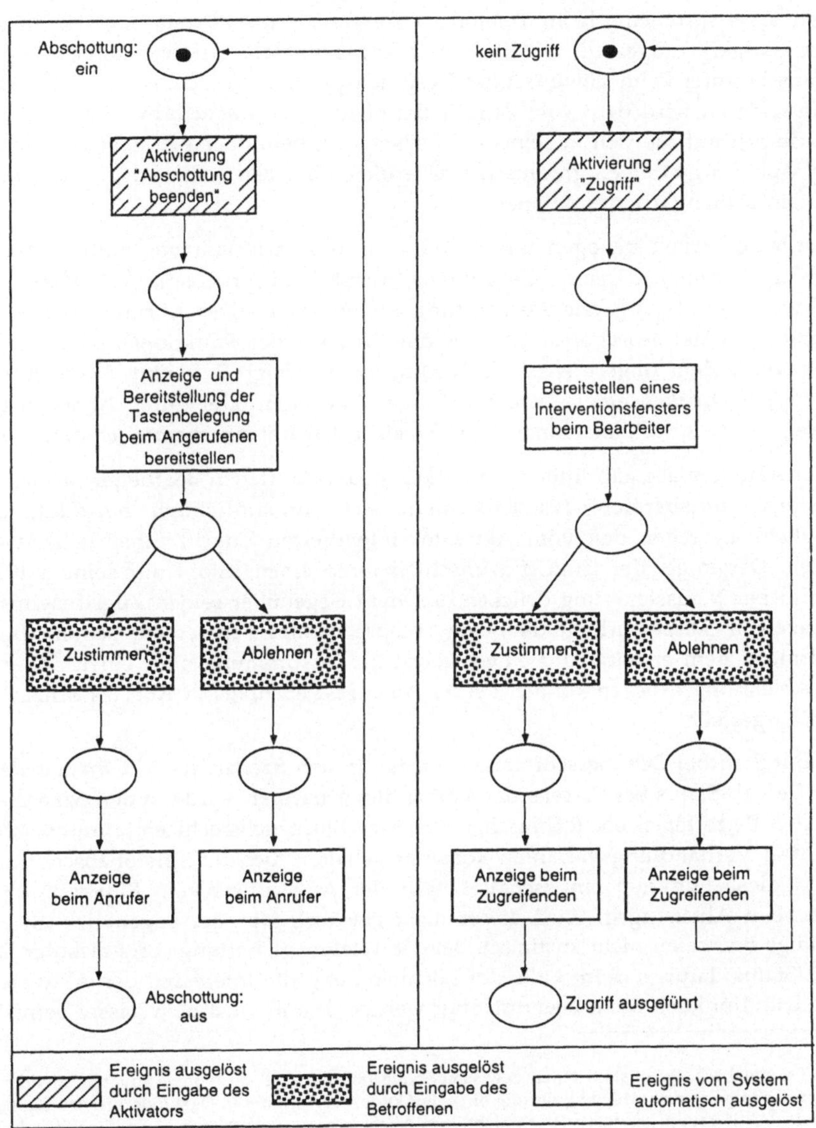

Abb. 5.4: Ablaufschema Intervenierbarkeit bei den Grundfunktionen Telefonabschottung und Zugriff außer der Reihe

PAktivierungsbezogene Transparenz gibt dem von einer Funktion passiv Betroffenen Einblick in die Handlungen des Aktivators. Sie wurde bezüglich der Erreichbarkeitsprobleme beim Telefon so konkretisiert, daß dem Anrufer an seinem Endgerät angezeigt wird, ob und gegebenenfalls für wie lange die Anrufabschottung beim gewünschten Gesprächspartner noch aktiv ist. Beim Umlaufverfahren wird dem vom Zugriff Betroffenen am Bildschirm angezeigt, daß ein Zugriff auf die sich in seinem Arbeitsbereich befindliche Akte stattgefunden hat. Abb. 5.3 gibt einen graphischen Überblick über den Ablauf der Aktivierung bei den beiden Grundfunktionen.

Intervenierbarkeit bezogen auf die Grundfunktion Telefonabschottung bietet dem in diesem Fall passiv betroffenen Anrufer Einspruchsmöglichkeiten, um auf eine Beendigung der Abschottung hinzuwirken.[1] Der Anrufer konnte die Beendigung der Abschottung durch den Druck einer Funktionstaste anregen. Dies wurde dem Angerufenen durch Klingeln angezeigt. Er konnte dieses entweder durch Drücken einer Taste am Endgerät beenden oder durch Abheben des Hörers das Gespräch annehmen. Abb. 5.4 stellt den Ablauf schematisch dar.

Beim Aktenumlauf gab Intervenierbarkeit dem betroffenen Bearbeiter, in dessen Zuständigkeitsbereich das Dokument sich augenblicklich befindet, die Möglichkeit, gegen den vom Aktivator intendierten Zugriff Einspruch zu erheben. Derjenige, der Zugriff wünscht, konnte einen Knopf auf seinem Bildschirm per Maussteuerung drücken, um dem Gegenüber seinen Zugriffswunsch anzuzeigen. Dieser erhielt dann ein entsprechendes Fenster auf seinem Bildschirm, in dem er entweder einen Knopf für Zustimmung oder einen anderen für Ablehnung drücken konnte. Dieser Ablauf ist ebenfalls in Abb. 5.4 schematisiert dargestellt.

Default-Stati bei Zeitüberschreitung wurden in den Szenarien nicht thematisiert. Der Default-Status bei Dissens der Verhandlungspartner wurde in den Szenarien, die den Betroffenen ein technisch realisiertes Einspruchsrecht einräumten, über alle drei Verhandlungsvarianten konstant gehalten. Bei der Telefonabschottung bleibt diese Funktion eingeschaltet, falls der Angerufene kein Einverständnis gibt; beim Aktenzugriff wird dieser nicht gewährt, falls der augenblicklich zuständige Bearbeiter nicht zustimmt. Bei der Telefonabschottung sorgt also der Default-Status dafür, daß im Falle der Nichteinigung die Interessen des Aktivators der Grundfunktion nicht beeinträchtigt werden. Damit wird dem passiv betroffe-

---

[1]Die Telefonabschottung stellt einen gewissen Sonderfall dar, weil der vom Aktivator intendierte Zustandsübergang nicht die Aktivierung einer Funktion, sondern deren Deaktivierung ist. Deshalb wird das Aktivierungsgeschehen auch nicht vom Angerufenen - dem Aktivator der Grundfunktion - initialisiert, sondern von dem von der Grundfunktion betroffenen Anrufer. Bei dem außerhalb der festgelegten Bearbeitungsreihenfolge vorgenommenen Aktenzugriff wird über die Aktivierung einer Grundfunktion entschieden. Dementsprechend stößt der Aktivator der Grundfunktion - also derjenige, der Zugriff wünscht, - im dargestellten Vorgehen den Verhandlungsprozeß an.

nen Anrufer lediglich die Möglichkeit geboten, seine Wünsche zu artikulieren, ohne sie letztendlich im Rahmen der technischen Aushandlungsmechanismen durchsetzen zu können. Im Falle des außer der Reihe erfolgenden Aktenzugriffs ist dies anders. Der von der zusätzlichen Grundfunktion passiv betroffene zuständige Bearbeiter kann den Zugriff verwehren. Die ihm gegebenen Rechte sind durch die Definition des Default-Status im Vergleich zur aktivierungsbezogenen Transparenz erheblich ausgeweitet worden.

Da Aushandelbarkeit in vielen verschiedenen Formen implementiert werden kann, sollen hier beispielhaft einschleifig semi-strukturierte und zweischleifig strukturierte Ausprägungen dieses Konfliktregelungsmechanismus untersucht werden. Alle im Rahmen der Szenarien operationalisierten Spielarten gehören zu den Vorabaushandlungen. Bei einschleifiger semi-strukturierter Aushandelbarkeit blieben die Handlungsmöglichkeiten der Beteiligten im Vergleich zur Intervenierbarkeit gleich. Die Verhandlungspartner erhielten aber zusätzliche Kommunikationsmöglichkeiten in Freiform, mit denen sie ihre jeweiligen Verhandlungsakte begründen konnten. Bezüglich der Grundfunktion Telefonabschottung wurde dem Anrufer die Möglichkeit geboten, seinen Wunsch nach Beendigung der Abschottung mit Hilfe eines einseitigen Sprachkanals zu begründen. Beim Aktenzugriff war dem Zugriffssuchenden die Möglichkeit zu weiteren Erklärungen mittels eines Freitextfeldes gegeben. Ihre Gegenüber hatten im Falle der Ablehnung die Möglichkeit, ihr Verhalten mittels desselben Mediums zu begründen. Abb. 5.5 und 5.6 stellen diese Varianten der Aushandelbarkeit graphisch dar.

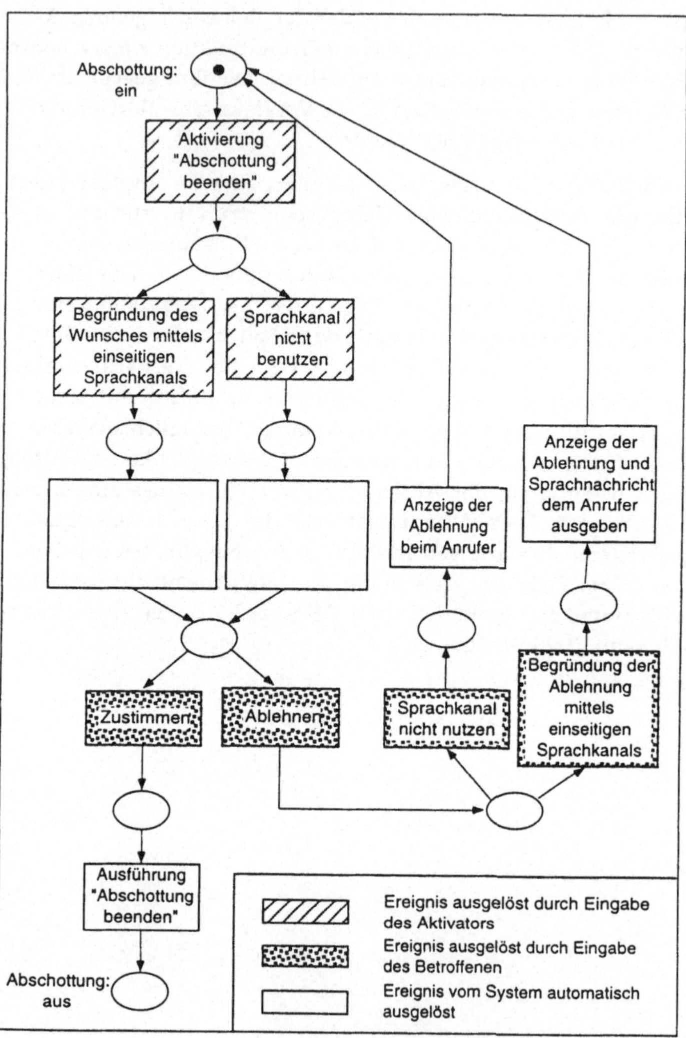

Abb. 5.5: Ablaufschema einschleifiger semi-strukturierter Aushandelbarkeit bei der Grundfunktion Telefonabschottung

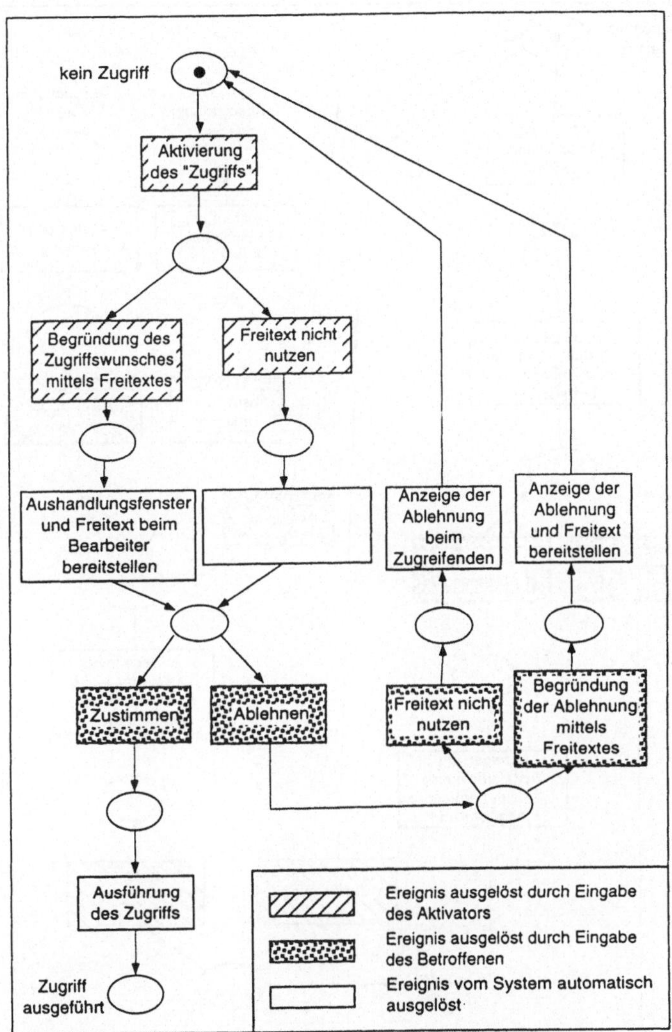

Abb. 5.6: Ablaufschema einschleifiger semi-strukturierter Aushandelbarkeit bei der Grundfunktion Zugriff außer der Reihe

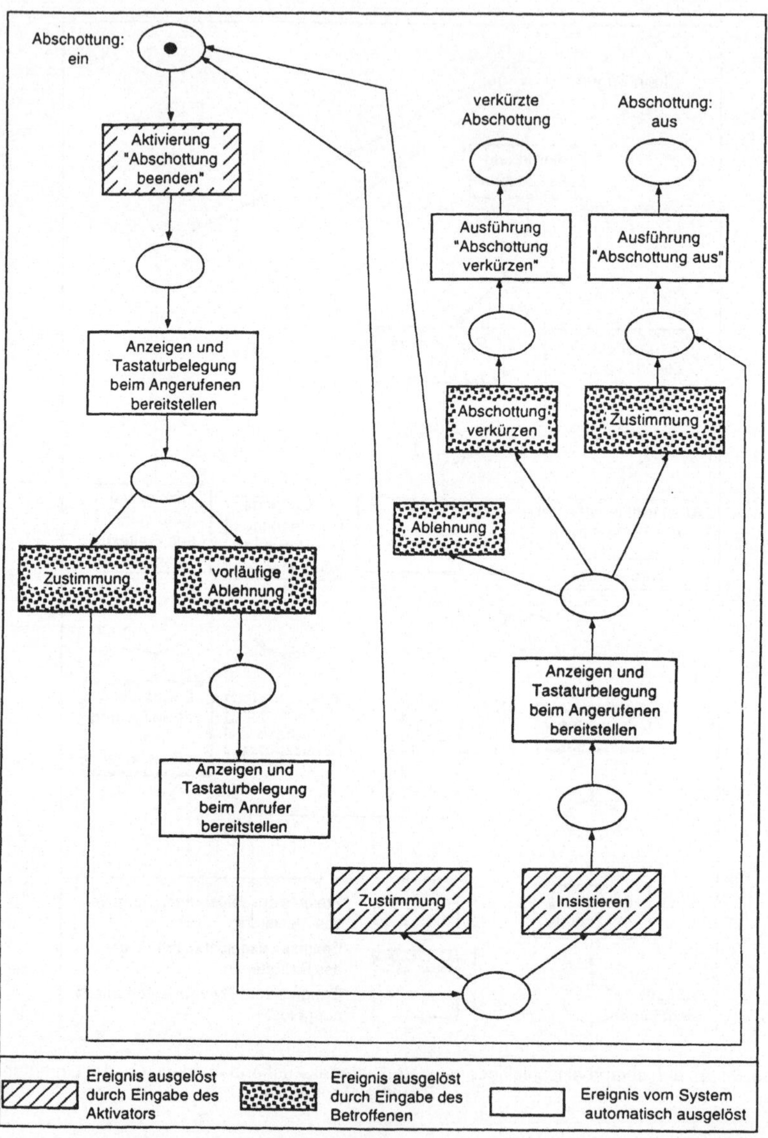

Abb. 5.7: Ablaufschema zweischleifiger strukturierter Aushandelbarkeit bei der Grundfunktion Telefonabschottung

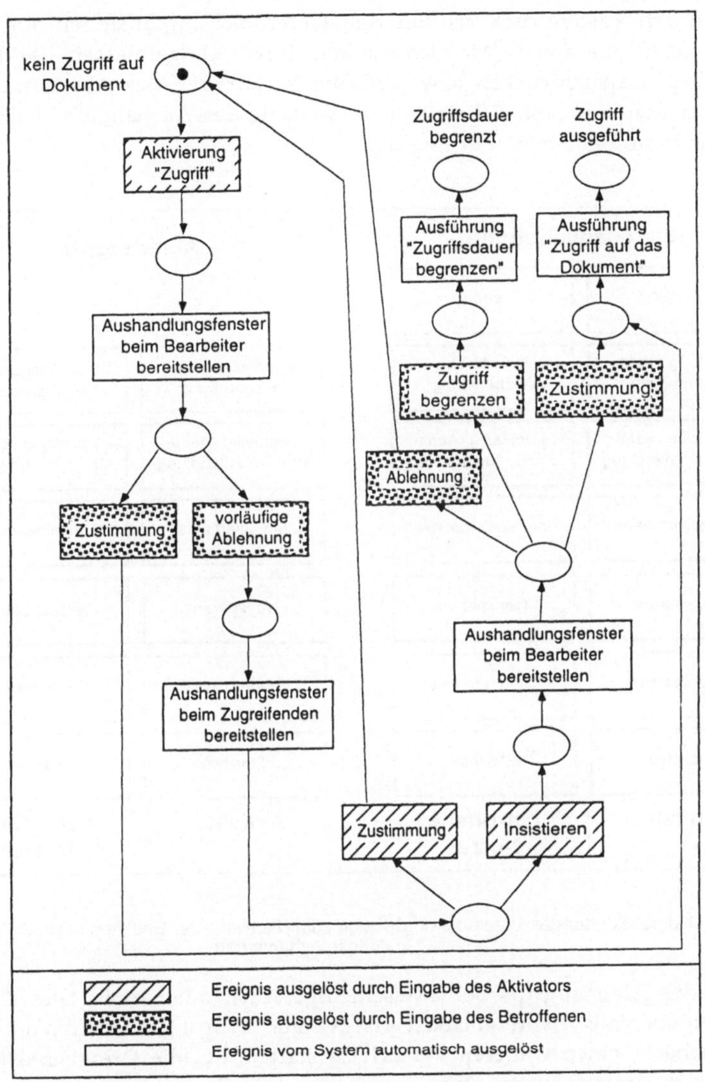

Abb. 5.8: Ablaufschema zweischleifiger strukturierter Aushandelbarkeit bei der Grundfunktion Zugriff außer der Reihe

Die zweischleifige Aushandelbarkeit wurde beim Umgang mit der Telefonabschottung so operationalisiert, daß der Anrufer - nachdem er das erste Mal mit seinem durch Tastendruck artikulierten Unterbrechungsansinnen abgewiesen wurde - noch eine zweite Möglichkeit hat, durch Klingelnlassen des Telefons sein Anliegen auszudrücken bzw. auf eine Verkürzung des Abschottungszeitraums hinzuwirken. Abb. 5.7 stellt diese Variante der Aushandelbarkeit für die Grundfunktion Telefonabschottung dar.

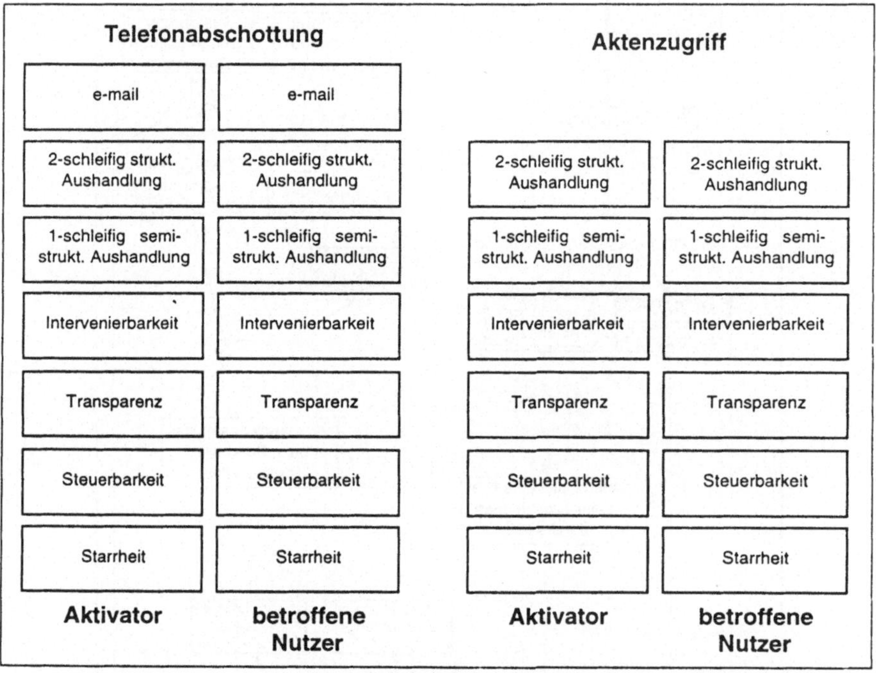

Abb. 5.9:   Überblick über das Untersuchungsdesign zum Nachweis der Effekte einzelner Konfliktregelungsmechanismen

Im Falle des Aktenzugriffs bot zweischleifige Aushandelbarkeit dem Zugriffssuchenden ebenfalls die Möglichkeit - nach einer ursprünglichen Ablehnung seines Gesuches -, einen weiteren Versuch zu starten, um die Dringlichkeit seines Anliegens zu untermauern. Dabei konnte er dem Zugrifferteilenden auch die gewünschte Dauer des Zugriffs übermitteln. Bei dieser Variante von Aushandelbarkeit war den Nutzern weder bei der Telefonabschottung noch beim Aktenzugriff die Gelegenheit gegeben, ihr jeweiliges Anliegen durch Freitextfelder zu begründen (vgl. Abb. 5.8).

Im Einsatzfeld Telefonabschottung wurde den Befragten noch als zusätzliche Option der Ersatz der Nutzung des Telefons durch den Gebrauch elektronischer Post zur Auswahl angeboten.

Da wir untersuchen wollten, ob rollenspezifische Interessengegensätze zwischen den Nutzern dieser Groupwarefunktionen bestehen, formulierten wir alle Szenarien auf jeder Stufe des Untersuchungsdesigns sowohl aus der Perspektive des Aktivators als auch aus der Perspektive der passiv Betroffenen. Abb. 5.9 gibt einen Überblick über das Untersuchungsdesign.

Die einzelnen Fragebögen wurden so zusammengestellt, daß aus jedem der beiden Einsatzfelder - Telefonabschottung und Aktenzugriff außer der Reihe - jeweils eine vollständige Szenarienstaffel aus der Perspektive nur einer Rolle dargestellt wurde. Daraus entstanden zunächst vier Grundvarianten des Fragebogens.

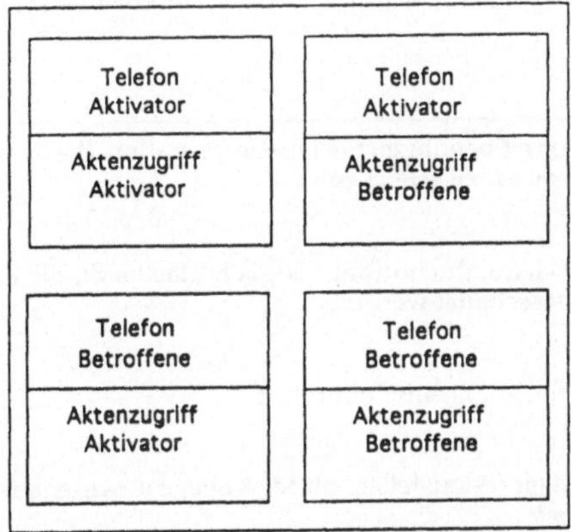

Abb. 5.10: Grundvarianten des Szenariobogens

Dieses Untersuchungsdesign implizierte, daß die Befragten innerhalb eines Einsatzfeldes die Variationen der Grundfunktion immer nur aus einer Rollenperspektive dargeboten bekamen. Den Befragten wurden die Szenarien - nach Einsatzfeldern geordnet - vorgelegt. Innerhalb der einzelnen Einsatzfelder wurden die Szenarien nicht in der in Abb. 5.9 dargestellten systematisch geordneten Reihenfolge dargeboten. Um Sequenzeffekte zu vermeiden, wurden die Szenarien vielmehr zufällig durchnumeriert und dann jeweils den Versuchspersonen entweder in numerisch aufsteigender oder absteigender Form dargeboten.

Auf diese Weise ergaben sich insgesamt acht verschiedene Varianten aus den in Abb. 5.10 dargestellten Grundvarianten des Fragebogens. Zur Veranschaulichung der den Befragten vorgelegten Szenarien sollen hier zunächst zwei Szenarien dargestellt werden, die im Einsatzfeld Telefonabschottung auf der Ebene der einseitigen Steuerbarkeit einerseits aus der Rolle des Aktivators und andererseits aus der Rolle der passiv Betroffenen formuliert sind.

Bei Ihrer Arbeit passiert es regelmäßig, daß das Klingeln des Telefons Sie unterbricht.

Sie haben die Möglichkeit zur Telefonabschottung, das heißt die Klingel abzustellen und damit für einen bestimmten Zeitraum Anrufe von sich fernzuhalten.

Dem Anrufer wird nicht angezeigt, ob Sie abwesend sind, einfach nicht drangehen oder ob Sie abgeschottet haben.

Abb. 5.11: Szenario im Bereich der Telefonabschottung auf der Ebene der einseitigen Steuerbarkeit aus der Perspektive des Aktivators

---

Zur Fortsetzung Ihrer Arbeit benötigen Sie eine Information. Sie versuchen, den dafür zuständigen Kollegen telefonisch zu erreichen.

In Ihrem Haus ist eine Telefonabschottung möglich (das heißt, die Klingel kann für einen bestimmten Zeitraum abgeschaltet werden).

Sie lassen es durchklingeln, aber keiner nimmt ab.

Sie haben keine Möglichkeit festzustellen, ob Ihr Kollege abwesend ist, einfach nicht drangeht oder abgeschottet hat.

Abb. 5.12: Szenario im Bereich der Telefonabschottung auf der Ebene der einseitigen Steuerbarkeit aus der Betroffenenperspektive

---

Darüber hinaus sind in Abb. 5.13 und 5.14 aus dem Einsatzfeld Aktenzugriff die Szenarien auf der Ebene der Intervenierbarkeit dargestellt werden.

Bei Ihrer Arbeit fällt Ihnen auf, daß Sie eine nochmalige Veränderung an einer Akte vornehmen müssen, die Sie bereits als bearbeitet turnusgemäß zurückgelegt und damit dem nächsten Kollegen zugänglich gemacht haben.

Wenn Sie nun außerhalb der regulären Umlaufreihenfolge diese Akte öffnen wollen, können Sie jederzeit Ihrem Kollegen diesen Zugriffswunsch durch ein Symbol auf seinem Computerbildschirm anzeigen lassen. Dabei können Sie Ihrem Kollegen über die Zifferntasten an Ihrer Computertastatur auch mitteilen, wie lange Sie den Zugriff benötigen.

Durch das Drücken vorbereiteter Funktionstasten kann Ihr Kollege Ihnen den Zugriff erteilen oder verweigern, wenn er beispielsweise selbst in wenigen Minuten an der Akte arbeiten will.

Abb. 5.13: Szenario im Bereich Aktenzugriff auf der Ebene der Intervenierbarkeit aus der Perspektive des Aktivators

Im Rahmen der regulären Reihenfolge des Umlaufs ist Ihnen eine elektronische Akte zur Weiterbearbeitung zugeordnet.

Wenn einer Ihrer Kollegen außerhalb der regulären Umlaufreihenfolge diese Akte öffnen will (z.B. zur nachträglichen Bearbeitung), kann er jederzeit seinen Zugriffswunsch durch ein Symbol auf Ihrem Computerbildschirm anzeigen lassen. Dabei kann er ihnen mit den Zifferntasten an seiner Computertastatur auch mitteilen, wie lange er den Zugriff benötigt.

Durch das Drücken vorbereiteter Funktionstasten können Sie Ihrem Kollegen den Zugriff erteilen oder verweigern, wenn Sie beispielsweise selbst in wenigen Minuten an der Akte arbeiten wollen.

Abb. 5.14: Szenario im Bereich Aktenzugriff auf der Ebene der Intervenierbarkeit aus der Betroffenenperspektive

Die Befragten wurden gebeten, zu jedem einzelnen Szenario ihre persönliche Beurteilung hinsichtlich folgender fünf Bewertungsdimensionen abzugeben:
- Erwünschtheit
- Arbeitsförderlichkeit
- Handlungsspielraum
- Belastung
- Zeitaufwand.

Zusätzlich wurde die subjektive Bedeutung der Szenarien erhoben. Diese sechs Dimensionen waren durch vierstufige Ratingskalen operationalisiert. Darüber hinaus wurden die Befragten gebeten, die einzelnen ihnen vorgelegten Szenarien miteinander zu vergleichen und die drei von ihnen favorisierten Szenarien in eine Reihenfolge zu bringen (vgl. Klein und Rohde 1994, S. 188 f.; Rohde 1994, S. 157 ff.)

5.2   Hypothesen

Die erste Hypothese bestand in der Annahme, daß es Interessengegensätze zwischen dem Aktivator und den passiv Betroffenen der hier untersuchten Groupwarefunktionen gibt. Wir gingen dabei davon aus, daß sich die Interessengegensätze durch rollenspezifische Bewertungsunterschiede auf den fünf Beurteilungsdimensionen - Erwünschtheit, Arbeitsförderlichkeit, Handlungsspielraum, Belastung und Zeitaufwand - ausdrücken würden.

Hypothese 1:

Es bestehen rollenspezifische Unterschiede zwischen Aktivatoren und passiv Betroffenen in der Bewertung der in den einzelnen Szenarien dargebotenen technischen Leistungsmerkmale.

Wir vermuteten, daß diese Interessengegensätze auf der Ebene der einseitigen Steuerbarkeit besonders ausgeprägt sein würden, weil dort allein dem Aktivator eine neue Funktion zur Verfügung gestellt wird.

Desweiteren nahmen wir an, daß die rollenspezifischen Interessengegensätze, die auf der Ebene der einseitigen Steuerbarkeit durch die Einführung einer neuen Funktion unter der Kontrolle des Aktivators entstehen, durch die Bereitstellung technischer Konfliktregelungsmechanismen vermindert würden.

Hypothese 2:

Falls auf der Ebene der Steuerbarkeit rollenspezifische Beurteilungsunterschiede zwischen Aktivator und Betroffenen auftreten, so verringern sich diese Bewertungsunterschiede bei Nutzung technischer Konfliktregelungsmechanismen.

Außerdem nahmen wir an, daß – über beide Rollen gesehen – Konfliktregelungsmechanismen der Steuerbarkeit vorgezogen werden, weil die Szenarien durch die einleitende Situationsbeschreibung vor den Hintergrund einer kooperativen Arbeitssituation gestellt waren. Wir vermuteten, daß Befragte in der Rolle der passiv Betroffenen ohnehin technische Mechanismen präferieren würden, weil diese ihren Einfluß auf die Regelung der Konfliktes stärken. Auf Grund des in den Szenarios unterstellten Kooperationszusammenhangs vermuteten wir, daß die befragten Aktivatoren die Anliegen der von der Grundfunktion passiv Betroffenen teilweise antizipieren würden und deshalb ebenfalls Konfliktregelungsmechanismen besser beurteilen würden als die einseitig steuerbare Grundfunktion.

> Hypothese 3:
>
> Die Anwendung der verschiedenen Konfliktregelungsmechanismen wird von allen Befragten besser beurteilt als die aus der Sicht des Aktivators einseitig steuerbare Grundfunktion. Dies trifft auch auf die Teilgruppe der Aktivatoren zu.

5.3   Ergebnisse

Insgesamt wurden 488 Fragebögen an Beschäftigte im Büro- und Verwaltungsbereich in sechs Unternehmen und einer öffentlichen Verwaltung verteilt.

Als Rücklauf erhielten wir bei einer Rücklaufquote von 18,2 % insgesamt 89 beantwortete Fragebögen zurück. Die Anzahl der Versuchspersonen war über die vier rollenspezifischen Szenarienstaffeln nahezu gleich verteilt. 43 Versuchspersonen beantworteten das Telefonabschottungsszenario aus der Rolle des Aktivators, 46 aus der Perspektive des passiv Betroffenen. Die Gestaltungsvarianten beim Aktenzugriff wurden von 47 Befragten aus der Sicht des Aktivators und 42 aus der des Betroffenen beantwortet (vgl. Klein und Rohde 1994, S. 190).

Szenario		Telefonabschottung		Aktenzugriff	
		Aktivator/in	Betroffene/r	Aktivator/in	Betroffene/r
Starrheit	Mittelwert	1.9302	1.5778	1.7727	2.1951
	Standardabweichg.	0.9855	0.6567	0.9612	1.0055
Steuerbarkeit	Mittelwert	1.8605	1.3778	1.7500	1.2683
	Standardabweichg.	1.1460	0.7163	1.0144	0.7080
Transparenz	Mittelwert	2.8333	2.5111	3.1136	2.7073
	Standardabweichg.	1.0573	1.1406	0.8685	1.0306
Intervenierbarkeit	Mittelwert	2.3721	2.0682	2.9545	3.1463
	Standardabweichg.	1.1150	1.1446	1.0165	1.2016
semistrukt. einschl. Aushandlung	Mittelwert	2.3023	3.0227	2.7273	3.1463
	Standardabweichg.	1.2154	1.1693	0.9634	0.8821
strukt. zweischl. Aushandlung	Mittelwert	2.0238	1.9111	2.3864	2.6098
	Standardabweichg.	1.1657	1.0672	1.0199	0.8821
E-mail	Mittelwert	2.2791	2.6279		
	Standardabweichg.	1.0982	1.1132		

Tab. 5.1: Überblick über Mittelwerte und Standardabweichungen hinsichtlich der Bewertungsdimension Erwünschtheit

Das Alter der befragten Personen bewegte sich zwischen 21 und 61 Jahren bei einem Durchschnittsalter von 34,7 Jahren. 69,7 % der Versuchspersonen waren weiblichen, 30,3 % männlichen Geschlechts. Hinsichtlich ihrer Stellung innerhalb der Organisation gaben 7,9 % an, Schreibkraft bzw. SekretärIn zu sein, 67,4 % waren SachbearbeiterInnen, und 23,6 % trugen Personalverantwortung als Gruppen-, Abteilungs- oder AmtsleiterInnen (vgl. Rohde 1994, S. 162).

Tabelle 5.1 gibt einen ersten Überblick über die bei der Befragung gewonnenen Mittelwerte und Standardabweichungen hinsichtlich der Beurteilungsdimension Erwünschtheit.

Zur Überprüfung unserer Hypothese, daß Urteilsunterschiede bezüglich einzelner Szenarien in Abhängigkeit von der jeweils wahrgenommenen Rolle auftreten, führten wir eine multivariante Varianzanalyse (MANOVA) unseres Datenmaterials durch. Dabei nahmen wir an, daß es sich bei den Antworten der Befragten zu jedem der beiden Einsatzfelder um eine unabhängige Messung handelt. Die entsprechenden Berechnungen wurden für jede der Ebenen einzeln durchgeführt. Die Ergebnisse dieses Untersuchungsschritts sind in Tab. 5.2 dargestellt.

	N	Pillai's Trace Testwert	F	DF	p
Erwünschtheit	172	0,13512	5,12422	5	≤ 0,0005
Arbeitsförderlichkeit	171	0,17426	6,87972	5	≤ 0,0005
Handlungsspielraum	169	0,17189	6,68386	5	≤ 0,0005
Belastung	171	0,27249	12,21014	5	≤ 0,0005
Zeitaufwand	169	0,25815	11,20523	5	≤ 0,0005

Tab. 5.2: Ergebnisse einer MANOVA Untersuchung bezüglich des Effekts Urteil x Rolle (vgl. Rohde 1994, S. 164)[1]

Für alle fünf Urteilsskalen ergaben sich jeweils hochsignifikante Urteilsunterschiede bei den Befragten in Abhängigkeit davon, ob sie sich in der Rolle des Aktivators oder des passiv Betroffenen befanden. Damit kann die Hypothese 1 durch die Untersuchung als bestätigt angesehen werden.

Zur Untersuchung der Hypothese 2 führten wir zwei einfaktorielle Varianzanalysen (ANOVA) durch, bei der uns insbesondere die Effektstärke (Eta) der rollenspezifischen Urteilsdifferenzen hinsichtlich der einseitigen Steuerbarkeit und aller aggregierten Konfliktregelungsmechanismen interessierte. Tab. 5.3 gibt einen Überblick über die dabei erzielten Ergebnisse.

Während diese Beurteilungsunterschiede auf der Ebene der einseitigen Steuerbarkeit hoch signifikant über alle Beurteilungsdimensionen feststellbar sind, so

---

[1]Die Testtabelle der MANOVA-Untersuchung ist folgendenmaßen zu lesen: N gibt die Anzahl der Versuchspersonen an, der Pillai's Trace Testwert die Effektstärke, F den diesbezüglichen Testscore, DF die Freiheitsgrade der Untersuchung, p das Signifikanzniveau des Ergebnisses - wobei dies kleiner als 0.05 sein muß.

sind sie bei den aggregierten Konfliktregelungsmechanismen nur noch hinsichtlich des von den Befragten eingeschätzten Zeitaufwandes signifikant. Hinsichtlich aller übriger Beurteilungsdimensionen lassen sich Beurteilungsunterschiede nicht mehr signifikant nachweisen.

	Steuerbarkeit					Konfliktregelungsmechanismen				
	N	DF	F	sig/F	Eta	N	DF	F	sig/F	Eta
Erwünschtheit	173	1	10.943	0.0010	0.25	173	1	0.316	0.575	0.04
Förderlichkeit	171	1	36.567	≤0.0005	0.42	171	1	0.016	0.898	0.01
Handlungsspielr.	169	1	18.918	≤0.0005	0.32	169	1	0.172	0.679	0.03
Belastung	171	1	35.132	≤0.0005	0.41	171	1	0.272	0.603	0.04
Zeitaufwand	169	1	62.264	≤0.0005	0.52	169	1	3.454	0.065	0.14

Tab. 5.3: Stärke rollenspezifischer Beurteilungsunterschiede auf der Ebene der einseitigen Steuerbarkeit im Vergleich zur Stärke der Beurteilungsunterschiede auf diesen Stufen von Konfliktregelungsmechanismen[1]

Damit ist die zweite Hypothese hinsichtlich der Dimensionen Erwünschtheit, Förderlichkeit, Handlungsspielraum und Belastung als durch die Untersuchung bestätigt anzusehen. Betrachtet man die Effektstärke der Urteilsdifferenz in bezug auf den Zeitaufwand, so ist auch in dieser Dimension eine erhebliche Verringerung der Urteilsdifferenzen durch die Einführung der Konfliktregelungsmechanismen feststellbar. Diese Ergebnisse stützen die Annahme, daß die Anwendung der in den Szenarien operationalisierten Konfliktregelungsmechanismen zu einer Verringerung rollenspezifischer Interessengegensätze führt.

Zur Überprüfung der Hypothese 3, daß die Konfliktregelungsmechanismen - über beide Rollen aggregiert - der einseitig steuerbaren Grundfunktion vorgezogen werden, sind die in Tab. 5.4 dargestellten Chi^2-Tests vorgenommen worden. Getestet wurden hierzu die positiven gegen die negativen Ergebnisse der Urteilsdifferenzen[2] zwischen den aggregierten Konfliktregelungsmechanismen einerseits und der Ebene der Steuerbarkeit andererseits. Im ersten Teil der Tabelle werden die Ergebnisse für die gesamte Stichprobe dargestellt, im zweiten Teil für die Teilgruppe der Aktivatoren. Dort ist eine zusätzliche Spalte "+/-" eingefügt, weil die Ergebnisse bezüglich der Teilgruppe der Aktivatoren nicht nur durch

---

[1]Die Ergebnistabelle der ANOVA-Untersuchungen ist folgendenmaßen zu lesen: N gibt die Anzahl der Versuchspersonen an, DF die Freiheitsgrade der Untersuchung, F den diesbezüglichen Testscore, sig/F das Signifikanzniveau der Ergebnisses – wobei dies kleiner als 0.05 sein muß – und Eta die von der Versuchspersonenanzahl unabhängige Effektstärke.

[2]Es wurde jeweils die Differenz zwischen dem aggregierten Urteil der Befragten zu den vier Konfliktregelungsmechanismen und dem Urteil zur einseitigen Steuerbarkeit gebildet und damit ein Chi-Quadrat-Test zur Beantwortung der Frage durchgeführt, ob die erhaltenen Urteilsdifferenzen signifikant häufiger positiv ausfallen, d.h. die Konfliktregelungsmechanismen bevorzugt werden.

einen Blick auf das Signifikanzniveau interpretiert werden können. Wir müssen in diesem Fall die Richtung des Bewertungsunterschieds zusätzlich prüfen, weil wir eine einseitig gerichtete Hypothese mit einem bidirektionalen statistischen Testverfahren untersucht haben. Insofern bedeutet ein "+", daß die Ergebnisse die Hypothese bestätigen, während ein "-" auf Ergebnisse hinweist, die die Hypothese widerlegen.

	Konfliktregelungsmechanismen vs. Steuerbarkeit				Teilgruppe der Aktivatoren				+/-
	N	Chi^2	DF	$p(sig/Chi^2)$	N	Chi^2	DF	$p(sig/Chi^2)$	
Erwünschtheit	173	58.965	1	<.0005	88	18.182	1	<.0005	+
Förderlichkeit	171	32.895	1	<.0005	86	1.674	1	.196	-
Handlungsspielr.	169	55.675	1	<.0005	86	11.907	1	.001	+
Belastung	171	14.041	1	<.0005	86	.419	1	.518	-
Zeitaufwand	169	3.698	1	.054	85	7.353	1	.007	-

Tab. 5.4: Ergebnisse des Chi-Quadrat-Tests bezüglich der Beurteilung von einseitiger Steuerbarkeit im Vergleich zu den aggregierten Konfliktregelungsmechanismen[1]

Diese Ergebnisse bestätigen die Hypothese, daß, aggregiert über beide Rollen, die Befragten bezüglich der vier Bewertungsdimensionen Erwünschtheit, Arbeitsförderlichkeit, Handlungsspielraum und Belastung Konfliktregelungsmechanismen eindeutig besser bewerten als einseitige Steuerbarkeit. Lediglich hinsichtlich des Zeitaufwands ist dieser Effekt nicht signifikant. Konfliktregelungsmechanismen sind also nicht nur ein Mittel, rollenspezifische Interessengegensätze zu moderieren, sondern sie werden von den Befragten hinsichtlich der genannten vier Dimensionen besser beurteilt. Betrachtet man die Ergebnisse der Teilgruppe der Aktivatoren, so läßt sich Hypothese 3 lediglich für die Dimensionen Erwünschtheit und Handlungsspielraum bestätigen.

Diese bei den Chi^2-Tests zutage tretenden Differenzierungen des Antwortverhaltens machen deutlich, daß Aktivatoren die ihnen zusätzlich abverlangte Zeit und die daraus entstehende Belastung deutlich registrieren, andererseits sie aber auch die dadurch den passiv Betroffenen entstehenden Vorteile bei ihrer Gesamtbewertung in der Dimension Akzeptanz berücksichtigen. Führt man dieselben Chi^2-Tests für den Vergleich von einseitiger Steuerbarkeit mit aktivierungsbezogener Transparenz, von einseitiger Steuerbarkeit mit den beiden Aushandlungsformen, und von einseitiger Steuerbarkeit mit dem Aggregat aus Intervenierbarkeit und den beiden Aushandlungsformen durch, so ergeben sich ähnliche Er-

---

[1]Die Testtabelle für Chi-Quadrat-Tests ist folgendermaßen zu lesen: N gibt die Anzahl der Versuchspersonen an, Chi-Quadrat den diesbezüglichen Testscore, DF die Freiheitsgrade der Untersuchung, p (sig/Chi-Quadrat) das Signifikanzniveau des Ergebnisses - wobei dies kleiner als 0.05 bzw. 0.1 bei einer einseitigen Testung sein muß.

gebnisse für jede dieser Rechnungen (vgl. Wulf und Rohde 1996; Rohde und Wulf 1996).

5.4   Diskussion

Die in Tab. 5.1 dargestellten hochsignifikanten Unterschiede hinsichtlich der Bewertung zweier Funktionen aus der Perspektive verschiedener Rollen deuten m.E. auf ein allgemeines Spezifikum von Groupware hin. In Groupware wird es immer flexible Funktionen geben, deren Nutzung oder Anpassung aus der Perspektive verschiedener Rollen unterschiedlich eingeschätzt wird. Diese Einschätzungsunterschiede deuten auf Interessengegensätze zwischen Nutzern hin, die sich jeweils in verschiedenen Rollen befinden. Sie indizieren damit groupware-spezifisches Konfliktpotential. Konfliktpotentiale bezüglich der Gestaltung flexibler Leistungsmerkmale sollten bei der Implementierung und Konfigurierung konkreter Systeme berücksichtigt werden.

Hinsichtlich der Wirkung der in den Szenarien operationalisierten Konfliktregelungsmechanismen deuten die Ergebnisse darauf hin, daß sie sowohl zu einer Verringerung der rollenspezifischen Interessengegensätze geführt haben als auch insgesamt von allen Befragten unabhängig von ihrer Rolle besser bewertet wurden. In der Tat scheint die durch die Konfliktregelungsmechanismen herbeigeführte Umverteilung der Vorteile vom Aktivator zu den passiv Betroffenen kein Nullsummenspiel zu sein, sondern es entstehen durch die Abstimmungsmöglichkeiten auf den hier untersuchten Stufen des Konzepts gestufter Konfliktregelungsmechanismen offensichtlich zusätzliche Vorteile für beide Seiten.

Die Beurteilungen in den Dimensionen Belastung und Zeitaufwand machen deutlich, daß die Aktivatoren ihnen durch die Konfliktregelungsmechanismen entstehende Nachteile realistisch einschätzen. Dennoch liegt die Erwünschtheit hinsichtlich der Konfliktregelungsmechanismen höher als auf der Ebene der Steuerbarkeit. Man kann deshalb davon sprechen, daß die Aktivatoren die Interessen der passiv Betroffenen bis zu einem gewissen Maße antizipieren.

Die hier getroffenen Aussagen beziehen sich zunächst nur auf die technischen Mechanismen aktivierungsbezogene Transparenz, Intervenierbarkeit und stark strukturierte sowie semi-strukturierte Aushandelbarkeit, in der im Szenariobogen operationalisierten Form. Ihre diesbezügliche Wirkung bei Gegensteuerbarkeit, unstrukturierter Aushandelbarkeit und Kommentierbarkeit wäre ebenfalls zu untersuchen. Da unstrukturierte Aushandelbarkeit und Kommentierbarkeit, wie die in den Szenarien operationalisierten Formen der Aushandelbarkeit, das Handeln des Aktivators transparent machen und den Beteiligten einen Kommunikationskanal bereitstellen, ist zu vermuten, daß zumindest für diese Mechanismen die bisher erzielten Ergebnisse übertragbar sind.

Ein Blick auf die in der Untersuchung erzielten Mittelwerte deutet darauf hin, daß die Präferenzen bezüglich einzelner Formen von Konfliktregelungsmechanismen abhängig von der eingenommenen Rolle und der untersuchten Grundfunktion sind.[1] Bei den hier untersuchten Grundfunktionen zogen Aktivatoren Transparenz vor, während passiv Betroffene Intervenierbarkeit oder einschleifige semi-strukturierte Aushandelbarkeit präferierten. Semi-strukturierte Aushandelbarkeit schnitt aus der Sicht der passiv Betroffenen bei der Telefonabschottung besonders gut ab. Dies mag dadurch begründet sein, daß durch diese Form der Aushandelbarkeit im Vergleich zu den strukturierten Varianten dieser Konfliktregelungsmechanismen eine stärkere Durchbrechung der Abschottung möglich war.

Diese rollen- und grundfunktionsspezifischen Besonderheiten deuten darauf hin, daß schon die Auswahl des Regelungsmechanismus zum Umgang mit einem bestimmten groupware-spezifischen Konfliktpotential ein konfliktträchtiger Prozeß sein kann. Dessen Lösung kann aber aufgrund der Differenziertheit und Dynamik des Anwendungskontextes nicht während der Herstellungsphase erfolgen. Vielmehr muß eine flexibel nutzbare Systemarchitektur entwickelt werden, die verschiedene Regelungsmechanismen für einzelne Konfliktpotentiale bereitstellt. Damit ist dann eine angemessene Konfigurierung im Anwendungskontext möglich.

Die hier dargestellten Ergebnisse sind mittels Szenariotechnik gewonnen worden. In diesen Szenarien wurden technische Optionen zum Umgang mit zwei groupware-spezifischen Konfliktpotentialen dargestellt. Durch die Szenariotechnik waren die Befragten aufgefordert, die Wirkung der in den einzelnen Szenarien beschriebenen Konfliktregelungsmechanismen vor dem Hintergrund ihrer individuellen Erfahrungen zu antizipieren. Sie erfuhren dabei nicht die emotionale Eingebundenheit in eine konkrete Konfliktsituation. Vielmehr waren sie auf eine gedankliche Vorwegnahme der ihnen persönlich entstehenden Vorbzw. Nachteile und der Konsequenzen für die Zusammenarbeit mit ihren Gegenübern angewiesen. Insofern ist eine weitere, die hier erzielten Ergebnisse überprüfende, Untersuchung auf der Basis tatsächlich implementierter und genutzter Konfliktregelungsmechanismen erforderlich, um die hier erzielten Ergebnisse zu erhärten.

---

[1] Dasselbe Ergebnis liefert auch die Auswertung der Rangreihenfolgen der verschiedenen Szenarien bezüglich der beiden Grundfunktionen (vgl. Rohde 1994, S. 167ff.).

6   Konfliktmanagement bei Groupware

Die empirische Evaluation ausgewählter Konfliktregelungsmechanismen weist daraufhin, daß diese hilfreich beim Umgang mit groupware-spezifischen Konflikten sein können. Im folgenden soll untersucht werden, welche Anforderungen sich aus der Differenziertheit und Dynamik des Anwendungskontextes an eine Systemarchitektur zur Implementierung dieser Mechanismen ergeben.

6.1   Anforderungen an ein flexibles Konfliktmanagement

Die bisher erzielten Ergebnisse zeigen, daß es sinnvoll sein kann, den Umgang mit groupware-spezifischen Problemen zum Gegenstand technischer Gestaltung zu machen. Dann treffen allerdings auch die in Kap. 2.2.1 dargestellten Argumente für eine flexible Gestaltung von Groupware auf technische Mechanismen des Konfliktmanagements zu. So führt die Differenziertheit verschiedener Anwendungskontexte dazu, daß das globalen Funktionen immanente Konfliktpotential unterschiedlich stark ausgeprägt sein kann. Außerdem können in den verschiedenen Anwendungsfeldern die technischen Mechanismen in unterschiedlicher Weise mit der sozialen Praxis der Konfliktregelung verknüpft sein. Aus dieser Differenziertheit ergibt sich für ein technisch gestütztes Konfliktmanagement die Anforderung, die verschiedenen durch die Aktivierung einer Funktion möglichen Zustandsübergänge in unterschiedlicher Weise regeln zu können. Beispielsweise kann sich das Konfliktpotential einer Funktion unterscheiden je nachdem, welcher Nutzer in der Rolle des Aktivators ist, welche Nutzer von der Aktivierung betroffen sind oder auf welchen Kanal bzw. auf welche Transparenzdaten sich die Aktivierung der Funktion bezieht. Deshalb kann es erforderlich sein, die Zuordnung von Konfliktregelungsmechanismen zu Grundfunktionen für jeden Aktivator, jeden Betroffenen und jeden Kanal bzw. Transparenzdatensatz getrennt vornehmen zu können. Dies erfordert Anpassungsmöglichkeiten, die durch eine entsprechende Konfigurationsmatrix geschaffen werden können. Eine solche Matrix ist für jede globale Funktion bzw. deren Konfliktkonstellationen anzulegen. Auf den Achsen sind die für eine differenzierte Konfliktregelung wichtigen Dimensionen wie beispielsweise die potentiellen Aktivatoren, Betroffenen und Kanäle bzw. Transparenzdatensätze abgetragen.[1] In der Matrix sind dann die für die verschiedenen durch die Aktivierung der Funktion ausgelösten Zustandsübergänge jeweils gültigen Konfliktregelungsmechanismen eingetragen.

Ist die hier postulierte Differenziertheit des Anwendungskontextes im Hinblick auf ein technisch gestütztes Konfliktmanagement bei einer Funktion nicht gegeben, so ist die Matrix einheitlich mit einem Wert auszufüllen. Darüber hinaus können zur Vereinfachung des Konfigurationsgeschehens die einzelnen Einheiten einer Dimension in im Sinne des Konfliktmanagements gleichzubehandelnde Gruppen eingeteilt werden. So kann es in einem Anwendungskontext sinnvoll sein, Konflikte bezüglich der Anrufumleitung für alle Aktivatoren und alle Betroffenen einer Organisationseinheit in gleicher Weise zu regeln oder Konflikte beim Zugriff auf einen bestimmten Dokumenttypus für alle Mitglieder einer Arbeitsgruppe gleich zu regeln. Auch wenn die Möglichkeiten von Konfigurationsmatrizen nicht in jedem Fall ausgenutzt werden, so sind sie erforderlich, um mit der Differenziertheit von Anwendungskontexten umgehen zu können.

Auf Grund der Dynamik des Anwendungskontextes müssen einmal bezüglich des Konfliktmanagements getroffene Festlegungen veränderbar bleiben. Daraus läßt sich die Forderung nach Anpaßbarkeit und flexiblen Nutzungsmöglichkeiten der Konfliktregelungsmechanismen ableiten.[2] Da es sich bei den Konfliktregelungsmechanismen immer um globale Funktionen handelt, deren Nutzung und Anpassung andere Nutzer betrifft, muß damit gerechnet werden, daß eine solche Flexibilisierung zu groupware-spezifischen Konflikten führen kann. Deshalb darf technische Flexibilisierung nicht dazu führen, daß die durch die Konfliktregelungsmechanismen abgesicherte Form des Umgangs mit Konflikten zuungunsten einzelner Rollenträger ohne deren Kenntnis bzw. Zustimmung verändert werden kann. Ansonsten verlören die technischen Mechanismen ihre konfliktmoderierende Wirkung. Insofern besteht zwischen der Anforderung nach technischer Flexibilität und der nach verläßlicher Einhaltung der "Spielregeln" der Konfliktregelung ein Widerspruch, der durch geeignete technische Ge-

---

[1]Die konkrete Ausprägung der Dimensionen der Konfigurationsmatrix hängt von der jeweiligen Grundfunktion ab, auf die sich das Konfliktmanagement bezieht. Im folgenden wird basierend auf der in Kap. 2.1.2 vorgenommenen funktionalen Klassifikation von den hier genannten Dimensionen Aktivator, Betroffener und Kanal ausgegangen.

[2]In der Tat läßt sich aus der Differenzierung und Dynamik des Anwendungskontextes auch die Notwendigkeit zu einem evolutionären Software-Entwicklungsprozeß ableiten, bei dem bezogen auf das Konfliktmanagement beispielsweise weitere Konfliktregelungsmechanismen implementiert werden könnten. Die sich daraus ergebenden Fragen des Software-Engeneerings sollen in dieser Arbeit nicht weiter vertieft werden. Die vorgeschlagene Systemarchitektur sollte aber solche Erweiterungen möglichst erleichtern.

staltung und organisatorische Einbindung im Anwendungskontext gelöst werden muß.

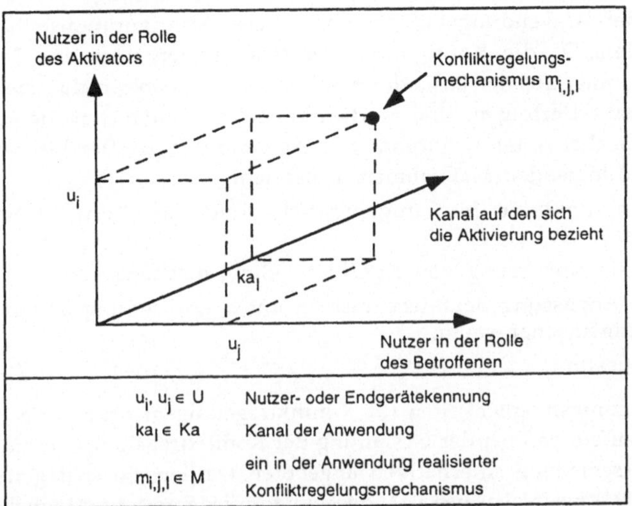

Abb. 6.1:   Beispiel einer Konfigurationsmatrix für eine Konfliktkonstellation einer globalen Funktion

Die bisherigen Ergebnisse weisen darauf hin, daß technisch unterstütztes Konfliktmanagement während der Anwendung von Groupware Möglichkeiten bieten sollte, einerseits Konfliktpotentiale durch Sperren der sie verursachenden Zustandsübergänge zu eliminieren und die verbliebenen Grundfunktionen mit verschiedenen technischen Regelungsmechanismen versehen zu können (vgl. Kap. 4.2). Da sich das Konfliktpotential bestimmter Funktionen erst im Anwendungskontext bestimmen läßt, sollte die Sperrung bestimmter Funktionen und die Konfiguration der Konfliktregelungsmechanismen dort vor dem Einsatz der Groupware vorgenommen werden.[1] Diese vorgelagerte Konfiguration kann sich auf den Umgang mit Konfliktpotentialen beziehen, die bei der Nutzung oder Anpassung von Groupware bestehen. Außerdem kann sie sich auch auf die Auswahl der die Anpassung des technischen Konfliktmanagements betreffenden Regelungsmechanismen beziehen. Letzterer Konfigurationsgegenstand ist dann

---

[1]Gilt die Sperrung einer Funktion nicht generell für einen Aktivator bezüglich aller damit möglichen Zustandsübergänge sondern lediglich für bestimmte Zustandsübergänge der Funktion, dann kann das Sperren dieser Funktion durch einen speziellen Eintrag in der Konfigurationsmatrix realisiert werden. Bezieht sich die Sperrung der Funktion auf alle von einem Aktivator damit ausführbaren Zustandsübergänge, dann sollte diese Funktion aus der Benutzungsoberfläche dieses Nutzers entfernt werden.

von Bedeutung, wenn eine Anpassung der Konfliktregelungsmechanismen
während des Gebrauchs einer Anwendung zugelassen wird.

Von dieser Vorkonfiguration läßt sich die Konfliktregelung während des Gebrauchs einer Anwendung auf der Basis dieser Konfigurationsentscheidungen
unterscheiden. Da die Konfigurationsentscheidungen über den Umgang mit
Konflikten immer auf der Basis des Konfliktpotentials aber nicht einer konkreten
Konfliktsituation erfolgen, sind Vorkehrungen zu treffen, um die technischen
Regelungsmechanismen während der Anwendung zu flexibilisieren. Dabei
kommen die folgenden Maßnahmen in Betracht:

- Schaffung flexibler Nutzungsmöglichkeiten für Konfliktregelungsmechanismen,

- individuelle Anpassung von Konfliktregelungsmechanismen,

- geregelte Anpassung der Mechanismen unter Anwendung anderer Konfliktregulierungsmechanismen,

- Rekonfiguration.

Flexible Nutzungsmöglichkeiten für Konfliktregelungsmechanismen werden dadurch geschaffen, daß bei der Gestaltung der Konfliktregelungsmechanismen den
Nutzern verschiedene Alternativen angeboten werden. So schlagen Herrmann
und Just (1994) beispielsweise vor, den Nutzern jederzeit die Möglichkeit zu geben, aus dem technischen Mechanismus der Aushandelbarkeit auszusteigen, um
einen anderen Weg der Konfliktregelung zu suchen (vgl. Kap. 4.3). Auch die
Möglichkeit, bei semi-strukturierter Aushandelbarkeit Inhaltsdaten optional
mitversenden zu können, gehört zu dieser Form technischer Flexibilität.

Im Gegensatz dazu bietet Anpaßbarkeit Nutzern die Möglichkeit, in den Ablauf
der technischen Konfliktregelungsmechanismen vor ihrer Nutzung modifizierend eingreifen zu können (vgl. Kap. 2.2). Anpaßbarkeit kann einerseits mittels
einer Modifizierung der technischen Konfliktregelungsmechanismen selbst erreicht werden. Ein Beispiel für eine solche Anpassung ist die Auswahl eines veränderten Konfliktregelungsmechanismus für eine bestimmte Konfliktkonstellation durch Modifikation der Konfigurationsmatrix. Andererseits können einzelne Nutzer bestimmte Programme – sogenannte Agenten – verwenden, um
die Wirkung der technischen Mechanismen zu modifizieren. Eine Konfliktpartei
kann solche Agenten beispielsweise nutzen, um Transparenznachrichten auszu-
filtern, sich von angebotenen Kommunikationskanälen abzuschotten oder das
eigene Verhandlungsverhalten zu automatisieren.

Unabhängig davon, wie die Anpassung der Konfliktregelungsmechanismen
technisch realisiert ist, muß bei der Konfiguration entschieden werden, welche
dieser Anpassungen während der Anwendung vorgenommen werden können,
wer sie vornehmen darf und wie die Interessen eventuell Betroffener zu wahren
sind. Dazu ist zu untersuchen, wie diese Anpassungen die Position desjenigen,

der diese Modifikationen vorschlägt, im Prozeß der Konfliktregelung verändert. Verschlechtert sich dessen Position, so kann eine solche Anpassung einseitig steuerbar belassen werden. Dies soll als individuelle Anpassung bezeichnet werden (vgl. Abb. 6.2). Ansonsten ist die Beteiligung der übrigen potentiell Betroffenen durch Anwendung eines der Konfliktregelungsmechanismen sicherzustellen. Dies kann als geregelte Anpassung bezeichnet werden (vgl. Abb. 6.2).

Für die bei der Konfiguration zu treffende Abschätzung über das Konfliktpotential einzelner Anpassungen der Konfliktregelungsmechanismen sollen folgende Überlegungen dienen. Anpassungen des Konfliktregelungsmechanismus können sich auf die einem Aktivator durch einen bestimmten Konfliktregelungsmechanismus entstehenden Einschränkungen beziehen. Verringern diese Anpassungen die für den Aktivator bestehenden Einschränkungen beispielsweise dadurch, daß das Interventionsrecht der Betroffenen eliminiert wird, so führt dies in der Regel zu einem Konflikt. Diesbezügliche Anpassungen während des Einsatzes sollten nur beschränkt möglich sein und sollten in der Regel mit allen davon potentiell Betroffenen ausgehandelt werden. Insofern kann beispielsweise Aushandelbarkeit auch zur Flexibilisierung der Konfliktregelungmechanismen während des Einsatzes verwendet werden.

Anders liegt der Fall, wenn der Aktivator freiwillig die ihm auferlegten Restriktionen durch die Anpassung der Konfliktregelungsmechanismen verschärft. Dies ist beispielsweise bei zusätzlicher Vergabe eines Interventionsrechts der Fall. Deshalb ist der Übergang von Steuerbarkeit zu Gegensteuerbarkeit, von Transparenz zu Intervenierbarkeit oder von Diskutierbarkeit zu semi- oder unstrukturierter Aushandelbarkeit unproblematisch. Auch die zusätzliche Erzeugung von Transparenz für den Betroffenen ist dann unproblematisch, wenn dieser sich dadurch nicht gestört fühlt. Dies trifft für den Übergang von Steuerbarkeit zu aktivierungsbezogener Transparenz und Gegensteuerbarkeit zu Intervenierbarkeit zu. Wie die darüber hinausgehende Bereitstellung von Komunikationskanälen diesbezüglich eingeschätzt wird, ist im Anwendungskontext des Systems zu entscheiden. In all diesen Fällen sind Anpassungen unproblematisch.

Ein zweiter Aspekt von Anpassungen der technisch gestützten Konfliktregelung bezieht sich auf die Möglichkeiten, die Betroffenen im Rahmen der Konfliktregelungsmechanismen zuteil werden. Beabsichtigen Betroffene, die ihnen durch die Konfiguration gegebenen Rechte auszuweiten, so ist von einer konfliktträchtigen Zustandsveränderung auszugehen, die nur eingeschränkt ermöglicht werden sollte und mit den potentiell betroffenen Aktivatoren der Grundfunktion auszuhandeln ist. Insofern sind all die Anpassungen, die sich - vom Aktivator einer Grundfunktion vorgenommen - als unproblematisch gezeigt haben, hier zu problematisieren.

Darüber hinaus können Betroffene für einen bestimmten Zeitraum ihre persönlichen Rechte im Rahmen von Konfliktregelungsmechanismen einschränken. Diese Möglichkeit steht den Nutzern beispielsweise in der von Dourish (1993) beschriebenen Fallstudie zum Umgang mit Konflikten bezüglich der Glance-Funktion offen. Durch Eingabe veränderter Parameter können sie auf ihr Interventionsrecht bei der Etablierung des Videokanals verzichten. Statt den Mechanismus "Intervenierbarkeit" anzuwenden, erfolgt die Aktivierung dann auf den Stufen aktivierungsbezogener Transparenz (knarrendes Geräusch) oder lediglich Steuerbarkeit des Kanals durch den Aktivator. Solche Anpassungen sind unproblematisch, solange sie die Interventionsmöglichkeiten der Betroffenen verringern.

Problematischer sind Anpassungen, die das Verhandlungsverhalten der Betroffener durch den Einsatz von "Agenten" automatisieren. So können diese beispielsweise über ein Programm verfügen, das je nach Einstellung automatisch auf Verhandlungsakte des Aktivators mit Ablehnung des Vorschlags reagiert. Dadurch verschiebt der Betroffene den Konfliktregulierungsmechanismus von der Ebene der Aushandelbarkeit auf die der Gegensteuerbarkeit. Diesbezüglich ist im Anwendungskontext zu entscheiden, wie daraus möglicherweise resultierende Konflikte zu handhaben sind.

Die bisher diskutierten flexiblen Nutzungs- und Anpassungsmöglichkeiten der Konfliktregelungsmechanismen müssen bei der Herstellung des Systems bereitgestellt werden. In der Konfigurationsphase wird auf der Basis der so gegebenen Flexibilität letztendlich entschieden, wie mit diesen Möglichkeiten im konkreten Anwendungskontext umgegangen werden soll. Erweisen sich die dort getroffenen Entscheidungen als im Anwendungskontext nicht mehr angemessen, so ist eine Rekonfiguration des Systems vorzunehmen.

Ein flexibilisiertes Konfliktmanagement bei Groupware könnte dann folgendermaßen ausgestaltet sein. In der ersten Konfigurationsstufe wird das Konfliktpotential einzelner Funktionen im Anwendungskontext bestimmt. Wird ein solches Konfliktpotential gesehen, so ist zu entscheiden, ob die Funktion bestimmten Nutzern oder Nutzergruppen zur Verfügung gestellt werden soll.[1] Das Ergebnis dieses Schrittes kann sein, bestimmte Funktionen in einem bestimmten Anwendungskontext zu sperren. Um solche Konfigurationsentscheidungen umsetzen zu können, sind Möglichkeiten vorzusehen, den Gebrauch bestimmter Funktionen auszuschließen. Die übrige Funktionalität verbleibt zum Gebrauch im System. Zum Umgang mit dem im jeweiligen Anwendungskontext

---

[1]Da der Umgang mit Konflikten ein wesentliches Merkmal einer Organisation darstellt, könnte dieser Schritt eines flexibilisierten Konfliktmanagements in einen Prozeß integrierter Organisations- und Technikentwicklung eingebettet werden (vgl. Hartmann 1994, Rohde und Wulf 1995, Wulf und Rohde 1995).

bestehenden Konfliktpotential sind nun Konfliktregelungsmechanismen zu bestimmen. Diese Mechanismen legen den Umgang mit Konflikten für die Situation fest, in der sie durch die Aktivierung einer Funktion ausgelöst werden. Durch diese Form der Konfiguration wird nicht die Konfliktlösung selbst antizipiert, sondern lediglich die Form der Konfliktregelung vorgegeben. Die dabei getroffenen Konfigurationsentscheidungen sind für die auf dieser Grundlage stattfindende Aktivierung der Grundfunktion bis zum nächsten Konfigurationsschritt verbindlich.

Es können allerdings Vereinbarungen getroffen werden, daß einzelne Festlegungen im Zeitraum zwischen den Konfigurationsphasen von den Nutzern angepaßt werden können. Da es sich bei der Veränderung der Konfliktregelungsmechanismen selbst um einen konfliktträchtigen Anpassungsgegenstand handelt, sind hierfür ebenfalls Konfliktregelungsmechanismen zu finden. Außerdem können Konfliktregelungsmechanismen Optionen für eine flexible Nutzung beinhalten.

Da in dieser Phase wichtige, alle Nutzer betreffende Konfigurationsentscheidungen getroffen werden, erscheint es notwendig, daß die Nutzer gemeinsam oder dazu legitimierte Repräsentanten diese Entscheidungen treffen. Auf Grund der Komplexität des Konfigurationsgegenstandes und der daran möglicherweise geknüpften Konflikte sollte dieser Konfigurationsschritt in Form eines face-to-face-Meetings abgehalten werden. Dabei können die Nutzer von lokalen Experten unterstützt werden. Es kann nützlich sein, solche face-to-face-Treffen durch bestimmte Computeranwendungen zu unterstützen. So kann das Konfliktpotential einzelner Funktionen durch Explorationsmöglichkeiten erkennbar gemacht oder Konfigurationsalternativen visualisiert werden.

In einer zweiten Stufe wird die Anwendung mit dem so voreingestellten Konfliktmanagementtool genutzt und im Rahmen dieser Vorgaben von den Nutzern angepaßt. Konflikte bezüglich der Nutzung oder Anpassung einer Grundfunktion werden dann in der konkreten Nutzungssituation in der zuvor festgelegten Weise geregelt. Stellt sich dabei heraus, daß diese Festlegungen nicht angemessen sind, so wird eine Anpassung der Konfliktregelungsmechanismen vorgenommen. Im Rahmen der diesbezüglichen Vorgaben kann diese Anpassung entweder von einzelnen Nutzern einseitig steuerbar vorgenommen werden (individuelle Anpassung), oder sie erfolgt selbst wieder unter Nutzung bestimmter Konfliktregelungsmechanismen (geregelte Anpassung). Reichen die dafür bei der Konfiguration zugelassenen Anpassungsmöglichkeiten des Konfliktmanagementtools nicht aus, so ist eine Rekonfigurationsphase einzulegen. Das hier vorgeschlagene zweistufige Vorgehen zur Flexibilisierung technisch gestützten Konfliktmanagements bei Groupware läßt sich in Abb. 6.2 darstellen.

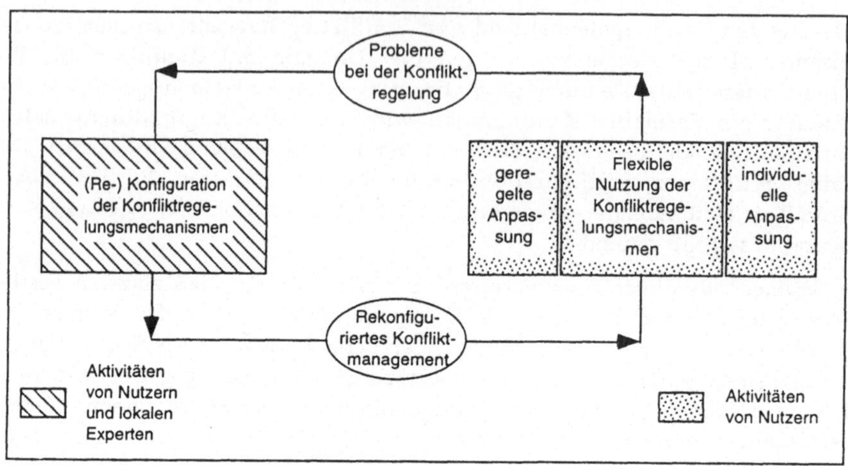

Abb. 6.2:   Flexibilisierung des Konfliktmanagements während der Anwendungsphase

Lassen sich die Konflikte, bezogen auf einzelne Grundfunktionen, durch Rekonfiguration in den Augen der Nutzer nicht mehr zufriedenstellend lösen, so müssen entweder die Grundfunktion oder die Konfliktregelungsmechanismen reprogrammiert werden. Dann wird der Anwendungszyklus verlassen und eine Reimplementationsphase angeschlossen.

Dieses Verfahren flexibilisiert technisch unterstütztes Konfliktmanagement und erlaubt es, auf die Spezifika einzelner Anwendungskontexte abzustellen. Es stellt sich nun die Frage, auf welche Weise sich die hier beschriebene Form des Konfliktmanagements durch eine geeignete Systemarchitektur unterstützen läßt und wie die einzelnen Komponenten zu implementieren sind.

6.2   Implementierung flexibler Konfliktregelungsmechanismen

Eine Softwarearchitektur für Groupware sollte so angelegt sein, daß sie evolutionäre Software-Entwicklung erleichtert und Anpassungen im Anwendungskontext unterstützt. Dazu ist eine modularisierte Implementierung der Funktionalität hilfreich, bei der sich die einzelnen Module über standardisierte Einstiegsprozeduren aufrufen. Während des Gebrauchs von Groupware können sich Anpassungs- und Re-Implementierungsanforderungen unabhängig voneinander sowohl hinsichtlich der Funktionen[1] als auch hinsichtlich der Konfliktregelungsmechanismen ergeben. Außerdem sollte zur Unterstützung

---

[1]Dabei ist zu beachten, daß der in dieser Arbeit verwendete Funktionsbegriff bereits Leistungsmerkmale einschließt, die zu einer Anpassung anderer Funktionen dienen.

eines flexibilisierten Konfliktmanagements die Zuordnung zwischen den das Konfliktpotential beinhaltenden Grundfunktionen und den verschiedenen Konfliktregelungsmechanismen einfach anpaßbar sein. Desweiteren ist es für eine aus Sicht der Nutzer erwartungskonforme Gestaltung des Konfliktmanagements wünschenswert, daß Konflikte bezüglich mehrerer Grundfunktionen mittels derselben Konfliktregelungsmechanismen gehandhabt werden. Aus diesen Gründen sollte die Implementierung der Grundfunktionen getrennt von der der Konfliktregelungsmechanismen in verschiedenen Modulen erfolgen. In einer solchen Architektur werden die in einer Anwendung implementierten Konfliktregelungsmechanismen in einem Konfliktregelungsmodul zusammengefaßt und mit einer gemeinsamen Einstiegsprozedur versehen. Auf diese Einstiegsprozedur können verschiedene Grundfunktionen aus unterschiedlichen Modulen der Anwendung in standardisierter Weise zugreifen. Abb. 6.3 gibt einen prinzipiellen Überblick über das Zusammenwirken einer solchermaßen modularisierten Software.

Zunächst ist jede globale Grundfunktion so zu modifizieren, daß beim Anstoß eines Zustandsübergangs die Einstiegsprozedur des Konfliktregelungsmoduls aufgerufen werden kann. Eine solchermaßen modifizierte Grundfunktion bezeichne ich als *erweiterte Grundfunktion* (vgl. Pfeifer 1994, S. 40). Bei ihrer Aktivierung ruft die erweiterte Grundfunktion die Einstiegsprozedur des Konfliktregelungsmoduls auf und übergibt ihr gemäß ihrer Vorkonfiguration Argumente. Da die Aktivierung einer Funktion Nutzer in verschiedenen Rollen betreffen kann (vgl. Kap. 4.4), müssen die sich daraus ergebenden Konfliktkonstellationen unterschiedlich geregelt werden können. Deshalb können sich aus der Aktivierung einer Funktion mehrere Aufrufe des Konfliktregelungsmoduls mit unterschiedlichen Argumenten ergeben. Dies ist in Abb. 6.3 durch verschiedene Listen der von den erweiterten Grundfunktionen F_1 bis F_n zu übergebenden Argumenten angedeutet. Die Einstiegsprozedur des Konfliktregelungsmoduls gibt als Ergebnis der Ausführung einer der Konfliktregelungsmechanismen die auszuführende Funktionsalternative zurück.

Da die Festlegung des für eine bestimmte Konfliktkonstellation zu nutzenden Regelungsmechanismus möglichst einfach anpaßbar sein sollte, darf die Art der Regelung eines bestimmten Konfliktpotentials nicht in der erweiterten Grundfunktion implementiert sein. Sie sollte vielmehr in den der erweiterten Grundfunktion zugeordneten Konfigurationsdatensätzen festgelegt werden. Diese können dann in software-technisch einfacher Weise mittels einer entsprechenden Anpassungsfunktion F^{AK}_i modifiziert werden (vgl. Abb. 6.4). Die getrennte Implementierung von Grundfunktion und Konfliktregelungsmechanismen ermöglicht die Reimplementierung oder Anpassung eines dieser Module ohne Verän

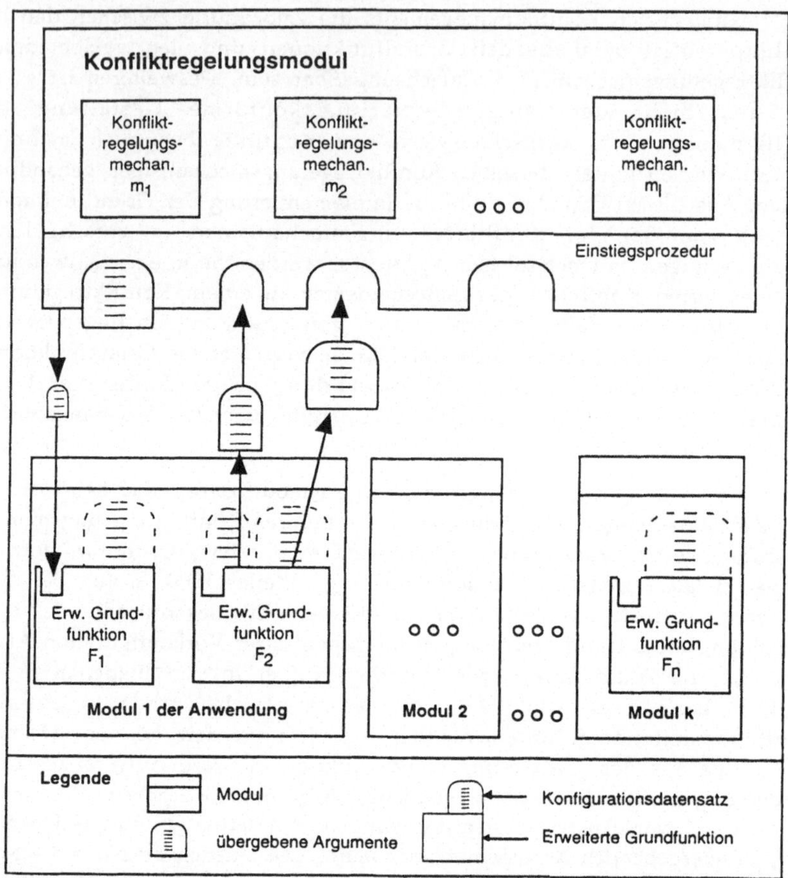

Abb. 6.3:   Modularisierte Implementierung von Grundfunktionen und Konfliktregelungsme-chanismen

derung des jeweils anderen Moduls. Eventuell sind allerdings der Inhalt oder die Struktur der Konfigurationsdatensätze zu modifizieren.

Können innerhalb einer Anwendung die Betroffenen einzelner globaler Funktionen zum Zeitpunkt der Aktivierung nicht explizit ermittelt werden, ist die Implementierung eines Zustandsspeichers erforderlich (vgl. Kap. 4.4). In den Zustandsspeicher wird während der Konfliktregelung einer Funktion F^* geschrieben, wenn die Betroffenen zum Zeitpunkt der Aktivierung nicht explizit bekannt sind. Dann ist bei der Aktivierung anderer Funktionen der Anwendung – z.B. der Funktion F_i – durch einen lesenden Zugriff auf den Zustandsspeicher zu überprüfen, ob durch deren Ausführung der Aktivator zum Betroffenen der Funktion F^* wird. Die im Rahmen der Aktivierung entstandenen Einträge müssen dann gelöscht werden, wenn beim Ausführen einer Funktion F^{*-} der durch die Funktion F^* ausgelöste Zustandsübergang rückgängig gemacht wird. Insofern sind bei der Ausführung bestimmter Funktionen Einträge in den Zustandsspeicher zu machen, die bei der Aktivierung anderer Funktionen zu lesen sind (vgl. Abb. 6.4).

Die Ausführung einer erweiterten Grundfunktion läuft im wesentlichen so ab, daß nach der entsprechenden Eingabe durch den Aktivator vom System durch Abfrage des Zustandsspeichers geprüft wird, ob der Aktivator durch diese Handlung Betroffener einer anderen Grundfunktion wird. Ist dies der Fall, erfolgt der Aufruf der Einstiegsprozedur des Konfliktregelungsmoduls, um diesen Konflikt zu regeln. Danach werden die Konflikte geregelt, bei denen andere Nutzer durch die Aktivierung der Grundfunktion betroffen sind. Dazu wird der Konfigurationsspeicher gelesen, um die zur Regelung der einzelnen Konfliktkonstellationen gültigen Mechanismen abzufragen. Darauf erfolgt der – bei mehreren Konfliktkonstellationen wiederholte – Aufruf der Einstiegsprozedur des Konfliktregelungsmoduls. Bei allen Konfliktkonstellationen, bei denen implizite Betroffenheit gegeben ist, muß in Folge ein Eintrag in den Zustandsspeicher erfolgen. Ist die Konfliktregelung abgeschlossen, kann die Ausführung der Funktion in der dabei bestimmten Weise erfolgen. Abb. 6.4 gibt einen Überblick über die zum Konfliktmanagement notwendigen Systemkomponenten und deren Zusammenwirken.

Ich beschreibe im folgenden die einzelnen Komponenten detailliert. Dazu verwende ich Petri-Netze mit individuellen Marken entsprechend den im Anhang erklärten Darstellungskonventionen. Ich beginne die Detaillierung mit den zur Realisierung eines technisch unterstützten Konfliktmanagements notwendigen Erweiterungen der Grundfunktion. Zur Formalisierung dieser Darstellung werde ich gefärbte Petri-Netze mit den im Anhang näher erläuterten Konventionen benutzen. Da die Implementierung von Konfliktregelungsmechanismen in einer allgemeinen, auf verschiedene Anwendungen und Grundfunktionen übertragbaren Weise geschehen soll, werde ich hier auf die in Kapitel 2.1 entwickelte Klassifikation zurückgreifen. Die Funktionalität F einer Anwendung beinhaltet verschiedene Funktionen $F_1,....,F_m$. Hier interessieren lediglich die globalen Funktionen Fg. Eine globale Funktion F beinhaltet die Funktionsalternativen $\{f_1,....,f_n\}$. In einer Anwendung existieren zu einem bestimmten Zeitpunkt die

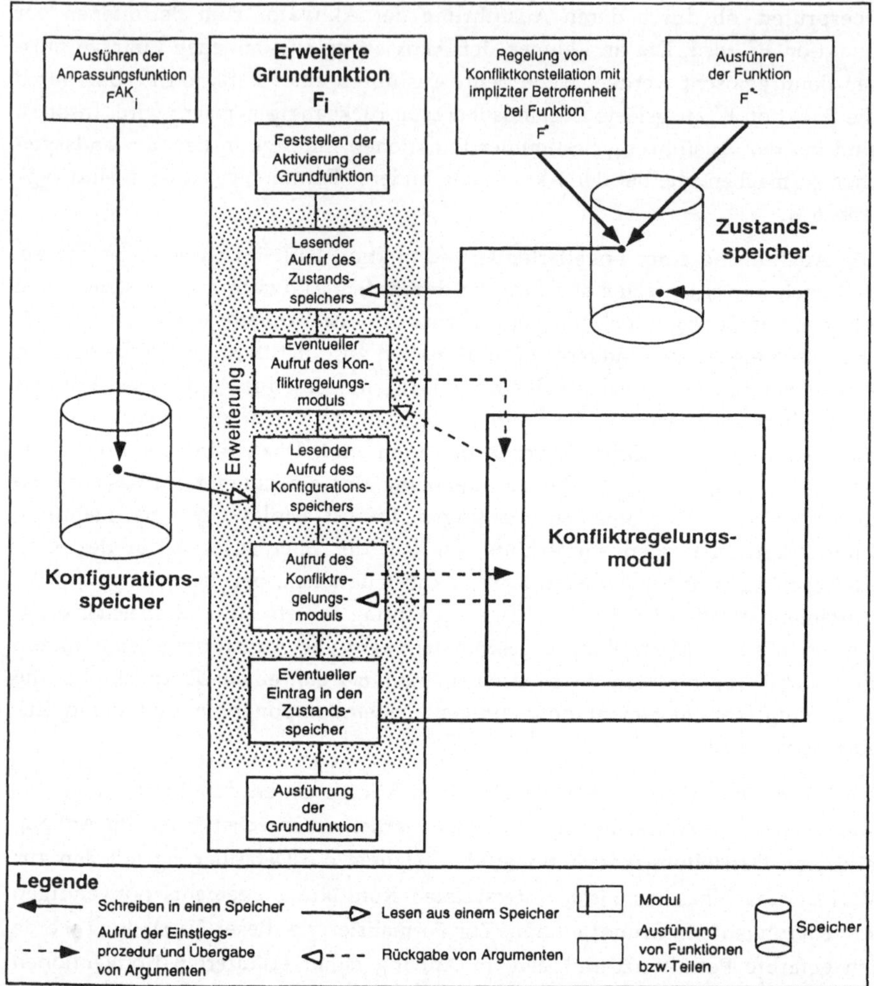

Abb. 6.4:   Zusammenwirken von erweiterter Grundfunktion, Zustandsspeicher, Konfigurationsspeicher und Konfliktregelungsmodul

Kanäle $\{kl_1,....,kl_q\}$ und die Transparenzdatensätze $\{tr_1,......tr_l\}$. Außerdem sind die Nutzer $\{u_1,......,u_k\}$ über ihre Nutzer- oder Endgerätekennung identifiziert.

6.2.1   Erweiterung der Grundfunktion

Aus der bisherigen Darstellung ergibt sich die Notwendigkeit, die Implementierung einer Grundfunktion so zu erweitern, daß dort die zum Aufruf der Ein-

stiegsprozedur des Konfliktregelungsmoduls notwendigen Argumente übergeben werden können und eine Ausführung gemäß des ermittelten Ergebnisses
vorgenommen werden kann.

Nach der Aktivierung der erweiterten Grundfunktion nimmt das System dem
Aktivator gegenüber einen Zwischenzustand ein, in dem die Konfliktregelung
erfolgt (vgl. Kap. 4.2). Dann stellt das System die für das Konfliktmanagement
wichtigen Argumente fest, die sich aus der Handlung des Aktivators unmittelbar
ergeben. Zunächst wird die Endgeräte- oder Nutzeridentifizierung des Aktivators
erhoben. Da er im System über seine Nutzer- oder Endgerätekennung bekannt
ist, kann dieses Datum automatisch erfaßt werden. Außerdem können die vom
Aktivator gewählte Funktionsalternative sowie der Kanal bzw. der Transparenzdatensatz, auf den sich die Aktivierung bezieht, unmittelbar festgestellt werden.
Diese ergeben sich aus der Eingabe (vgl. Abb. 6.5).

Sind der Aktivator und die übrigen seine Aktivierungsentscheidung spezifi-
zierenden Argumente erfaßt, so kann – für den Fall, daß innerhalb der Anwendung, d.h. bei anderen Grundfunktionen die Bestimmung der Betroffenen implizit erfolgt – mittels einer Abfrage des Zustandsspeichers überprüft werden, ob
durch die beabsichtigte Handlung der Aktivator Betroffener einer anderen
Grundfunktion wird (vgl. Abb. 6.5). Ist dies der Fall, so wird das Konfliktregelungsmodul mit den im Zustandsspeicher abgelegten Argumenten – ergänzt
um die Angabe des Betroffenen – aufgerufen. Dem Aktivator der Grundfunktion
werden als implizit Betroffenem Transparenzdaten zugänglich gemacht bzw. die
entsprechenden Interventions- oder Kommunikationsmöglichkeiten zur Verfügung gestellt. Nach einem Aufruf des Konfliktregelungsmoduls sollte dem Aktivator die Möglichkeit gegeben werden, den Aktivierungsvorgang abzubrechen
(vgl. Abb. 6.8). Das Lesen des Zustandsspeichers stellt sicher, daß die Rechte des
Aktivators geschützt werden für den Fall, daß er durch die Nutzung dieser
Grundfunktion Betroffener einer anderen Funktion wird.

Somit sind Konflikte geregelt, die daraus resultieren, daß der Aktivator durch
seine Handlung Betroffener einer anderen Grundfunktion wird. Daneben kann
die Aktivierung einer Funktion aber auch andere Nutzer betreffen. Wird die Aktivierung der Grundfunktion also fortgesetzt, müssen im nächsten Schritt die bei
der Aktivierung der Grundfunktion entstehenden Konfliktkonstellationen festgestellt werden. Für jede dieser Konfliktkonstellationen müssen dann die zum
Aufruf des Konfliktregelungsmoduls notwendigen Parameter ermittelt wer-
den(vgl. Abb. 6.5). Zunächst sind die von diesem Zustandsübergang Betroffenen
in den jeweiligen Rollen zu identifizieren. Bei expliziter Benennung kann dies
unmittelbar durch Auswertung der Eingabe des Aktivators oder durch Abfrage
der Konfigurationsdatensätze erfolgen. Im Konfigurationsspeicher sind auch die
übrigen Argumente abgespeichert – insbesondere die Konfigurationsmatrix, die

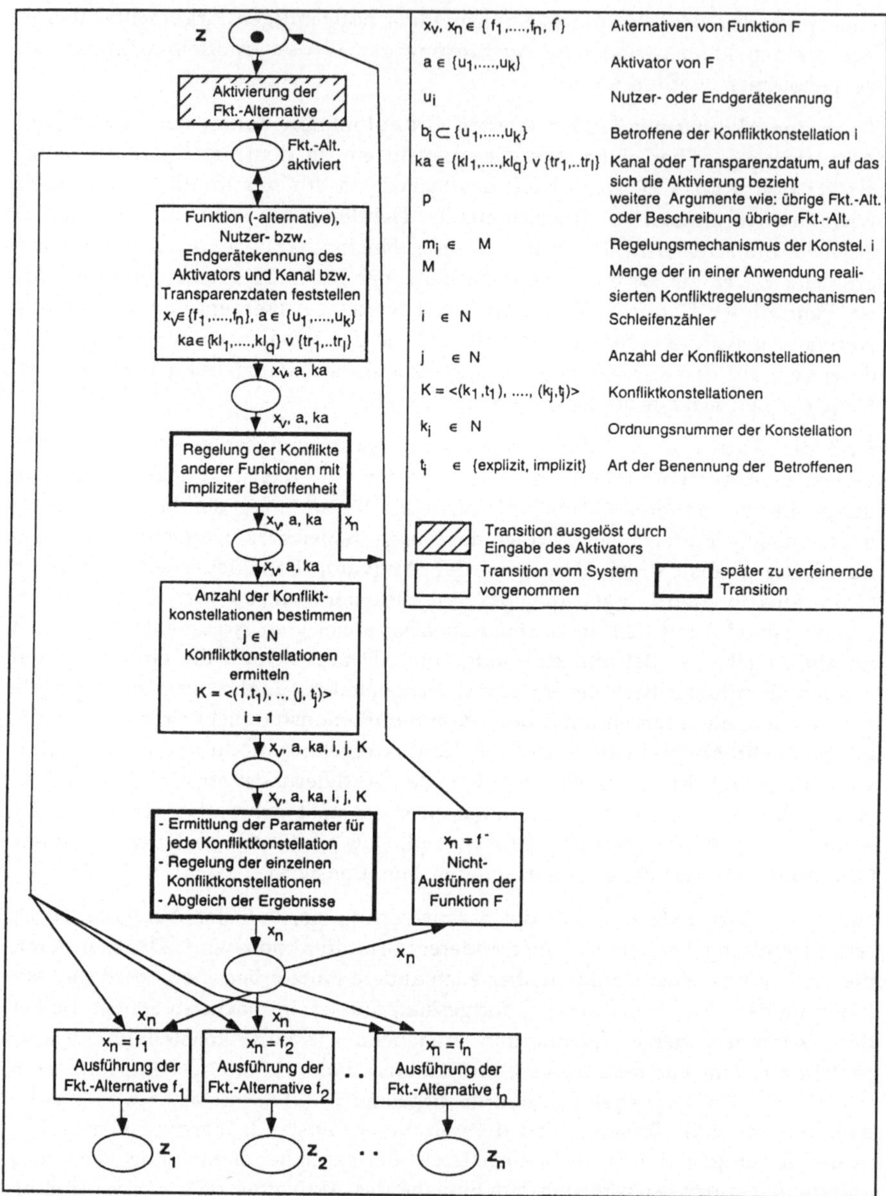

Abb. 6.5:   Ablauf bei der Aktivierung einer erweiterten Grundfunktion

den für jede Konfliktkonstellation zu nutzenden Konfliktregelungsmechanismus enthält. Außerdem kann dort eine Beschreibung der möglichen Funktionsalternativen abgespeichert sein (vgl. Abb. 6.6).[1]

Abb. 6.5 gibt einen Überblick über die notwendigen Erweiterungen, die an einer Grundfunktion zur Ermöglichung eines technisch unterstützten Konfliktmanagements vorzunehmen sind.

In der erweiterten Grundfunktion muß festgelegt sein, ob die einzelnen Konfliktkonstellationen parallel oder in einer sich aus den Spezifika der Grundfunktion ergebenden Reihenfolge zu regeln sind.[2] Mit den zuvor ermittelten Argumenten ist das Konfliktregelungsmodul aufzurufen. Ist einseitige Steuerbarkeit, aktivierungsbezogene Transparenz oder Kommentierbarkeit für eine bestimmte Konfliktkonstellation vorgegeben, so wird der vom Aktivator vorgeschlagene Zustandsübergang unmittelbar – bzw. mit zeitlicher Verzögerung – zur Aktivierung an die Grundfunktion zurückgegeben. Im Falle von Gegensteuerbarkeit, Intervenierbarkeit, Aushandelbarkeit und Vorabkommentierbarkeit wird das Ergebnis der Abstimmungsprozesse in dem Konfliktregelungsmodul ausgewertet und deren Ergebnis – eventuell ein Defaultwert – an die Grundfunktion zurückgegeben (vgl. Abb. 6.9).

Erfolgt die Festlegung der Betroffenen in einer Konfliktkonstellation implizit, so können zunächst die übrigen Argumente zum Aufruf des Konfliktregelungsmechanismus aus dem Zustandsspeicher gelesen werden. Außerdem muß die Menge der Funktionen ermittelt werden, die ein anderer Nutzer aktivieren muß, um Betroffener dieser Grundfunktion zu werden.[3] Für jede dieser Funktionen ist nun ein Datensatz zu erzeugen, der von der erweiterten Grundfunktion an den Zustandsspeicher übergeben wird. Wird den implizit Betroffenen durch die in den Datensätzen getroffenen Festlegungen kein Interventionsrecht gegen die Aktivierung eingeräumt und kann der Aktivator die ausgewählte Funktionsalternative nicht nachträglich verändern (Vorabkommentierbarkeit), so kann das Ergebnis der Konfliktregelung insofern vorweggenommen werden, als daß von dem vom Aktivator vorgeschlagenen Zustandsübergang als Rückgabewert des Konfliktregelungsmoduls ausgegangen wird.

---

[1]Diese Argumente werden in den Abb. 6.5 bis 6.9 mit p bezeichnet. Sie sind nicht spezifisch für eine einzelne Konfliktkonstellation, sondern für die gesamte Funktion.

[2]Im Beispiel der Telefonumleitung ist der Konflikt zwischen dem Aktivator und dem Umgeleiteten nur dann zu regeln, wenn die Umleitung als Ergebnis der Konfliktregelung zwischen dem Aktivator und dem Ersatzempfänger tatsächlich zustande gekommen ist.

[3]Je nach den Erfordernissen der Anwendung können die von dieser Funktion auslösbaren Zustandsübergänge noch weiter spezifiziert werden. Dies kann insbesondere im Hinblick auf Kanäle oder Transparenzdaten erfolgen, auf die sich die Aktivierung der Funktion beziehen soll. Eine solche weitere Spezifizierung ist in Abb. 6.8 dargestellt.

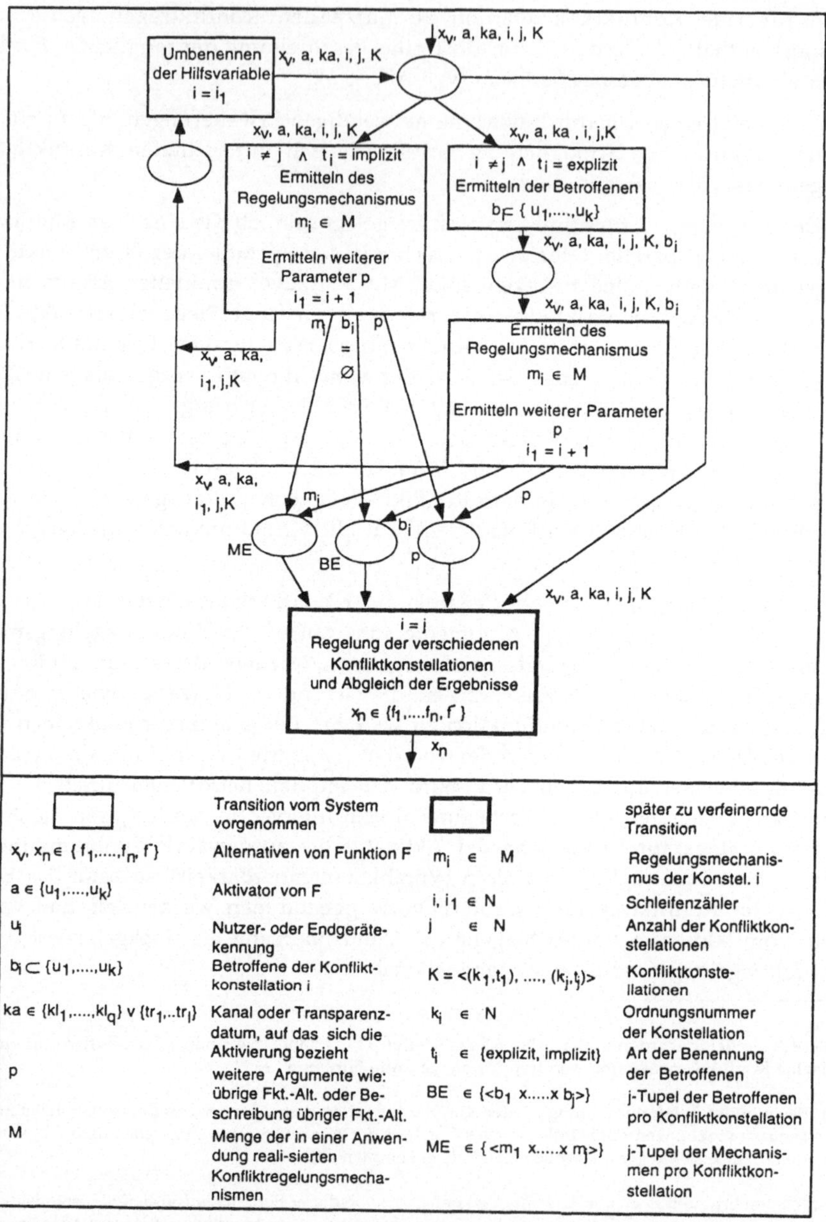

Abb. 6.6: Ermittlung der Parameter für die einzelnen Konfliktkonstellationen (Verfeinerung von Abb. 6.5)

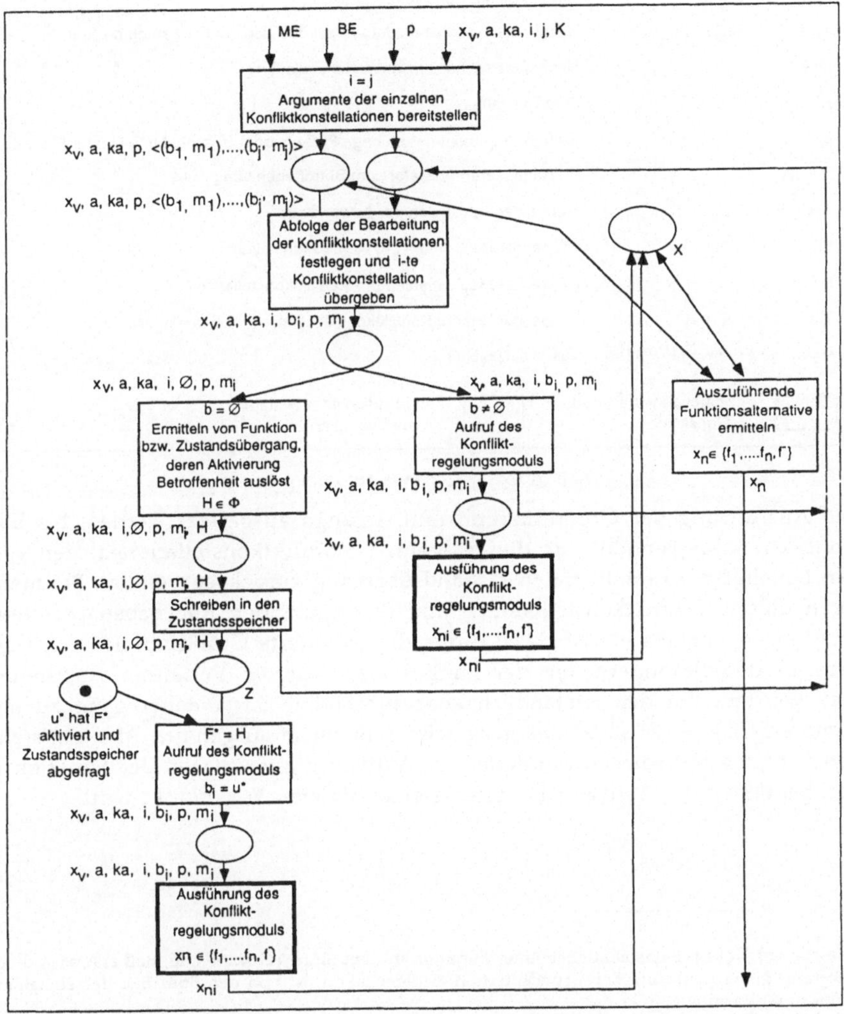

Abb. 6.7a: Regelung der verschiedenen Konfliktkonstellationen und Abgleich der Ergebnisse
(Verfeinerung von Abb. 6.6)

$x_v, x_n \in F = \{ f_1,....,f_n, f \}$	Alternativen von Funktion F
$a \in \{u_1,....,u_k\}$	Aktivator von F
$b_i \subset \{u_1,....,u_k\}$	Betroffene der Konfliktkonstellation i
$ka \in kl_1,..., kl_q\} \cup \{tr_1,...,tr_l\}$	Kanal oder Transparenzdatum, auf das sich die Aktivierung bezieht
$m_i \in M$	Regelungsmechanismus der Konstellation i
$i \in N$	Schleifenzähler
p	weitere Argumente wie: übrige Fkt.-Alt. oder Beschreibung übriger Fkt.-Alt.
$H \in \Phi$	Funktion, deren Aktivator zum Betroffenen von F wird
$\Phi \in \{ F_1,....,F_m\}$	Menge der Funktionen der Anwendung
$BE \in \{<b_1,..., b_j>\}$	j-Tupel der Betroffenen pro Konfliktkonstellation
$ME \in \{<m_1 ,.... , m_j>\}$	j-Tupel der Mechanismen pro Konfliktkonstellation
$X \in \{<F\ x.....x\ F>\}$	j-Tupel der in jeder Konfliktkonstellation ermittelten Fkt.-Alt.
$Z \subset \{<x_v, a, ka, i, p, m_i, H>\}$	Zustandsspeicher
☐ später zu verfeinernde Transition	☐ Transition vom System vorgenommen

Abb. 6.7b: Legende zur Abb. 6.7a

Die Ausführung der Grundfunktion muß solange ausgesetzt werden, bis das Konfliktregelungsmodul für die relevanten Konfliktkonstellationen[1] den von den Beteiligten zu ermittelnden Zustandsübergang zurückgegeben hat. Bei mehreren dieser Konfliktkonstellationen und divergierenden Rückgabeparametern muß gegebenenfalls ein Abgleich durch die erweiterte Grundfunktion nach einem an den Besonderheiten der Funktion orientierten Verfahren vorgenommen werden, um den letztendlich auszuführenden Zustandsübergang zu bestimmen.[2] Dieser Zustandsübergang wird schließlich ausgeführt. Abb. 6.8 stellt den Umgang mit solchen Konflikten im Aktivierungsgeschehen der Funktion F dar, bei denen der Aktivator Betroffener einer anderen Funktion F* wird.

---

[1] Welche der Konfliktkonstellationen einer Funktion in dem Sinne relevant sind, daß erst nach ihrer Regelung die Ausführung der Grundfunktion erfolgen kann, ist von den Spezifika der einzelnen Grundfunktion abhängig.

[2] Wird beispielsweise die Funktion "Schritte überspringen" eines Vorgangsbearbeitungssystems aktiviert, so können dabei verschiedene Konfliktkonstellationen - wie beispielsweise Aktivator - Initiator, Aktivator - Übergangener, Aktivator - Übersprungener, Aktivator - Nachbearbeiter entstehen (vgl. Kap. 9.3). Haben die Betroffenen in mehr als einer der Konfliktkonstellationen ein Einspruchsrecht, so ist in der Erweiterung der Grundfunktion festzulegen, wie zu verfahren ist, wenn einer dieser Rollenträger zustimmt, während Andere die Aktivierung dieser Funktion ablehnen.

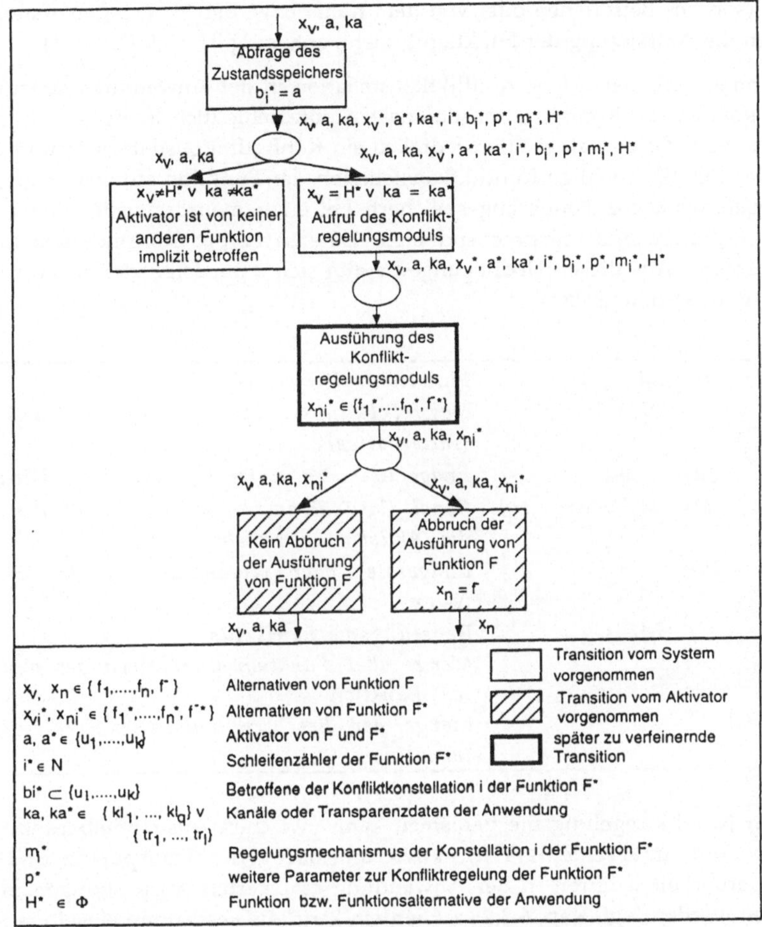

Abb. 6.8: Regelung der Konflikte anderer Funktionen bei impliziter Betroffenheit des Aktivators (Verfeinerung von Abb. 6.5)

6.2.2   Konfigurationsdatensätze

In den Konfigurationsdatensätzen werden für jede Konfliktkonstellation einer Grundfunktion bzw. für eine Teilmenge der durch die Aktivierung einer Funktion möglichen Zustandsübergänge Konfliktregelungsmechanismen festgelegt. Eine genauere Festlegung der Konfliktregelungsmechanismen im Sinne einer Konfigurationsmatrix ist erforderlich, wenn die Festlegung des anzuwendenden Konfliktregelungsmechanismus von der Person des Aktivators, der Person des Betroffenen oder von dem Kanal bzw. den Transparenzdaten, auf die sich die Aktivierung der Funktion bezieht, abhängig ist (vgl. Kap. 6.1).

Je nachdem wie genau eine Konfliktkonstellation in der Anwendung spezifiziert wird, können die Konfigurationsdatensätze unterschiedlich komplex aufgebaut sein. Im einfachsten Fall existiert lediglich ein Konfigurationsdatensatz und es ist dort der für die jeweilige Konfliktkonstellation der Funktion aufzurufende Konfliktregelungsmechanismus abgespeichert. Bei einer mehrdimensionalen Konfigurationsmatrix sind entsprechend mehr Datensätze pro Konfliktkonstellation zu speichern. Aus diesen Überlegungen ergibt sich dann folgende Struktur eines Konfigurationsdatensatzes.

x_{vs}	$\in$	$\{f_1,...,f_n\}$	*Funktion(salternative)*
i_s	$\in$	N	*Konfliktkonstellation der Funktion (salternative)*
a_s	$\in$	$\{u_1,.......,u_k\}$	*Endgeräte- oder Nutzerkennung des Aktivators*
ka_s	$\in$	$\{kl_1,...kl_q\} \cup \{tr_1,...tr_l\}$	*Kanal (bzw. Transparenzdatum), auf den sich die Aktivierung bezieht*
b_s	$\in$	$\{u_1,.......,u_k\}$	*Endgeräte- oder Nutzerkennung des Betroffenen*
m	$\in$	M	*Regelungsmechanismus*
$\{f_1,...,f_n\}$			*Menge aller Funktionsalternativen der aktivierten Funktion*
$\{bf_1,...,bf_n\}$			*Menge der Beschreibungen aller Funktionsalternativen*

Bei den Konfliktregelungsmechanismen kann zwischen Aushandelbarkeit, Diskutierbarkeit, Intervenierbarkeit, aktivierungsbezogener Transparenz und Gegensteuerbarkeit in ihren in der Anwendung realisierten Ausprägungen unterschieden werden (vgl. Kap. 6.2.4). Außerdem kann die Festlegung einseitige Steuerbarkeit (d. h.: kein Konfliktregelungsmechanismus) getroffen sein (vgl. Kap. 4.3.1). Darüber hinaus können auch weitere, von der erweiterten Grundfunktion zum Aufruf des Konfliktregelungsmoduls benötigte Werte in den Konfigurationsdatensätzen festgelegt sein (vgl. Kap. 6.2.4).

Der Aufruf des Konfigurationsspeichers erfolgt aus der erweiterten Grundfunktion unter Angabe der jeweiligen Konfliktkonstellation $\langle x_v, i \rangle$ – bzw. bei mehrdimensionalen Konfigurationsmatrizen $\langle x_v, i, a, ka, b \rangle$ (vgl. Abb. 6.6). Beim Lesen des Speichers wird der Datensatz ausgelesen, für den $\langle x_{vs}, i_s \rangle = \langle x_v, i \rangle$ – bzw. bei mehrdimensionalen Konfigurationsmatrizen $\langle x_{vs}, i_s, a_s, ka_s, b_s \rangle = \langle x_v, i, a, ka, b \rangle$ gilt. Als Ergebnis der Abfrage wird das Tupel $\langle m, \{f_1,....,f_n\}, \{bf_1,....,bf_n\} \rangle$ an die erweiterte Grundfunktion zurückgegeben. Je nach den Besonderheiten der aktivierten Funktion ist der Fall denkbar, daß die von einer Funktion Betroffenen nicht automatisch vom System feststellbar sind, sondern bei der Abfrage des Konfigurationsspeichers zusätzliche Betroffene ermittelt werden.

Während der Nutzung der Groupware ist durch geeignete Vergabe von Zugriffsrechten dafür zu sorgen, daß die Konfigurationsdatensätze, die bezogen auf eine Konfliktkonstellation den jeweils gültigen Konfliktregelungsmechanismus beschreiben, nicht einseitig ohne Zustimmung anderer Betroffener verändert werden können (vgl. Kap 6.1).

6.2.4   Zustandsspeicher

Wie bereits erwähnt, wird im Zustandsspeicher eine Liste von Funktionen gespeichert, durch deren Aktivierung Nutzer in die Rolle des Betroffenen einer anderen Funktion kommen. Ist zur Definition von impliziter Betroffenheit in einer Anwendung eine spezifischere Beschreibung der von diesen Funktionen ausgelösten Zustandsübergänge erforderlich, so können weitere Attribute gespeichert werden.

Die im Zustandsspeicher abgelegten Daten sollten die folgende Struktur haben.

$H \in \Phi$		*Funktion(salternative)*
$ka_z \in \{kl_1,...kl_q\} \cup \{tr_1,...tr_l\}$		*Kanal (bzw. Transparenzdatum), auf den sich die Aktivierung bezieht*
$b_z \in \{u_1,........,u_k\}$		*Endgeräte- oder Nutzerkennung des Betroffener*
$x_v^* \in \{f_1,...,f_n\}$		*Funktion(salternative)*
$i^* \in N$		*Konfliktkonstellation der Funktion (salternative)*
$a^* \in \{u_1,........,u_k\}$		*Endgeräte- oder Nutzerkennung des Aktivators*
$ka^* \in \{kl_1,...kl_q\} \cup \{tr_1,...tr_l\}$		*Kanal (bzw. Transparenzdatum), auf den sich die Aktivierung bezieht*
$b_i^* \in \{u_1,........,u_k\}$		*Endgeräte- oder Nutzerkennung des Betroffenen*
$m_i \in M$		*Regelungsmechanismus*
$\{f_1,...,f_n\}^*$		*Menge aller Funktionsalternativen der aktivierten Funktion*
$\{bf_1,...,bf_n\}^*$		*Menge der Beschreibungen aller Funktionsalternativen*

In der Variable H ist die Bezeichnung der Funktion(salternative) eingetragen, deren Auslösung den Aktivator zum Betroffenen der Grundfunktion macht. Je nachdem wie genau der die Betroffenheit auslösende Zustandsübergang beschrieben werden soll, sind weitere Spezifizierungen ka_z und b_z möglich. Solche Spezifikationen können sich aus dem Bezug der Aktivierung auf bestimmte Kanäle bzw. Transparenzdaten ergeben oder sich auf den Betroffenen der Aktivierung beziehen. Außerdem sind alle für den folgenden Aufruf des Konfliktregelungsmoduls notwendigen Parameter bereits mit Werten versehen. Lediglich die Variable b_i^*, die den von der Aktivierung der Funktion(salternative) x_v^* Betroffenen bezeichnet, ist nicht belegt.

Bei der Aktivierung einer Funktion(salternative) x_v wird der Zustandsspeicher abgefragt, ob ein diese Funktion betreffender Eintrag besteht. Dazu müssen eventuell auch zusätzliche Spezifizierungen abgeglichen werden. Sind entsprechende Einträge gefunden worden (x_v = H, bzw. $\langle x_v, ka, b\rangle = \langle H, ka_z, b_z\rangle$), werden diese Datensätze an die erweiterte Grundfunktion übergeben. In der erweiterten Grundfunktion werden diesem Datensatz alle zum Aufruf des Konfliktregelungsmoduls notwendigen Argumente entnommen. Die nicht belegte Variable b^* Betroffener von x_v^* wird mit der Endgeräte- oder Nutzerkennung des Aktivators von x_v belegt. Mit diesen Argumenten ruft die erweiterte Grundfunktion das Konfliktregelungsmodul auf (vgl. Abb. 6.8).

Bei der Regelung einer Konfliktkonstellation mit impliziter Betroffenheit wird mindestens ein Datensatz in den Zustandsspeicher geschrieben. Kann die Aktivierung verschiedener Funktionen zur Betroffenheit des Aktivators führen, so sind mehrere Einträge in den Zustandsspeicher erforderlich.

6.2.4   Übergabeparameter

Das Konfliktregelungsmodul wird von der Grundfunktion für jede Konfliktkonstellation getrennt aufgerufen. In der von der Grundfunktion an das Konfliktregelungsmodul zu übergebenden Parameterliste sind im wesentlichen Festlegungen bezüglich der aktivierten Funktionsalternative, des Bezugskanals bzw. der Transparenzdaten, des Aktivators, der Betroffenen, möglicher Funktionsalternativen und des ausgewählten Konfliktregelungsmechanismus zu treffen.

Der Kanal (oder die Transparenzdaten), auf den sich die Aktivierung der Funktion bezieht, kann automatisch aus der Eingabe des Aktivators ermittelt werden. Der Bezugskanal (oder die Transparenzdaten) ist bei allen auf Transparenz des Aktivierungsgeschehens basierenden Mechanismen wichtig, weil häufig nur so dem Betroffenen der intendierte Zustandsübergang spezifiziert genug angezeigt werden kann. Auch der Aktivator ist im System über seine Nutzer- oder Endgerätekennung bekannt. Diese wird vom Konfliktregelungsmodul insbesondere bei der Errichtung eines zweiseitigen Kommunikationskanals benötigt. Die Endgeräte- oder Nutzerkennung des oder der Betroffenen wird vom Konfliktregelungsmodul bei allen auf Transparenz der Aktivierungsentscheidung beruhenden Regelungsmechanismen benötigt. Die Bestimmung der von einer Grundfunktion betroffenen Benutzer kann je nach Grundfunktion entweder explizit oder implizit erfolgen (vgl. Kap. 4.4). Im Falle, daß die Betroffenen zum Zeitpunkt der Aktivierung nicht explizit bekannt sind, sondern erst durch eigene Aktivitäten in diese Rolle kommen, kann der Aufruf des Konfliktregelungsmoduls nicht unmittelbar erfolgen sondern erst dann, wenn ein anderer Nutzer durch die Aktivierung einer Funktion einen seine Betroffenheit begründenden Zustandsübergang anstößt (vgl. Abb. 6.7).

Zur Übergabe an Konfliktregelungsmechanismen, die die Handlungen bzw. Handlungsabsichten des Aktivators den Betroffenen sichtbar machen, muß zusätzlich eine textuelle oder graphische Beschreibung des vom Aktivator intendierten Zustandsübergangs erfolgen. Können bei der Aktivierung einer Funktion mehrere zur Auswahl stehende Funktionsalternativen vorab aufgezählt werden, so ist bei auf Aushandlung zwischen den Konfliktparteien beruhenden Mechanismen darüber hinaus auch die Übergabe der Liste der Funktionsalternativen sowie deren textuelle oder graphische Beschreibung erforderlich.

Außerdem ist auch für jede einzelne Konfliktkonstellation der jeweils anzuwendende Konfliktregelungsmechanismus zu übergeben. Diesbezüglich kann zwischen Aushandelbarkeit, Diskutierbarkeit, Intervenierbarkeit, aktivierungsbezogener Transparenz, Gegensteuerbarkeit und Steuerbarkeit unterschieden werden. Jeder einzelne Konfliktregelungsmechanismus kann in verschiedenen Varianten im Konfliktregelungsmodul implementiert sein. Varianten von Gegensteuerbarkeit können sich darin unterscheiden, welcher Systemzustand, der die Nutzung der gegensteuernden Funktion F_G repräsentiert, abzufragen ist (vgl. Kap. 4.3.2). Bei Aushandelbarkeit können mehrere Varianten implementiert sein. Sie können sich im Aushandlungsschema bezüglich der zugelassenen Verhandlungsakte, der größtmöglichen Anzahl an Verhandlungsschritten, der maximalen Verhandlungsdauer und der Default-Werte für die Fälle der Nicht-Einigung, der Zeitüberschreitung und des Abbruchs unterscheiden. Weitere Varianten können semi-strukturierte Verhandlungsakte im Verhandlungsmechanismus – in möglicherweise verschiedenen Darstellungsformen - z. B. Text und Sprache - zulassen (vgl. Kap. 4.3.5). Ist in der zu regelnden Konfliktkonstellation eine Gruppe von Nutzern in der Rolle des Betroffenen, so sind bei den Mechanismen Gegensteuerbarkeit, Intervenierbarkeit und Aushandelbarkeit Varianten hinsichtlich des jeweils gültigen Abstimmungsverfahrens zu realisieren (vgl. Kap. 4.4).

Diese Überlegungen zusammenfassend läßt sich das Tupel der beim Aufruf des Konfliktregelungsmoduls zu übergebenden Argumente folgendermaßen fassen.

x_v	$\in$	$\{f_1,...,f_n\}$	*Funktion(salternative)*
i	$\in$	N	*Konfliktkonstellation der Funktion (salternative)*
a	$\in$	$\{u_1,.......,u_k\}$	*Endgeräte- oder Nutzerkennung des Aktivators*
ka	$\in$	$\{kl_1,...kl_q\} \cup \{tr_1,...tr_l\}$	*Kanal (bzw. Transparenzdatum), auf den sich die Aktivierung bezieht*
b_i	$\in$	$\{u_1,.......,u_k\}$	*Endgeräte- oder Nutzerkennung des Betroffenen*
m_i	$\in$	M	*Regelungsmechanismus*
$\{f_1,...,f_n\}$			*Menge aller Funktionsalternativen der aktivierten Funktion*
$\{bf_1,...,bf_n\}$			*Menge der Beschreibungen aller Funktionsalternativen*

Nachdem das Konfliktregelungsmodul mit diesen Argumenten aufgerufen wurde, läuft der dort spezifizierte Mechanismus ab. Als Ergebnis gibt der Konfliktregelungsmechanismus eine bestimmte Funktionsalternative x_{ni} als Argument an die erweiterte Grundfunktion zurück (Abb. 6.7). Dabei kann es sich um die vom Aktivator vorgeschlagene Funktion bzw. Funktionsalternative handeln, um eine andere Funktionsalternative oder um das Rücksetzen des Systems in den Zustand vor der Aktivierung der Funktion. Dieser Rückgabewert beeinflußt das weitere Verhalten der erweiterten Grundfunktion (vgl. Abb. 6.5 umd 6.6).

Abb. 6.9 gibt einen Überblick über das Geschehen bei der Ausführung eines Konfliktregelungsmoduls. Verfeinerungen der im Rahmen dieser Arbeit betrachteten Konfliktregelungsmechanismen sind in Kap. 4.3 genauer dargestellt. Je nach Anwendung müssen in einem Konfliktregelungsmodul nicht alle der in Abb. 6.9 dargestellten Mechanismen implementiert sein. Die Gestaltung eines Konfliktregelungsmoduls ist in Abb. 6.9 unter Rückgriff auf die in Kap. 4.3 und 4.4 mittels Petri-Netz-Notation beschriebenen Konfliktregelungsmechanismen dargestellt. [1]

---

[1] Eine implementierungsnahe Darstellung der Mechanismen aktvierungsbezogene Transparenz, Intervenierbarkeit und zweischleifige-strukturierte Aushandelbarkeit ist mit Hilfe der OMT-Modellierungsmethode von Pfeifer (1994, S. 54ff) vorgenommen worden. Bei der "Object Modeling Technique (OMT)" handelt es sich um eine objektorientierte Analyse- und Entwurfsmethode (vgl. Rumbaugh u.a. 1991).

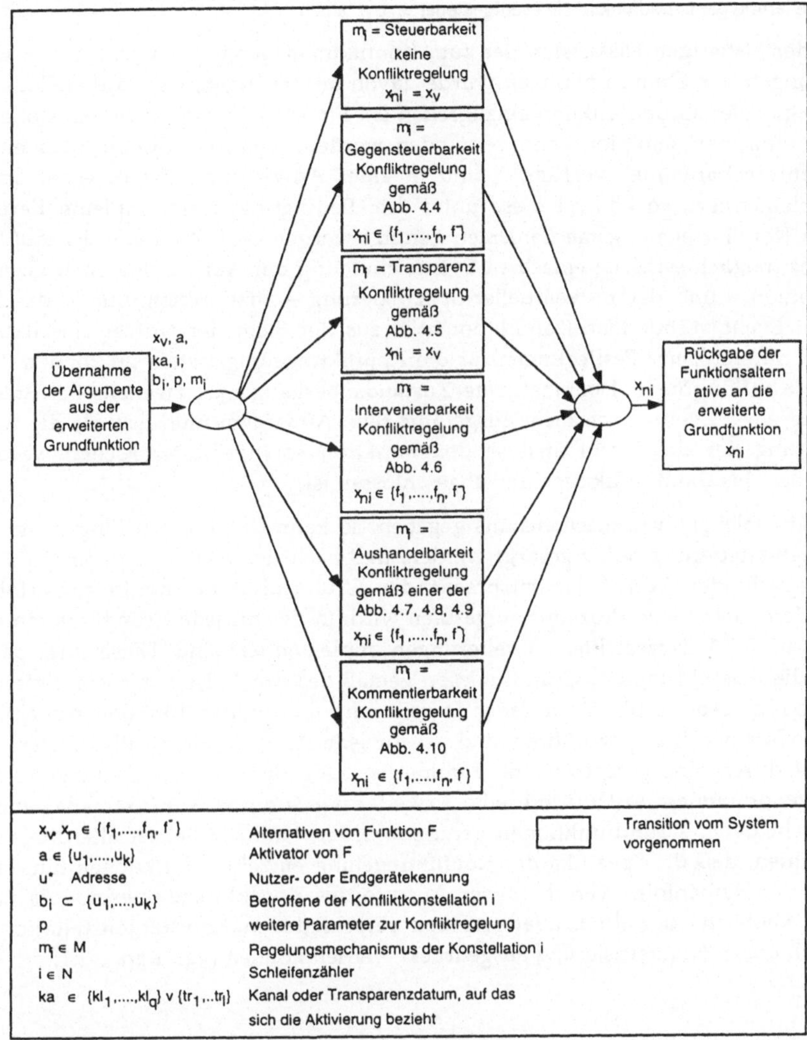

Abb. 6.9:   Ausführung des Konfliktregelungsmoduls (Verfeinerung von Abb. 6.7 und 6.8)

6.2.5   Praktische Aspekte

Bisher wurde eine abstrakte Beschreibung von Implementierungsmöglichkeiten eines technisch unterstützten Konfliktmanagements gegeben. Im folgenden sollen bei deren Umsetzung zu berücksichtigende Aspekte diskutiert werden.

Erweiterung der Grundfunktion in eventgesteuerten Systemen

In der bisherigen Diskussion der zum Konfliktmanagement notwendigen Erweiterungen der Grundfunktionen wurde davon ausgegangen, daß in den Code jeder globalen Grundfunktion einzugreifen ist. Ein solcher Eingriff in den Code jeder einzelnen Funktion kann vermieden werden, wenn ein System über einen Eventmechanismus verfügt.[1] Sind in einer Anwendung Eventmechanismen implementiert, so können diese unter drei Bedingungen zur Implementierung von Konfliktregelungsmechanismen genutzt werden (vgl. Kap. 6.3). Es muß erstens möglich sein, die einzelnen Events eindeutig der Aktivierung einer Grundfunktion – und deren eventueller Spezifizierung – zuzuordnen, um so das mit dem Event verbundene Konfliktpotential aus der Sicht der Nutzer einschätzen und differenzierte Festlegungen für die Konfliktregelung treffen zu können. Der das Konfliktpotential beinhaltende Zustandsübergang darf zweitens bei Erzeugung eines Events noch nicht ausgeführt sein. Außerdem muß drittens die Ausführung der das Event auslösenden Funktion solange unterbrochen werden können, bis die Konfliktregelung abgeschlossen ist.

Ist ein solcher Eventmechanismus gegeben, so kann durch einen Eingriff in die Ereignissteuerung dafür gesorgt werden, daß nach der Aktivierung einer Funktion nicht der Aufruf der entsprechenden Grundfunktion unmittelbar erfolgt, sondern zuerst eine Prozedur aufgerufen wird, in der für jede Grundfunktion die in Kap. 6.2.1 dargestellten Erweiterungen implementiert sind. Diese sorgt dann für die Ausführung der Grundfunktion gemäß des Ergebnisses der Konfliktregelung (vgl. Abb. 6.10). Da in jeder Erweiterung einer Grundfunktion prinzipiell dieselben Schritte auszuführen sind, ist für jede Anwendung zu überprüfen, ob nicht durch eine entsprechende Parametrisierung des von der Eventsteuerung vorgenommenen Aufrufs dieselbe Erweiterung für das Konfliktmanagement verschiedener Grundfunktionen genutzt werden kann. Dabei ist allerdings zu beachten, daß die Spezifika der Konfliktregelung einzelner Funktionen hinsichtlich der Reihenfolge verschiedener Aufrufe des Konfliktregelungsmoduls und des Abgleichs der Rückgabewerte aus verschiedenen Konfliktkonstellationen durch diese Parametrisierung ausgedrückt werden können (vgl. Kap. 6.2.1).

---

[1]Den Hinweis auf die hier geschilderte Möglichkeit zur Implementierung von Erweiterungen einer Grundfunktion verdanke ich Thomas Herrmann.

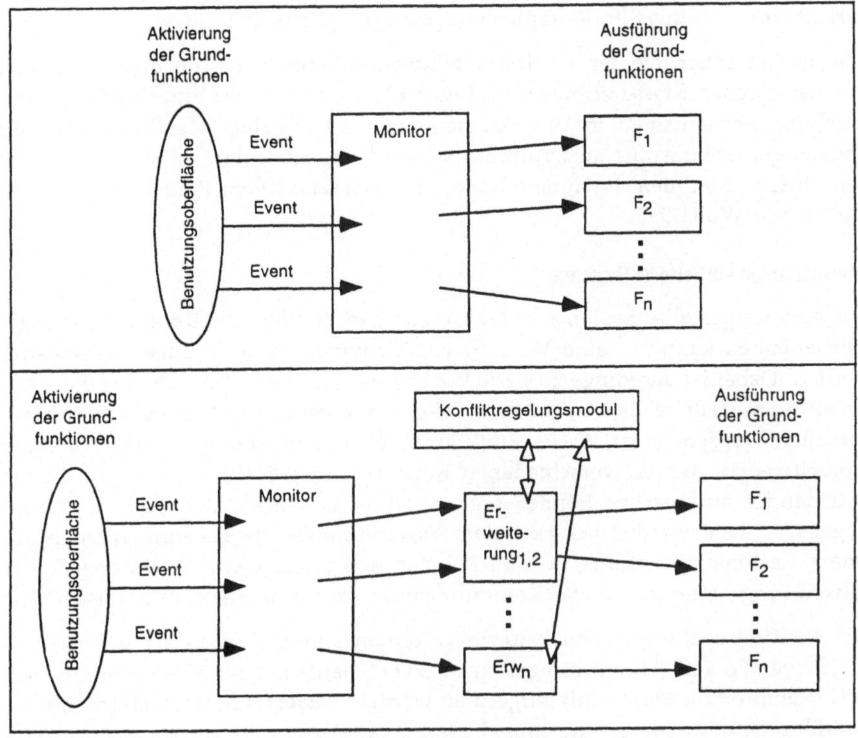

Abb. 6.10: Technisch unterstütztes Konfliktmanagement in einem eventgesteuerten System

Modularisierung mittels objektorientierter Implementierung

Hinsichtlich der Modellierung und Implementierung des Konfliktregelungsmoduls und der übrigen Funktionalität von Groupware kann ein objektorientierter Ansatz gewählt werden (vgl. Jacobson 1992; Kilberth, Gryczan, und Züllighoven 1993; Frank 1994). Neben anderen Vorteilen, wie einer erleichterten Korrespondenz zwischen Konzepten des Anwendungskontextes und deren software-technischen Repräsentation sowie günstigen Voraussetzungen hinsichtlich der Wiederverwendung von Software, bietet Objektorientierung insbesondere zwei Eigenschaften, die in diesem Kontext von besonderem Interesse sind. Es besteht zum einen die Möglichkeit gleichstrukturierte Nachrichten an Objekte mit unterschiedlicher interner Struktur zu verschicken (Polymorphismus) (vgl. Jacobsen 1992, S. 57), was die Realisierung des hier vorgeschlagenen Modulkonzepts erleichtert. Außerdem bietet Objektorientierung die Möglichkeit eine aus einer Oberklasse geerbte Funktionalität in den Unterklassen zu modifizieren (Overriding) (vgl. Jacobson 1992, S. 64). Dies kann genutzt werden, um Anpaßbarkeit und vereinfachte Reimplementierungsmöglichkeiten zu schaffen.

Die Implementierung der Konfliktregelungsmechanismen kann objektorientiert in einer eigenen Klasse erfolgen. In dieser Klasse werden die einzelnen Konfliktregelungsmechanismen in Unterklassen realisiert. Unabhängig davon welcher Regelungsmechanismus auszuführen ist, wird das Konfliktregelungsmodul von den übrigen Modulen durch eine Nachricht instanziiert (vgl. Pfeifer 1994; Rohde, Pfeifer und Wulf 1996).

Anwendbarkeit auf verteilte Systeme

Die hier vorgestellte Systemarchitektur zur Umsetzung von Konfliktregelungsmechanismen kann auf eine Vielzahl von Groupwareanwendungen angewandt werden. Dabei ist allerdings zu berücksichtigen, daß die zu Grunde liegende Anwendung verteilt realisiert sein kann. Von einer verteilten Anwendung soll gesprochen werden, wenn deren Funktionalität von mehreren Teilkomponenten erbracht wird, die auf verschiedenen Rechnern ausgeführt werden und Daten miteinander austauschen können (vgl. Borghoff und Schlichter 1995, S. 52). Im Gegensatz dazu werden bei zentralen Anwendungen alle Teilkomponenten auf einem Rechner ausgeführt, so daß bei der Ausführung von Funktionen einer Anwendung keine technische Kommunikation im Rechnernetz erforderlich ist.

Das Konfliktregelungsmodul kann in verteilten Anwendungen als eigenständiger Server-Prozeß ("Konfliktregelungs-Server") laufen, dessen Dienste z.B. per RPC (Remote Procedure Call) aufgerufen werden. Dabei ist es unerheblich, ob der Konfliktregelungs-Server nur einmal zentral oder repliziert vorhanden ist. Letztere Variante bietet den Vorteil einer höheren Verfügbarkeit beim Ausfall einzelner Rechner (vgl. Borghoff und Schlichter 1995, S. 65).

Bezüglich der zum Konfliktmanagement benötigten Daten ist in verteilten Systemen zu entscheiden, ob sie zentral an einer Stelle im Netz oder repliziert auf verschiedenen Rechnern gespeichert werden. Das Entscheidungskriterium ist dabei die Häufigkeit der Änderungsoperationen. Ist diese hoch, so besteht ein hoher Bedarf an Netzwerkkommunikation, um die Konsistenz der Daten zu wahren.

Die Konfigurationsdatensätze werden lediglich durch Rekonfigurations- und Anpassungsaktivitäten modifiziert, die weniger häufig zu erwarten sind (vgl. Kap. 6.1). Daher könnten in verteilten Anwendungen diese Konfigurationsdatensätze vollständig repliziert werden. Daneben ist eine Partitionierung der Art denkbar, daß gezielt bestimmte dieser Datensätze lediglich auf einzelnen Rechner gespeichert werden. Dies ist angemessen, wenn solche Konfigurationsdatensätze nur von den auf den jeweiligen Rechnern aktivierbaren Grundfunktionen benötigt werden. Sind bestimmte Konfigurationsdaten ausschließlich an einem im zeitlichen Verlauf wechselnden, aber vorher bestimmbaren Knoten im Rechnernetz erforderlich, so können sie entsprechend partitioniert zwischen den verschiedenen Rechnern verschickt werden (vgl. Kap. 9.3).

Zustandsspeicher erfordern häufige schreibende und lesende Zugriffe während des Gebrauchs einer Anwendung. Diese Daten sollten zentral im System gehalten werden. Nur für den Fall, daß sich aus der Spezifizierung der in den Zustandsspeicher einzutragenden Funktionen ergibt, daß deren Ausführung lediglich auf einem bestimmten Rechner erfolgen kann, erscheint eine entsprechende Partitionierung dieser Daten angezeigt.

6.3   Exemplarische Implementierungen

Auf der Basis der in Kap. 6.4 dargestellten Softwarearchitektur ist eine Implementierung von technischen Mechanismen zum Umgang mit Konflikten in einer Unix-Umgebung erfolgt. Dabei wurden zwei Grundfunktionen aus verschiedenen Anwendungen so erweitert, daß sie zum Konfliktmanagement auf dasselbe Konfliktregelungsmodul zurückgreifen konnten. Bei den beiden Grundfunktionen handelte es sich einerseits um einen Kopierbefehl auf Betriebssystemebene und andererseits um den Zugriff auf Daten in einer gemeinsam genutzten objektorientierten Datenbank (vgl. Pfeifer 1994, S. 72ff; Pfeifer u.a. 1994, S. 20ff).

Zur Regelung der bei der Aktivierung der beiden Grundfunktionen entstehenden Konflikte wurden die beiden Mechanismen aktivierungsbezogene Transparenz und Intervenierbarkeit objektorientiert in einem Konfliktregelungsmodul implementiert. Zum Verschicken der Benachrichtigungen bei aktivierungsbezogener Transparenz wurde die Mail-Funktionalität des Unix-Betriebssystems genutzt. Zur Umsetzung von Intervenierbarkeit wurde die Remote-Funktionalität des Unix-Betriebssystems genutzt, um ein Fenster auf dem Bildschirm des Betroffenen zu öffnen. Ein Beispiel für ein solches Fenster ist in Abb. 6.11 dargestellt. Dieses Konfliktregelungsmodul wurde von beiden Grundfunktionen aus aufgerufen.

Durch die Spezifika der beiden Grundfunktionen und auf Grund der Tatsache, daß lediglich zwei einzelne Funktionen exemplarisch zu modifizieren waren, vereinfachte sich die zum Konfliktmanagement erforderliche Systemarchitektur. Da bei beiden Funktionen die Betroffenen explizit ermittelt werden konnten, wurde auf die Implementierung eines Zustandsspeichers verzichtet. Die Erweiterung der beiden Grundfunktionen wurde dadurch vereinfacht, daß bei ihrer Aktivierung jeweils nur eine Konfliktkonstellation zu berücksichtigen war.

Das bisherige Konfliktmanagement bei der Kopierfunktion bestand darin, daß nach ihrer Aktivierung eine Abfrage der Zugriffsrechte erfolgte. Waren dem Aktivator Zugriffsrechte gegeben, so wurde die Grundfunktion ausgeführt, ansonsten die Ausführung des Befehls abgebrochen. Insofern konnte im Ausgangszustand davon gesprochen werden, daß dem Betroffenen Gegensteuerbarkeit bei der Regelung des durch den Zugriff des Aktivators ausgelösten Konfliktes gegeben war. Räumte er dem Aktivator ein Zugriffsrecht ein, so wurde der Konflikt durch einseitige Steuerbarkeit gelöst. Die Zugriffsrechtstabelle stellte insofern einen Konfigurationsdatensatz für diese Konfliktkonstellation dar. Der Eigentümer des Datensatzes nahm durch die Vergabe des Zugriffsrechts eine Konfiguration des Konfliktregelungsmechanismus vor. Allerdings war seine Auswahl auf die Mechanismen einseitige Steuerbarkeit und Gegensteuerbarkeit beschränkt.

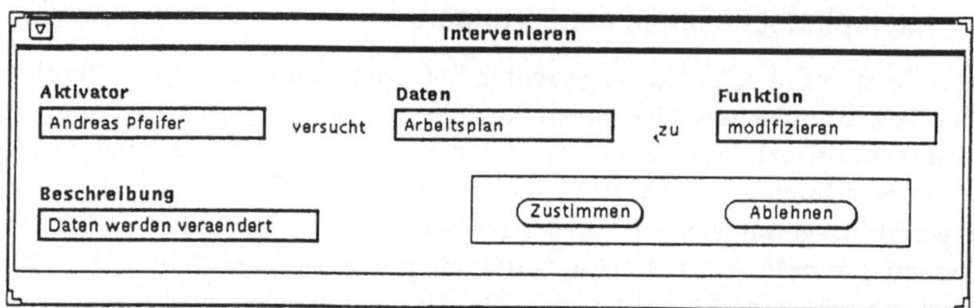

Abb. 6.11: Exemplarische Realisierung eines Interventionsfensters

Um den Beteiligten den Konflikt zum Zeitpunkt seiner Entstehung sichtbar zu machen, wurde die Kopierfunktion so erweitert, daß ein nicht gewährtes Zugriffsrecht immer zum Aufruf des Konfliktregelungsmoduls führte. Als Konfliktregelungsmechanismus wurde in jedem Fall Intervenierbarkeit festgelegt. Als Defaultwert für den Fall, daß zum Zeitpunkt des Aufrufs des Konfliktregelungsmoduls keine Verbindung zum Betroffenen zu Stande kam, war der Abbruch der Funktionsaktivierung vorgesehen.

Aktivator und Betroffene wurden in der erweiterten Kopierfunktion automatisch ermittelt. Außer der Festlegung der Zugriffsrechte, die dem Eigentümer eines Datensatzes erlaubten, zwischen den Mechanismen einseitige Steuerbarkeit und Intervenierbarkeit zu wählen, waren alle übrigen an das Konfliktregelungsmodul zu übergebenden Argumente entweder in der erweiterten Grundfunktion festgeschrieben oder wurden automatisch generiert. Da diese Parameter nur durch Eingriff in den Programmcode der erweiterten Grundfunktion zu modifizieren waren, bot diese Form der Implementierung von Konfliktregelungsmechanismen technische Flexibilität in nur eingeschränktem Maße. Durch die Entscheidung, als Konfigurationsdatensätze weiterhin lediglich die Zugriffsrechtstabelle zu verwenden, war es wie in der Ausgangssituation lediglich möglich, zwischen zwei Konfliktregelungsmechanismen zu unterscheiden. Deshalb konnte der Konfliktregelungsmechanismus aktivierungsbezogene Transparenz in diesem Fall nicht ausgewählt werden. Dazu wäre eine Erweiterung der Zugriffsrechtstabelle erforderlich gewesen.

Flexibler konnten erweiterte Konfliktregelungsmechanismen bei Zugriffen auf Daten in einer aktiven, objektorientierten Datenbank (Ontos) implementiert werden. Dort bestand das Konfliktmanagement im Ausgangszustand darin, keinen Zugriffsschutz zu gewähren. Insofern war die Zugriffsfunktion immer einseitig steuerbar durch den Aktivator. Zur Implementierung eines technisch gestützten Konfliktmanagements wurde mit Hilfe einer auf von ECA-Regeln[1] basierenden Ereignissteuerung eine Erweiterung der Zugriffsfunktion implementiert. Die Aktivierung von Datenbankoperationen erzeugte Events, die vom Monitor als der Event-Teil einer bestimmten ECA-Regel erkannt wurde. Im Condition-Teil dieser Regel wurden Bedingungen spezifiziert, die zusätzlich erfüllt sein müssen, um einen bestimmten Konfliktregelungsmechanismus im Action-Teil der Regel anzustoßen. Im Action-Teil der Regel erfolgte der Aufruf eines Programmoduls, das die zum Aufruf des Konfliktregelungsmoduls notwendigen Argumente ermittelte und weitere Argumente an das Konfliktregelungsmodul übergab. Der Action-Teil des Triggers ruft also das Konfliktregelungsmodul auf, wartet auf die Rückgabe des Ergebnisses und führt den ermittelten Zustandsübergang aus.

Weitreichende Anpassungsmöglichkeiten bei der Auswahl der Konfliktregelungsmechanismen wurde dadurch erzielt, daß die Nutzer eigene ECA-Regeln bilden und die jeweils aktiven ECA-Regeln bestimmen konnten. Dazu konnten sie für jeden Event-Teil einer Regel aus Mengen vorgegebener Condition- and Action-Komponenten auswählen. Die jeweils aktiven ECA-Regeln legten dabei den Konfliktregelungsmechanismus für die durch die Event- und Condition-Teile bestimmten Konfliktkonstellationen fest (vgl. Pfeifer 1994, S. 82ff, Pfeifer und Wulf 1995).[2]

6.4   Zusammenfassung

Durch die Bereitstellung verschiedener Konfliktregelungsmechanismen kann mit groupware-spezifischen Konfliktpotentialen in differenzierter Weise umgegangen werden. Dabei besteht ein Widerspruch zwischen der Anforderung nach technischer Flexibilität der Konfliktregelung und der Einhaltung einmal festge-

---

[1]ECA-Regeln – sogenannte Trigger – setzen sich aus einem Event-Teil, einem Condition-Teil und einem Action-Teil zusammen. Wann immer das im Event-Teil spezifizierte Ereignis eintritt und der logische Ausdruck des Condition-Teils erfüllt ist, wird der Action-Teil der Regel ausgeführt (vgl. Hanson und Widom 1993).

[2]Die hier beschriebene Verwendung von ECA-Regeln zur Erweiterung der Zugriffsfunktion ist auch auf den Umgang mit anderen groupware-spezifischen Konflikten in gemeinsam genutzten, aktiven Datenbanken anwendbar (vgl. Pfeifer und Wulf 1995).

legter "Spielregeln". Insofern beinhaltet die Anpassung der Konfliktregelungsmechanismen selbst wieder erhebliches Konfliktpotential.

Es wurde gezeigt, wie mit diesem Konfliktpotential in einem zweistufigen Konfliktmanagement umgegangen werden kann. Soll ein solcher zweistufiger Prozeß ermöglicht werden, ergeben sich daraus Anforderungen an die technische Realisierung der Mechanismen. Diese wurden mittels einer Petri-Netz-Notation dargestellt und Vorschläge für deren praktische Implementierung ausgearbeitet. Bezogen auf zwei exemplarisch ausgewählte Grundfunktionen wurde eine Implementierung auf der Basis dieser Systemarchitektur vorgenommen.

In der hier geschilderten Weise kann weitreichende Flexibilität beim technisch unterstützten Konfliktmanagement erzielt werden. Dabei stellt sich aus software-ergonomischer Sicht allerdings die Frage, inwieweit bei der Nutzung dieser Flexibilität bestimmte Normen einer menschengerechten Konfliktregelung einzuhalten sind.

7 Ansätze zu einer menschengerechten Regelung von Konflikten in Groupware

Die bisherige Erörterung zum Umgang mit groupware-spezifischen Konflikten hat auf Grund der Differenziertheit und Dynamik des Anwendungskontextes für eine möglichst flexible Gestaltung des Konfliktmanagements plädiert. Die vorgeschlagene Systemarchitektur erlaubt es, für jede einzelne Konfliktkonstellation einer Funktion die aus konflikttheoretischen Vorüberlegungen abgeleiteten technischen Regelungsmechanismen zu verwenden. Eine klassische software-ergonomische Untersuchung würde an dieser Stelle beendet sein[1], weil damit die zur Herstellung bzw. zur Evaluation einer Anwendung benötigten Anforderungen formuliert sind.

Diesbezüglich ist aber zu fragen, ob vor dem Hintergrund eines differenzierten und dynamischen Anwendungskontextes menschengerechte Technikgestaltung sich in der Bereitstellung größtmöglicher technischer Flexibilität bei der Herstellung einer Anwendung erschöpft. Dies würde bedeuten, daß jede Form der Regelung eines bestimmten Konfliktes prinzipiell aus software-ergonomischer Sicht als gleichwertig einzuschätzen wäre.

Stimmt man dieser Annahme nicht zu, so folgt daraus unmittelbar, daß es neben der die Herstellung einer Anwendung betreffenden Gestaltungsanforderung nach Flexibilität zusätzliche Gestaltungsanforderungen für die auf dieser Flexibilität basierenden Anpassungsprozesse geben müßte. Insofern würde die Überwindung der im Software-Engineering bisher angenommenen Dichotomie zwischen Herstellung und Nutzung (vgl. Kap. 2.2) auch Konsequenzen für die Software-Ergonomie haben. Die "Herstellungsergonomie" wäre um eine "Anpassungsergonomie" zu ergänzen.

Da unangemessen angewendete Konfliktregelungsmechanismen ebenso wie fehlende Mechanismen zu Beeinträchtigungen der an der Aktivierung einer Funktion beteiligten Nutzer führen können, ist es aus software-ergonomischer Sicht nicht gleichgültig, wie bestimmte Konflikte geregelt werden. Deshalb soll bezogen auf das Konfliktmanagement bei Groupware im folgenden versucht werden, software-ergonomische Gestaltungsgrundsätze für den Umgang mit technischer Flexibilität im Anpassungsprozeß zu entwickeln. Bei einem solchen Vorgehen

---

[1]An dieser Stelle sei davon abgesehen, daß die einzelnen Konfliktregelungsmechanismen in jedem Fall nach ihrer Implementierung in verschiedenen Anwendungskontexten im praktischen Einsatz zu erproben sind (vgl. Kap. 10).

stellt sich natürlich das Problem, daß die dabei abgeleiteten Anforderungen auf Grund der Differenziertheit und Dynamik des Anwendungskontextes nicht auf jedes Einsatzfeld zutreffen werden. Deshalb schlage ich vor, normorientierte Anforderungen als Leitfäden zu verstehen. Als Leitfäden sollten sie zur Konfiguration der Konfliktregelungsmechanismen im Anwendungsfeld in dem Sinne dienen, daß sie Konfigurationshinweise geben, von denen jeweils nur in begründeten und im Kreise der Beteiligten dann zu diskutierenden Ausnahmefällen abgewichen werden sollte. Insofern muß hier eine an der Funktionalität von Groupware orientierte Aufarbeitung wichtiger normativer Grundlagen zur Konfliktregelung erfolgen, die sich als Basis zur Diskussion während eines gruppenorientierten Konfigurationsprozesses eignet (vgl. Kap. 6.1).

Läßt man sich auf ein solches Vorgehen ein, so stellt sich als nächstes die Frage nach den Normen, aus denen die Hinweise zum Umgang mit einzelnen Konflikten abgeleitet werden können. Die bisherige software-ergonomische Diskussion basierte wesentlich auf den Humankriterien der Arbeitswissenschaft. Abgeleitet aus der Handlungsregulationstheorie haben Hacker und Richter (1980) die hierarchisch[1] aufeinander aufbauenden Bewertungsebenen nach Ausführbarkeit, Schädigungslosigkeit, Beeinträchtigungsfreiheit und Persönlichkeitsförderlichkeit abgeleitet und normativ ausformuliert.[2] Da der Fokus der Handlungsregulationstheorie darauf abzielt zu erklären, wie zielbezogenes Handeln menschlicher Individuen durch kognitive Repräsentation reguliert wird (vgl. Fese und Brodbeck 1989, S. 21), steht der menschengerechte Umgang mit groupware-spezifischen Konflikten nicht im Fokus dieser Theorie.

Dies trifft auch auf die Ergebnisse der einzelplatzorientierten Software-Ergonomie zu, in der groupware-spezifische Konflikte überhaupt nicht thematisiert wurden (vgl. DIN 66 234 Teil 8, VDI 5005).[3] Die in Kap. 4.1 dargestellte konflikttheoretische Diskussion macht bezüglich des menschengerechten Umgangs mit einzelnen groupware-spezifischen Konflikten keine Aussagen. Die rezipierten empirischen Arbeiten beschreiben, wie der Umgang mit Konflikten in den unter-

---

[1]Hierarchisch bedeutet dabei einerseits, daß vor der Beschäftigung mit der nächsthöheren Ebene Mindestanforderungen der vorgeordneten Bewertungsebenen erreicht sein sollten. Außerdem bedeutet die Hierarchie, daß Gestaltungsentscheidungen auf übergeordneten Bewertungsebenen zur Verwirklichung der Vorgaben untergeordneter Ebenen beitragen können (vgl. Ulich 1992, S. 118f).

[2]Diese Darstellung der Humankriterien ist von Ulich (1984), Frese und Brodbeck (1989) und Volpert (1990) weiterentwickelt worden. Frese und Brodbeck schlagen dabei den folgenden Katalog vor: Ausführbarkeit, Schädigungs- und Beeinträchtigungslosigkeit, Lern- und Persönlichkeitsförderlichkeit und Ermöglichung sozialer Interaktion (1989, S. 20 f.). Dabei ist auffällig, daß der Ermöglichung sozialer Interaktion ein eigener Punkt gewidmet ist.

[3]Friedrich (1994, S. 15 f.) weist in diesem Zusammenhang darauf hin, daß die klassische Software-Ergonomie mit ihrer verengten Sichtweise auf die Gestaltung individuellen Arbeitshandelns in der Tradition der beiden Mutterdisziplinen Ergonomie und Informatik steht.

suchten Organisationen erfolgt, ohne die dabei erzielten Ergebnisse vor dem Hintergrund eines bestimmten Menschenbildes zu diskutieren (vgl. Egger und Wagner 1992; Murnighan und Conlon 1991). In den betriebswirtschaftlichen und betriebspsychologischen Arbeiten wird der Umgang mit Konflikten funktionalistisch in dem Sinne verstanden, daß durch deren Regelung die betroffene Organisationseinheit ihre Ziele besser erreicht (vgl. Glasl 1992; Rüttinger 1980; Dorow 1978). Insofern geben diese Arbeiten keinen Hinweis auf einen menschengerechten Umgang mit Konflikten. Es ist deshalb zunächst notwendig, Grundlagen einer menschengerechten Konfliktregelung zu erschließen.[1]

Betrachtet man die arbeitspsychologische Diskussion der letzten Jahre, so ist auffällig, daß dort versucht wird, die Aussagekraft handlungsregulationstheoretischer Ansätze zur menschengerechten Gestaltung insbesondere kooperativer Arbeit durch Einbinden anderer sozialwissenschaftlicher Theorien zu erhöhen. So beklagt Ulich (1992, S. 145), daß "... die Konzepte der soziotechnischen Systemgestaltung in der deutschsprachigen Arbeitspsychologie bisher stark vernachlässigt wurden ..."[2] und schlägt deshalb vor, diese zur Entwicklung einer "konsistenten arbeitspsychologischen Konzeption der Gestaltung von Arbeitssystemen ... mit den Ansätzen der Aufgabengestaltung und der Schnittstellengestaltung widerspruchsfrei zu integrieren." Erste Ansätze dazu finden sich bei Weber und Ulich (1993) und Weber (1994).

Volpert (1990) und Dunckel u. a. (1993) entwickeln das Konzept menschlicher Stärken und leiten daraus den KABA-Leitfaden ab, um Hinweise auf angemessene Aufgabenverteilung zwischen Mensch und Rechner geben zu können. Dabei reformulieren sie den Katalog der Humankriterien. Aus drei Grundmerkmalen menschlichen Handelns – Zielgerichtetheit, Gegenständlichkeit und soziale Eingebundenheit – leiten sie acht Humankriterien ab. Es handelt sich dabei um die Kriterien Entscheidungsspielraum, Kommunikation, psychische Belastung, Zeitspielraum, Variabilität, Kontakt, körperliche Aktivität und Strukturierbarkeit. Bei deren Herleitung und Präzisierung fällt auf, daß verschiedene sozialwissenschaftliche Erkenntnisse unterschiedlichen theoretischen Hintergrundes einfließen. Diese reichen von Ergebnissen der Selbstorganisations-, Evolutions- und Kommunikationstheorien über Arbeiten zur Bedeutung von Erfahrungswissen bis hin zur KI-Kritik.

---

[1] Damit wird ein Beitrag zur Erweiterung des Menschenbildes der Arbeitswissenschaft hin zu einem normativ begründeten Gruppenbild geleistet, das Grundlage einer menschengerechten Gestaltung von Groupware sein sollte (vgl. Oberquelle 1991 a, S. 41).

[2] Der soziotechnische Ansatz wurde in den letzten 30 Jahren am Tavistock Institute als Alternative zum Taylorismus entwickelt. Ausgehend von einer systemtheoretischen Betrachtungsweise, die zwischen technischem und sozialem Subsystem unterschied, wurden dabei Gruppenarbeitskonzepte untersucht (vgl. Ulich 1992, S. 145 ff.; Frese und Brodbeck 1989, S. 12 ff.).

Durch solche Erweiterungen arbeitswissenschaftlicher Grundlagen gelingt es, das Konzept menschengerechter Arbeit umfassender zu bestimmen. Durch die Einbeziehung von Konzepten der soziotechnischen Systemgestaltung können präzise Hinweise auf die Gestaltung von Gruppenarbeit gegeben werden. Dabei fehlt bisher allerdings eine explizite Thematisierung der Existenz von Konflikten.[1] Insofern reichen die bisherigen arbeitspsychologischen Arbeiten nicht aus, Hinweise auf einen menschengerechten Umgang mit groupware-spezifischen Konflikten zu geben.

Um den Umfang der Arbeit an dieser Stelle nicht ausufern zu lassen, werde ich nicht versuchen, Vorschläge zu einer menschengerechten Regelung beliebiger groupware-spezifischer Konflikte zu unterbreiten. Vielmehr werde ich mich auf Vorschläge zur Regelung ausgewählter Konfliktgegenstände beschränken. Die Auswahl dieser Konfliktgegenstände erfolgt im Hinblick darauf, ob für diese normative Regelungsgrundlagen bestehen und diese anschlußfähig an die bisherige arbeitspsychologische Diskussion sind. Insofern sollen zunächst aus der organisationswissenschaftlichen Diskussion um neue Produktionskonzepte arbeitspsychologisch abgesicherte Regelungshinweise abgeleitet werden. Dies soll für solche groupware-spezifischen Konflikte versucht werden, die die Arbeitsteilung zwischen Nutzern zum Gegenstand haben (Konflikte bezüglich der Arbeitsteilung).

Darüber hinaus soll der arbeitswissenschaftliche Ableitungshintergrund um grundrechtliche Erwägungen für ein menschengerechtes Konfliktmanagement ergänzt werden. Dabei handelt es sich um das Recht auf informationelle und das Recht auf kommunikative Selbstbestimmung. Diese beiden Normen sind aus dem im Art. 2 Abs. 1 des Grundgesetzes festgeschriebenen Schutz der freien Entfaltung der Persönlichkeit abgeleitet (vgl. Roßnagel 1991). Obwohl sich die Grundrechtsdiskussion weitgehend unabhängig von der arbeitswissenschaftlichen Erörterung menschengerechter Technikgestaltung entwickelt hat, zeigen die Ergebnisse doch eine erstaunliche Konvergenz. Höller (1993, S. 215) führt dies auf deren gemeinsame Ausrichtung an der Förderung und Entfaltung der Persönlichkeit der Nutzer zurück. Er versucht, diese Konvergenz dadurch zu belegen, daß er die Gestaltungsgrundsätze der DIN 66 234 Teil 8 mit den von provet[2] entwickelten rechtlichen Kriterien zur Technikbewertung (vgl. Kap. 3.2) vergleicht (vgl. Höller 1993, S. 215). Dabei ergeben sich allerdings einige Divergenzen aus der Tatsache, daß die Grundsätze der DIN 66 234 Teil 8 einzelplatzorientiert

---

[1] So wird beispielsweise weder bei Frese und Brodbeck (1989) noch bei Ulich (1992) die Existenz von Konflikten bei der Aufgabenausführung thematisiert.

[2] Die Abkürzung "provet" steht für "Projektgruppe verfassungsverträgliche Technikgestaltung e.V." (vgl. Kap. 3.2.1).

sind, während die rechtlichen Kriterien zur Bewertung von Groupware in dem konkreten Fall von ISDN-Nebenstellenanlagen hergeleitet wurden.

Die Konvergenz von rechtlicher und arbeitswissenschaftlicher Diskussion wird ebenfalls deutlich, wenn man untersucht, wie die vom informationellen und kommunikativen Selbstbestimmungsrecht angesprochene Thematik in der arbeitswissenschaftlichen Diskussion aufgegriffen wird. Das Recht auf informationelle Selbstbestimmung gibt dem Einzelnen die Befugnis, "über die Preisgabe und Verwendung seiner persönlichen Daten zu bestimmen" (BVerfG 65, 1, S. 43). Beschränkungen dieses Rechts bedürfen einer "gesetzlichen Grundlage, aus der sich die Voraussetzungen und der Umfang der Beschränkungen klar und für den Bürger erkennbar ergeben" (BVerfG 65, 1, S. 43 f.). Das Recht auf informationelle Selbstbestimmung schützt die Entscheidungsfreiheit des Einzelnen. Es soll verhindern, daß dieser "nicht mit hinreichender Sicherheit überschauen kann, welche ihn betreffenden Informationen in bestimmten Bereichen seiner sozialen Umwelt bekannt sind" (BVerfG 65, 1, S. 43). Deshalb kann der Einzelne über die Nutzung "seiner" persönlichen Daten entscheiden, muß die Datenverarbeitung für ihn erkennbar ihren Ausgang nehmen und für ihn in ihrem Ablauf transparent sein (vgl. BVerfG 65, 1, S. 43 ff.; Simitis 1984, S. 400 ff.; Podlech 1988, S. 122).

Ist das Recht auf informationelle Selbstbestimmung nicht gewahrt, so stellt die Möglichkeit zur technisch gestützten Überwachung der Betroffenen aus Sicht der Arbeitspsychologie eine streßauslösende Bedingung (Stressor) dar (vgl. Frese und Brodbeck 1989, S. 179 ff.). Verfügen die Betroffenen nicht über genügend Ressourcen der Streßbewältigung, so resultieren aus einer solchen Arbeitssituation für die Betroffenen negative Streßauswirkungen. Neben solchen Ressourcen, die innerhalb einer Person liegen, spielen die aus der Gestaltung der Arbeitsumwelt sich ergebenden Ressourcen eine wichtige Rolle. Diesbezüglich stellt die Situationskontrolle - verstanden als die Möglichkeit " ... durch eigenes Handeln auf situative Bedingungen verändernden Einfluß nehmen ..." (ebenda, S. 175) zu können - eine wesentliche Ressource der Streßbewältigung dar. Diese Auffassung wird auch von Ulich (1992, S. 291) geteilt, der unter Verweis auf neue empirische Untersuchungen die Bedeutung der Kontrolle über die eigenen Arbeitsbedingungen für die Wirkung von Stressoren auf den Gesundheitszustand der Betroffenen betont. Insofern thematisiert die arbeitspsychologische Diskussion das Problem technischer Überwachungsmöglichkeiten und entwickelt mit dem Konzept der Situationskontrolle einen ähnlichen Lösungsansatz wie die grundrechtliche Diskussion.

Im Gegensatz zum Recht auf informationelle Selbstbestimmung, das vom Bundesverfassungsgericht im Volkszählungsurteil konstituiert wurde, stellt das Recht auf kommunikative Selbstbestimmung bisher lediglich eine in der rechtswissenschaftlichen Diskussion zur Konkretisierung des Art. 2 Abs. 1 GG abgeleitete Forderung dar (vgl. Roßnagel 1990 und 1991). Kommunikative Selbstbestimmung beinhaltet das Recht eines jeden Nutzers von Anwendungen der Telekommunikation, "grundsätzlich selbst darüber zu bestimmen, mit wem er wann wo über welchen Inhalt und mittels welchen Mediums kommunizieren will" (Roßnagel 1991, S. 100).

Ist das Recht des Senders auf kommunikative Selbstbestimmung nicht gewahrt, so werden dadurch Kommunikationsprozesse behindert, der Entscheidungsspielraum wird eingeschränkt. Eine solche Arbeitssituation entspricht nicht den Humankriterien, wie sie aus dem Konzept menschlicher Stärken abgeleitet wurden (vgl. Dunckel u. a. 1993, S. 34ff.). Ist der Empfänger in seinem Recht auf kommunikative Selbstbestimmung eingeschränkt, kann dies u. a. zu Unterbrechungen führen. Solche Unterbrechungen - insbesondere durch eingehende Telefonate - werden in der arbeitspsychologischen Literatur als Stressoren bzw. Ursachen psychischer Belastung thematisiert (vgl. Frese und Brodbeck 1989, S. 172; Dunckel et al. 1993, S. 46 f.). Auch bezüglich dieser Stressoren bzw. Belastungsformen stellt erhöhte Situationskontrolle der Betroffenen aus arbeitspsychologischer Sicht ein Mittel zur Verringerung der negativen Folgen dar.

Zusammenfassend kann festgestellt werden, daß grundrechtliche und arbeitspsychologische Arbeiten zur menschengerechten Technikgestaltung die hier angesprochenen Fragestellungen in ähnlicher Weise thematisieren. Hinsichtlich des Umgangs mit groupware-spezifischen Konflikten haben die grundrechtlichen Arbeiten aber den entscheidenden Vorteil, daß dort im Hinblick auf technische Umsetzung präzise operationalisierte Regelungsgrundsätze vorliegen (vgl. Kap. 3.3, 7.2, 7.3).

Außerdem wird die Durchsetzung dieser Normen durch das bundesdeutsche Rechtssystem erleichtert. Diese Normen sind im Geltungsbereich des Grundgesetzes für die technische Gestaltung des Verhältnisses zwischen freien Individuen verbindlich. Diese Rechte gelten dann für alle Nutzer, sofern es keine widersprechenden gesetzlichen Regelungen gibt (vgl. Höller 1993, S. 202 ff.). Bei innerbetrieblichem Gebrauch von Groupware können diese Grundrechte in Konflikt treten mit dem sich aus dem Abschluß eines Arbeitsvertrages ergebenden Direktionsrecht des Arbeitgebers. In der Rechtswissenschaft ist in diesem Fall umstritten, ob die Grundrechte direkt oder nur indirekt über die Auslegung arbeitsrechtlicher Vorschriften wirken. Bei der Beurteilung von Reichweite und Grenzen des Direktionsrechts des Arbeitgebers ist in jedem Fall aber zumindest die "Ausstrahlwirkung" des Grundrechts zu berücksichtigen (vgl. Hammer, Pordesch, Roßnagel 1993, S. 65 ff.).

Auf der Basis dieser Vorüberlegungen sollen Vorschläge zur Regelung groupware-spezifischen Konfliktpotentials entwickelt werden. Dies kann für die folgenden in Kap. 2.3 thematisierten Konfliktgegenstände erfolgen:

- Konflikte, die die Arbeitsteilung zwischen Nutzern von Groupware zum Gegenstand haben,

- Konflikte, die sich aus der Erzeugung, Verarbeitung und Nutzung personenbezogener Daten in Groupware ergeben,

- Konflikte, die die Frage zum Gegenstand haben, welcher Nutzer wann mit wem und unter welchen Bedingungen technisch vermittelt kommunizieren kann.

Für den ersten Konflikttypus finden sich Grundlagen für eine menschengerechte Konfliktregelung in der Arbeits- bzw. Organisationswissenschaft. Konflikte des zweiten Typus werden unter Rückgriff auf das Recht auf informationelle Selbstbestimmung gelöst, während für die letzte Art von Konflikten Regelungsvorschläge auf der Basis des kommunikativen Selbstbestimmungsrechts ausgearbeitet werden sollen.

7.1 Konflikte bezüglich der Arbeitsteilung

Um ihr Ziel zu erreichen, müssen Organisationen die dazu notwendigen Aufgaben auf ihre Mitglieder verteilen. Ich will im folgenden groupware-spezifische Konflikte thematisieren, die sich aus der Festlegung oder Veränderung der Arbeitsteilung zwischen einzelnen Organisationsmitgliedern oder Organisationseinheiten ergeben. Da die Nutzung und Anpassung von Groupware sowohl in die Zuweisung von Aufgaben an einzelne Nutzer bzw. Organisationseinheiten als auch in die Reihenfolge der Aufgabenausführung eingreifen kann, ist mit der Existenz solcher Konfliktpotentiale zu rechnen.

In der Organisationswissenschaft wird hinsichtlich der Prinzipien der Arbeitsteilung zwischen objektorientierter und verrichtungsorientierter Spezialisierung unterschieden. Während bei verrichtungsorientierter Spezialisierung ähnliche Tätigkeiten an verschiedenen Objekten in einer Stelle oder Organisationseinheit zusammengefaßt werden, werden bei objektorientierter Spezialisierung die verschiedenen auf ein Objekt oder ein Objektteil sich beziehenden Tätigkeiten gebündelt. Objekte können sich dabei aus Produkt- bzw. Dienstleistungstypen, aus bestimmten Kundengruppen oder aus zu betreuenden Regionen ergeben. Diese beiden Arten von Spezialisierungen können auf den verschiedenen Ebenen der Organisationsstruktur – von der Stellenbildung bis hin zur Bildung größerer organisatorischer Einheiten – in unterschiedlicher Weise kombiniert angewandt werden (vgl. Kieser und Kubicek 1983, S. 93 ff.).

Die Entscheidung, welcher Spezialisierungstypus jeweils gewählt wird, entscheidet über die Interdependenz der dabei entstehenden Organisationseinheiten. Thompson unterscheidet drei Arten von Interdependenzen zwischen Organisationseinheiten:

- gepoolte Interdependenz besteht, wenn Organisationseinheiten auf gemeinsame Ressourcen zugreifen müssen,

- sequentielle Interdependenz ist gegeben, wenn Organisationseinheiten im Leistungserstellungsprozeß hintereinander geschaltet sind,

- reziproke Interdependenz ist gegeben, wenn zwei Organisationseinheiten sich wechselseitig Input geben (vgl. Thompson 1967, S. 54 f.).

Erfolgt die Arbeitsteilung ausschließlich nach dem Objektprinzip, so bestehen zwischen den einzelnen ausführenden Organisationseinheiten nur gepoolte Interdependenzen. Eine verrichtungsorientierte Arbeitsteilung bedingt zwischen den an der Leistungserstellung beteiligten Organisationseinheiten zumindest sequentielle Interdependenz.

Je stärker die Interdependenz der Organisationseinheiten ausgeprägt ist, desto höher sind die sich daraus ergebenden Koordinationsnotwendigkeiten. Unter Koordination sollen hier die Abstimmung arbeitsteiliger Prozesse und die Ausrichtung von Einzelaktivitäten auf Organisationsziele verstanden werden. Kieser und Kubicek (1983, S. 103ff.) unterscheiden die folgenden vier Koordinationsmechanismen:

- Koordination durch persönliche Weisung,

- Koordination durch Selbstabstimmung,

- Koordination durch Programme,

- Koordination durch Pläne.

Die ersten beiden Instrumente sind personenorientiert und erfordern, sobald sie angewandt werden, Kommunikation zwischen den Sich-Koordinierenden. Während Koordination durch persönliche Weisung ein persönliches Hierarchieverhältnis voraussetzt, erfolgt die Entscheidungsfindung im Falle der Selbstabstimmung als Verhandlungsprozeß hierarchisch gleichgeordneter Organisationsmitglieder. Unter den unpersönlichen Koordinationsmechanismen beinhalten Programme dauerhaft anwendbare Handlungsvorschriften für die Organisationsmitglieder, während Pläne - nach einem eventuell durch ein Programm festgelegten Verfahren - periodisch modifiziert werden (vgl. Kieser und Kubicek, 1983, S. 112 ff.).

Da die Regelung von für die Erreichung der Organisationsziele wichtigen Konflikten einen Aspekt der Koordination darstellt, wird je nach Auswahl des Koordinationsmechanismus mit solchen Konflikten in unterschiedlicher Weise umgegangen.[1] Bei der Koordination durch Pläne und Programme werden diese Kon-

---

[1]Friedrich (1994, S. 19) weist in diesem Zusammenhang ebenfalls darauf hin, daß die Bedeutung von und der Umgang mit Konflikten von der in einer Organisation vorfindbaren Kooperationsform abhängt. Er unterscheidet dabei unter Rückgriff auf Popitz u. a. (1957) zwischen teamartiger und gefügeartiger Kooperation. Hinsichtlich der teamartigen Kooperation stellt er fest, daß "Konflikt der

flikte im voraus entschieden.[1] Die Betroffenen können zur Konfliktlösung nur dann beitragen, wenn sie bei der Erstellung von Plänen involviert sind. Diese unpersönlichen Mechanismen lösen Konflikte immer in derselben Weise. Im Gegensatz dazu erlauben persönliche Koordinationsmechanismen, Konflikte situationsangemessen zu lösen. Während bei Koordination durch persönliche Weisung die Konfliktlösung vom hierarchisch Vorgesetzten herbeigeführt wird, erfolgt dies bei der Koordination durch Selbstabstimmung durch Verhandlung zwischen den unmittelbar Betroffenen.[2]

Im folgenden sollen Hinweise zu einer menschengerechten Regelung für solche groupware-spezifischen Konflikte gemacht werden, die sich aus der Festlegung oder Veränderung der Arbeitsteilung zwischen einzelnen Organisationsmitgliedern oder Organisationseinheiten ergeben.

Hinsichtlich der Arbeitsteilung können grundsätzlich zwei Konfliktgegenstände unterschieden werden. Innerhalb einer Organisationseinheit können Konflikte bezüglich der Frage bestehen, welche Prinzipien der Arbeitsteilung anzuwenden sind. Sie werden in der Regel im Rahmen von Organisationsentwicklungsprozessen manifest und müssen dabei gelöst werden. Solche Konflikte werden nur dann Gegenstand groupware-spezifischer Konflikte, wenn die Funktionalität von Groupware in die Arbeitsteilung eingreift und beide Prinzipien der Arbeitsteilung flexibel unterstützt.

Davon abzugrenzen sind Konfliktgegenstände, die bei Beibehaltung bestehender Prinzipien der Arbeitsteilung bezüglich der Frage entstehen, welche Organisationseinheit oder welches Organisationsmitglied eine bestimmte Aufgabe zu übernehmen hat. Bei objektorientierter Spezialisierung kann dabei die Zuordnung einzelner Objekte oder Objektteile zu Organisationseinheiten bzw. Stellen Konfliktgegenstand werden, während bei verrichtungsorientierter Spezialisierung der Konfliktgegenstand in der Zuordnung bestimmter Teilaufgaben zu Organisationseinheiten oder Stellen liegen kann. Ist die Arbeitsteilung zwischen einzelnen Organisationseinheiten oder Nutzern Gegenstand der Funktionalität

---

Ausgangspunkt für Aushandlungsprozesse und notwendige Voraussetzung für eine produktive Weiterentwicklung der Kooperation" ist (Friedrich 1994, S. 19).

[1]Friedrich (1994, S. 19) weist in diesem Zusammenhang darauf hin, daß bei gefügeartiger Kooperation, die durch externe Handlungskoordination mittels sachlich-technischer Elemente gekennzeichnet ist, Konflikte als Ergebnis einer fremdbestimmten, die Ergebnisse der Betroffenen vernachlässigenden Koordination auftreten.

[2]Insofern stellt natürlich auch die Entscheidung für geeignete Koordinationsmechanismen einer Organisation einen konfliktträchtigen Auswahlprozeß dar. Dorow (1978, S. 155 ff.) behandelt die in diesem Prozeß zu erwartenden Interessengegensätze als eine Form innerbetrieblichen Konflikts. Handelt es sich dabei um groupware-spezifische Konflikte, so stellen Konfigurationsmöglichkeiten, die die Auswahl zwischen verschiedenen Koordinationsmechanismen zulassen, eine Voraussetzung für eine Regelung solcher Konflikte im Anwendungskontext dar.

von Groupware, so kann dies Gegenstand groupware-spezifischer Konflikte werden.

Der Frage, wie die Arbeitsteilung innerhalb einer Organisation vorgenommen werden sollte, wird in der arbeitspsychologischen und software-ergonomischen Diskussion eine wichtige Rolle beigemessen (vgl. Hacker 1987, S. 37; Nullmeier 1988, S. 117; Ulich 1992, S. 154 ff.). Abgeleitet aus der Handlungsregulationstheorie hat Hacker (1987, S. 42 f.) gefordert, daß die von einzelnen Individuen auszuführenden Tätigkeiten sowohl in hierarchischer als auch sequentieller Hinsicht vollständig sein sollten. Eine sequentielle vollständige Tätigkeit umfaßt neben "... bloßen Ausführungsfunktionen ...":

"- Vorbereitungsfunktionen (das Aufstellen von Zielen, das Entwickeln von Vorgehensweisen, das Auswählen zweckmäßiger Vorgehensvarianten)

- Organisationsfunktionen (das Abstimmen der Aufgaben mit anderen Menschen)

- Kontrollfunktionen, durch die der Arbeitende Rückmeldungen über das Erreichen seiner Ziele sich zu verschaffen in der Lage ist" (Hacker 1987, S. 43).

Eine in hierarchischer Hinsicht vollständige Tätigkeit liegt vor, wenn sich "... Anforderungen auf verschiedenen einander abwechselnden Ebenen der Tätigkeitsregulation stellen" (Hacker 1987, S. 43).[1] In dieser Weise wird eine menschengerechte Arbeitsaufgabe auch von anderen handlungsregulationstheoretisch argumentierenden Autoren verstanden. Aber auch Autoren, deren Arbeiten auf dem soziotechnischen Systemansatz basieren, kommen zu ähnlichen Ergebnissen (vgl. Ulich 1992, S. 155 ff.).

Um hierarchisch und sequentiell vollständige Tätigkeiten zu schaffen, wird die Einführung teilautonomer Arbeitsgruppen gefordert (vgl. Brödner 1986, Höller und Kubicek 1990, Wulf und Fuchs 1990, Ulich 1992).[2] Konzepte teilautonomer Gruppenarbeit beruhen darauf, verrichtungsorientierte Arbeitsteilung zurückzunehmen und sie durch objektorientierte Formen der Arbeitsteilung[3] zu er-

---

[1]Hacker konkretisiert diese Anforderung an eine menschengerechte Aufgabengestaltung weiter: "Zu denken ist beispielsweise an das Abwechseln von routinisierten Operationen der Zuordnung von Bedingungen zu Maßnahmen mit algorithmisch vorgegebenen Denkvorgängen und mit Problemfindungs- und -lösungsprozessen. Eine Mindestanforderung scheinen Mischformen zu sein, die etwa zur Hälfte der Arbeitszeit intellektuelle Verarbeitungsanforderungen einschliessen" (Hacker 1987, S. 43).

[2]Verwandte Konzepte, die Selbstorganisation und Gruppenarbeit beinhalten, werden auch vor dem Hintergrund der Diskussion um den Erhalt internationaler Wettbewerbsfähigkeit gegenwärtig verstärkt diskutiert (vgl. Klotz 1993 a; Womack, Jones, Ross 1992; Hammer und Champy 1993; Warnecke 1993).

[3]Je nachdem wie komplex die Gesamtaufgabe einer Organisation ist, kann auf bestimmten Ebenen der Organisationsstruktur weiterhin die Arbeit verrichtungsorientiert geteilt werden (vgl. Brödner 1986, S. 146 ff.; Brödner und Pekruhl 1991, S. 13ff.).

setzen.[1] Außerdem wird die Vollständigkeit der Aufgaben durch eine Reintegration planender und steuernder Tätigkeiten erhöht.

Durch eine Betonung objektorientierter Arbeitsteilung wird der gesamte Koordinationsbedarf gegenüber stärker am Verrichtungsprinzip orientierten Formen der Arbeitsteilung verringert. Koordinations- und kommunikationsintensive Arbeitsschritte werden innerhalb der Arbeitsgruppen zusammengefaßt. Innerhalb der Gruppe wird von Koordination durch Selbstabstimmung ausgegangen, wobei diese Selbstabstimmung auch durch Planung innerhalb der Gruppe unterstützt werden kann. Auf Grund der verringerten Interdependenzen zu anderen Gruppen wird auch die Koordination durch Selbstabstimmung zwischen den Arbeitsgruppen erleichtert, so daß auch die Koordination zwischen Arbeitsgruppen im wesentlichen auf gemeinsamer Planung und Selbstabstimmung zwischen Repräsentanten einzelner Gruppen beruhen kann (vgl. Höller und Kubicek 1990).[2]

Da die Regelung von Konflikten bezüglich der Arbeitsteilung als ein Aspekt der Koordination zu verstehen ist, folgt für teilautonome Gruppenarbeit unmittelbar, daß die Regelung solcher Konflikte auf Verhandlungen zwischen den Konfliktparteien beruhen sollte. Ist die Arbeitsteilung innerhalb einer Organisation nicht am Leitbild teilautonomer Gruppenarbeit orientiert, so sollten im Sinne eines menschengerechten Konfliktmanagements auch in diesem Fall Verhandlungsmöglichkeiten zwischen den Konfliktparteien ermöglicht werden. Durch eine solche Selbstabstimmung zwischen den Beteiligten wird zur sequentiellen Vollständigkeit der auszuführenden Tätigkeiten durch die Stärkung der Organisationsfunktion und zu erhöhter Situationskontrolle beigetragen. Voraussetzung für solche Verhandlungsmöglichkeiten ist allerdings, daß kein Weisungsrecht

---

[1]Hammer und Champy (1993, S. 51 ff.) gehen bei den von ihnen beschriebenen Reengineering-Prozessen davon aus, daß hinsichtlich der Arbeitsteilung Verrichtungsorientierung durch Objektorientierung ersetzt wird. Sie bezeichnen letzteres Organisationsprinzip als Prozeßorientierung, wobei ein Geschäftsprozeß als ein Bündel von Aktivitäten definiert ist, das aus einem oder mehreren Inputs einen Output für den Kunden entstehen läßt (Hammer und Champy 1993, S. 35). Das von Warnecke (1993) unter Bezug auf chaostheoretische Ansätze entwickelte Konzept der fraktalen Fabrik geht ebenfalls von einer objektorientierten Arbeitsteilung des Leistungserstellungsprozesses in einzelnen weitgehend voneinander unabhängigen Organisationseinheiten - den Fraktalen - aus. Entsprechend dem Postulat der Selbstähnlichkeit wird dort eine Leistung komplett erbracht (vgl. ebenda, S. 68 f., 154 ff.).

[2]Dieses Primat der Koordination durch Selbstabstimmung vertritt auch Warnecke (1993), der davon ausgeht, daß Mitarbeiter nicht nur ihre tägliche Arbeit selbst abstimmen, sondern auch die Anpassung ihrer Organisationseinheit an sich verändernde Rahmenbedingungen aktiv gestalten. Auch Hammer und Champy (1993) gehen davon aus, daß viele der bisher von Managern mittels hierarchischer Weisung vorgenommenen Koordinationsaufgaben in einem umstrukturierten Unternehmen von den Mitarbeitern in Selbstabstimmung übernommen werden (vgl. ebenda, S. 77).

zwischen den Betroffenen besteht (vgl. Kieser und Kubicek 1983).[1]

Im Rahmen eines flexibilisierten Konfliktmanagements für Groupware können Verhandlungsmöglichkeiten in verschiedener Weise realisiert werden. Verhandlungsmöglichkeiten können entweder vorab bei der Konfiguration der das Konfliktpotential beinhaltenden Funktion oder durch Anwendung bestimmter Konfliktregelungsmechanismen realisiert werden. Die Konfiguration der Funktion sollte dann im Sinne einer gemeinsamen Planung als Ergebnis eines gruppenorientierten Verhandlungsprozesses erfolgen (vgl. Kap. 6.1). Eine solche Konfiguration kann das Sperren bestimmter die Arbeitsteilung verändernder Zustandsübergänge oder die feste Voreinstellung einer bestimmten Funktionsalternative zum Gegenstand haben. Damit wird die Arbeitsteilung festgelegt und der Konflikt für alle darauf folgenden Nutzungssituationen in gleicher Weise gelöst.

Eine solche Konfliktlösung kann nicht auf die sich aus der Dynamik des Anwendungskontextes ergebenden Besonderheiten eingehen. Deshalb kann es sinnvoll sein, Funktionen, deren Aktivierung eine Veränderung der Arbeitsteilung bewirkt, im Gebrauch zu belassen und bestehende Konfliktpotentiale durch Anwendung von Konfliktregelungsmechanismen zu regeln. Diese Mechanismen sollten den Betroffenen in einer konkreten Nutzungssituation die Möglichkeit geben, über die Art ihrer Arbeitsteilung zu verhandeln. Dies kann in der Regel durch Konfliktregelungsmechanismen gewährleisten werden, die bei der Aktivierung einer bestimmten Funktion auf technische Weise einen Kommunikationskanal zwischen den beteiligten Nutzern aufbauen. Dies trifft für die Mechanismen Kommentierbarkeit und Aushandelbarkeit zu. Welcher dieser Konfliktregelungsmechanismen als angemessen angesehen wird, hängt von der Grundfunktion und dem jeweiligen Anwendungskontext ab. Besteht im Anwendungskontext die Möglichkeit zu persönlicher Kommunikation zwischen den Nutzern, so kann bereits der Mechanismus aktivierungsbezogener Transparenz entsprechende Verhandlungen auslösen.

Das folgende Schaubild gibt einen Überblick über die technischen Möglichkeiten zur Unterstützung der Verhandlung von groupware-spezifischen Konflikten bezüglich der Arbeitsteilung.

---

[1]Schäl (1995, S. 29ff) kommt zu einer ähnlichen Einschätzung, wenn er fordert, daß die Art der Austauschbeziehung zwischen verschiedenen an einem Arbeitsprozeß Beteiligten verhandelbar sein sollte.

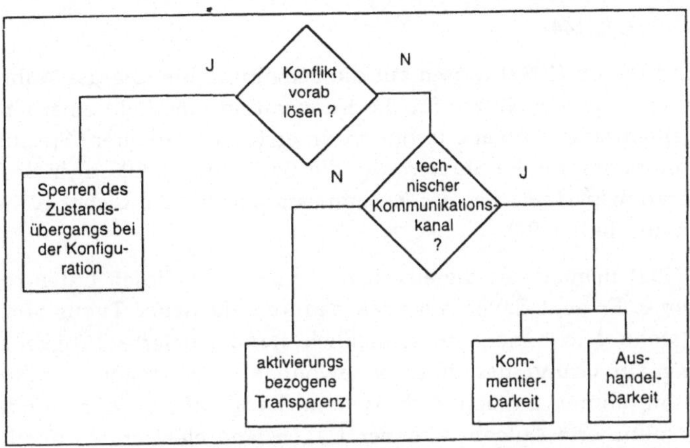

Abb. 7.1:   Vorgehen beim Umgang mit Konflikten bezüglich der Arbeitsteilung

Zur Erörterung des groupware-spezifischen Konfliktpotentials will ich auf die funktionale Klassifikation von Groupware zurückgreifen (vgl. Kap. 2.1). Konflikte hinsichtlich der Arbeitsteilung können sich aus der Aktivierung von Funktionen des Kanalaufbaus ergeben, wenn eine Kanaletablierung im jeweiligen Anwendungskontext zu einer Aufgabenzuweisung an den Empfänger führt. Dies ist beispielsweise bei der Übergabe eines Vorgangs in Vorgangsbearbeitungssystemen der Fall. Auch die Kanalausrichtung kann diesbezügliches Konfliktpotential beinhalten, wenn die Kanaletablierung mit der Zuweisung einer Aufgabe einhergeht. Die Aktivierung einer bestimmten Alternative der Inhaltsbeschreibungsfunktionalität kann Konfliktpotential bezüglich der Arbeitsteilung beinhalten, wenn dadurch festgelegt wird, wem die Aufgabe einer eventuell notwendigen Konvertierung der Inhaltsdaten zufällt.

7.2   Konflikte beim Umgang mit personenbezogenen Daten

Groupware birgt – gegenüber einzelplatzorientierten Anwendungen – eine Reihe zusätzlicher Konfliktpotentiale bezüglich des Umgangs mit personenbezogenen Daten. Da sich der Gegenstandsbereich der Computerunterstützung mit dem Einsatz von Groupware von eher einzelplatzorientierten Arbeitsvorgängen auf den Bereich von Kommunikations- und Kooperationsaufgaben ausweitet, können dabei zusätzliche Daten über das Arbeitshandeln der Nutzer entstehen (vgl. Gärtner und Egger 1994, S. 264 ff.; Egger 1994 S. 134 ff.; Wulf und Hartmann 1994, S. 144 ff.; CSCW '92a). Der Umgang mit diesen Daten kann einerseits für die Zusammenarbeit zwischen den Nutzern förderlich sein und andererseits zur Überwachung der Betroffenen führen. Deshalb können diesbezüglich Konflikte zwischen den Nutzern entstehen (vgl. Kubicek und Höller 1991, S. 170; Wulf und

Hartmann 1993, S. 144).

Dourish und Belotti (1992) weisen auf die Bedeutung hin, die die Wahrnehmung des Verhaltens anderer Nutzer für die Kooperation innerhalb einer Gruppe hat, die eine gemeinsame Aufgabe technisch unterstützt bearbeiten. Sie stützen sich dabei auf ethnographische Studien, die die Bedeutung beiläufiger Beobachtung des Kooperationspartners bei der Zusammenarbeit in räumlicher Nähe belegen (vgl. Heath und Luff 1991).

Clement (1992) thematisiert die aus dem Umgang mit diesen Daten resultierenden Probleme. Er geht davon aus, daß dadurch ein neuer Typus von Überwachung entsteht. Nicht mehr ausschließlich standardisierte Tätigkeiten, deren Ausführung auf Grund des ihnen innewohnenden geringen Handlungsspielraums schon immer einfach technisch nachvollziehbar war, sondern auch schwach strukturierte Aufgaben können Gegenstand elektronisch durchgeführter Kontrolle werden. Diese neuen Möglichkeiten wirken seiner Meinung nach auf Grund fehlender Transparenz darüber, inwieweit eine Überwachung tatsächlich stattfindet, wie ein Panoptikum und führen bei den potentiell Betroffenen zu einer Verinnerlichung der zu kontrollierenden Normen.

Zur Verhütung solcher aus der Nutzung personenbezogener Daten resultierender Effekte ist das Recht auf informationelle Selbstbestimmung vom Bundesverfassungsgericht postuliert worden. Auf diese Norm will ich mich zur Regelung von Konflikten, die aus dem Umgang mit personenbezogenen Daten resultieren, im folgenden stützen. Informationelle Selbstbestimmung gesteht dem Betroffenen das Recht zu, zu wissen und bestimmen zu können, was mit den sie betreffenden Daten geschieht (s.v.). Dabei werden diese beiden Anforderungen als Einheit in dem Sinne verstanden, daß das Wissen um die Entstehung und den Gebrauch personenbezogener Daten Voraussetzung ist, um das Selbstbestimmungsrecht ausüben zu können.[1]

Ermöglichen bestimmte Funktionen in Groupware dem Aktivator die Erzeugung oder den Gebrauch von Daten, die sich auf das Verhalten anderer Nutzer beziehen, so ergeben sich aus dem Recht auf informationelle Selbstbestimmung die folgenden Konsequenzen für ein menschengerechtes Konfliktmanagement. [2]

---

[1]In der CSCW-Diskussion wurden bisher lediglich die Konzepte "Feedback" und "Controll" als alternative Lösungsmöglichkeiten für Konflikte beim Umgang mit personenbezogenen Daten vorgeschlagen. Während "Feedback" den Betroffenen Transparenz über die Entstehung und den Gebrauch personenbezogener Daten ermöglicht, gibt "Controll" ihnen die Möglichkeit, diesbezüglich Einspruch zu erheben. Die Herleitung dieser Konzepte erfolgte dabei eher intuitiv, ohne Bezug auf die bundesdeutsche Diskussion um das Recht auf informationelle Selbstbestimmung zu nehmen. Deshalb werden diese beiden Konzepte als getrennt zu betrachtende Alternativen behandelt (vgl. Belotti und Sellen 1993, S. 83 ff.).

[2]Um sicherzustellen, daß alle Betroffenen um das Konfliktpotential einer Funktion wissen, ist die

Im Rahmen eines flexibilisierten Konfliktmanagements für Groupware kann das Selbstbestimmungsrecht durch ein Einspruchsrecht der Betroffenen sichergestellt werden. Ein solches Einspruchsrecht kann entweder vorab durch Sperren der das Konfliktpotential beinhaltenden Funktion oder durch Anwendung bestimmter Konfliktregelungsmechanismen realisiert werden. Das Sperren der Funktion erfolgt während des gruppenorientierten Konfigurationsprozesses (vgl. Kap. 6.1). Damit ist der Konflikt für alle darauf folgenden Nutzungssituationen in gleicher Weise gelöst.

Da eine solche Konfliktlösung aber nicht auf die sich aus der Dynamik des Anwendungskontextes ergebenden Spezifika einzelner Nutzungsituationen eingehen kann, erscheint auch die Anwendung von Konfliktregelungsmechanismen erwägenswert, die den Betroffenen in einer konkreten Nutzungssituation die Möglichkeit geben, ihr Einspruchsrecht gezielt auszuüben. Die Forderung nach Einspruchsmöglichkeiten läßt sich hinsichtlich der informationellen Selbstbestimmung in der Regel durch Konfliktregelungsmechanismen gewährleisten, die ein Einspruchsrecht gegen die Aktivierung einer bestimmten Funktion auf technische Weise realisieren. Dies trifft für die Mechanismen Gegensteuerbarkeit, Intervenierbarkeit und Aushandelbarkeit zu. Welcher dieser Konfliktregelungsmechanismen als angemessen angesehen wird zur Wahrung der informationellen Selbstbestimmung, hängt von der das Konfliktpotential beinhaltenden Funktion und dem jeweiligen Anwendungskontext ab.

Bei einzelnen Funktionen, bei denen die Betroffenen die Möglichkeit haben, durch verändertes Verhalten der Entstehung personenbezogener Daten entgegenzuwirken, kann vor der Ausführung der Funktion bereitgestellte Transparenz ein geeigneter Ansatz zur Wahrung informationeller Selbstbestimmung sein. Dies trifft auch auf solche Fälle zu, in denen es sich aus dem Anwendungskontext ergibt, daß die Betroffenen durch Einwirken auf den Aktivator die Ausführung einer ihr informationelles Selbstbestimmungsrecht verletzenden Funktion verhindern können. In diesen Fällen wäre aktivierungsbezogene Transparenz ein geeigneter Mechanismus zur Konfliktregelung.

Das folgende Schaubild gibt einen Überblick über die technischen Möglichkeiten zur Gewährleistung des Rechts auf informationelle Selbstbestimmung.

Erfüllung der Anforderung nach funktionaler Transparenz Voraussetzung für ein menschengerechtes Konfliktmanagement bei Groupware (vgl. Herrmann, Wulf und Hartmann 1993). Die Erfüllung dieser Anforderung stellt durchaus keine Selbstverständlichkeit dar. So haben empirische Untersuchungen der Nutzung verschiedener Bürokommunikationssysteme ergeben, daß Nutzer häufig nur geringes Wissen über die Gestaltung der Systemfunktionalität der anderen Rolleninhaber hatten (vgl. Waern u. a. 1991, S. 508 f.; Schael 1994, i. S.; Kap. 2.1.2). Dieses Problem tritt insbesondere dann auf, wenn bestimmte Funktionen ausschließlich von einzelnen Nutzern aktiv genutzt oder angepaßt werden können, während die anderen Nutzer sich immer in der Rolle der passiv Betroffenen befinden.

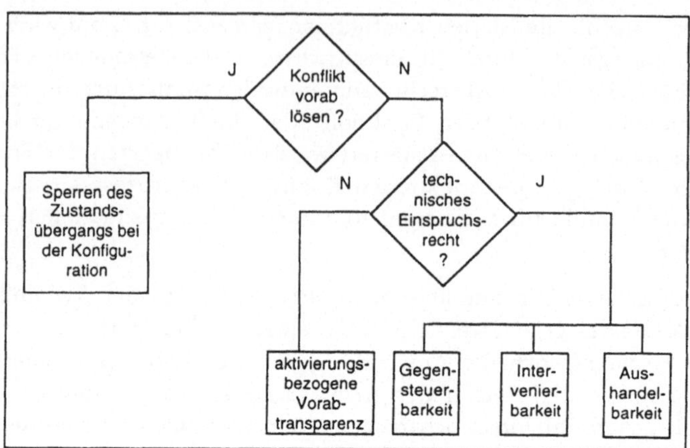

Abb. 7.2:   Vorgehen zur Realisierung des Rechts auf informationelle Selbstbestimmung bei Funktionen in Groupware

Zur Erörterung des groupware-spezifischen Konfliktpotentials will ich auf die funktionale Klassifikation von Groupware zurückgreifen (vgl. Kap. 2.1). Erfolgt der Kanalaufbau gemäß dem Versandprinzip, so verliert der Absender durch die Übermittlung der Inhaltsdaten die Zugriffsrechte auf diese Nachrichteninhalte. Das Versandprinzip wahrt das Recht auf informationelle Selbstbestimmung dadurch, daß der Absender über die Preisgabe der ihn betreffenden Daten in der Regel selbst entscheiden kann. Konflikte bei der Entstehung der Inhaltsdaten können entstehen, wenn der Absender über das Versenden der Nachrichten nicht frei entscheiden kann. Dies trifft beispielsweise auf die Glance-Funktion in Videokonferenzen (vgl. Kap 3.2) oder das Direktansprechen in ISDN-Nebenstellenanlagen zu (vgl. Hammer/Pordesch/Roßnagel 1993, S. 137 ff.).[1] Weiteres Konfliktpotential besteht bei der Verarbeitung von Inhaltsdaten, wenn die vom Absender übermittelten Inhaltsdaten beim Empfänger entgegen seinen Erwartungen lokal gespeichert oder automatisch ausgewertet werden. Darüber hinaus können Funktionen der Kanalausweitung zu Konflikten führen. In diesem

---

[1] Es soll an dieser Stelle auch der Umgang mit solchen Inhaltsdaten thematisiert werden, bei denen nicht klar ist, ob sie beim Empfänger gespeichert werden. Nach herrschender Meinung fällt Mißbrauch, der aus nicht legitimierter menschlicher Wahrnehmung von in vernetzten Systemen ausgetauschten Daten entsteht, dann nicht unter das Recht auf informationelle Selbstbestimmung, wenn die Daten nicht erhoben, gespeichert oder sonstwie verarbeitet werden. Roßnagel (1991, S. 92 ff.) thematisiert solche Probleme unter dem kommunikativen Selbstbestimmungsrecht. Da aber durch die zunehmende Integration von TK-Endgeräten mit lokalen DV-Systemen den Nutzern zusätzliche Speicherungsmöglichkeiten zur Verfügung gestellt werden, kann beim Design der angesprochenen Funktionen nicht mehr ohne weiteres davon ausgegangen werden, daß die ausgetauschten Inhaltsdaten nicht auch beim Empfänger gespeichert werden. Deshalb ist m.E. auch bei Gestaltung dieser Funktionen das informationelle Selbstbestimmungsrecht berührt.

Sinne problematisch sind Funktionen, die es einem Gesprächspartner beim Telefonieren erlauben, Zeugen oder zusätzliche Konferenzteilnehmer in das Gespräch aufzunehmen (vgl. Hammer und Pordesch und Roßnagel 1993, S. 151 ff.).

Neben diesen Problemen, die im Verhältnis zwischen Endnutzern auftreten können, gibt es solche, die aus dem Verhältnis von Endnutzern und Netzadministratoren herrühren. So wird beispielsweise aus den USA von Fällen berichtet, in denen E-Mail-Nachrichten zwischen Beschäftigten von Nutzern mit privilegiertem Netzzugang gelesen wurden[1] (vgl. Clement und Kling 1992, S. 1). Solche Konflikte im Verhältnis privilegierter zu gewöhnlichen Nutzern werden noch verschärft, wenn es mit Hilfe von Sprach- und Bilderkennungsmethoden gelingt, große Mengen schwach strukturierter Inhaltsdaten nach bestimmten Mustern zu durchsuchen.

Im Gegensatz zum Versandprinzip, bei dem in der Regel der Absender bei der Kanaletablierung festlegt, wer wann welche ihn betreffenden Inhaltsdaten zur Kenntnis nimmt, bestehen beim Zugriffsprinzip zusätzliche Konfliktpotentiale beim Umgang mit personenbezogenen Daten. Es ist der Vorgang der Vergabe der Zugriffsrechte von dem ihrer Nutzung zu unterscheiden. Wird von einem Inhaber der Zugriffsrechte anderen Nutzern die Möglichkeit eingeräumt, bestimmte Inhaltsdaten bzw. deren Struktur einzusehen, so kann dies zu einer Beeinträchtigung all der Nutzer führen, die die Möglichkeit haben, Inhaltsdaten in diesen Datensatz einzufügen bzw. die Struktur der Daten zu verändern. Dies ist der Fall, wenn eine ganze Gruppe von Nutzern Inhaber der Inhaltsdaten ist. Außerdem können auch andere Nutzer betroffen sein, die das Recht haben, den betreffenden Datensatz zu modifizieren, ohne Inhaber von Zugriffsrechten zu sein. Weiteres Konfliktpotential beim Umgang mit personenbezogenen Daten kann daraus resultieren, daß Empfänger von Zugriffsrechten diese weitergeben können.

In bisherigen Zugriffskonzepten hatte der Inhaber der Zugriffsrechte lediglich die Kontrolle über die Vergabe der Zugriffsrechte (Kanalaufbau), während das Zugreifen selbst (Kanalempfang) ausschließlich unter der Kontrolle des Empfängers der Zugriffsrechte stand. Er konnte in der Regel frei entscheiden, ob, wann und für wie lange er zugreifen wollte. Weisen die Inhaltsdaten, auf die zugegriffen wird, Personenbezug auf, so birgt eine solche Implementierung der Zugriffsmechanismen Konfliktpotential. Bei kooperativ genutzten Datensätzen können je nach dem Zugriffszeitpunkt entweder ein zwischen Nutzern mit Modifikationsrechten ablaufender Prozeß durch die Abfolge der verschiedenen Eingaben beobachtet werden oder - zu einem anderen Zeitpunkt - lediglich dessen Ergebnisse. Während die Benutzergruppe letzteres durch die Vergabe von Zugriffsrechten

---

[1] In dem erwähnten Fall, der sich bei der Firma Epson, Amerika ereignete, waren die die Überwachung vornehmenden privilegierten Nutzer auch hierarchisch den überwachten Nutzern vorgesetzt.

transparent machen möchte, kann es sein, daß ersterer Prozeß nicht beobachtet werden sollte.

Weiteres Konfliktpotential besteht bei nach dem Zugriffsprinzip aufgebauter Groupware, wenn Netzadministratoren auf Inhaltsdaten - jenseits der vom Inhaber vorgenommenen Rechtevergabe - Zugriff nehmen können. So weist Brooks (1992, S. 14 ff.) darauf hin, daß neuentwickelte Search- und Retrieval-Funktionen es ermöglichen, große Mengen von Textdokumenten nach einzelnen Stichwörtern zu durchsuchen, ohne daß es die davon Betroffenen nachvollziehen können.

Auch Funktionen des Ereignisdienstes weisen Konfliktpotential auf. Belotti und Sellen (1993, S. 83 f.) unterschieden diesbezüglich Funktionen[1] der Datenerfassung, Datenbearbeitung und Datenzugriff.[2] Hinsichtlich der Datenerfassung besteht solches Konfliktpotential, wenn andere Nutzer oder privilegierte Nutzer die Entstehung von Transparenzdaten veranlassen können, ohne daß die Betroffenen davon Kenntnis oder eine Mitbestimmungsmöglichkeit über die Entstehung der Daten haben.[3] Bei der Verarbeitung der Transparenzdaten kann der Personenbezug erhöht oder verringert werden. Konfliktpotential besteht, wenn der Personenbezug beispielsweise dadurch erhöht wird, daß Daten aus verschiedenen Quellen zusammengeführt werden, um detailliertere Verhaltensprofile erzeugen zu können. Neben der Erzeugung und der Verarbeitung kann auch der Zugriff auf Transparenzdaten zu Konflikten führen.

---

[1]Der vierte von ihnen als relevant erachtete Aspekt, der Zweck der Datenerhebung, soll hier nicht weiter thematisiert werden, weil er entweder im Rahmen der ersten drei Stufen abgehandelt werden kann oder nicht in der Funktionalität abgebildet wird.

[2]Diese Stufen decken die dem Bundesdatenschutzgesetz (BDSG) hinsichtlich des Umgangs mit personenbezogenen Daten zugrunde liegende "Phasenkette von der Erhebung über die Speicherung bis hin zur Nutzung" (Walz 1991, S. 366) ab.

[3]In diese Kategorie fallen sowohl die automatische Anruferidentifizierung, wie sie bisher im ISDN-Netz implementiert ist (vgl. Roßnagel 1990), als auch der automatische Versand von Empfangsprotokollen an den Absender in elektronischen Postnetzen (vgl. Höller 1992, S. 253 ff.).

7.3   Konflikte bei technisch vermittelter Kommunikation

Im folgenden sollen groupware-spezifische Konflikte untersucht werden, die sich dann ergeben, wenn die Kommunikation zwischen Nutzern technisch unterstützt wird. Gegenstand dieser Konflikte sind Interessengegensätze hinsichtlich der Fragen, wer mit wem wann über welchen Inhalt und mittels welchen Mediums kommunizieren kann.[1] Dieser Konfliktgegenstand ist lediglich für Funktionen relevant, die zur Unterstützung der Kommunikation zwischen Nutzern verwendet werden (vgl. Kap. 8).

Das von Roßnagel (1991) formulierte Recht auf kommunikative Selbstbestimmung[2] wurde von Höller (1993, S. 221 ff.) zur Konfliktregelung bei der Kanaletablierung spezifiziert. Hinsichtlich des Kanalempfangs leitet er das Recht auf kommunikative Abschottung ab, das dem Empfänger Vorrang bei der Festlegung der Bedingungen des Empfangens einräumt. Höller leitet diese Regel zur Konfliktlösung einerseits aus der US-amerikanischen "Privacy"-Diskussion ab, die in Anlehnung an die Unverletzlichkeit der Wohnung von einem "right to be left alone" als Schutz vor "intrusion by unwanted information" gesprochen hat. Andererseits beruft er sich auf die bundesdeutsche Rechtsprechung - insbesondere im Bereich des Schutzes Einzelner vor erweiterten Werbemöglichkeiten unter Nutzung neuer Medien. In mehreren Urteilen zur Telefonwerbung schützten deutsche Gerichte die Privatsphäre des Angerufenen und untersagten solche Werbemaßnahmen. Ähnlich wurde auch bei mittels Telex und

---

[1] Die Abgrenzung dieses Konfliktgegenstandes von dem, der sich aus dem Umgang mit personenbezogenen Daten ergibt, ist nicht immer scharf zu ziehen. Es kann zu Überschneidungen mit dem Recht auf informationelle Selbstbestimmung kommen. So gibt es Leistungsmerkmale, durch die der Kreis der Kommunikationsteilnehmer erweitert werden kann. Betrachtet man solche Leistungsmerkmale aus der Perspektive der dadurch einseitig veränderbaren Kommunikationssituation, so gefährden sie das kommunikative Selbstbestimmungsrecht. Nehmen die zusätzlichen Teilnehmer aber nicht aktiv an der Kommunikation teil, sondern greifen sie lediglich auf die ausgetauschten Inhaltsdaten zu, so berührt eine solche Nutzung der Leistungsmerkmale das Recht auf informationelle Selbstbestimmung. Die Aktivierung einzelner Funktionen in Groupware kann hinsichtlich beider Konfliktgegenstände problematisch sein.

[2] Das Recht auf kommunikative Selbstbestimmung deckt sich hinsichtlich der daraus ableitbaren Anforderungen teilweise mit dem Recht auf informationelle Selbstbestimmung. Deshalb verzichtet Scherer (1989, S. 31) sogar gänzlich auf diese Differenzierung und subsummiert auch die hier neu angesprochenen Aspekte unter dem Recht auf informationelle Selbstbestimmung. Auch in der US-amerikanischen Diskussion werden die beiden Rechte gemeinsam unter der Forderung nach "Privacy" diskutiert (vgl. Noam 1991, S. 113). Roßnagel (1991, S. 93 ff.) nimmt eine Abgrenzung hinsichtlich des Anwendungsbereichs der beiden Grundrechte vor, die sich allerdings von der hier verfolgten an einigen Stellen unterscheidet. Er diskutiert Leistungsmerkmale des ISDN-Telefons wie Direktansprechen und Lauthören und die damit verbundenen Risiken unter dem Recht auf kommunikative Selbstbestimmung, während hier diese Probleme mittels des Rechts auf informationelle Selbstbestimmung thematisiert werden (vgl. Kap. 7.2).

Telefax versandter Werbung von Gerichten entschieden.

Höller überträgt diese Überlegungen nun auf Message-Transfer-Systeme, deren Nutzung zum Zwecke der Werbung er für die Zukunft erwartet. Vor dem Hintergrund der neuen technischen Möglichkeiten, die sich bei Message-Handling-Systemen ergeben, fordert er, daß das bisher durch das Verbot der aktiven Werbung realisierte Recht auf kommunikative Abschottung in Zukunft auch aktiv vom Empfänger wahrnehmbar sein sollte. Deshalb sollte der Empfang eines Kommunikationskanals so geregelt sein, daß sich das Abschottungsinteresse des Empfängers durchsetzt (vgl. ebenda, S. 244 ff.).

Die zweite von Höller formulierte Spezifikation beantwortet die Frage, wer die Bedingungen festlegt, unter denen ein Kommunikationskanal aufgebaut wird. Er postuliert dabei das Recht auf autonome Selbstdarstellung, das dem Absender im Konfliktfall Priorität zubilligt hinsichtlich der Festlegung der Versandbedingungen. Höller leitet dieses Recht des Absenders aus grundgesetzlich verankerten Persönlichkeitsrechten (Art. 2 Abs. 1 GG) und insbesondere aus dem Recht am gesprochenen Wort und dem am eigenen Bild ab. Diese Bestimmungen schützten den Absender auch in einer Kommunikationssituation vor einem Zwang zur Abgabe von Informationen (vgl. ebenda, S. 227 ff.). Deshalb sollte der Aufbau eines Kommunikationskanals so geregelt sein, daß das Recht des Senders auf autonome Selbstdarstellung gewahrt bleibt.

Wendet man das Recht auf kommunikative Selbstbestimmung zur Konfliktregelung auf die Kanaletablierung an, so sollte der Sender die von ihm präferierte Alternative wählen können. Dabei ist eine Alternative der Kanaletablierung definiert als eine Tupel von Aktivierungsentscheidungen von einzelnen Funktionen. Dabei handelt es sich um Funktionen, die den Kanalaufbau unterstützen, die Merkmale eines Kanals festlegen sowie um Funktionen der Kanalausrichtung und der Unterstützung des Kanalempfangs.

Nachdem der Sender die von ihm präferierte Alternative gewählt hat, ist dem Empfänger ein technisches Einspruchsrecht gegen die Kanaletablierung einzuräumen. Dies kann durch Gegensteuerbarkeit, Intervenierbarkeit oder Aushandelbarkeit gewährt werden. Übt der Empfänger dieses Einspruchsrecht aus, wird der Kommunikationskanal nicht etabliert. Ansonsten erfolgt die Etablierung in der durch die jeweiligen Mechanismen geregelten Weise. Damit fordert das Recht auf kommunikative Selbstbestimmung bezüglich der Kanaletablierung eine Form des Konfliktmanagements wie sie bei der Aktivierung von Funktionen in Groupware durch die Anwendung von Konfliktregelungsmechanismen erfolgen sollte (vgl. Kap. 4.2). Im Gegensatz zum einzelnen Aktivierungsgeschehen bei Funktionen bestimmt sich eine Alternative der Kanaletablierung aus Aktivierungsentscheidungen verschiedener Funktionen. Da jede dieser Funktionen einzeln aktiviert werden kann, müssen für jede dieser Funktionen Konfliktregelungen gefunden werden, die das Recht auf kommunikative Selbstbestimmung bezüglich der Kanaletablierung wahren (vgl. Kap. 2.1.2).

Betrachtet man die für die Kanaletablierung wichtigen Teilfunktionalitäten, so lassen sich aus der Anwendung des Rechts auf kommunikative Selbstbestimmung die folgenden Konsequenzen für das Konfliktmanagement ziehen. Funktionen, die den Sender beim Aufbau eines Kommunikationskanals unterstützen, sollten bei der Aktivierung für ihn steuerbar bleiben. Dem Empfänger sollte je nach Art der ihm durch die Ausführung dieser Funktion entstehenden Beeinträchtigungen Transparenz über die Aktivierung gegeben werden. Funktionen, mittels derer der Sender die Merkmale des zu etablierenden Kommunikationskanals festlegt, sollten steuerbar für ihn bleiben, dem Empfänger sollten sie aber beim Kanalempfang sichtbar gemacht werden. Funktionen der Kanalausrichtung und solche, die dem Empfänger die Möglichkeit geben, die Merkmale des Kanals zu modifizieren, sollten unter der Kontrolle des Empfängers verbleiben, während dem Sender je nach Art der ihm dadurch entstehenden Beeinträchtigungen Transparenz gegeben werden sollte. Die Konfliktregelung bei der Kanaletablierung muß dafür sorgen, daß die Daten aktivierungsbezogener Transparenz von den Betroffenen in einer Weise wahrgenommen werden können, daß sie dadurch ein Einspruchsrecht gegen die Kanaletablierung erhalten. Deshalb sollten Daten über die Merkmale des Kommunikationskanals und eventuell solche über die Nutzung von den Kanalaufbau unterstützenden Funktionen dem Empfänger vor dem Kanalempfang transparent werden. Die Aktivierung von Funktionen der Kanalausrichtung oder solcher, die Merkmale eines Kanals verändern, sollten dem Sender vorab transparent gemacht werden, so daß er im Rahmen der Kanaletablierung darauf reagieren kann. Insofern kommen für die Konfliktregelung bei der Kanaletablierung die Mechanismen Gegensteuerbarkeit, Intervenierbarkeit und Aushandelbarkeit in Betracht. Während bei der Nutzung der Mechanismen Gegensteuerbarkeit und der Intervenierbarkeit nur die Möglichkeit besteht, den Kanal entweder zu empfangen oder den Kanalaufbau zurückzuweisen, erlaubt der Konfliktregelungsmechanismus "Aushandelbarkeit" ein differenzierteres Abwägen zwischen verschiedenen alternativen Merkmalen der Kanaletablierung.

Abbildung 7.3 gibt einen Überblick über die Anwendung des Rechtes auf kommunikative Selbstbestimmung zur Konfliktregelung.[1] Im Gegensatz zu den übri-

---

[1] Im vorigen Abschnitt haben wir Konflikte, die sich mit dem Zugang zu in Groupware entstehenden personenbezogenen Daten beschäftigen, unter dem Aspekt informationeller Selbstbestimmung abgehandelt - auch dann, wenn beim Versand dieser Daten nicht geklärt war, ob sie im Endgerät der Empfänger gespeichert wurden. Für das Konfliktmanagement bei diesen Funktionen ergab sich daraus, daß kein von den Betroffenen unerwünschter Zugang zu personenbezogenen Daten erfolgen kann. Zu demselben Ergebnis gelangt man ebenfalls, wenn man bei der Bewertung dieser Funktionen nicht den Aspekt des Zugangs zu personenbezogenen Daten betont, sondern die durch diese Leistungsmerk-

gen normativen Grundlagen des Konfliktmanagements hängt in diesem Fall der zu wählende Regelungsmechanismus davon ab, zu welcher Teilfunktionalität die das Konfliktpotential beinhaltende Funktion gehört. Wie oben skizziert, kann die Regelung der Konflikte bezüglich bestimmter Funktionen durch ein Einspruchsrecht bei der Kanaletablierung vorgenommen werden. In diesem Fall wird deren Aktivierung bei der Kanaletablierung vorab transparent.

Eine Konfliktlösung durch Sperrung bestimmter, von diesen Funktionen ermöglichten Zustandsübergängen während der Konfiguration kommt in der Regel nicht in Betracht, weil die Lösung dieser Konflikte stark von der jeweiligen Nutzungssituation abhängt (vgl. Kap. 3.1). Da beim Gebrauch von Kommunikationssystemen davon auszugehen ist, daß sich Nutzer räumlich verteilt aufhalten und kein anderer Kommunikationskanal zur Konfliktregelung etabliert ist, wird hier davon ausgegangen, daß das Einspruchsrecht im Rahmen der Kanaletablierung auf technische Weise zu sichern ist.

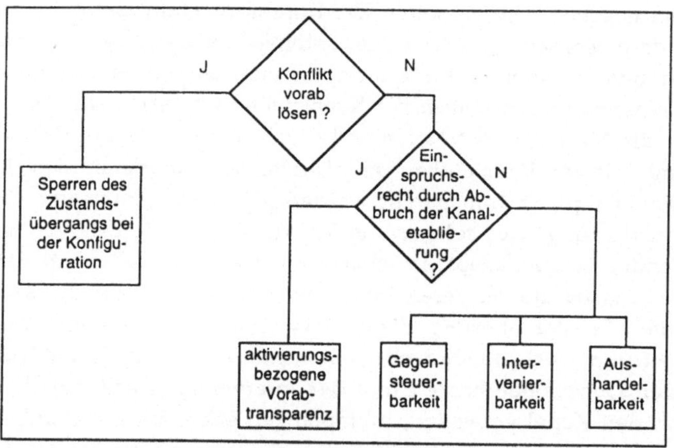

Abb. 7.3: Vorgehen zur Realisierung des Rechts auf kommunikative Selbstbestimmung bei Funktionen in Groupware

Neben diesen Überlegungen zum Konfliktmanagement bei der Etablierung hat das Recht auf kommunikative Selbstbestimmung auch Konsequenzen für die Konfliktregelung bei Funktionen, die die Merkmale eines bereits etablierten Kommunikationskanals verändern. Bei der Aktivierung solcher Funktionen sollte den Betroffenen ein Einspruchsrecht eingeräumt werden. Funktionen, die einen bestehenden Kommunikationskanal abbrechen, sollten aus Gründen der kommunikativen Selbstbestimmung steuerbar sein für den Aktivator.

---

male ermöglichte - eventuell unerwünschte - Etablierung einer Kommunikationsverbindung (vgl. Roßnagel 1991, S. 93).

Höller diskutiert das Recht auf kommunikative Selbstbestimmung aber nicht nur in bezug auf den Verbindungsaufbau, sondern auch auf die dazu notwendige Vorkommunikation. Im Falle von Message-Handling-Systemen handelt es sich bei der Vorkommunikation um die Speicherung der Nachricht im User Agent und deren Anzeige am Bildschirm des Empfängers. Höller leitet aus dem Recht auf kommunikative Abschottung des Empfängers ab, daß dieser die übermittelte Nachricht automatisch zurückweisen können müßte (vgl. Höller 1993, S. 262). Verallgemeinert man diese Überlegung auf Kommunikationssysteme,[1] so folgt daraus ein technisch zu realisierendes Einspruchsrecht des Empfängers gegen die zum Verbindungsaufbau notwendige Vorkommunikation des Absenders, um Störungen für ihn zu vermeiden.[2] In diesem Sinne fordert das Recht auf kommunikative Abschottung die Existenz von Funktionen, die diese Vorkommunikation unterdrücken.

Die hier dargelegten Konsequenzen aus dem Recht auf kommunikative Selbstbestimmung für Funktionen des Verbindungsempfangs lassen sich auch auf die Gestaltung der Konfliktregelungsmechanismen übertragen. Bestimmte Konfliktregelungsmechanismen bauen einen Kommunikationskanal zwischen den Betroffenen auf. Bei der Etablierung dieser Kanäle ist das Recht der Betroffenen auf kommunikative Abschottung zu berücksichtigen. Ihre Gestaltung sollte also den Betroffenen technisch zu realisierende Einspruchsrechte bei der Kanaletablierung bereitstellen.

---

[1] Eine solche Verallgemeinerung erscheint zulässig, weil Höller seine Regel aus der bundesdeutschen Rechtsprechung zur Nutzung anderer Kommunikationssysteme wie Telefon, Telefax, Teletex und Btx zu Werbezwecken ableitet (vgl. ebenda, S. 223 ff.).

[2] In der Tat deuten auch die in Kap. 3.1 dargestellten empirischen Ergebnisse darauf hin, daß sich auch aus der Aufgabenerfüllung im Arbeitsalltag vieler Beschäftigter eine solche Forderung herleiten ließe.

7.4   Zusammenfassung und Ausblick

Die in Kapitel 6 entwickelte Architektur bietet ein hohes Maß an technischer Flexibilität für den Umgang mit groupware-spezifischen Konflikten. Diese technische Flexibilität erlaubt es, zwischen verschiedenen Konfliktregelungsmechanismen bei der Konfiguration einer Anwendung zu unterscheiden. Hier wurde dafür plädiert, diese Konfigurationsentscheidungen durch Hinweise für eine menschengerechte Nutzung dieser Flexibilität zu unterstützen. Da es bisher in der Arbeitspsychologie keine hinreichende Grundlage gibt, um zu bestimmen, was einen menschengerechten Umgang mit Konflikten ausmacht, wurden handlungsregulationstheoretische Grundlagen um Überlegungen aus der Organisations- und Rechtswissenschaft ergänzt. Dadurch gelingt es, für drei spezielle Gegenstände groupware-spezifischer Konflikte Vorschläge für ein menschengerechtes Konfliktmanagement zu entwickeln. Diese Ergebnisse sollten in einem gruppenorientierten Konfigurationsprozeß zur Kenntnis genommen und in Bezug gesetzt werden zu den Anforderungen, die sich aus dem Anwendungskontext von Groupware ergeben.

Die Regelungshinweise für Konflikte, die die Arbeitsteilung zwischen Nutzern zum Gegenstand haben und solchen, die sich auf den Umgang mit personenbezogenen Daten beziehen, gelten für eine Vielzahl von Funktionen in verschiedenen Anwendungen. Die aus dem Recht auf kommunikative Selbstbestimmung abgeleiteten Regelungshinweise beziehen sich auf eine Vielzahl von Funktionen in Systemen, die technisch vermittelte Kommunikation unterstützen.

Es stellt sich an dieser Stelle die Frage, wie Hinweise für ein menschengerechtes Konfliktmanagement für die Konfiguration einzelner Funktionen in bestimmten Anwendungen operationalisiert werden können. Dazu müssen Anwendungen von Groupware so klassifiziert werden, daß die sich dabei ergebenden Konfliktkonstellationen einen in ähnlicher Weise zu regelnden Konfliktgegenstand beinhalten. Um Aussagen über den Gegenstand groupware-spezifischer Konfliktpotentiale unabhängig vom Anwendungskontext machen zu können, sollen in dieser Arbeit diesbezüglich Anwendungstypen von Groupware gebildet werden. Diesem Vorschlag liegt die Annahme zugrunde, daß Anwendungen, die der Unterstützung ähnlicher Kommunikations- oder Kooperationsaufgaben dienen, gemeinsam hinsichtlich des Konfliktmanagements betrachtet werden können.

Für solche Anwendungstypen sollen die in Kap. 2.1.2 vorgenommene funktionale Klassifikation verfeinert und Konfliktpotentiale durch eine diesbezügliche Rollenbeschreibung aufgedeckt werden. Aus der durch einen Anwendungstyp zu unterstützenden Kommunikations- oder Kooperationsaufgabe lassen sich für einzelne Konfliktkonstellationen Konfliktgegenstände bestimmen. Insofern können auf der Ebene der Konfliktkonstellationen die in diesem Kapitel erzielten Ergebnisse bezüglich eines menschengerechten Konfliktmanagements bei Groupware nutzbar gemacht werden. Im jeweiligen Anwendungskontext der Groupware ist dann zu entscheiden, durch welchen technischen Mechanismus in welcher konkreten Implementierung die Erfüllung der zuvor abgeleiteten sozio-technischen Anforderungen zu gewährleisten ist.

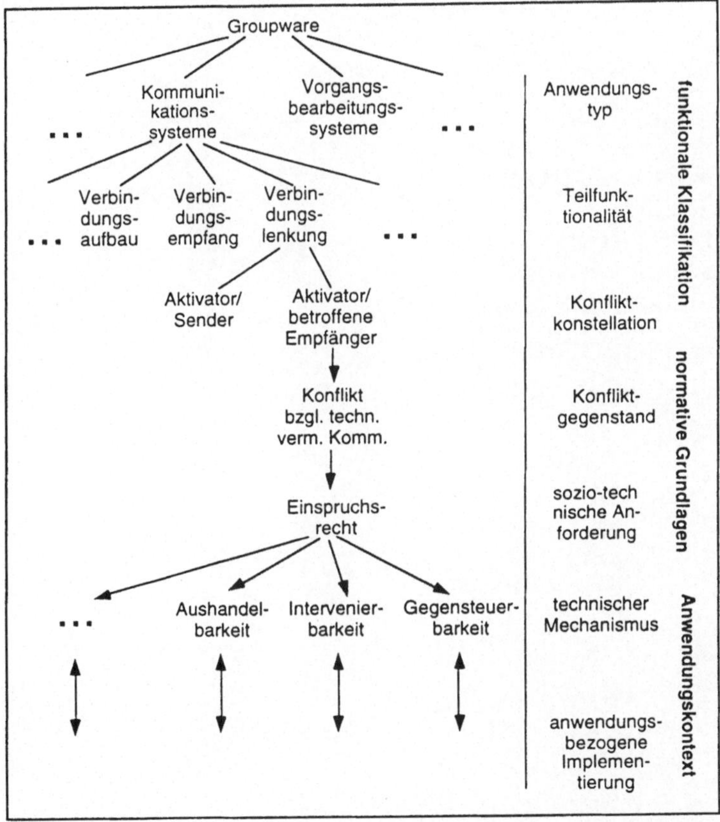

Abb. 7.4: Operationalisierung von Hinweisen zu einer menschengerechten Regelung von Konfliktpotentialen

Die hier skizzierten Schritte zur Operationalisierung von Hinweisen zu einer menschengerechten Regelung von Konfliktpotentialen sind in Abb. 7.4 beispielhaft dargestellt. Sie sollen im folgenden für die Anwendungstypen Kommunikationssysteme und Vorgangsbearbeitungssysteme durchgeführt werden.

8 Konfliktmanagement bei Kommunikationssystemen

Kommunikationssysteme stellen einen Anwendungstyp von Groupware dar. Unter Kommunikationssystemen sollen Anwendungen verstanden werden, die den Austausch von Nachrichten zwischen verschiedenen Benutzern technisch unterstützen. Dazu werden Kommunikationskanäle - im folgenden Verbindungen genannt - zwischen den Nutzern etabliert. Eine Verbindung wird vom Absender durch die Bezeichnung der von ihm gewünschten Empfänger aufgebaut.

Es läßt sich zwischen synchronen und asynchronen Kommunikationssystemen unterscheiden. Während bei asynchronen Kommunikationssystemen die Speicherung der Nachrichten in der Anwendung vorgesehen ist, um zeitversetzte Kommunikation zwischen den verschiedenen Nutzern zu erlauben, beinhalten synchrone Kommunikationssysteme solche Möglichkeiten für die Nutzer nicht notwendigerweise, weil sie zum gleichzeitigen Nachrichtenaustausch konzipiert sind. Beispiele für synchrone Kommunikationssysteme sind ISDN-Telefonanlagen, computer-integrierte Telefonie, Bildtelefone und Videokonferenzen. Zu den asynchronen Kommunikationssystemen gehören Telefax, Teletex, elektronische Post oder Voice Mail.

Die Abgrenzung von Kommunikationssystemen kann mittels bestehender Definitionsansätze im Bereich der Groupware verdeutlicht werden. Folgt man der von Maaß (1991) vorgenommenen Einteilung von Groupware, so gehören Kommunikationssysteme in den Bereich der technischen Unterstützung der Kommunikation zwischen Nutzern (vgl. Kap. 2.1). Hinsichtlich der Prinzipien, wie Inhaltsdaten zwischen Nutzern in Groupware zugänglich gemacht werden, wurde zwischen dem Versand- und dem Zugriffsprinzip unterschieden (vgl. Kap. 2.1.2). Unter dem Begriff Kommunikationssysteme werden hier ausschließlich Anwendungen verstanden, die gemäß dem Versandprinzip konzipiert sind.

Höller (1993) benutzt den Begriff "Kommunikationssystem" explizit. Er leitet diesen Begriff aus den im Rahmen der OSI stattfindenden Normungen im Bereich der Kommunikationstechnik ab und thematisiert darunter lediglich solche Aspekte der Funktionalität von Systemen, die deshalb standardisiert werden, weil sie im technischen Sinne zum Austausch von Daten notwendig sind (vgl. Kap. 2.1.2). Ich will im folgenden Kommunikationssysteme in einem breiteren Sinn verstehen. Im Rahmen der zuvor vorgenommenen Eingrenzungen sollen auch nicht standardisierte Anwendungen und nicht durch die Standards erfaßte

Funktionen genormter Anwendungen thematisiert werden.[1]

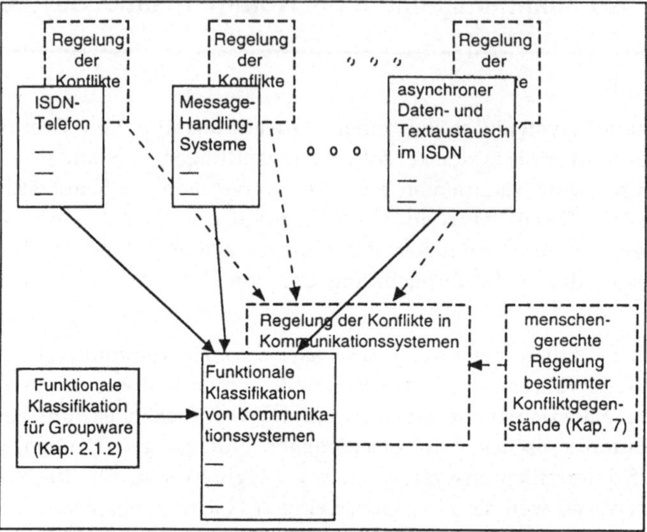

Abb. 8.1:   Ableitung der Hinweise zu einer menschengerechten Regelung von Konflikten bei Kommunikationssystemen

Kommunikationssysteme können sowohl im Bereich öffentlicher Netze angesiedelt sein als auch im in-house-Bereich. Da Kommunikationssysteme den Nachrichtenaustausch über erhebliche räumliche Distanz und organisatorische Grenzen hinweg realisieren, wirken verschiedene öffentliche und private in-house-Anwendungen zusammen, so daß sich die den Nutzern zur Verfügung stehende Funktionalität aus dem Zusammenwirken dieser verschiedenen Systeme ergibt.

Bezüglich des Umgangs mit groupware-spezifischen Konflikten kann bei einzelnen Kommunikationssystemen auf eine intensiv geführte Diskussion zurückgeblickt werden (vgl. Kap. 3). Deren Ergebnisse sollen im folgenden erweitert und auf andere Kommunikationssysteme übertragbar gemacht werden. Deshalb wird die Funktionalität von Kommunikationssystemen klassifiziert. Dies erfolgt unter Bezug auf die Klassifikation der Funktionalität von Groupware (vgl. Kap. 2.1.2). Auf der Basis dieser Klassifikation werden bei bestimmten Teilfunktionalitäten bestehende Konfliktpotentiale expliziert. Vorschläge zum Umgang mit diesen

---

[1] Die von Höller (1994, S. 220) ohne den Rückgriff auf den Gegenstand internationaler Normung definierten infrastrukturellen Kommunikationssysteme stellen somit eine Teilklasse der Kommunikationssysteme dar.

Konfliktpotentialen werden einerseits aus einer Verallgemeinerung der bezüglich einzelner Anwendungen geführten Diskussion entwickelt und andererseits aus den Ergebnissen zu einer menschengerechten Regelung bestimmter Konfliktgegenstände abgeleitet. Abbildung 8.1 stellt das Vorgehen im Überblick dar.

Mit diesem Vorgehen gelingt es, für Kommunikationssysteme verallgemeinerbare Grundsätze für einen menschengerechten Umgang mit dem Konfliktpotential einzelner Funktionen abzuleiten. Diese Grundsätze sind allgemein in dem Sinne, daß sie sowohl von einer konkreten Anwendung als auch von einem konkreten Anwendungskontext absehen.

8.1   Klassifikation der Funktionalität von Kommunikationssystemen

Zur Gestaltung und Evaluation der Funktionalität von Kommunikationssystemen wurden Klassifizierungen der Funktionen erst in Ansätzen begrenzt auf ISDN-Nebenstellenanlagen vorgenommen (vgl. Kap. 2.1.2). Die im folgenden darzustellende Klassifikation der Funktionalität von Kommunikationssystemen geht methodisch einen ähnlichen Weg. Mittels eines Vergleichs verschiedener Kommunikationssysteme werden durch eine Verallgemeinerung Klassen ähnlicher Funktionen im Hinblick darauf gebildet, ob sie aus der Perspektive von Benutzern die Aufgabenausführung durch ähnliche Leistungen unterstützen. Diese Klassen werden als Teilfunktionalitäten bezeichnet. Für jede dieser Teilfunktionalitäten werden die dabei zu Tage tretenden Nutzerrollen benannt.[1] Zur Beschreibung der bei einzelnen Funktionen bestehenden Konfliktpotentiale reichen die Rollen Aktivator und Betroffene nicht mehr aus und werden deshalb - wenn notwendig - erweitert (vgl. Kap. 4.4). Dadurch werden Konfliktpotentiale explizierbar, und es können Vorschläge zur Konfliktregelung entwickelt werden. Ein solcher Ansatz beruht auf der Annahme, daß sich bezüglich der Regelung von Konflikten bei ähnlichen Funktionen in unterschiedlichen Kommunikationssystemen eine Vielzahl von Gemeinsamkeiten ergeben.[2]

---

[1] Zu den von der Aktivierung einer Funktion Betroffenen werden hier nur Nutzer von Groupwaresystemen gezählt. Diese Einschränkung erscheint sinnvoll, weil nur Konflikte zwischen Nutzern von Groupware mit Hilfe technischer Konfliktregelungsmechanismen geregelt werden können. Es soll aber darauf hingewiesen werden, daß die Aktivierung von Funktionen sehr wohl auch andere Personen beeinträchtigen kann, die das System nicht nutzen. Dies ist z.B. der Fall, wenn ein face-to-face Gespräch durch ein eingehendes Telefonat unterbrochen wird.

[2] Ein Beispiel für solche verwandten Funktionen sind die Anrufumleitung beim Telefon und die Umleitung ankommender Mitteilungen bei Message-Handling-Systemen gemäß der Norm X.400. Die Diskussion um die Bewertung bestehender Implementierung hat hier jeweils ähnliche Konfliktpotentiale zwischen den jeweiligen Nutzern aufgedeckt. Zu deren Lösung wurden verwandte Gestaltungsvorschläge entwickelt (vgl. Höller 1993, S. 296 ff.; Hammer, Pordesch, Roßnagel 1993, S. 100 ff.).

Die Klassifikation der Funktionalität von Kommunikationssystemen basiert auf einer Betrachtung von ISDN-Nebenstellenanlagen, computer-integrierter Telefonie, E-Mail und Telefaxanwendungen.

8.1.1   Verbindungsaufbau

Der Aktivator baut eine Verbindung in einem Kommunikationssystem in der Regel durch die Bezeichnung der Adresse bzw. Nutzerkennung des Empfängers auf (vgl. Kap. 2.1.2).

Der Verbindungsaufbau des Aktivators ist in der Regel von einer Signalisierung begleitet, die dem Empfänger transparent macht, daß eine Verbindung zur Annahme vorliegt. Diese Signalisierung, die nach Ausführung des Verbindungsaufbaus erfolgt, wird als *Vorkommunikation* bezeichnet. Beispiele für eine solche Vorkommunikation stellen das Klingeln beim Telefon oder die Anzeige eingegangener Mails dar.

8.1.2   Dringlichkeitsindizierung

Funktionen, die es dem Aktivator im Rahmen der Vorkommunikation erlauben, beim Verbindungsaufbau die Dringlichkeit des Verbindungsempfangs durch den Empfänger zu klassifizieren, werden in dieser Teilfunktionalität zusammengefaßt. Beispiele hierfür sind das Aufschalten und Anklopfen beim Telefon (vgl. Höller und Kubicek 1989, S. 35; 39) oder die Vergabe von Wichtigkeitsstufen bei E-Mail gemäß der Norm X.400 (vgl. Babatz, Bogen und Pankoke-Babatz 1990, S. 68), falls die Möglichkeit besteht, E-Mail Nachrichten hoher Dringlichkeit am Endgerät des Empfängers bei Eingang anzuzeigen.

Hierbei besteht die Rolle des Aktivators, der die Möglichkeit erhält, die Dringlichkeit seines Verbindungswunsches in besonderer Weise darzustellen. Daneben ist der Empfänger betroffen, dem diese zusätzliche Signalisierung zur Kenntnis gegeben wird. Außerdem können andere Kommunikationspartner des Empfängers dadurch beeinträchtigt werden, daß die von ihnen aufgebaute Verbindung mit veränderter Priorität behandelt wird.

8.1.3   Unterstützung bei der Empfängerauswahl

Da Kommunikationssysteme es ermöglichen, eine Verbindung zu einer Vielzahl von Nutzern aufzubauen, können dem Sender, der eine Verbindung zu anderen Nutzern aufbaut, verschiedene Unterstützungsfunktionen zur Verfügung gestellt werden.

Adressierungsunterstützung

Funktionen, die die Adressierung unterstützen, erleichtern den Verbindungsaufbau durch technische Hilfsmittel. Beispiele für Adressierungsunterstützung sind programmierbare Kurzwahl und Wahlwiederholung bei Telefon (vgl. Hammer/Pordesch/Roßnagel 1993, S. 110 ff.) und Telefax (vgl. Andelfinger, Pordesch, Roßnagel 1991, S. 72 ff.) oder ein integriertes Adreßbuch bei computer-integrierter Telefonie (vgl. Müller 1990, S. 378).

Bei dieser Funktionalität besteht die Rolle des Aktivators. Diesem wird der Verbindungsaufbau erleichtert. Außerdem ist der Empfänger dadurch betroffen, daß der Kanal schneller und einfacher zu ihm herstellbar ist.

Distributionslisten

Funktionen, die die Einbindung von Distributionslisten ermöglichen, unterstützen den Verbindungsaufbau zu einer Vielzahl von Empfängern durch automatisches Adressieren aus einer vorgegebenen Liste. Beispiele für diese Funktionalität sind die Verteilerliste bei E-Mail (vgl. IBM 1985, S. 7 - 5 ff.; Höller 1993, S. 281 ff.) und die Leistungsmerkmale Anrufliste bzw. Power Dialing bei computer-integrierter Telefonie (vgl. Ihlow 1991, S. 352 f.). Im Rahmen von Telekommunikationsservern für die speichervermittelte Text- und Datenkommunikation in ISDN-Nebenstellenanlagen gehören Verteilerfunktionen in diese Teilfunktionalität (vgl. Andelfinger, Pordesch, Roßnagel 1991, S. 89 ff.).

Bei dieser Funktionalität besteht die Rolle des Aktivators. Diesem wird der Verbindungsaufbau zu einer Vielzahl von Empfängern erleichtert. Die Empfänger sind dadurch betroffen, daß eine Verbindung schneller und einfacher zu ihnen aufgebaut werden kann, was sowohl zu einer besseren Versorgung mit Information als auch zur Informationsüberflutung führen kann. Darüber hinaus kann die Rolle des Eigners der Verteilliste bestehen. Dieser kann die Auswahl und Zusammensetzung der Adreßliste bestimmen.

8.1.4   Verbindungsempfang

Eine Verbindung kommt in der Regel erst durch die Aktivierung einer weiteren Funktion durch den Empfänger - den Verbindungsempfang - zustande (vgl. Kap. 2.1.2).[1] Bei synchronen Anwendungen ist dies in der Regel durch die Annahme

---

[1]Neben diesem Standardfall gibt es in bestimmten synchronen Kommunikationssystemen die Möglichkeit, Verbindungen zu etablieren, ohne daß dem Empfänger eine Funktion des Verbindungsempfangs gegeben ist. Dies ist beispielsweise bei der Funktion "Direktansprechen" von ISDN-Telefonanlagen (vgl. Hammer, Pordesch, Roßnagel 1993a, S. 137 ff.) und der Glance-Funktion im RAVE Audio Video-Environment (vgl. Kap. 3.1) der Fall. In beiden Fällen kann der Aktivator die Verbindung ohne Zustimmung des Empfängers etablieren. Solche Funktionen können zu einer Verbindung führen, in der der Empfänger eventuell ohne sein Zutun oder gegen seinen Willen synchron Nachrichten an den Aktivator schickt. Auch bestimmte asynchrone Kommunikationssysteme haben keine Kanalempfangsfunktion. So gibt es bei gewöhnlichen Telefaxgeräten - sieht man vom völligen Ausschalten der Geräte ab - keine Empfangsfunktion, die den Ausdruck eingehender Telefaxe unter-

der Verbindung gegeben. Beim Telefon stellt beispielsweise das Abheben des Hörers ebenso einen Verbindungsempfang dar wie beim Videophone das Einschalten des eigenen Endgeräts. Bei asynchronen Kommunikationssystemen kommt der Verbindungsempfang dadurch zustande, daß die übermittelten Inhaltsdaten vom Empfänger geöffnet werden.

Wie bei der Beschreibung der verschiedenen Varianten des Verbindungsaufbaus bereits deutlich geworden ist, stehen sich bei dieser Teilfunktionalität die Rollen des Aktivators, der dabei eine Verbindung empfängt, und die des Senders gegenüber.

8.1.5   Unterstützung des Verbindungsempfangs

In Kommunikationssystemen können dem Empfänger spezielle Funktionen beim Verbindungsempfang gegeben sein.

Filter

Filterfunktionen unterbinden den Verbindungsempfang automatisch. Die Filterung kann entweder zu einer undifferenzierten Unterdrückung des Verbindungsempfangs führen (Abschottung), oder sie kann eine differenzierte Handhabung erlauben. Letztere Funktionen benötigen für eine selektive Handhabung der Nachrichten entweder stark strukturierte Daten, die einfach automatisch ausgewertet werden können, oder es müssen Text-, Bild- oder Spracherkennungsverfahren zur Auswertung schwach strukturierter Teile zur Verfügung stehen.

In ISDN-Telefonanlagen gehören die Abschottungsfunktion und die automatische Unterdrückung des Anklopfens und Aufsprechens in ihren momentan auf dem Markt anzutreffenden Ausprägungen zu den undifferenzierten Abschottungsfunktionen (vgl. Höller und Kubicek 1989, S. 36 ff.). Im Bereich computerintegrierter Telefonie existieren nach Absender differenzierende Filterfunktionen (vgl. Schmandt und Casner 1989, S. 970 ff.). Andelfinger u. a. (1993, S. 66) fordern ähnliche Funktionen unter dem Stichwort "schwarze Liste" bei der Text- und Datenkommunikation im ISDN. Aufgrund der weitreichenden Ausprägung stark strukturierter Dokumentteile bei E-Mail haben sich dort bereits differenzierte Funktionen zur Empfangssteuerung herausgebildet. Sie erlauben eine Filterung der Nachrichten beispielsweise nach Absender oder Dringlichkeitsindex (vgl. Malone u. a. 1988, S. 312 ff.).

Beteiligt an dieser Teilfunktionalität ist der Empfänger als Aktivator, der den Verbindungsempfang automatisch unterdrücken und sich damit vor Störungen und Nachrichtenüberflutung schützen kann. Der Sender ist betroffen, weil die von ihm aufgebauten Verbindungen nicht empfangen werden.

---

drückt.

Empfangsselektion

Im Gegensatz zur Filterfunktionalität, die - nachdem sie vom Empfänger vorbereitet wurde - automatisch ausgeführt wird, tragen Funktionen der Empfangsselektion die Auswahlentscheidung jeweils direkt an den Nutzer heran. Er entscheidet persönlich, ob er eine Verbindung annimmt. Dazu werden im Rahmen der Vorkommunikation zusätzliche - in der Regel stark strukturierte - Daten über die zu etablierende Verbindung am Endgerät des Empfängers angezeigt, um seine Auswahlentscheidung zu erleichtern.

Bei ISDN-Telefonanlagen gehört die Anzeige der Rufnummer des Anrufenden ebenso zu dieser Teilfunktionalität, wie die Funktion "Frei für zweiten Anruf", bei der während eines bestehenden Anrufs die Nummer eines weiteren Anrufers angezeigt wird, der gerade ebenfalls versucht, eine Verbindung aufzubauen (vgl. Hammer, Pordesch, Roßnagel 1993, S. 123 ff.). Im Bereich von E-Mail gehören Masken, die den Benutzer von den eingegangenen Dokumenten nur bestimmte stark strukturierte Felder, wie den Absender, das Betreff- und das Dringlichkeitsfeld anzeigen, zu den Funktionen der Empfangsselektion.

Bei dieser Teilfunktionalität besteht die Rolle des Empfängers, der als Aktivator der Funktionen gezielter auf einen Verbindungsaufbau reagieren kann. Der Sender ist betroffen, weil die von ihm aufgebaute Verbindung in veränderter Weise im Rahmen der Vorkommunikation zur Kenntnis genommen wird und er eventuell zusätzlichen Aufwand bei der Eingabe stark strukturierter Felder hat. Bei synchronen Kommunikationssystemen können weitere Nutzer betroffen sein, deren Verbindungen zum Empfänger auf Grund der Empfangsselektionsmöglichkeiten beeinträchtigt werden.

8.1.6   Verbindungsausrichtung

Kommunikationssysteme beinhalten Funktionen, die es erlauben, in die vom Sender vorgenommene Adressierung während der Verbindungsetablierung einzugreifen.

Verbindungslenkung

Funktionen der Verbindungslenkung ermöglichen es, zum Empfänger aufgebaute Verbindungen anderen als den adressierten Empfängern zum Empfang zur Verfügung zu stellen. Beim ISDN-Telefon gehören die Funktionen Anrufumleitung und Heranholen in diese Kategorie (vgl. Höller und Kubicek 1989, S. 37, 44). Bei E-Mail fällt die Umleitung in diesen Bereich (vgl. Babatz u. a. 1990, S. 43). Bei der Text- und Datenkommunikation im ISDN fallen Funktionen, die es erlauben, Verbindungen um- und weiterzuleiten sowie Verbindungen nachzuziehen in diese Teilfunktionalität (vgl. Andelfinger 1991, S. 79 ff.).

Zunächst besteht die Rolle des Empfängers, der die an ihn adressierte Verbindung nicht erhält, die damit eventuell verbundene Störung aber auch vermeidet. Außerdem sind der Ersatzempfänger, der eine zusätzliche Verbindung empfängt und der dadurch eventuell beeinträchtigt wird, und der Absender, dessen Verbindungsaufbau nicht den adressierten Empfänger erreicht, von dieser Teilfunktionalität betroffen. Je nach Ausgestaltung aktivieren entweder der Empfänger oder der Ersatzempfänger diese Teilfunktionalität.

Verbindungsverteilung

Bei der Verbindungslenkung versucht der Sender, eine Verbindung zu einem bestimmten Empfänger aufzubauen. Diese Verbindung wird dann entweder zum Empfänger oder zum Ersatzempfänger umgelenkt. Im Gegensatz zu diesen individuellen Eingriffen erfolgt die Verbindungsverteilung automatisch. Hinter der Empfängeradresse verbirgt sich dabei eine Gruppe von Empfängern, denen die Teilfunktionalität Verbindungsverteilung einzelne Verbindungen nach einem bestimmten Algorithmus zuteilt. Beispiele für die Verbindungsverteilung stellen Sammelanschlüsse und Rufübernahmegruppen bei ISDN-Anlagen sowie automatische Anrufverteilung bei computer-integrierter Telefonie (vgl. Ihlow 1991, S. 350f; Wiencke 1990, S. 358ff.) dar.

Bei dieser Funktion besteht die Rolle des Senders, dessen Verbindung automatisch gelenkt wird. Außerdem ist der tatsächliche Empfänger betroffen sowie die Gruppe potentiell möglicher Empfänger. Darüber hinaus besteht die Rolle des Eigners des Verteilungsalgorithmus, der dessen Einstellung vornimmt.

8.1.7   Verbindungsausweitung

Die Kanalausweitung war bereits als eine Teilfunktionalität von Groupware eingeführt worden. Die Verbindungsausweitung erlaubt es, neue Teilnehmer zu einem Kommunikationskanal hinzuzunehmen. Dies kann als Bestandteil des Verbindungsempfangs oder bei der Modifikation einer bereits bestehenden synchronen Verbindung erfolgen. Durch die Aktivierung dieser Teilfunktionalität werden Merkmale einer Verbindung festgelegt bzw. verändert (vgl. 2.1.2).

Beteiligt ist an dieser Verbindungsausweitung zunächst deren Aktivator. Er gewinnt die Möglichkeit, weiteren Nutzern Inhaltsdaten zugänglich zu machen und ihnen die Möglichkeiten zur Teilnahme an bestimmten Verbindungen zu geben. Alle anderen bisher an der Verbindung beteiligten Nutzer sind betroffen, weil ihre Nachrichteninhalte zusätzlich anderen als den ursprünglich beabsichtigten Benutzern bekannt werden. Die neu in die Verbindung aufgenommenen Nutzer sind ebenfalls betroffen, weil ihnen zusätzliche Inhaltsdaten zur Kenntnisnahme angeboten werden, deren Entstehungsgeschichte sie möglicherweise nicht kennen.

8.1.8   Inhaltsbeschreibung

Bei Kommunikationssystemen haben sowohl der Sender als auch der Empfänger die Möglichkeit, solche Funktionen beim Aufbau einer Verbindung oder bei der Modifikation einer bestehenden Verbindung zu aktivieren. Durch die Aktivierung dieser Teilfunktionalität wird ein Merkmal einer Verbindung festgelegt bzw. verändert (vgl. Kap. 2.1.2).

Einer der Kommunikationspartner kommt in die Rolle des Aktivators dadurch, daß er eine bestimmte Darstellungsform auswählt. Gemäß dieser Aktivierungsentscheidung muß der Sender im Rahmen der sich daraus ergebenden Vorgaben die von ihm zu vermittelnden Inhalte darstellen. Der Empfänger muß aus dieser Darstellung den vom Absender intendierten Inhalt rekonstruieren.

8.1.9   Referenzierung

Über eine Verbindung ausgetauschte Inhaltsdaten können automatisch mit anderen lokalen Dokumenten in Beziehung gesetzt werden. Funktionen, die die Herstellung solcher Bezüge bei der Verbindungsetablierung unterstützen, werden zur Referenzierungsfunktionalität gezählt. Durch die Aktivierung dieser Teilfunktionalität wird ein Merkmal einer Verbindung festgelegt.

Um Bezüge zwischen lokalen Dokumenten und in Kommunikationssystemen vermittelten Verbindungen herzustellen, greifen diese Funktionen auf stark strukturierte Teile der Nachrichten zurück. Diese Felder müssen in einer automatisch interpretierbaren Weise ausgefüllt werden. Deshalb basiert Referenzierung häufig auf dem Feld der automatisch eingefügten Absenderadresse.

Referenzierung läßt sich danach unterscheiden, ob sich die lokalen Dokumente, auf die verwiesen wird, beim Sender oder beim Empfänger befinden. Während Funktionen, die dem Empfänger erlauben, sich durch Aktivierung dieser Funktion Zugang zu beim Absender sich befindenden Dokumenten zu verschaffen, bisher kaum implementiert sind, gibt es Realisierungen von Referenzierung zu lokalen Dokumenten, die sich bereits beim Empfänger befinden. Beispiele dafür stellen Funktionen im Bereich computer-integrierter Telefonie dar. Dabei werden Bezüge zwischen im Einzelarbeitsplatzbereich liegenden Text- bzw. Datensätzen zu eingehenden Telefonaten hergestellt. Das Bezugsfeld stellen dabei die Telefonnummer des Absenders oder zur Unterscheidung der Anrufer vergebene spezielle Telefonnummern des Empfängers dar (vgl. Wulf 1993 a). Im Interpersonal Message-Handling-Service gemäß X.400 ist im Rahmen der Inhaltsbeschreibung ein spezielles "Cross-Referencing"-Feld vorgesehen, auf das die Referenzierungsfunktion zugreifen kann (vgl. Babatz u. a. 1990, S. 67).

Betroffen von dieser Teilfunktionalität sind der Sender, dessen Nachrichten durch die Referenzierung in einen veränderten Bezugsrahmen zur Kenntnis genommen werden, und der Empfänger, der als Aktivator dieser Teilfunktionalität eingehende Dokumente in verändertem Kontext wahrnimmt.

8.1.10   Ereignisdienst

Der Ereignisdienst war bereits als Teilfunktionalität von Groupware eingeführt worden (vgl. Kap. 2.1.2). Bei Kommunikationssystemen entstehen hierbei Transparenzdaten über das Verhalten einzelner Nutzer bezüglich des Verbindungsaufbaus, des Verbindungsempfangs und der Manipulation einer bestehenden Verbindung. Insofern werden durch die Aktivierung bestimmter Funktionen des Ereignisdienstes Merkmale einer Verbindung festgelegt bzw. verändert. Durch den Ereignisdienst können aber auch Daten erfaßt werden, die nicht mit der Etablierung einer Verbindung zusammenhängen. Durch Funktionen des Ereignisdienstes erfaßte Daten können entweder zentral im Netz gespeichert, bearbeitet und abgerufen werden oder dezentral unter der Kontrolle einzelner Nutzer stehen. Diese Daten können von anderen Funktionen verarbeitet werden und es kann mittels weiterer Leistungsmerkmale des Ereignisdienstes auf sie zugegriffen werden.

Betroffen von Funktionen des Ereignisdienstes sind die Nutzer, deren technisch vermitteltes Kommunikationsverhalten nachvollziehbar wird. Darüber hinaus ist die Rolle der Aktivatoren dieser Teilfunktionalität zu benennen, die entweder die Entstehung der Daten veranlassen, über die Weiterverarbeitung der anfallenden Daten bestimmen oder Zugriff darauf ausüben.

8.1.11   Verbindungsabbruch

Der Kanalabbruch wurde bereits als Teilfunktionaltität von Groupware thematisiert (vgl. Kap. 2.1.2). Bei synchronen Kommunikationssystemen, bei denen Kanäle für eine bestimmte Dauer etabliert sind, gibt es Funktionen, die es Nutzern erlauben, eine Verbindung abzubrechen. Beim Telefon gehört beispielsweise das Auflegen des Hörers zu dieser Teilfunktionalität.

Neben dem Aktivator gibt es bei dieser Teilfunktionalität die Rolle der Betroffenen, die durch den Abbruch der Verbindung einen/den Kommunikationspartner verlieren.

8.1.12   Zusammenfassung

Abschließend sind die bisher entwickelten Teilfunktionalitäten von Kommunikationssystemen mit den dazugehörigen Funktionen aus den Anwendungen

ISDN-Telefon, computer-integrierte Telefonie, E-Mail und ISDN-Telefax aufgelistet (Abb. 8.2). Es zeigt sich, daß nicht alle Teilfunktionalitäten in den vier ausgewählten Anwendungen implementiert sind. Andererseits sind auch nicht alle in einzelnen Anwendungen realisierte Funktionen von dieser Klassifikation erfaßt. Es besteht aber die Möglichkeit, weitere in Anwendungen ähnlich anzutreffende Funktionen in neu zu definierende Teilfunktionalitäten einzuordnen und so die hier vorgenommene Klassifizierung zu erweitern.

Die hier entwickelte funktionale Klassifikation zeigt, daß das Grundmodell des Kanalaufbaus in Groupware (vgl. Kap. 2.1.2) weiter zu differenzieren ist. Die Verbindungsetablierung in Kommunikationssystemen ist komplexer, weil über die Funktionen des Verbindungsaufbaus und des Verbindungsempfangs bei Kommunikationssystemen weitere Teilfunktionalitäten zu berücksichtigen sind. Der Aktivator kann mit Funktionen der Adressierungsunterstützung versehen sein. Außerdem kann er durch die Auswahl von Alternativen der Inhaltsbeschreibung oder des Ereignisdienstes Verbindungen mit verschiedenen Merkmalen erzeugen. Diese Funktionen können als Anpassungsfunktionen den Kanalaufbau in vordefinierter Weise unterstützen, oder sie können bei jedem Verbindungsaufbau zur Auswahl der Funktionsalternative aktiviert werden.

Der Empfänger kann beim Verbindungsempfang mit Funktionen versehen sein, die die Adressierung (Verbindungsausrichtung) oder die vom Aktivator vorbestimmten Merkmale der Verbindung (z. B. Verbindungsausweitung, Inhaltsbeschreibung, Ereignisdienst) verändern. Diese Funktionen können entweder manuell aktiviert werden oder als vorbereitete Funktion realisiert sein.

Teilfunktiona-litäten	ISDN-Telefon	computer-inte-grierte Telefonie	E-Mail	Telefax im ISDN
Kanalaufbau	- Eingabe der Telefonnummer	*	- Eingabe Adresse und Abschicken	- Wählen der Empfängernummer
Dringlichkeits-indizierung	- Aufschalten - Anklopfen	*	- Wichtigkeits-klassen	
Adressierungs-unter-stützung	- Zieltasten - Kurzwahl oder Wahl-wiederhol.	* - elektronisches Adreßbuch	- elektronisches Adreßbuch	- Kurzwahl oder Wahlwiederholung
Distributions-listen		* - Anruflisten	- Verteilerlisten	- Verteilerlisten
Verbindungs-empfang	- Abheben d. Hörers - Einschalten von Lautsprecher und Mikrophon	*	- Öffnen einer Mail	
Filter	- Abschottung	* - Ausfiltern von Anrufen	- Information Lens	- schwarze Liste
Empfangsselektion	- Anzeige der Anrufidentifizierung - Frei für zweiten Anruf	*	- Bildschirmkurz-anzeige	- Deckblatt
Verbindungs-lenkung	- Heranholen - Anrufumleitung - Nachziehen	*	- Umleitung durch den Empfänger	- Umleitung, - Nachziehen
Verbindungs-verteilung	- Anrufüber-nahmegruppe - Sammelanschluß	- Automatische Anrufverteilung		- Sammelanschluß
Verbindungs-ausweitung	- variable Konferenz - Zeugenzuschaltung	*	- Vergabe von Zugangsrechten auf Postfach	- zentraler Speicher
Inhaltsbeschreibung	- akustisches Signal gemäß CCITT-Spezifikation	* - akustisches Signal und: Text, Grafik, Bilder und Daten gemäß jeweiliger Spezifikation	- Text - Grafik - Bilder - Daten gemäß jeweiliger Spezifikation	- Bilder gemäß Telefax-Spezifikation
Referenzierung		* - Verknüpfung Telefonat mit lokalem Datensatz	- Cross-Referenzierung zu lokalen Dokumenten	
Ereignisdienst	- Fangen - Gebührendatener-fassung	- Monitoring-Funktionen	- personenbezogene Verkehrs-statistiken	- Sende- und Empfangsprotokolle - Gebührendatener-fassung
Verbindungsab-bruch	Auflegen des Hörers	*		

*Funktionen der ISDN-Telefonie werden nicht nochmal angeführt.

Abb. 8.2: Funktionen in Beispielanwendungen und ihre Zuordnung zu Teilfunktionalitäten

8.2 Vorschläge zur Regelung der Konfliktpotentiale

Die Regelung von groupware-spezifischen Konfliktpotentialen ist im Bereich der Kommunikationssysteme am profundesten diskutiert worden. Insbesondere die Gestaltung einzelner Funktionen von ISDN-Telefonanlagen ist dabei ausgiebig untersucht worden (vgl. Herrmann 1988; Herrmann u. a. 1988; Kubicek 1988; Höller und Kubicek 1989 und Roßnagel 1990). Aber auch in Bezug auf asynchronen Text- und Datenaustausch (vgl. Andelfinger, Pordesch, Roßnagel 1991) und auf Message-Handling-Systeme (vgl. Höller 1993) ist die Konflikthaftigkeit einzelner Funktionen untersucht worden, um Regelungsvorschläge zu entwickeln.

Im folgenden soll die Klassifizierung der Funktionalität von Kommunikationssystemen genutzt werden, um bezogen auf einzelne Teilfunktionalitäten Vorschläge für ein menschengerechtes Konfliktmanagement zu entwickeln.[1] Bei der Ableitung dieser Vorschläge wird sowohl auf die bisher in der Literatur geführte Diskussion als auch auf die in Kapitel 7 entwickelten Hinweise zur Regelung bestimmter Konfliktgegenstände zurückgegriffen.

Abb. 8.3 stellt Hinweise für eine menschengerechte Regelung von Konflikten bei Kommunikationssystemen im Überblick dar. In den Zeilen sind die Teilfunktionalitäten und die sich dabei ergebenden Konfliktkonstellationen abgetragen. Der Aktivator ist bei jeder dieser Konfliktkonstellationen zunächst genannt, gefolgt von der Bezeichnung der Rolle des Betroffenen. In den Spalten sind die in Kap. 4.1 abgeleiteten und in Kap. 7 auf einzelne Konfliktgegenstände bezogenen Formen der Konfliktregelung verzeichnet. Die Abkürzungen innerhalb der Tabelle geben jeweils an, wie diese Hinweise abgeleitet wurden. KS steht für kommunikative Selbstbestimmung, IS für informationelle Selbstbestimmung und O für organisatorische Erwägungen, die sich aus der Anwendung von Selbstabstimmung als Koordinationsmechanismus ergeben.

Um den Umfang der Arbeit nicht ausufern zu lassen, werde ich die in Abb. 8.3 dargestellten Ergebnisse lediglich für ausgewählte Teilfunktionalitäten an dieser Stelle begründen und eine Konkretisierung im Hinblick auf die zu nutzenden technischen Mechanismen vornehmen. Die Hinweise für ein menschengerechtes Konfliktmanagement der übrigen Teilfunktionalitäten werden im Anhang diskutiert.

---

[1] Auf den Formalismus der Konflikmatrizen wird für die Suche nach möglichen Konflikten verzichtet, weil sich daraus m.E. kein zusätzlicher Erkenntnisgewinn ergibt. Obwohl Konfliktmatrizen den Vorteil einer formalisierten Darstellung des Konfliktpotentials einzelner Funktionen bieten, werden sie als letzter Schritt aufgesetzt auf zwei nicht formal zu unterstützende Arbeitsschritte gebildet: die Erfassung der beteiligten Rollen und die Darlegung von möglichen Anforderungen der Rollenträger (vgl. Kap. 3.3). Solange lediglich die Konflikthaftigkeit einzelner Leistungsmerkmale untersucht wird, erscheint dieser Formalismus deshalb wenig hilfreich. Vielmehr wird in dieser Arbeit besonderer Wert auf die Klassifizierung einzelner Teilfunktionalitäten und die Erfassung aller beteiligter Rollen gelegt, um damit dann möglich Konflikte beschreiben zu können.

	keine Kon- fliktrege- lung	Sichtbar- keit	Einspruchs -recht	Verhand- lungsmög- lichkeiten
Verbindungsaufbau: Aktivator / Empfänger		KS		
Dringlichkeitsindizierung: Aktivator / Empfänger			KS	
Adressierungsunterstützung Aktivator / Empfänger	KS			

Distributionslisten:
    Aktivator / Empfänger
    Eigner / Sendergruppe
    Eigner / Empfänger
		KS
		KS
		
		KS		

Verbindungsempfang: Aktivator / Sender	KS			
Filter: Aktivator / Sender	KS			
Empfangsselektion: Aktivator / Sender	KS			

Verbindungslenkung:
    Aktivator / Sender
    Aktivator / betroffener Empfänger
		KS	
			KS	

Verbindungsverteilung:
    Sender / Gruppe
    Eigner / Gruppe
    Gruppenmitglied / Gruppenmitglied
		KS		
				O
				O

Verbindungsausweitung:
    Aktivator / neuer Teilnehmer
    Aktivator / bisherige Teilnehmer
			KS / IS
			KS / IS	

Inhaltsbeschreibung: Aktivator / Betroffener			KS	
Referenzierung: Aktivator / Sender	KS[1]	KS / IS[2]		
Ereignisdienst: Aktivator / Nutzer			IS	
Verbindungsabbruch		KS		

KS   bei Berücksichtigung kommunikativer Selbstbestimmung in dieser Weise zu regeln
IS   bei Berücksichtigung informationeller Selbstbestimmung in dieser Weise zu regeln
O   bei Koordination durch Selbstabstimmung in dieser Weise zu regeln

Abb. 8.3:   Regelung von Konflikten in Kommunikationssystemen

8.2.1   Verbindungsetablierung

Konflikte bezüglich der Verbindungsetablierung zwischen Sender und Empfän-

---

[1] Bei asnchronen Kommunikationssystemen ist das Konfliktpotential als so gering einzuschätzen, daß keine Konfliktregelung erforderlich ist.

[2] Sichtbarkeit ist für den Fall synchroner Kommunikationssysteme zu verlangen.

ger sind in der Literatur bereits ausgiebig diskutiert worden. Das Recht auf kommunikative Selbstbestimmung fordert, daß beide Rollenträger in freier Selbstbestimmung über die Verbindungsetablierung entscheiden können und daß niemand gegen seinen Willen zur Etablierung einer Verbindung gezwungen wird (vgl. Kap. 7.3). In synchronen Kommunikationssystemen ist dabei außerdem das Recht auf informationelle Selbstbestimmung des Empfängers gegen nicht beabsichtigten Abfluß von Daten zu wahren (vgl. Kap. 7.2).

Die Realisierung der Anforderung nach technischem Einspruchsrecht kann nun in verschiedener Weise erfolgen. Zur Konfliktregelung bei ISDN-Nebenstellenanlagen ist vorgeschlagen worden, während der Verbindungsetablierung die vom Empfänger zur Veränderung der Adressierung genutzten Funktionen der Verbindungsausrichtung vor ihrer Ausführung transparent zu machen, um dem Sender so zu ermöglichen, den Verbindungsaufbau abzubrechen. Außerdem wurde bezüglich der Funktion "Anruferidentifizierung" vorgeschlagen, dem Empfänger die Möglichkeit zu geben, vom Sender im Rahmen der Vorkommunikation zu verlangen, sich zu identifizieren. Ansonsten sollte der Empfänger die Kanaletablierung ablehnen können (vgl. Hammer, Pordesch und Roßnagel 1993).

Zur Konfliktregelung bei der Verbindungsetablierung in Message-Handling-Systemen nach X.400 schlägt Höller (1993) ein Verfahren vor, bei dem der Sender einer E-mail die von ihm jeweils gewünschten Merkmale der Verbindung beim Verbindungsaufbau expliziert. Außerdem legt er bereits zu diesem Zeitpunkt fest, wie auf die Aktivierung von Funktionen beim Empfänger reagiert werden soll, die die Merkmale der Verbindung oder die Adressierung modifizieren. Dies führt bei Message-Handling-Systemen dazu, daß beim Verbindungsaufbau ein ganzes Bündel von Auswahlentscheidungen mit der Nachricht übermittelt wird. Auf diese Auswahlentscheidungen des Senders reagiert die Anwendung nach Maßgabe der vom Empfänger vorgegebenen Präferenzen pauschal entweder durch Annahme oder durch Zurückweisung der Nachricht. Die von Höller formulierten Entscheidungsregeln ebenso wie der Default-Wert seines "Aushandlungsmechanismus" sorgen dafür, daß lediglich im Falle, wenn alle Auswahlentscheidungen der Kommunikationspartner übereinstimmen, eine Verbindung etabliert werden kann. Ansonsten wird die Verbindungsetablierung durch Zurücksenden der Nachricht abgebrochen.

Dieses Vorgehen hat den Vorteil einer einfachen und zeiteffizienten Konfliktregelung, geht aber mit dem Nachteil einher, daß keine Abstimmung über die Aktivierung einzelner Funktionen möglich ist. Weichen die Auswahlentscheidungen der Kommunikationspartner nur bezüglich eines - möglicherweise für beide nicht zentralen - Aspekts ab, so kommt keine Verbindung zustande. Der von Höller beschriebene Mechanismus trifft keine Vorkehrung, wie eine solche "geringfügige" Abweichung möglicherweise für die Kommunikanten sichtbar werden und wie sie dann einfach behoben werden könnte.

Die Regelung aller bei dieser Norm einzeln zu betrachtenden Konflikte zwischen Sender und Empfänger ist untrennbar mit der Verbindungsetablierung verknüpft. Alle Konflikte werden in derselben Weise geregelt. Deshalb ist die von Höller vorgenommene Differenzierung der Konfliktregelung in Abhängigkeit von der Grundfunktion bei der Bewertung der Norm X.400 nicht notwendig.[1] Der von Höller (1993) vorgeschlagene "Aushandlungsmechanismus" und die Entscheidungsregeln münden immer in dieselbe Vorgehensweise bei der Regelung von Konflikten.

Im folgenden sollen Vorschläge für eine menschengerechte Konfliktregelung bei der Verbindungsetablierung verallgemeinerbar sowohl für synchrone als auch für asynchrone Kommunikationssysteme dargestellt werden. Bietet das Kommunikationssystem dem Sender keine Funktionen zur Unterstützung des Verbindungsaufbaus und keine Funktionen, mit denen die Merkmale einer Verbindung festgelegt werden können, und hat auch der Empfänger keine Möglichkeit, die Merkmale der Verbindung zu beeinflussen und deren Adressierung durch die Aktivierung weiterer Funktionen zu verändern, so kann das technische Einspruchsrecht des Empfängers gegen die Verbindungsetablierung durch einen für ihn steuerbaren Verbindungsempfang gesichert werden. Da der Empfänger weder die Adressierung noch die Merkmale der Verbindung verändern kann, ist das kommunikative Selbstbestimmungsrecht des Senders nicht gefährdet. Insofern würde die Verbindungsetablierung gemäß dem Konfliktregelungsmechanismus der Intervenierbarkeit erfolgen. Nutzt der Empfänger Filter- oder Abschottungsfunktionalität, so erfolgt die Konfliktregelung gemäß dem Mechanismus der Gegensteuerbarkeit.

In Kommunikationssystemen erfolgt die Verbindungsetablierung in der Regel unter Ausführung weiterer Funktionen. Der Sender hat die Auswahl zwischen verschiedenen Merkmalen einer Verbindung und kann über verschiedene Funktionen verfügen, den Verbindungsaufbau zu unterstützen. Der Empfänger kann mit Funktionen versehen sein, um die Adressierung oder die gewählten Merkmale einer Verbindung zu verändern (vgl. Kap. 8.1). Die Aktivierung dieser

---

[1] In der Tat ist die Zuordnung von Konflikten zu den Entscheidungsregeln bei Höller nicht immer systematisch. So behandelt er Konflikte bezüglich der Frage, ob eine Nachricht durch einen Dienstübergang zur physischen Post hin in Papierform ausgeliefert werden soll, durch den Vorrang des Rechts auf kommunikative Abschottung, während er bezüglich anderer Konflikte in der Übermittlungsart vorschlägt, diese durch Anwendung von Aushandelbarkeit zu lösen. Die Anwendung dieser unterschiedlichen Konfliktlösungsstrategien führt aber nicht zu unterschiedlichen Konfliktlösungen. Eine Nachrichtenübermittlung erfolgt in beiden Fällen jeweils nur, wenn die ausgewählten Funktionsalternativen zwischen Sender und Empfänger übereinstimmen (vgl. Höller 1993, S. 264, 297 ff.).

Funktionen kann zusätzliches Konfliktpotential beinhalten, dessen Regelung im Rahmen der Verbindungsetablierung erfolgen muß. Der Empfänger kann sich durch die Aktivierung von den Verbindungsaufbau unterstützenden Funktionen ebenso beeinträchtigt fühlen wie von der Auswahl der Merkmale einer Verbindung. Der Sender kann durch die Veränderung der Merkmale der Verbindung oder eine Modifikation der Adressierung beeinträchtigt werden.

Betrachtet man die Verbindungsetablierung als ganzes, so ergibt sich aus den in Kap. 7.3 dargestellten Grundsätzen, daß das technisch zu realisierende Einspruchsrecht von Sender und Empfänger am besten durch Anwendung von Aushandelbarkeit als Konfliktregelungsmechanismus für die Verbindungsetablierung zu gewährleisten ist. Der Sender unterstützt den Verbindungsaufbau und legt die Merkmale einer Verbindung durch die Aktivierung bestimmter Funktionen fest. Dies wird dem Empfänger angezeigt, der darauf durch Annahme oder Ablehnung der Verbindung reagieren kann. Darüber hinaus kann eine Alternative der Verbindungsetablierung gewählt werden, indem Funktionen aktiviert werden, die Merkmale der Verbindung modifizieren oder die Adressierung verändern (Verbindungsausrichtung). Diese Alternative der Verbindungsetablierung muß dem Sender transparent werden, der nun die Möglichkeit hat, die Etablierung der Verbindung abzulehnen, sie anzunehmen oder eine neue Alternative der Verbindungsetablierung zu generieren.

Bei dieser Form der Konfliktregelung ist es möglich, daß die beteiligten Nutzer ihr Verhandlungsverhalten durch vorbereitete Funktionen (Agenten), die gemäß einer Voreinstellung ausgeführt werden, automatisieren (vgl. Kap. 4.3). Höllers Vorschlag zur Konfliktregelung in Message-Handling-Systemen beruht beispielsweise darauf, daß der Absender seine Reaktion auf einen Umleitungswunsch des Empfängers beim Verbindungsaufbau bereits voreinstellt.

Aus dieser Form der Konfliktregelung bei der Verbindungsetablierung resultieren Konsequenzen für Funktionen des Verbindungsaufbaus und des Verbindungsempfangs. Diese sind eigenständig zu implementieren und ihre Aktivierung sollte jeweils unter der Kontrolle des Senders bzw. beim Verbindungsempfang des Empfängers bleiben. Dem Betroffenen sollte die Aktivierung des Verbindungsaufbaus transparent werden, weil er ansonsten den Verbindungsempfang nicht aktivieren kann. Ein solcher Ansatz eines technisch unterstützten Konfliktmanagements beinhaltet aber auch Konsequenzen für andere Funktionen, die im Rahmen der Verbindungsetablierung genutzt werden (vgl. Anhang).

8.2.2   Verbindungsausrichtung

Funktionen der Verbindungsausrichtung greifen in die Verbindungsetablierung ein, weil sie eine Modifikation der Adressierung des Absenders bewirken. Als

Vorgabe zur Konfliktregelung muß hier das Recht auf kommunikative Selbstbestimmung herangezogen werden. Konflikte können sich darüber hinaus auch auf eine veränderte Arbeitsteilung beziehen, wenn über den Verbindungsempfang die Zuweisung einer Arbeitsaufgabe erfolgt.

Verbindungslenkung

Konflikte bei der Aktivierung von Funktionen der Verbindungslenkung sind bereits ausgiebig diskutiert worden. Die Konfliktregelung im Verhältnis von Aktivator der Verbindungslenkung und dem Sender einer Nachricht ist am Beispiel verschiedener Kommunikationssysteme diskutiert worden. Hammer, Pordesch und Roßnagel (1993, S. 102) weisen bezogen auf ISDN-Telefonanlagen darauf hin, daß dem Anrufer das Einschalten von Funktionen der Verbindungslenkung im Rahmen der Verbindungsetablierung vorab transparent werden muß, um ihm Gelegenheit zu geben, darüber zu entscheiden, ob er den Anrufversuch fortsetzen will. Auf Grund der Tatsache, daß der Anrufer beim Telefon die Möglichkeit hat, auf aktivierungsbezogene Transparenz mit dem Abbruch des Verbindungsaufbaus zu reagieren, kann die Konfliktregelung in diesem Fall durch Vorabtransparenz erfolgen.

Eine solche Lösung wäre prinzipiell auch auf asynchrone Kommunikationssysteme übertragbar. Wäre eine versandte Nachricht umzuleiten, so könnte dies dem Absender durch eine rückversandte Nachricht mitgeteilt und ihm dann die Möglichkeit gegeben werden, darüber zu entscheiden, ob er den Verbindungsaufbau durch erneutes Versenden fortsetzen will. Eine solche Konfliktregelung macht allerdings zweifaches Versenden der Nachricht notwendig. Sie erhöht den Aufwand des Senders und verzögert die Übermittlung der Nachricht.

Deshalb haben Höller (1993, S. 276 f.) für Message-Handling-Systeme[1] und Andelfinger, Pordesch und Roßnagel (1991, S. 115 f.) bei asynchroner Daten- und Textübermittlung gefordert, dem Absender bei jedem Verbindungsaufbau die Möglichkeit zu geben, festzulegen, ob eine Nachricht umgeleitet werden darf.[2] Diese Verknüpfung von Verbindungsaufbau und -lenkung beläßt dem Absender die Entscheidung, ob er einer Umleitung zustimmen will. Allerdings muß er diese

---

[1]Diese Vorkehrung war im übrigen in der von Höller bewerteten Norm bereits vorgesehen (vgl. Höller 1993, S. 271 ff.).

[2]Eine solche Implementierung ist allerdings nur möglich, wenn die Verbindungslenkung zum festen Satz der Systemfunktionalität gehört und verbindlich einzuhaltende Festlegungen über die Semantik der entsprechenden Mitteilungsfelder à priori getroffen werden können. Diese Voraussetzung ist bei Message-Handling-Systemen wegen der Normierung der Funktionalität erfüllt. Erfolgt die Verbindungslenkung in einer Nebenstellenanlage, so gibt es aber keine entsprechend standardisierten Mitteilungsfelder, die es Absendern aus dem öffentlichen Netz erlauben würden, entsprechend Wünsche beim Verbindungsaufbau zu explizieren. Deshalb kann in diesem Fall nur die zuvor für synchrone Kommunikationssysteme entwickelte Lösung implementiert werden.

Entscheidung à priori auch in solchen Fällen treffen, in denen keine Umleitung stattfindet.[1]

Nicht akzeptabel sind nach übereinstimmender Auffassung aller Autoren Realisierungen, die dem Aktivator erlauben, die Verbindung zu lenken, ohne daß der Sender dagegen im Rahmen der Verbindungsetablierung Einspruch erheben kann. Durch die Koppelung der Verbindungslenkung an den aus der Sicht des Aktivators steuerbaren Verbindungsaufbau kann eine geeignete Konfliktregelung erzielt werden. Keiner der Ansätze zur Konfliktregelung erlaubt dem Sender allerdings, gegen die Aktivierung der Verbindungslenkung selbst ein technisches Einspruchsrecht auszuüben, weil dies in den Vorrang des Rechts auf kommunikative Abschottung beim Kanalempfang eingreifen würde.

Im Verhältnis zwischen dem Aktivator und dem betroffenen Empfänger wird die Forderung erhoben, Letzterem ein Einspruchsrecht gegen die Aktivierung dieser Funktion zu geben. Hammer, Pordesch und Roßnagel (1993, S. 102) sprechen sich explizit dafür aus, diesbezügliche Konflikte bei der Anrufumleitung durch eine technisch erzwungene unstrukturierte Aushandlung zu lösen, wobei die Aktivierung nur nach Zustimmung der Betroffenen erfolgen soll. Höller (1993, S. 277) bewertet die in der X.400-Norm vorgenommene Gestaltung der Umleitung von Nachrichten. Er bemängelt dabei das Fehlen eines Schutzmechanismus für den passiv betroffenen Empfänger.

Aus dem Recht auf kommunikative Selbstbestimmung ist abzuleiten, daß dem Betroffenen Empfänger ein Einspruchsrecht gegen die Ausführung dieser Funktion einzuräumen ist. Gegenstand dieses groupware-spezifischen Konflikts können außerdem Fragen der Arbeitsteilung zwischen Aktivator und betroffenem Empfänger sein. In diesem Fall sind Verhandlungsmöglichkeiten zur Konfliktregelung bereitzustellen. Sind beide Konfliktgegenstände gegeben, scheint Aushandelbarkeit der geeignete Konfliktregelungsmechanismus zu sein, weil dabei Einspruchsrecht und Verhandlungsmöglichkeiten technisch realisiert

---

[1]Diese Form des Konfliktmanagements sagt aber noch nichts darüber aus, ob dem Sender aktivierungsbezogene Transparenz über eine tatsächlich erfolgte Umlenkung gegeben werden muß. Andelfinger, Pordesch und Roßnagel (1991, S. 116) thematisieren dieses Problem nicht. Die Norm X.400 zu Message-Handling-Systemen sieht dies demgegenüber verpflichtend sowohl bei erfolgter als auch bei nicht durchgeführter Umlenkung vor. Höller (1993, S. 279 f.) kritisiert diese Vorgabe der Norm und fordert stattdessen eine Abstimmung zwischen den Betroffenen über diese Form der Transparenz. Eine Verbindung kommt - gemäß seinem Vorschlag zur Konfliktregelung - nur dann zustande, wenn der Absender mit der Umlenkung einverstanden ist und Sender und Empfänger sich hinsichtlich der Transparenz geeinigt haben. Durch diese Setzung im Falle fehlender Einigung ergibt sich, daß eine Nachricht des Senders nur umgeleitet wird, wenn er selbst auf die ihm zur Verfügung stehende Transparenz verzichtet. Damit eröffnet Höller gegenüber der X.400 Norm lediglich dem Sender die Möglichkeit, durch individuelle Anpassung des Konfliktregelungsmechanismus die aus aktivierungsbezogener Transparenz resultierende Nachrichtenüberflutung einzudämmen. Dies wäre aber auch anders zu realisieren (z. B. durch entsprechende Empfangsfilter).

sind. Je nach Anwendungskontext können Aktivator und betroffener Empfänger synchron und in räumlicher Nähe arbeiten. Dann kann auch aktivierungsbezogene Transparenz als Konfliktregelungsmechanismus ausreichend sein.

Verbindungsverteilung

Im Gegensatz zur Verbindungslenkung erfolgt die Verbindungsverteilung automatisch. Für die Regelung von Konflikten zwischen Sender und Empfängergruppe können hier die für die Verbindungslenkung dargelegten Überlegungen übernommen werden. Der Sender sollte über den Gebrauch der Verbindungsverteilung aktivierungsbezogene Transparenz während der Verbindungsetablierung erhalten. Falls er aus dem Kontext der Anwendung (z. B.: Aufbau der Telefonnummer) erkennen kann, daß es sich um einen Sammelanschluß handelt, kann einseitige Steuerbarkeit zur Konfliktregelung ausreichen. Gemäß dem Recht auf kommunikative Selbstbestimmung sollte dem Sender kein Einspruchsrecht gegen die Ausführung von Verteilungsmechanismen eingeräumt werden.

Innerhalb der Empfängergruppe ist die Rolle des Eigners des Verteilalgorithmus von der der normalen Empfänger zu unterscheiden. Konflikte können zwischen dem Eigner und einem normalen Empfänger um Veränderungen des Verteilungsalgorithmus ebenso auftreten wie zwischen normalen Empfängern hinsichtlich deren individuellen Eingriffen in die Verteilung der Verbindungen. Gegenstand dieser Konflikte ist die Arbeitsteilung innerhalb der Empfängergruppe.

Die Frage, wie Konflikte innerhalb der Empfängergruppe zu handhaben sind, hängt stark von den geltenden Koordinationsmechanismen ab. Je nach der Regelung dieser Konflikte bildet die durch die Technik bedingte Rolle des Eigners des Verteilungsalgorithmus häufig verschiedene Formen der Koordination innerhalb der Gruppe ab. Verbleibt der Eingriff in den Verteilungsalgorithmus unter der Kontrolle des Eigners (einseitige Steuerbarkeit), so bestimmt er damit die Arbeitsteilung innerhalb der Gruppe. Dies kann z. B. durch Zuweisung unterschiedlicher Prioritäten an einzelne Gruppenmitglieder erfolgen. Eine solche Lösung bildet ein hierarchisches Weisungsverhältnis ab. Werden den betroffenen Gruppenmitgliedern entsprechende Eingriffe nicht angezeigt (aktivierungsbezogene Intransparenz), so können sie über die veränderte Arbeitsteilung nicht mitbestimmen.

Eine an Koordination durch Selbstabstimmung orientierte Konfliktregelung sollte sowohl im Verhältnis Eigner des Verteilungsalgorithmus zu den Mitgliedern der Empfängergruppe als auch innerhalb der Empfängergruppe Verhandlungsmöglichkeiten eröffnen. Befinden sich die Beteiligten zur selben Zeit in räumlicher Nähe, so kann aktivierungsbezogene Transparenz zur Selbstabstimmung mittels technisch nicht unterstützter Kommunikation beitragen. Derselbe Effekt ist durch die Anwendung der Konfliktregelungsmechanismen Kommentierbarkeit und Aushandelbarkeit für den Fall gegeben, daß sich die Betroffenen nicht in räumlicher Nähe und synchron zueinander befinden.

8.2.3   Ereignisdienst

Funktionen des Ereignisdienstes beinhalten Konfliktpotential zwischen dem Aktivator und den davon betroffenen Nutzern hinsichtlich Entstehung, Verarbeitung oder Zugriff auf die entsprechenden personenbezogenen Daten. Deren Regelung muß im Hinblick auf die Wahrung des Rechts auf informationelle Selbstbestimmung der betroffenen Nutzer erfolgen.

Hammer, Pordesch und Roßnagel (1993, S. 222 ff.) weisen darauf hin, daß, solange keine andere rechtliche oder vertragliche Grundlage besteht, auch eine Gebührendatenerfassung nur mit Zustimmung beider betroffener Nutzer möglich sein sollte. In dem von den Autoren konkret betrachteten Fall fungieren allerdings die Fernsprechvorschriften für die Verwaltung des Landes Hessen als Erhebungsgrundlage für die Gebührendatensätze. Diese Datensätze entstehen nur bei gebührenverursachenden ausgehenden Gesprächen. Der Personenbezug auf den Angerufenen wird dabei dadurch herabgesetzt, daß lediglich die Ortsnetzkennung gespeichert wird. Auch hinsichtlich der Gestaltung von Eingangs- und Ausgangsjournalen bei computer-integrierter Telefonie betonen die Autoren die Notwendigkeit, den Betroffenen ein Einspruchsrecht zu gewähren, auch wenn sie bei Ausgangsjournalen Zweifel an der technischen Realisierbarkeit dieser Anforderung äußern (ebenda, S. 173 ff.).

Höller (1993, S. 230 ff.) beschäftigt sich bei Message-Handling-Systemen mit der Erzeugung von Transparenzdaten im Rahmen der Verbindungsetablierung. Er schlägt dabei vor, die Konfliktregelung davon abhängig zu machen, wie stark der Personenbezug bei einzelnen Daten ausgeprägt ist. Sind die zu übermittelnden Daten wenig sensibel, so verbleibt die Funktion steuerbar unter der Kontrolle des Aktivators. Ansonsten fordert Höller, dem Betroffenen die Möglichkeit zu geben, gegen die Ausführung dieser Funktion durch Abbruch der Verbindungsetablierung Einspruch zu erheben.

Gemäß dem Recht auf informationelle Selbstbestimmung sollte jeder Betroffene über die Abgabe ihn betreffender Daten, deren Weiterverarbeitung und den Zugriff durch andere selbst bestimmen können. Insofern sollten die Betroffenen ein Einspruchsrecht gegen die Ausführung dieser Funktionen haben. Dies erfordert bei Kommunikationssystemen in der Regel Konfliktregelungsmechanismen, die ein solches Einspruchsrecht sicherstellen (vgl. Kap. 7.2). Bei Funktionen, die personenbezogene Daten über eine Verbindung erzeugen, kann aktivierungsbezogene Vorabtransparenz im Rahmen der Verbindungsetablierung ausreichen, das Recht auf informationelle Selbstbestimmung der Kommunikanten zu wahren, wenn für die Betroffenen die Möglichkeit zum Abbruch des Verbindungsaufbaus besteht.

Eine Ausnahme besteht dann, wenn aktivierungsbezogene Transparenz zur Regelung der in den vorigen Teilkapiteln genannten Konflikte angewandt wird. In diesem Fall erscheint es sinnvoll, dem Aktivator der Grundfunktion und damit dem Betroffenen dieses Konfliktregelungsmechanismus keinen darauf aufsetzenden Mechanismus zur Verfügung zu stellen.

8.2.4   Zusammenfassung

Die hier dargestellte Zuordnung von Konflikten zu Regelungsformen basiert auf der Prämisse, daß die in Kap. 7 dargestellten Ableitungsgrundlagen in vollem Umfang Gültigkeit haben. Im konkreten Anwendungskontext von Kommunikationssystemen muß dies allerdings nicht immer gegeben sein. So können gesetzlich oder vertraglich Einschränkungen der grundrechtlichen Anforderungen gegeben sein, oder der Organisation kann ein Leitbild zugrunde liegen, das weniger an Koordination durch Selbstabstimmung orientiert ist.

Nichtsdestotrotz stellen die in Kap. 8.2 dargestellten Überlegungen eine wichtige Grundlage für eine menschengerechte Regelung von Konflikten in Kommunikationssystemen dar. Werden Kommunikationssysteme oder einzelne Teilfunktionalitäten davon hergestellt, so sollten sie die hier dargestellten Konfliktregelungsmechanismen beinhalten, um ein im Hinblick auf die hier zugrunde liegenden Annahmen menschengerechtes Konfliktmanagement zu ermöglichen. Für die Evaluation im Einsatz befindlicher Kommunikationssysteme ist bei möglichen Diskrepanzen zu den hier geschilderten Konfliktregelungsstrategien zu fragen, ob sich aus dem Anwendungskontext hinreichend Gründe für diese Abweichungen ergeben.

8.3   Aspekte der Implementierung eines flexibilisierten Konfliktmanagements

Basierend auf den Überlegungen des Kapitels 6.2 werden im folgenden Vorschläge für eine flexible Implementierung von Konfliktregelungsmechanismen in Kommunikationssystemen entwickelt. Die Funktionalität, die Nutzern eines Kommunikationssystems zur Verfügung steht, ergibt sich in der Regel aus dem Zusammenspiel verschiedener Teilnetze und Endgeräte, zwischen denen Verbindungen aufgebaut werden. Beim Telefon können verschiedene öffentliche Netze (z.B.: analoges Netz, nationales ISDN, Euro-ISDN), organisationsintern betriebene Nebenstellenanlagen verschiedener Hersteller und unterschiedlichste Varianten von Endgeräten miteinander zu einem Kommunikationssystem verbunden werden.[1] Im Bereich von E-Mail existieren ebenfalls verschiedene öffentliche Netze und organisationsinterne Netze sowie Endgeräte, die weitere Funktionalität beinhalten.[2]

Die Endgeräte und Teilnetze eines Kommunikationssystems tauschen Daten über standardisierte Schnittstellen miteinander aus. Je nachdem welche Endgeräte genutzt werden und über welche Teilnetze eine Verbindung zustande kommt, kann sich die Funktionalität des Kommunikationssystems den Nutzern gegenüber im zeitlichen Verlauf unterschiedlich darstellen. Außerdem können in einem solchen Kommunikationssystem verschiedene Nutzer über unterschiedliche Funktionalität verfügen. So können Nutzer, die an einen Anschuß des öffentlichen bundesdeutschen ISDN-Netzes angeschlossen sind und dort eine Anwendung computer-integrierter Telefonie als Endgerät betreiben, die Anrufversuche derjenigen Nutzer aufzeichnen, die erfolglos versucht haben, eine Verbindung aufzubauen.

Um vor diesem Hintergrund die Möglichkeiten technisch unterstützten Konfliktmanagement zu diskutieren, gehe ich in zwei Schritten vor. Zunächst wird technisch unterstütztes Konfliktmanagement für solche Netze untersucht, in denen alle Funktionen – auch die in den Endgeräten implementierten – netzweit standardisiert sind. Danach werden die Probleme diskutiert, die sich bei der Übertragung dieses Ansatzes auf Kommunikationssysteme mit nicht standardisierter Funktionalität ergeben.

In ersten Fall stellt das Kommunikationssystem eine einzige verteilte Anwendung dar (vgl. Kap. 6.2.5). Hier sind die Erweiterungen der globalen Grundfunktionen auf allen Netzknoten vorzunehmen, auf denen Nutzer Funktionen aktivieren können. Das Konfliktregelungsmodul kann entweder zentral im Netz realisiert sein oder auf jeden einzelnen Knotenrechner repliziert werden, auf dem Nutzer Funktionen aktivieren können. Für letztere Lösung spricht die höhere

---

[1]Ein Beispiel für zusätzliche Funktionalität von Endgeräten im Telefonnetz stellen dezentrale Formen computer-integrierter Telefonie dar. Bei der dezentralen Kopplung werden Arbeitsplatzrechner, vor allem PCs und Workstations, am digitalen Teilnehmeranschluß von öffentlichen oder inhouse-ISDN-Netzen angeschlossen. Durch diese Kopplung werden vorbereitete Funktionen möglich wie automatischer Aufbau, Empfang und Weiterleiten von Verbindungen. Dabei können Parameter voreingestellt werden wie die Ziele und Zeiten für Umleitungen und Berechtigungsumschaltungen sowie Termine für Terminrufe. Schließlich können auf dem Arbeitsplatzrechner Funktionen implementiert werden, die Daten, die im D-Kanal-Protokoll übermittelt werden (z. B. Anzeige von Rufnummern kommender Rufe oder von Umleitungszielen), und Daten, die als Ruf- oder Hörtöne ausgegeben werden (z. B. Besetztanzeigen) auswerten (vgl. Müller 1990; Axmann 1991; Stein 1991; Röder 1993; Wulf und Pordesch 1993).

[2]Bei E-Mail-Systemen gemäß dem Standard X.400 für Message-Handling-Systeme kann beispielsweise in den nicht standardisierten Komponenten, die auf die Dienstelemente des User Agents zugreifen, zusätzliche Funktionalität (z.B. Filter) implementiert sein (vgl. Babatz, Bogen und Pankoke-Babatz 1990).

Verfügbarkeit. Außerdem ist es denkbar, das Konfliktregelungsmodul selbst als verteilte Anwendung auf den einzelnen Knotenrechnern zu implementieren.

Die Konfigurationsdaten können dann partitioniert auf den Knotenrechnern abgelegt werden, wenn die Identifizierung der Nutzer über die Endgerätekennung erfolgt und das Endgerät stationär genutzt wird. Diese Bedingungen sind beispielsweise in traditionellen Telefonnetzen, nicht jedoch in Mobilfunknetzen gegeben. Können Nutzer – identifiziert durch ihre Nutzerkennung – von verschiedenen Knotenrechnern aus Funktionen des Systems aktivieren, so müssen die Konfigurationsdaten entweder zentral gehalten werden oder sie müssen vollständig repliziert werden.[1]

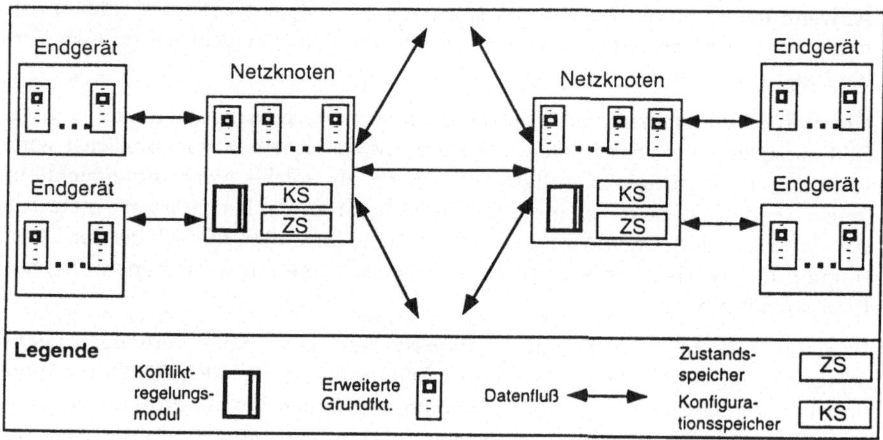

Abb. 8.4:   Überblick über eine mögliche Implementierung flexibilisierten Konfliktmanagements in standardisierten Kommunikationssystemen

Da sich in Kommunikationssystemen implizite Betroffenheit häufig durch die Aktivierung des Kanalaufbaus einstellt und Vorhersagen über die Nutzung dieser Funktion nicht möglich sind, kann der Zustandsspeicher nicht auf dem Netzknoten des implizit Betroffenen realisiert werden. Er muß entweder zentral im Netz realisiert werden oder er kann partitioniert werden, um dann auf dem jeweiligen Netzknoten des Aktivators realisiert zu werden. Letztere Variante ist aufgrund einer besseren Lastverteilung im Netz vorzuziehen.

---

[1] Bei der Herstellung von ausschließlich öffentlich genutzten Kommunikationssystemen kann u.U. gänzlich auf die Implementierung von Konfigurationsdatensätzen verzichtet werden, weil die Rechte auf informationelle und kommunikative Selbstbestimmung in vollem Umfang Gültigkeit haben und davon auszugehen ist, daß in keinem Anwendungskontext Möglichkeiten zur direkten persönlichen Kommunikation bestehen (vgl. Kap. 7).

Bayer (1995) hat im Rahmen einer Diplomarbeit Möglichkeiten für ein technisch unterstütztes Konfliktmanagement in einem standardisierten Kommunikationssystem untersucht. Sie hat ihre Untersuchung am Beispiel von Message-Handling-Systeme gemäß dem X.400 Standard durchgeführt. Nach einer Auswahl der Konfliktpotential beinhaltenden Dienstelemente[1] des Interpersonal Messaging System (IPMS) und des Message Transfer System (MTS) schlägt sie vor, diese Dienstelemente um Prozeduren zu erweitern, die im System hinterlegte Präferenzen des Senders und des Empfängers einer Nachricht miteinander automatisch abgleichen. Wird dabei ein Unterschied in den Präferenzen festgestellt, so ruft diese Prozedur einen Konfliktregelungsmechanismus auf. Dieser Mechanismus existiert für jeden Nutzer gesondert auf dem für ihn zuständigen Message Transfer Agent (MTA) in Form eines dazu speziell eingerichteten User Agents (UA). Dieser Konfliktregelungsmechanismus gleicht diese Präferenzen sowie weitere von den Nutzern vorab bereitzustellende Gewichtungen und Restriktionen automatisch ab und bestimmt durch Optimierung einer linearen Zielfunktion eine gültige Alternative für den Nachrichtenaustausch zwischen den Nutzern. Läßt sich keine gültige Lösung finden, so stößt er einen Aushandlungsprozeß zwischen den beteiligten Nutzern durch Zusenden einer Nachricht an den entsprechenden Verhandlungsagenten des anderen Nutzers an.[2] Bayer (1995) sieht in ihrer Architektur keinen Konfigurationsspeicher vor, weil sie davon ausgeht, daß alle Konflikte mit demselben Mechanismus geregelt werden.

In Message-Handling-Systemen stellt sich das Problem impliziter Betroffenheit lediglich bei der Aktivierung der Verbindungslenkung in der Konfliktkonstellation "Aktivator – Sender". Bayer (1995) vermeidet die Implementierung eines Zustandsspeichers, weil sie nicht die beiden Konfliktkonstellationen "Aktivator – Sender" und "Aktivator – Ersatzempfänger" betrachtet, sondern diese durch eine Betrachtung der Konfliktkonstellation "Sender – Ersatzempfänger" ersetzt. Durch diese Vereinfachung der Konfliktregelung löst die Aktivierung keiner der von ihr betrachteten Dienstelemente des X.400-Standards implizite Betroffenheit aus. In Erweiterung dieses Konzepts könnte ein Zustandsspeicher aber auf dem MTA des jeweiligen Aktivators realisiert werden.

Dieses Konzept stellt solange einen – im Rahmen der in den Mechanismus einfließenden Annahmen – geregelten Umgang mit Konflikten sicher, wie das auf der Basis der X. 400 Norm implementierte Kommunikationssystem den Nutzern keine weiteren globalen Funktionen bereitstellt. Folgendes Beispiel verdeutlicht

---

[1]Man beachte, daß diese Dienstelemente nur dann Funktionen im Sinne der in dieser Arbeit verwendeten Definition sind, wenn die auf der X.400-Norm aufsetzende Implementierung eines E-Mail-Systems diese den Nutzern eine Aktivierung an der Oberfläche anbietet.

[2] Damit wurde in diesem Fall Gegensteuerbarkeit als Konfliktregelungsmechanismus mit einem speziellen Default-Zustand – dem Auslösen eines Verhandlungsmechanismus – implementiert.

die Problematik eines technisch gestützten Konfliktmanagements bei Kommunikationssystemen, die nicht-standardisierte Funktionen beinhalten. Wird in einem Endgerät eine weitere Filter- oder Umleitungsfunktion ohne Zugriff auf die im MTA realisierten Dienstelemente implementiert, so fände auch bei einer modifizierten Implementierung der X.400-Norm kein diesbezügliches Konfliktmanagement statt. Sollen Konflikte technisch unterstützt geregelt werden, müßte entweder im Endgerät ein eigener Verhandlungsagent realisiert werden, oder es wäre auch für die Funktionen des Endgerätes ein entsprechender Aufruf des im MTA realisierten Verhandlungsagenten zu implementieren. Dabei wäre dieser möglicherweise im Hinblick auf die Besonderheiten der Regelung der endgerätespezifischen Funktionen zu erweitern.

Solche Probleme können immer dann auftreten, wenn Kommunikationssysteme unterschiedlicher Funktionalität beim Verbindungsaufbau miteinander verkoppelt werden oder wenn der Gebrauch von Endgeräten mit nicht-standardisierter Funktionalität zugelassen wird. Zur Ermöglichung eines technisch unterstützten Konfliktmanagements muß im ersten Fall dafür gesorgt werden, daß die Konfliktregelungsmodule einander aufrufen können. Dazu ist es erforderlich, bei der Spezifikation der technischen Schnittstelle zwischen den Systemen auch eine solche für die technische Kommunikation zwischen den Konfliktregelungsmodulen zu schaffen. Außerdem müssen die gekoppelten Konfliktregelungsmodule über identische Mechanismen verfügen, um teilnetzübergreifend Konflikte regeln zu können.

Wenn im Endgerät eines Nutzers zusätzliche Funktionalität implementiert ist, lassen sich zwei Strategien unterscheiden. Zum einen kann auch an der Endgeräteschnittstelle ein Zugang spezifiziert sein, der es den erweiterten Grundfunktionen des Endgerätes erlaubt, das Konfliktregelungsmodul des Teilnetzes aufzurufen, an das es angeschlossen ist. In diesem Fall könnte auch der Zustandsspeicher des Netzes für Einträge des Konfliktregelungsmoduls genutzt werden.

Ist eine solche Schnittstelle nicht gegeben, so kann bei Konflikten bezüglich der Verbindungsetablierung zwischen Sender und Empfänger aktivierungsbezogene Transparenz durch Nutzung gewöhnlicher Verbindungen des Kommunikationssystems hergestellt werden. Beim ISDN-Telefon kann ein Signalton oder eine automatisch erzeugte Sprachansage vor der Verbindungsetablierung den Anrufer darauf hinweisen, daß bestimmte Funktionen am Endgerät des Empfängers vorbereitet sind. Bei elektronischer Post könnte eine automatisch erzeugte Anmerkung auf einer zurückgeschickten Nachricht die am Endgerät bestehenden Empfangsbedingungen erkennbar machen. In dieser Weise lassen sich Konflikte bezüglich der Verbindungsetablierung in Kommunikationssystemen technisch unterstützt auch dann regeln, wenn keine durchgängigen Schnittstellen zwischen den Konfliktregelungsmodulen bestehen. Der Regelungsmechanismus, der aktivierungsbezogene Transparenz herstellen, ist im Endgerät zu realisieren.[1]

Hinsichtlich der Konfiguration des Konfliktregelungsmoduls ist allerdings durch entsprechende Zertifizierungsverfahren dafür Sorge zu tragen, daß der Aktivator, in dessen Besitz sich das Endgerät in der Regel befindet, keine individuelle Anpassungen durchführen kann, die die Position der Betroffenen bei der Konfliktregelung verschlechtert (vgl. Kap. 6.1).

Die Untersuchung von Kommunikationssystemen zeigt, daß die Funktionalität dieser Systeme erhebliches Konfliktpotential beinhaltet. Dieses wurde abstrahierend von den Besonderheiten einzelner Anwendungen analysiert und darauf aufbauende Vorschläge zur Regelung einzelner Konfliktkonstellationen unter Rückgriff auf die in Kapitel 7 dargestellten Bewertungsgrundlagen entwickelt. Es zeigte sich, daß auch solche Funktionen einer technischen Regelung der Konfliktpotentiale bedürfen, deren Ausführung nicht zu technischer Kommunikation zwischen den Endgeräten von Nutzern führt. Die Implementierung von Konfliktregelungsmechanismen ist bei der Standardisierung von Kommunikationssystemen zu berücksichtigen. Im Gegensatz zu den bei der OSI-Normung vorgenommenen Einschränkungen müssen dabei aber auch Funktionen berücksichtigt werden, deren Ausführung nicht zu technischer Kommunikation führt.

---

[1]Ein Problem bei der Nutzung von gewöhnlichen Verbindungen für das Konfliktmanagement in Kommunikationssystemen kann je nach Tarifierung in den zusätzlich dadurch entstehenden Kosten liegen. Diese hat in der Regel der Aktivator zu tragen, bei impliziter Betroffenheit in synchronen Medien aber der Betroffene, wenn er einen Sprachkanal zum Aktivator aufbaut und dabei die Transparenzansagen erhält.

9 Konfliktmanagement bei Vorgangsbearbeitungssystemen

Neben Kommunikationssystemen stellen Vorgangsbearbeitungssysteme einen weiteren Anwendungstyp bei Groupware dar. Unter Vorgangsbearbeitungssystemen[1] sollen Anwendungen verstanden werden, die Nutzer dabei unterstützen, gemeinsam zu bearbeitende Dokumente in festzulegender Reihenfolge aneinander zu übergeben. Diese Übergabe von Dokumenten ist mit einer Aufforderung zur Ausführung einer Aufgabe verbunden.[2] Deshalb bildet die Sequenz des Durchlaufs von Dokumenten die Bearbeitungsreihenfolge an einer nach dem Verrichtungsprinzip zerteilten Aufgabe ab. Der Zustand der elektronischen Dokumente repräsentiert dabei den Arbeitsfortschritt (vgl. Abbott und Sarin 1994, S. 113 ff.; Ellgass und Krcmar 1994, S. 67 ff.).[3]

Vorgangsbearbeitungssysteme unterscheiden sich gemäß der von Maaß (1991, S. 12 f.) vorgenommenen Einteilung von Kommunikationssystemen dadurch, daß sie zur Bearbeitung gemeinsamen Materials dienen. Dabei machen sie einzelnen Nutzern Dokumente zeitlich sequentiell zugänglich,[4] d. h. ein Bearbeiter verliert seine Zugriffsrechte auf den Vorgang, nachdem er seinen Arbeitsschritt abgeschlossen hat. Damit gehören sie zu den Anwendungen, die gemäß dem Versandprinzip konzipiert sind.

Im Hinblick auf die Frage, ob die Bearbeitungsreihenfolge für einen Vorgang im System formalisiert vorgegebenen ist und inwiefern dieses Ablaufschema bin-

---

[1]Im Englischen werden diese Anwendungen in der Regel mit "Workflow Management Software" (Hales und Lavery 1991, S. 5), "Office Procedure System" (Kreifelts et al. 1991, S. 117) oder "Business Process Systems" (Medina-Mora et al. 1992, S. 281) bezeichnet.

[2]Auf die mit der Anwendung von Vorgangsbearbeitungssystemen verbundene Zuweisung von Aufgaben an einzelne Nutzer weisen insbesondere Hales und Lavery (1991, S. 5) und Medina-Mora et al. (1992, S. 281ff) bei der Definition von Vorgangsbearbeitungssystemen hin.

[3]Bei der Implementierung wird dabei häufig auf sogenannte "aktive" Komponenten zurückgegriffen, die in Abhängigkeit vom Zustand der jeweiligen Dokumente deren Weiterversand und die Einhaltung bestimmter Konsistenzbedingungen überwachen. Jakobs (1993) und Hales und Lavery (1991) sehen darin ein wesentliches Charakteristikum von Vorgangsbearbeitungssystemen.

[4]Dieses Spezifikum trifft allerdings auch auf asynchrone Kommunikationssysteme zu. Von diesen unterscheiden sie sich nicht in erster Linie durch die technische Gestaltung, sondern durch ihre Nutzungsform. Der wesentliche Unterschied besteht darin, daß mit der Übergabe eines Dokuments nicht primär eine Nachricht ausgetauscht wird, sondern eine an diesem Dokument durchzuführende Arbeitsaufgabe zugewiesen wird.

dend ist, unterscheiden sich Vorgangsbearbeitungssysteme erheblich. In Anlehnung an Jakobs (1993, S. 7) unterscheide ich diesbezüglich zwischen drei Ausführungsmodi:

- *Deskriptiver Modus* – Im deskriptiven Modus wird während der Initialisierung durch Auswahl des Dokumenttyps lediglich die Aufgabe klassifiziert. Weder das Ablaufschema und die damit eventuell verbundene Form der Arbeitsteilung noch zeitliche Rahmenbedingungen werden bei der Initialisierung eines Vorgangs spezifiziert. Die einzelnen Beteiligten sind frei, diesbezügliche Festlegungen während des Ablaufs vorzunehmen. Das Vorgangsbearbeitungssystem folgt lediglich den von einzelnen Nutzern dezentral vorgenommenen Entscheidungen. Die jeweiligen Bearbeitungsschritte werden vom Ereignisdienst gespeichert und verfügbar gemacht.

- *Leitfaden-Modus* – Im Leitfaden-Modus wird während der Initialisierung durch Auswahl des Dokumenttyps die Aufgabe festgelegt. Das Ablaufschema, die Form der Arbeitsteilung sowie die zeitlichen Rahmenbedingungen werden bei Initialisierung eines Workflows vorgegeben. Sie können aber während des Ablaufs modifiziert werden. Das Vorgangsbearbeitungssystem folgt den von einzelnen Nutzern vorgenommenen Veränderungen. Die einzelnen Bearbeitungsschritte werden vom Ereignisdienst gespeichert und verfügbar gemacht.

- *Präskriptiver Modus* – Im präskriptiven Modus werden während der Initialisierung die Aufgabe, das Ablaufschema, die genaue Arbeitsteilung sowie die zeitlichen Rahmenbedingungen festgelegt. Diese Vorgaben können während des Ablaufs nicht modifiziert werden. Somit wird jeder einzelne Arbeitsschritt im voraus festgelegt. Der Ablauf kann nur in der im Ablaufschema vordefinierten Weise durchgeführt werden. Ausnahmen sind nicht vorgesehen und können deshalb auch nicht innerhalb der Anwendung gehandhabt werden. Die einzelnen Bearbeitungsschritte werden vom Ereignisdienst gespeichert und verfügbar gemacht.

Die einzelnen Modi sind hier idealtypisch beschrieben und können auch in Mischformen implementiert sein. Je nachdem gemäß welchem Modus ein Vorgangsbearbeitungssystem konzipiert ist, wird dessen Funktionalität unterschiedlich ausgeprägt und unterschiedliche Konfliktkonstellationen zu erwarten sein. Im folgenden soll zunächst eine Klassifikation der Funktionalität von Vorgangsbearbeitungssystemen gemäß dem deskriptiven Modus erfolgen, um diesen Ansatz dann im Hinblick auf den Leitfaden-Modus und den präskriptiven Modus zu erweitern.

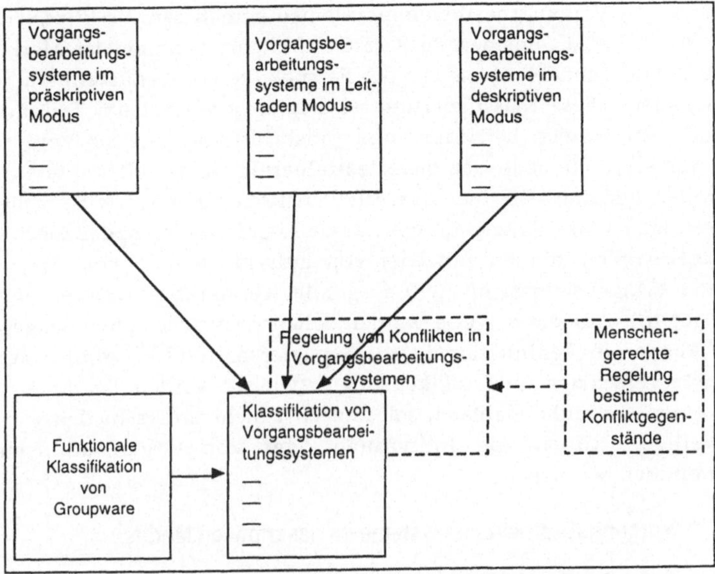

Abb. 9.1:   Bewertung von Konflikten bei Vorgangsbearbeitungssystemen

Bei den Vorgangsbearbeitungssystemen fehlt bislang eine ausgiebige Diskussion des groupware-spezifischen Konfliktpotentials. Deshalb sollen aufbauend auf dieser funktionalen Klassifikation und unter Rückgriff auf die in Kap. 7 entwickelten Hinweise zum menschengerechten Umgang mit bestimmten Konflikttypen Vorschläge für den Umgang mit groupware-spezifischem Konfliktpotential entwickelt werden. Abb. 9.1 zeigt das in Kap. 9 verfolgte Vorgehen.

9.1   Klassifikation der Funktionalität

Bei der im folgenden darzustellenden Klassifizierung benutzungsrelevanter Aspekte von Vorgangsbearbeitungssystemen wird methodisch ein ähnlicher Weg gewählt wie in Kap. 8.1 hinsichtlich der Kommunikationssysteme. Während sich Kommunikationssysteme durch den Grad der Synchronizität des Nachrichtenaustausches und der Darstellungsformen der Inhaltsdaten unterscheiden, sind Vorgangsbearbeitungssysteme diesbezüglich homogen. Mit ihrer Hilfe werden Dokumente, die in der Regel aus teilweise strukturiertem Text, Formularen oder Bildern bestehen, asynchron ausgetauscht. Diese Vorgangsbearbeitungssysteme unterscheiden sich aber erheblich hinsichtlich des Umfangs der bei der Initialisierung vorgenommen Festlegungen und der Flexibilität ihrer Handhabung.

Ausgehend von Vorgangsbearbeitungssystemen gemäß dem deskriptiven Modus werden durch Verallgemeinerung Klassen ähnlicher funktionaler Merkmale im Hinblick darauf gebildet, ob sie aus der Perspektive von Benutzern ähnliche Leistungen bieten. Diese Klassifizierung wird dann erweitert um Teilfunktionalitäten aus dem Bereich Leitfaden- und präskriptiv-orientierter Vorgangsbearbeitungssysteme. Für jede der dabei extrahierten Teilfunktionalitäten werden Nutzerrollen benannt. Die hier dargestellten Rollen können entsprechend den Anforderungen eines Anwendungskontextes noch weiter spezifiziert werden. Diese Nutzerrollen können entweder von Individuen oder von Gruppen von Individuen (Organisationseinheiten) ausgefüllt werden (vgl. Kubicek und Höller 1991, S. 168 ff.). Auf diese Weise werden rollenspezifische Interessengegensätze auf der Ebene der Teilfunktionalitäten explizierbar, und es können auf dieser Ebene erste Vorschläge zur Konfliktlösung entwickelt werden. Bei der Diskussion der einzelnen Teilfunktionalitäten soll zunächst nicht unterschieden werden, ob die jeweiligen Rollen von Individuen oder von Organisationseinheiten wahrgenommen werden.

9.1.1   Vorgangsbearbeitungssysteme im deskriptiven Modus

Im deskriptiven Modus besteht kein vordefiniertes Ablaufschema. Deshalb erfolgt die mit der Dokumentübertragung einhergehende Aufgabenzuweisung unmittelbar zwischen dem Nutzer, der einen Vorgang abgeschlossen hat und ihn weitergibt (dem "Übergebenden"), und demjenigen, der dieses Dokument erhält (dem "Empfangenden"). Die mit dem übertragenen Dokument verbundene Aufgabe kann in bestimmter Weise spezifiziert sein und ihre Ausführung unter bestimmten zeitlichen Restriktionen stehen. Der Empfangende kann die erhaltene Aufgabe delegieren oder das erhaltene Dokument anderen Nutzern zugänglich machen. Außerdem können der Übergebende oder andere Beteiligte Einsichtnahme in den Zustand des übertragenen Dokuments wünschen, um einen Einblick in den Stand der Aufgabenbearbeitung zu gewinnen.

Unter den marktgängigen Produkten finden sich bisher kaum Implementierungen, die Vorgangsbearbeitungssysteme im deskriptiven Modus realisieren. Einzelne Pilotanwendungen finden sich im Bereich des Software-Engineerings (vgl. Jakobs 1993, S. 7).

Vorgangsmodellierung

In Vorgangsbearbeitungssystemen gemäß dem deskriptiven Modus erfolgt keine Ablaufmodellierung. Insofern bezieht sich diese Teilfunktionalität ausschließlich auf die Festlegung einzelner Dokumenttypen und eine eventuellen Festlegung des Schemas der Inhalts- oder Transparenzdaten.

Bei der Vorgangsmodellierung sind die Rollen des Modellierers, des Initiators und der übrigen an einem Vorgang Beteiligten voneinander abzugrenzen.

Initialisieren und Zurücksetzen eines Vorgangs

<u>Initialisieren</u>

In Vorgangsbearbeitungssystemen entsprechend dem deskriptiven Modus erfolgt bei der Initialisierung eines Vorgangs lediglich die Definition der Aufgabe durch die Auswahl des Dokumenttyps. Dabei wird der Initiator möglicherweise zwischen einer Vielzahl verschiedener Dokumentypen auswählen können.

Der Rolle des Initiators als aktivem Nutzer stehen die übrigen am Vorgang Beteiligten als passiv Betroffene gegenüber.

<u>Zurücksetzen</u>

Der Aktivator dieser Funktionalität hat die Möglichkeit, die Bearbeitung des gesamten Vorgangs während des Bearbeitungsprozesses abzubrechen. In diesem Fall erfolgt keine Weiterbearbeitung der mit dem Dokument verbundenen Aufgabe. Die im Dokument festgehaltenen Resultate der bisher geleisteten Arbeitsschritte werden gelöscht. Diese Teilfunktionalität ist im DOMINO-Vorgangsverfolgungssystem implementiert und erlaubt sowohl dem Initiator als auch den übrigen Beteiligten, die Bearbeitung eines Vorgangs abzubrechen (vgl. Kreifelts u.a. 1991, S. 245).

Bei der Funktionalität "Zurücksetzen" stehen sich die Rollen des Aktivators und der übrigen bisher am Vorgang Beteiligten gegenüber. Ist der Initiator selbst nicht Aktivator dieser Funktion, ist er in besonderer Weise betroffen, weil er den dadurch abgebrochenen Vorgang angestoßen hat.

Dokumentübergabe und -empfang

Durch die Übergabe eines Dokuments wird die Weitergabe einer Aufgabe von einem Rollenträger zum nächsten ausgelöst. In Vorgangsbearbeitungssystemen gemäß dem deskriptiven Modus adressiert der Übergebende den Empfangenden direkt und übergibt das Dokument. Durch die Weitergabe der Aufgabe verliert er die Zugriffsrechte auf das Dokument. Zusätzlich zu dem Dokument können auch weitere Rahmenbedingungen der Bearbeitung, z. B. spätester Fertigstellungstermin für eine Aufgabe, vom Übergebenden eingefordert und deren Einhaltung durch technische Merkmale überwacht werden. Durch den Dokumentempfang – d.h. das Öffnen eines übergebenen Dokuments – etabliert der Empfänger den zu ihm aufgebauten Kanal.

Bei Dokumentübergabe und -empfang stehen sich die Rollen des Übergebenden und des Empfangenden gegenüber.

Bearbeitungsschritt-immanente Funktionalität

Die im folgenden dargestellten Funktionen sind von Relevanz, wenn ein Vorgang sich in einem Bearbeitungsschritt befindet. Der augenblicklich Zuständige hat dann verschiedene Möglichkeiten, den Vorgang weiterzugeben oder Einblick in das dabei bearbeitete Dokument zu geben.

Delegation

Wird ein Dokument übergeben, so kann der Träger der Rolle des Empfangenden[1] mit Hilfe von Delegationsfunktionalität das Dokument mit der daran geknüpften Aufgabe an einen Ersatzempfangenden weitergeben. Delegationsfunktionalität ist in existierenden Vorgangsbearbeitungssystemen bereits implementiert (vgl. Karbe und Ramsperger 1991, S. 213; Hales und Lavery 1991, S. 26).

Bei der Delegation stehen sich die Rollen des Übergebenden, des Delegierten und der übrigen bisher am Vorgang Beteiligten gegenüber.

Einsicht geben

Der ein Dokument Empfangende kann zur Bearbeitung der damit verbundenen Aufgabe weiteren Nutzern Einsicht in das Dokument gewähren, um sich beispielsweise bei der Durchführung dieser Aufgaben beraten zu lassen. Dies kann beispielsweise durch den Versand einer Kopie des Dokuments oder durch die temporäre Erteilung von Zugriffen auf das Dokument erfolgen. Diese Teilfunktionalität unterscheidet sich von der Delegation dadurch, daß die Bearbeitung der mit dem Dokument verbundenen Aufgabe vom intendierten Nutzer vorgenommen wird und lediglich während der Bearbeitungsdauer dem Einsichtnehmenden lesender Zugriff gewährt wird. "Einsicht geben" ist in verschiedenen existierenden Vorgangsbearbeitungssystemen bereits implementiert (vgl. Hilpert 1991, S. 27). Kreifelts u. a. (1993, S. 246) beschreiben als Ergebnis eines Feldversuches Probleme, die entstehen, wenn diese Funktionalität nicht implementiert ist.

Bei der Funktionalität "Einsicht geben" stehen sich die Rollen des Übergebenden, des Einsichtnehmenden und der zuvor am Vorgang Beteiligten gegenüber.

Zugriff auf Dokumente

Da Vorgangsbearbeitungssysteme gemäß dem Versandprinzip konzipiert sind, erhält ein Bearbeiter, der ein Dokument bereits weitergegeben hat, in der Regel keinen Zugriff mehr auf dieses Dokument. In Kapitel 2.2 wurden bereits empirische Befunde dargestellt, die es sinnvoll erscheinen ließen, diesbezüglich Aus-

---

[1]Die Rolle des Empfangenden kann durchaus auch von einer Organisationseinheit wahrgenommen werden.

nahmen zuzulassen. Die Funktionalität "Zugriff auf Dokumente" erlaubt es dem Zugriffnehmenden, Einsicht in das unter der Kontrolle des Zugriffgebenden stehende Dokument zu erhalten und dieses eventuell zu verändern. Der Zugriff kann dabei sowohl aus dem Kreis der an einem Vorgang Beteiligten als auch von einem Nichtbeteiligten gewünscht werden.

Die Funktion "Zugriff auf Dokumente" unterscheidet sich von "Einsicht geben" im Hinblick auf den Aktivator. Während im ersten Fall der Zugriffswunsch von einem im Augenblick nicht Zugriffsberechtigten ausgeht, ist es im zweiten Fall der Zugriffsberechtigte, der aktiv die Zugriffsmöglichkeit anbietet.

Bei der Funktionalität "Zugriff auf Dokumente" stehen sich die Rollen des Zugriffnehmenden, Zugriffgebenden und der bis dato am Vorgang Beteiligten gegenüber.

Ereignisdienst

Der Ablauf einzelner Vorgänge und deren Bearbeitung durch einzelne Nutzer bzw. Organisationseinheiten kann von speziell dazu konzipierter Funktionalität nachvollziehbar gemacht werden. In Kap. 2.1.2 wurde bezüglich der Speicherungsdauer der mittels des Ereignisdienstes erhobenen Daten zwischen akutem und protokollierendem Gebrauch unterschieden.[1] Abbildung 9.2 gibt einen Überblick über vom Ereignisdienst bei Vorgangsbearbeitungssystemen ermöglichte Anfragen.

Beim Einsatz von Vorgangsbearbeitungssystemen kann die aus der arbeitsteiligen Bearbeitung der Aufgabe sich ergebende Kooperationsnotwendigkeit ein zusätzliches Interesse an einer vorgangsorientierten Ausrichtung des Ereignisdienstes begründen. Der vorgangsbezogene Gebrauch des Ereignisdienstes kann dann als Mittel der Moderation von Interessengegensätzen zwischen Nutzern - zur Gewährung aktivierungsbezogener Transparenz - beitragen, wenn der aktive Nutzer an der Bearbeitung des Vorgangs beteiligt war und er daraus ein Interesse an dem weiteren Bearbeitungsprozeß ableiten kann.[2] Diese Voraussetzungen sind aber nicht bei jeder Anwendung des Ereignisdienstes erfüllt.[3] Der Ereignisdienst ist als Bestandteil vieler Vorgangsbearbeitungssysteme implementiert (vgl. Kreifelts u. a. 1984, S. 143 f.; Hilpert 1993, S. 18 ff.; Medina-Mora 1992, S. 285 ff.; Hales

---

[1]Hilpert führt zur Beschreibung dieser Teilfunktionalität die Unterscheidung zwischen "Snapshot" und "Monitoring" ein, die sich mit der hier entwickelten Differenzierung zwischen akutem und protokollierendem Gebrauch weitgehend deckt (Hilpert 1993, S. 18).

[2]Dies ist beispielsweise der Fall, wenn der Initiator eines Vorgangs erfahren will, in welchem Zustand sich dieser augenblicklich befindet (vgl. Kap. 9.2).

[3]Daraus begründet sich auch die Differenzierung zwischen aktivierungsbezogener Transparenz und dem Ereignisdienst (vgl. Kap. 5.2).

und Lavery 1991, S. 30 ff.). Beim Gebrauch der Funktionalität des Ereignisdienstes stehen sich Aktivator und passiv davon Betroffene gegenüber.

	vorgangsbezogen	rollenbezogen
akut	Welcher Vorgang ist in welchem Zustand? Welche Deadlines sind einzuhalten?	Wer bearbeitet was? Wer hat welche Deadlines zu beachten?
protokollierend	Welcher Vorgang ist welchen Weg gegangen? Welche Deadlines wurden bisher in einem Vorgang verletzt?	Wer hat was wie lange bearbeitet? Wer hat welche Deadlines verletzt?

Abb. 9.2:   Beispiele für den Ereignisdienst bei Vorgangsbearbeitungssystemen

9.1.2   Vorgangsbearbeitungssysteme im Leitfaden- und präskriptiven Modus

Im Gegensatz zum deskriptiven Modus erfolgt im Leitfaden- oder präskriptiven Modus eine Vorabfestlegung des Ablaufschemas bei der Initialisierung. Das hat zur Folge, daß der Initiator das Ablaufschema entweder selbst erstellt oder auf bereits vordefinierte Pläne zurückgreift bzw. zurückgreifen muß. Deshalb sind beim präskriptiven bzw. beim Leitfaden-Modus neue Teilfunktionalitäten zu diskutieren, bereits bekannte erscheinen in einem neuen Licht.

Vorgangsmodellierung und -modifizierung

Über die im deskriptiven Modus bereits gegebenen Funktionen zur Modellierung von Dokumenttypen, Inhalts- und Transparenzdaten hinaus ist aus der Perspektive eines technisch gestützten Konfliktmanagements insbesondere die Ablaufmodellierung zu betrachten.

Ablaufmodellierung

Diese Teilfunktionalität unterstützt den aktiven Nutzer beim Erstellen neuer Ablaufschemata. Dazu werden ihm in der Regel graphische Tools angeboten (vgl. Hilpert 1993). Neben dem Routing eines Vorgangs durch eine Organisation können diese Ablaufpläne die Arbeitsteilung zwischen den am Ablauf Beteiligten bestimmen. Dies kann durch die Modellierung von Zugriffsrechten auf einzelne Teile des Dokuments oder auf für einzelne Arbeitsschritte notwendige Funktionen erfolgen. Außerdem können mittels dieser Teilfunktionalität Festlegungen für zeitliche Präferenzen oder andere Konsistenzbedingungen bei der Bearbeitung des Vorgangs vorgesehen werden. Je nach dem Grad ihrer Verbindlichkeit können durch diese Teilfunktionalität die Handlungsmöglichkeiten beim Initialisieren eines Vorgangs eingeschränkt werden. Bei der Vorgangsmodellierung besteht auch die Möglichkeit, festzulegen, inwiefern bei der Bearbeitung eines bestimmten Vorgangs von den im Ablaufschema festgelegten Vorgaben abgewichen werden kann, d. h. welche Vorgaben präskriptiv vorgegeben sind und welche eher den Charakter eines Leitfadens haben.

Die Vorgangsmodellierung wird durch das Einfügen eines neuen Ablaufschemas in das System abgeschlossen. Von diesem Moment an wird das Schema bei der Initialisierung nutzbar.

"Klassische" Vorgangsbearbeitungssysteme bieten in der Regel eine solche Teilfunktionalität an (vgl. Kreifelts u. a. 1984; Hales und Lavery 1991, S. 5 ff.; Karbe und Ramsberger 1991, S. 212), während eher an der Arbeitsweise von E-mail orientierte Anwendungen nicht zwischen den Funktionen Vorgangsmodellierung und Initialisieren unterscheiden (vgl. Reinhardt 1993, S. 100 ff.; Wagner 1993, S. 112 ff.).

Bei der Vorgangsmodellierung stehen sich der Modellierer, der Initiator und die später an der Bearbeitung des Vorgangs Beteiligten gegenüber. Die Regelung der zwischen diesen Rollen bestehenden Konfliktpotentiale ist um so wichtiger, je stärker die Modellierungsvorgaben die Flexibilität bei der Initialisierung und bei der Ausführung einschränken.

<u>Modifizieren des Ablauftyps</u>

Während des Gebrauchs eines bestimmten Ablaufmodells kann es sich als notwendig erweisen, die durch die Modellierung entstandenen Vorgaben zu verändern. Dadurch können bei der Bearbeitung eines Vorgangs gemachte Erfahrungen auf alle weiteren Vorgänge desselben Typs übertragen werden. Die Modifizierung des Vorgangstyps kann entweder zu einem zusätzlichen Typus führen oder aber den bestehenden vollständig ersetzen.[1] Die Modifizierung kann sich dabei sowohl auf die Bearbeitungsfolge, die dabei zu befolgende Arbeitsteilung oder die Definition bestimmter Rahmenbedingungen beziehen.

Von der Modifikation des Vorgangstyps sind neben dem Aktivator der Modellierende sowie alle zukünftig von der Bearbeitung eines Vorgangstyps eventuell Beteiligten betroffen.

Initialisieren

Unter Berücksichtigung der Vorgaben, die sich aus der Vorgangsmodellierung ergeben, legt der Initiator beim präskriptiven Workflow neben dem Dokumenttyp die für die Bearbeitung eines Vorgangs verantwortlichen Personen bzw. Or-

---

[1]In seiner objektorientierten Implementierung realisiert Hilpert (1993, S. 29 f.) Vorgangstypen als Klassen, aus denen bei der Initialisierung einzelne Objekte gebildet werden. Eine Modifizierung des Objekttyps führt dann entweder zu einer Veränderung der Klasse oder zur Bildung einer neuen Unterklasse.

ganisationseinheit, die zwischen diesen geltende Arbeitsteilung sowie bestimmte zeitliche Restriktionen fest. Bei Workflows im Leitfaden-Modus nimmt er diese Festlegungen ebenfalls vor. Sie sind aber während der Vorgangsbearbeitung von den daran Beteiligten veränderbar.

<u>Zuordnung von Personen zu Teilaufgaben</u>

Die Zuordnung von Personen zu mit der Bearbeitung eines Vorgangs verbundenen Teilaufgaben kann bei der Initialisierung erfolgen.[1] Es besteht dabei zunächst die Möglichkeit, daß die Zuordnung explizit vom Initiator vorgenommen wird. Dies ist der Fall, wenn keine Vorgangsmodellierung im vorhinein erfolgt (vgl. Reinhard 1993, S. 100 ff.; Wagner 1993, S. 112 ff.). In diesem Fall entstehen mögliche Konflikte unmittelbar zwischen Initiator und den zukünftig an der Bearbeitung Beteiligten.

Die Festlegung der zuständigen Personen kann darüber hinaus aus einem Zusammenwirken der Ergebnisse der Vorgangsmodellierung, in der einzelne zu erfüllende Aufgaben organisatorischen Bezeichnern[2] zugeordnet werden, und deren Konkretisierung bei der Initialisierung bzw. der Ausführung eines Vorgangs erfolgen. Im Falle des DOMINO-Systems erfolgt die Festlegung des jeweils zuständigen Bearbeiters automatisch aus einer Organisationsdatenbank, so daß der Initiator bei dieser Konkretisierung der Umlauffolge keinen Einfluß nehmen kann (vgl. Kreifelts u. a. 1991, S. 237). Konflikte zwischen Initiatoren und anderen Beteiligten entstehen nicht bezüglich der Zuordnung von organisatorischen Bezeichnern zu konkreten Personen oder Organisationseinheiten bei der Initialisierung eines Vorgangs, sondern bei der Veränderung der Organisationsdatenbank. Insofern sind bei dieser Art der Zuordnung von Teilaufgaben zu Personen Funktionen, die den Inhalt der Organisationsdatenbank verändern, in das Konfliktmanagement einzubeziehen.

Im Gegensatz dazu ermöglichen Karbe und Ramsperger (1991, S. 213) einen Eingriff des Initiators in die Aufgabenzuweisung an Personen. In der von ihnen entwickelten elektronischen Umlaufmappe kann der Initiator die in der Vorgangsmodellierung genannten organisatorischen Bezeichner bei der Initialisierung konkreten Personen zuordnen. In diesem Fall sind die von dieser Funktion Betroffenen zum Aktivierungszeitpunkt explizit bekannt.

Arbeitsteilung festlegyer Bearbeitungsreihenfolge kann durch die Vergabe von

---

[1]Diese kann dann dezentral von den dann am Vorgang Beteiligten mittels der Delegationsfunktionalität verändert werden.

[2]Hierfür wird in der Literatur häufig der Begriff der Rolle benutzt, der sich von der in dieser Arbeit verwendeten Begrifflichkeit unterscheidet (vgl. Kreifelts u. a. 1991, S. 237 ff.; Karbe und Ramsperger 1991, S. 212).

Zugriffsrechten auf einzelne Teile eines Dokuments und die Verfügbarmachung von bestimmten für die Bearbeitung des Vorgangs notwendigen Programmen bzw. Datenbeständen eine bestimmte Form der Arbeitsteilung festgelegt werden. Dies kann entweder bereits in der Vorgangsmodellierung vorgegeben werden oder bei der Initialisierung erfolgen. Im präskriptiven Modus sind diese Vorgaben verbindlich, während sie beim Leitfaden-Modus während der Bearbeitung des Vorgangs verändert werden können.

<u>Restriktionen definieren</u>

Im Gegensatz zum deskriptiven Modus können in den hier betrachteten Modi auch während der Initialisierung zeitliche oder andere Restriktionen für den Ablauf eines Vorgangs vorgegeben und Festlegungen darüber, wie im Falle der Nichteinhaltung zu verfahren ist, getroffen werden. Diese Restriktionen sind im präskriptiven Modus während der Vorgangsbearbeitung nicht mehr zu ändern. Im Leitfaden-Modus können sie dagegen auch während der Bearbeitung von den Beteiligten verändert werden.

Dokumentübergabe und -empfang

Im Gegensatz zum deskriptiven Modus erfolgt beim Leitfaden- und präskriptiven Modus keine explizite Adressierung des Empfangenden durch den Übergebenden. Im präskriptiven Modus sind auch alle dabei zu beachtenden Vorgaben starr durch die Modellierung bzw. die Initialisierung vorgegeben. Wegen dieser Starrheit können Konflikte zwischen Übergebenden und Empfangenden nicht bei der Aktivierung dieser Funktion geregelt werden. Im Leitfaden-Modus können Veränderungen bezüglich der Person, an die das Dokument weiterzugeben ist, der diesbezüglichen Arbeitsteilung und vorgegebener Restriktionen bei der Weitergabe des Dokuments vorgenommen werden.

Im präskriptiven Modus besteht hinsichtlich Dokumentübergabe und -empfang primär Konfliktpotential zwischen dem Übergebenden und dem Empfangenden. Im Leitfadenmodus sind darüber hinaus die übrigen vorher an dem Vorgang Beteiligten betroffen, wenn sich die Bearbeitung des Vorgangs in für sie überraschender Weise verändert.

Bearbeitungsschritt-immanente Funktionalität

Die Funktionen Delegation, Einsicht geben und Zugriff auf Dokumente bleiben im präskriptiven und im Leitfaden-Modus in der für den deskriptiven Modus beschriebenen Weise bestehen. Im präskriptiven Modus ist es allerdings denkbar, daß die durch den Gebrauch dieser Funktionen entstehende Flexibilität als Ergebnis der Modellierung bzw. der Initialisierung eingeschränkt wird.

Modifizieren eines Vorgangs

Im Leitfaden-Modus gibt es im Gegensatz zum präskriptiven Modus die Möglichkeit, die bei der Initialisierung eines Vorgangs getroffenen Vorgaben zu verändern.[1] Dazu können verschiedene einzelne Funktionen implementiert werden.

<u>Schritte überspringen</u>

Vorgangsbearbeitungssysteme können einzelnen Nutzern die Möglichkeit geben, im Ablaufschema vorgesehene Bearbeitungsschritte zu überspringen. Dadurch erhalten bestimmte Bearbeiter einen Vorgang direkt, während andere im Ablauf übergangen werden. Je nachdem, wie starr einzelne Arbeitsschritte den übersprungenen Nutzern zugeordnet sind, werden dadurch einzelne Teilaufgaben nicht durchgeführt, oder die Arbeitsteilung zwischen den Beteiligten ändert sich durch die Aktivierung dieser Funktion. Eine solche Funktion ist beispielsweise von Karbe und Ramsperger (1991, S. 213) implementiert.

Betroffen von diesen Funktionen sind der Übergebende, der einen Vorgang an einen später im Ablaufschema Folgenden weitergibt, der Empfangende, der im Vorgriff auf die ursprüngliche Reihenfolge das Dokument erhält, die Übergangenen, die nicht in die Bearbeitung des Vorgangs einbezogen werden, der Initiator, gegen dessen Vorgaben verstoßen wird, die übrigen Vorbearbeiter, gegen deren Erwartung hinsichtlich des Ablaufs eines bestimmten Vorgangs durch die Aktivierung dieser Funktion verstoßen wird, und die Nachbearbeiter, die einen in veränderter Weise zuvor bearbeiteten Vorgang erhalten.

<u>Zusätzliche Schritte</u>

Vorgangsbearbeitungssysteme können einzelnen Benutzern auch erlauben, zusätzliche Schritte in ein bereits vorgegebenes Ablaufschema zu integrieren. Im Gegensatz zur Funktion "Einsicht geben" wird dabei dem Empfangenden nicht nur lesender, sondern auch schreibender Zugriff gewährt. Er kann somit auch Bearbeitungsschritte ausführen. Solche Funktionen sind in der elektronischen Umlaufmappe (vgl. Karbe und Ramsperger 1991, S. 213) implementiert.

Betroffen von dieser Teilfunktionalität sind neben dem Aktivator der neue Empfangende, der zusätzlich zum vorgesehenen Ablauf mit dem Vorgang beschäftigt ist, und die zuvor am Vorgang Beteiligten – insbesondere der Initiator – gegen deren Erwartungen hinsichtlich des Ablaufs des Vorgangs verstoßen wird. Außerdem sind die Nachbearbeiter betroffen, weil sie einen in veränderter Weise zuvor bearbeiteten Vorgang erhalten.

---

[1] Hilpert (1993, S. 29) diskutiert solche Möglichkeiten in seinem mit Hilfe objektorientierter Methoden implementierten Ansatz unter dem Aspekt, daß ein Objekt als eine singuläre Instanz eines bestimmten in einer Klasse repräsentierten Vorgangstyps modifiziert wird.

Permutationen

Vorgangsbearbeitungssysteme können einzelnen Nutzern die Möglichkeit geben, im Ablaufschema vorgesehene Bearbeitungsschritte zu vertauschen. Dadurch wird die Bearbeitungsreihenfolge eines Vorgangs verändert, ohne dabei bestimmte Stellen von der Bearbeitung auszuschließen oder neue Bearbeitungsschritte einzufügen (vgl. Karbe 1994, S. 121ff).

Betroffen von dieser Teilfunktionalität sind neben dem Aktivator der vorzeitig Empfangende, der entgegen dem ursprünglichen Ablaufschema den Vorgang unmittelbar erhält, und der Zurückgestellte, der den Vorgang erst verspätet zur Bearbeitung erhält. Außerdem sind die zuvor am Vorgang Beteiligten – insbesondere der Initiator – betroffen, gegen deren Erwartungen hinsichtlich des Ablaufs des Vorgangs verstoßen wird. Außerdem sind die Nachbearbeiter betroffen, weil sie einen in veränderter Weise zuvor bearbeiteten Vorgang erhalten.

Rückgabe

Vorgangsbearbeitungssysteme im Leitfaden-Modus können Benutzern auch erlauben, das Dokument an einen Bearbeiter zurückzugeben, um beispielsweise fehlende Informationen einzuholen oder eine nachholende Bearbeitung zu veranlassen. Nach Beendigung dieses Arbeitsschrittes wird der Vorgang unmittelbar vom Empfangenden zurück an den Aktivator dieser Teilfunktionalität übermittelt. Dazu kann es hilfreich sein, zusätzliche Kommunikationskanäle zu nutzen. Karbe und Ramsperger (1991, S. 212 f.) haben dies beispielsweise durch einen elektronischen Haftzettel realisiert, auf dem Begründungen dargelegt werden können. Dieser Typus von Funktion ist beispielsweise bei der elektronischem Umlaufmappe (vgl. Karbe und Ramsperger (1991, S. 213) und in einer von Hilpert (1993, S. 27) entwickelten integrierten Workflow-Management-Umgebung enthalten.

Bei dieser Teilfunktionalität stehen sich zunächst die Rollen des Übergebenden und des Empfangenden gegenüber. Betroffen sind auch Nutzer, die auf dem Weg zwischen Empfangendem und Übergebendem den Vorgang bearbeitet haben auf der Basis der ursprünglichen Fassung des Dokuments.

Wechsel des Vorgangstyps

Stehen den Nutzern bei der Bearbeitung eines Vorgangs mehrere Vorgangstypen zur Auswahl, so kann es Funktionen geben, die es Nutzern erlauben, während des Ablaufs eines Vorgangs den Vorgangstyp zu verändern. Im Gegensatz zu einem Zurücksetzen werden dabei die bisher erzielten Ergebnisse beibehalten und für die weitere Bearbeitung im Kontext des neuen Vorgangstypus nutzbar gemacht. Damit wird die Flexibilität erhöht, während eines Vorgangs auf Veränderungen der Aufgabenstellung reagieren zu können, die sich aus der bisherigen

Bearbeitung ergeben. Hilpert (1993, S. 28 f.), der eine solche Funktion implementiert, schildert ein Beispiel aus dem Bankbereich, bei dem eine solche Funktion sich als hilfreich erweist.

Neben dem Aktivator sind alle vorherigen Bearbeiter des Vorgangs von dieser Funktionalität betroffen, weil ihre Arbeitsergebnisse nun in einen veränderten Anwendungskontext gesetzt werden. Der Initiator ist in besonderer Weise betroffen, weil der Wechsel des Vorgangstyps gegen seine Vorgaben verstößt. Die nachfolgenden Bearbeiter sind ebenfalls betroffen, weil sie einer durch den Aktivator veränderten Aufgabenstellung gegenüberstehen.

Ereignisdienst

Im präskriptiven bzw. Leitfaden-Modus kommen zusätzlich zu den bereits diskutierten akuten und protokollierenden Funktionen des Ereignisdienstes von Vorgangsbearbeitungssystemen (vgl. Kap. 9.1.1.3) weitere Funktionen in Betracht. Diese Funktionen machen das zukünftige Verhalten eines Vorgangs sichtbar, indem sie Auskunft über den bei der Initialisierung gewählten Vorgangstypus geben. Gemeinsam mit den übrigen Funktionen entsteht für den aktiven Nutzer ein Überblick über den gesamten Vorgangsablauf von der Initialisierung bis hin zu dessen Abschluß. In diesem Fall erhöht der Ereignisdienst für einzelne Sachbearbeiter den Überblick über den Arbeitsfluß, in den sie eingebettet sind.

Beim Ereignisdienst stehen sich die Rollen des aktiven Nutzers und des Initiators gegenüber, weil dabei Daten über dessen Aktivierungsentscheidung transparent werden.

9.1.3   Zusammenfassung

In Abb. 9.3 sind die bisher diskutierten Funktionen aufgelistet und den verschiedenen Modi der Vorgangsbearbeitungssysteme zugeordnet. Wie bereits erwähnt, lassen sich nicht alle Funktionen in jedem der einzelnen Typen von Systemen finden. Vergleicht man diese Auflistung mit den in der Praxis anzutreffenden Systemen, so erkennt man, daß es sich bei der Unterscheidung zwischen deskriptivem, Leitfaden- und präskriptivem Modus um eine idealtypische Charakterisierung handelt. Sie erleichtert die Klassifikation der Funktionalität. Wie bei allen in dieser Arbeit erarbeiteten funktionalen Klassifikationen wird hier kein Anspruch auf Vollständigkeit erhoben.

	deskriptiv	Leitfaden	präskriptiv
Modellierung eines Vorgangstyps		X	X
Modifizierung eines Vorgangstyps		X	
Initialisieren eines Vorgangs	X	X	X
Zurücksetzen	X	X	X
Dokumentübergabe und -empfang	X	X	X
Bearbeitungsschritt-immanente Funktionen:			
- Delegation	X	X	X
- Einsicht geben	X	X	X
- Zugriff auf Dokumente	X	X	X
Modifizieren eines Vorgangs:			
- Schritte überspringen		X	
- zusätzliche Schritte		X	
- Permutation		X	
- Rückgabe		X	
- Wechsel des Vorgangstyps		X	
Ereignisdienst:			
- akut	X	X	X
- protokollierend	X	X	X

Abb. 9.3: Überblick über die Funktionalität von Vorgangsbearbeitungssystemen

9.2   Vorschläge zur Regelung der Konfliktpotentiale

Die in den verschiedenen Vorgangsbearbeitungssystemen vorzufindenden Teilfunktionalitäten können bei ihrer Aktivierung zu Konflikten zwischen den Aktivatoren und den Betroffenen führen. Anders als bei Kommunikationssystemen sind die Konfliktpotentiale einzelner Funktionen bisher kaum explizit thematisiert worden. Nichtsdestotrotz sind bei der Implementierung dieser Funktionen de facto Entscheidungen über den Umgang mit solchen Konfliktpotentialen getroffen worden. Diese Entscheidungen sollen im folgenden expliziert werden und vor dem Hintergrund der in Kap. 7 dargestellten Hinweise zu einem menschengerechten Konfliktmanagement bewertet werden. Gegenstand dieser groupware-spezifischen Konflikte sind in der Regel Eingriffe in die Arbeitsteilung und der Umgang mit personenbezogenen Daten. Da sich für den Umgang mit Konflikten wesentliche Unterschiede aus dem der Implementierung zugrunde liegenden Modus ergeben, werden die einzelnen Modi - wenn notwendig - getrennt diskutiert.

Der hier gewählte Ansatz der Bewertung einzelner Teilfunktionalitäten, unabhängig von den damit konkret zu unterstützenden Aufgaben, stößt dort an Grenzen, wo sich aus dem Aufgabenbezug Einflüsse auf die Ausgestaltung des organisatorischen Leitbilds ergeben.

9.2.1   Vorgangsmodellierung und -modifizierung

Modellierung eines Vorgangstyps

Bei der Vorgangsmodellierung können Konflikte zwischen dem Aktivator und den später bei der Vorgangsbearbeitung davon Betroffenen auftreten. Gegenstand dieser Konflikte kann die Art der Arbeitsteilung zwischen den an der Vorgangsbearbeitung Beteiligten sein. Diese Konflikte müssen dann bei der Aktivierung dieser Funktion ausgetragen werden, wenn der Initiator bei der Definition eines Vorgangs durch aus der Modellierung herrührende Voreinstellungen in den ihm zur Auswahl stehenden Alternativen eingeschränkt ist. Besteht für den Initiator diesbezüglich keinerlei Flexibilität, d. h. der Vorgang kann nur gemäß einem fest definierten Typ initialisiert werden, so verlagern sich alle unter der Teilfunktionalität "Initialisieren eines Vorgangs" auftretenden Konflikte zwischen Initiator und übrigen Beteiligten auf solche bezüglich der Modellierung.

In der bisherigen Literatur wird bei Konflikten bezüglich der Aktivierung der Vorgangsmodellierung davon ausgegangen, daß diese im Sinne des Modellierers einseitig steuerbar geregelt werden (vgl. Hilpert 1993, S. 13ff; Kreifelts u. a. 1984, S. 141). Die Betroffenen erhalten weder Transparenz noch technische Verhandlungsmöglichkeiten zum Zeitpunkt der Vorgangsmodellierung. Bewertet man diese Form der Konfliktregelung vor dem Hintergrund der in Kap. 7.1 dargestellten Überlegungen zu einem menschengerechten Konfliktmanagement, so ist dies dann problematisch, wenn die später von der Modellierung Betroffenen nicht beteiligt werden. Eine Beteiligung am Vorgang des Modellierens kann aber auf Grund der hohen Komplexität des Gegenstandsbereichs der Modellierung nur durch Konfliktregelungsmechanismen sichergestellt werden, die schwach oder semi-strukturierte Kommunikationskanäle zwischen den Beteiligten bereitstellen. Da es sich in der Regel um eine Vielzahl von Betroffenen handelt, sollten Konflikte bezüglich der Vorgangsmodellierung eher durch face-to-face-Verhandlungen gelöst werden.

Im Gegensatz dazu handelt es sich beim letztendlichen Einfügen eines neuen Dokumenttyps in das Vorgangsbearbeitungssystem um ein singuläres Ereignis, wobei zur Moderierung der durch das Einfügen entstehenden Konflikte Konfliktregelungsmechanismen genutzt werden können. Dies setzt allerdings voraus, daß der neu entstandene Vorgangstyp sich den Betroffenen einfach erschließt. Nur in diesem Fall können Konfliktregelungsmechanismen zum Umgang mit

Konflikten beitragen. Kommentierbarkeit gibt den Betroffenen die Möglichkeit, einen unstrukturierten oder semi-strukturierten Kommunikationskanal zum Aktivator aufzubauen. Aushandelbarkeit bietet darüber hinaus den Betroffenen ein Widerspruchsrecht gegen das Einfügen des neuen Schemas. Aktivierungsbezogene Transparenz würde sie über das Einfügen informieren und ihnen die Möglichkeit zur Selbstabstimmung mit dem Aktivator geben.

<u>Modifizieren des Vorgangstyps</u>

Ergeben sich dagegen während der Bearbeitung eines konkreten Vorgangs Hinweise darauf, daß das diesem Vorgang zugrunde liegende Schema für weitere Bearbeitungsprozesse modifiziert werden muß, so erscheint es sinnvoll, den Umgang mit Konflikten bei der Nutzung solcher Funktionen durch Konfliktregelungsmechanismen zu unterstützen. Bei den bisherigen Implementierungen dieser Funktionen ist der Umgang mit Konflikten nicht thematisiert (vgl. Hilpert 1993, S. 25 ff.), so daß von einer ausschließlich aus der Sicht des Aktivators einseitig steuerbaren Gestaltung auszugehen ist. Da es sich bei der Modifizierung eines Vorgangstyps um einen Eingriff in die Arbeitsteilung handelt, können Konfliktregelungsmechanismen die Selbstabstimmung zwischen dem Aktivator und den übrigen Beteiligten durch die Bereitstellung eines technischen Kommunikationskanals fördern. Aktivierungsbezogene Transparenz kann einen Selbstabstimmungsprozeß anstoßen, wenn sich die Betroffenen in räumlicher Nähe aufhalten und die Verhandlungen face-to-face geführt werden.

9.2.2   Initialisieren und Zurücksetzen

<u>Initialisieren</u>

Gemäß der Vorgaben, die sich aus der Vorgangsmodellierung ergeben, kann der Aktivator beim Initialisieren zwischen verschiedenen Vorgangstypen auswählen. In den bisherigen Implementierungen von Vorgangsbearbeitungssystemen werden die sich dabei möglicherweise ergebenden Konflikte vom Aktivator einseitig steuerbar geregelt. Er kann beim Initialisieren den Aufgabentypus festlegen. Im präskriptiven wie im Leitfaden-Modus kann er darüber hinaus unter Nutzung der durch die Modellierung belassenen Flexibilität Festlegungen über die Zuordnung von Personen zu organisatorischen Bezeichnern, über deren Arbeitsteilung sowie über zeitliche oder sonstige Bedingungen der Aufgabenausführung formalisiert vorgeben.

Im deskriptiven Modus sind die später bei der Bearbeitung des Vorgangs von der Initialisierung Betroffenen nicht bekannt. Insofern gibt es keine Alternative zu der bisher gewählten Form des Umgangs mit Konflikten. Eine Konfliktregelung, die den Betroffenen Mitsprache bei der Definition der zu bearbeitenden Aufgabe gibt, kann in diesem Fall in Verbindung mit der Funktion "Übergabe eines Dokuments" zum nächsten Bearbeiter erfolgen. Der bei der Initialisierung des Vorgangs ausgewählte Typus wird bei der Übergabe des Dokuments den Betroffenen aktivierungsbezogen transparent.[1]

Im Gegensatz zum deskriptiven Modus werden beim präskriptiven Modus weiterreichende Festlegungen bei der Initialisierung getroffen. Die davon später Betroffenen werden in diesem Schritt direkt expliziert. Nichtsdestotrotz verbleibt in den bisherigen Implementierungen die Entscheidung über die Initialisierung steuerbar unter der Kontrolle des Aktivators. Diese Form des Umgangs mit Konflikten widerspricht den Überlegungen zu einem menschengerechten Konfliktmanagement in Groupware (vgl. Kap. 7.1), weil auf diese Weise dem Aktivator die Möglichkeit eröffnet wird, die Arbeitsteilung während der folgenden Bearbeitungsschritte vorzugeben. Verhandlungen als Mittel der Konfliktregelung zwischen den einzelnen Beschäftigten bzw. Organisationseinheiten werden dadurch nicht unterstützt. Vielmehr erfolgt die Konfliktregelung durch das in der Vorgangsmodellierung materialisierte Programm, dessen spätere Veränderung durch die Bearbeiter nicht mehr möglich ist.

Sollte es sich aus dem Anwendungskontext heraus als notwendig erweisen, eine präskriptive Form der Vorgangsbearbeitung zu implementieren, so könnten Betroffene bei der Initialisierung eines Vorgangs durch Anwendung von Konfliktregelungsmechanismen beteiligt werden. Je nach räumlicher Nähe und Synchronizität des Vorgangs kann dies durch die Bereitstellung eines technischen Kommunikationskanals sichergestellt bzw. durch aktivierungsbezogene Transparenz unterstützt werden.

Im Leitfaden-Modus von Vorgangsbearbeitungssystemen sind die bei der Initialisierung festgelegten Vorgaben bezüglich der Arbeitsteilung nicht verbindlich. Sie können während der Aufgabenausführung von den Bearbeitern modifiziert werden. In diesem Fall ist eine Konfliktregelung bei der Aktivierung der Grundfunktion "Initialisieren eines Vorgangs" nicht notwendig, weil die Interessen der Betroffenen durch die Nutzung dieser modifizierenden Funktionen sichergestellt werden können (vgl. Kap. 9.1.2).

<u>Zurücksetzen</u>

Die bisherigen Implementierungen der Funktion "Zurücksetzen" überlassen die Nutzung dieser Funktion steuerbar der Kontrolle des Aktivators, während einzelne Betroffene aktivierungsbezogene Transparenz erhalten (vgl. Kreifelts u. a.

---

[1]Der hier vorgeschlagene Umgang mit Konfliktpotentialen ist ähnlich dem Regelungsansatz in Kommunikationssystemen für Funktionalität, die den Sender beim Aufbau einer Verbindung unterstützt. Auch dort wird den Betroffenen kein Einspruchsrecht bei der Aktivierung dieser Funktion gegeben, sondern ihre Aktivierung sollte lediglich bei der Verbindungsetablierung transparent werden, um auf diese Weise den Betroffenen Interventionsmöglichkeiten zu geben.

1984, S. 145 f.). Diese Form der Konfliktlösung erscheint problematisch, weil die Entscheidung des Aktivators die Arbeit aller bisher am Vorgang Beteiligten gegenstandslos werden läßt. Aus den im Kap. 7 dargestellten Hinweisen zu einem menschengerechten Konfliktmanagement wird dieser Konfliktgegenstand nicht abgedeckt. Insofern fehlt hier eine normative Regelungsgrundlage.[1]

9.2.3   Dokumentübergabe und -empfang

Mit der Übergabe eines Dokuments vom Übergebenden zum Empfangenden wird der zu bearbeitende Vorgang weitergereicht. Dabei können Konflikte zwischen den Bearbeitern sowohl über die Aufgabenzuweisung an sich als auch über die damit verbundenen Bedingungen entstehen. Diese Konflikte werden in den unterschiedlichen Typen von Vorgangsbearbeitungssystemen im Sinne des Aktivators gelöst.

Im präskriptiven Modus beendet der Übergebende einen Arbeitsschritt und löst damit die Übergabe des Dokuments an den nächsten Bearbeiter aus. Durch die Vorgaben, die aus der Modellierung und Initialisierung der Vorgänge resultieren, ist die ihm verbleibende Flexibilität allerdings weitgehend eingeschränkt. Sie bezieht sich letztendlich lediglich darauf, den Übergabezeitpunkt zu bestimmen. Dem Empfangenden wird diese Handlung des Übergebenden aktivierungsbezogen dadurch transparent, daß ihm die zugewiesene Aufgabe angezeigt wird.

Beim Leitfaden-Modus erhöht sich die Flexibilität des Übergebenden dadurch, daß er bei der Übergabe die Möglichkeit erhält, von den durch Initialisierung und Modellierung gegebenen Vorgaben abzuweichen. Im deskriptiven Modus ist sein Handlungsspielraum sogar dergestalt, daß er bestimmen kann, an wen der Vorgang übergeben wird und welche Bedingungen damit verknüpft werden.

In den bisherigen Implementierungen erhält der Empfangende lediglich aktivierungsbezogene Transparenz, aber keine technische Unterstützung bei Verhandlungen über die Aktivierungsentscheidung des Übergebenden. Dies, obwohl Medina-Mora u. a. (1992, S. 282 ff.), abgeleitet aus der Sprachakt-Theorie, auf die Notwendigkeit hinweisen, daß Verhandlungen zwischen den Beteiligten bei der Zuweisung einer Aufgabe erfolgen sollten.[2] Für den Fall, daß die Beteiligten sich

---

[1]Für eine auf Koordination durch Selbstabstimmung ausgerichtete Organisation erscheint es sinnvoll, den durch die Stornierung eines Vorgangs Betroffenen Verhandlungsmöglichkeiten vor Ausführung dieser Funktion zu bieten. Dies insbesondere dann, wenn die Anwendung neben dem Zurücksetzen noch andere Funktionsalternativen zum Umgang mit Ausnahmesituationen bei der Bearbeitung eines Vorgangs zur Verfügung stellt.

[2]Dies ist umso überraschender, als die Autoren dem Umfeld der Firma Action Technology entstammen und deshalb eine Verknüpfung dieses Workflow-Ansatzes mit dem des Coordinators (vgl. Winograd 1987) nahegelegen hätte. Schäl (1995) vertritt hinsichtlich der Notwendigkeit von Verhandlungen eine ähnliche Auffassung. Auch er zieht daraus keine Konsequenzen hinsichtlich einer

nicht in räumlicher Nähe zueinander befinden, können Konfliktregelungsmechanismen hilfreich sein. Die dazu notwendige Flexibilität der Grundfunktion besteht allerdings nur im deskriptiven und Leitfaden-Modus. Die Bereitstellung eines technischen Kommunikationskanals zur Konfliktregelung erscheint vor dem Hintergrund der Überlegungen zu einem menschengerechten Konfliktmanagement angemessener als eine Lösung, die dem Empfangenden lediglich die Möglichkeit einräumt, das übersandte Dokument an den Übergebenden zurückzugeben. Ist räumliche Nähe zwischen Übergebendem und Empfangendem gegeben, so kann die bisherige Gestaltung auf der Ebene aktivierungsbezogener Transparenz als ausreichend empfunden werden.

9.2.4   Bearbeitungsschritt-immanente Funktionen

Konfliktpotential können auch solche Funktionen beinhalten, die einzelnen Benutzern die Möglichkeit geben, während der von ihnen vorzunehmenden Bearbeitung eines Vorgangs andere Nutzer zu beteiligen. Die Interessen des Aktivators bei der Funktion "Einsicht geben" im Verhältnis zu den übrigen am Vorgang Beteiligten haben Kreifelts u. a. (1991a) als Ergebnis einer Befragung von Nutzern eines Vorgangsbearbeitungssystems beschrieben. Demnach wurde von Führungskräften "die fehlende Möglichkeit bedauert, eine beliebige andere Person an der Bearbeitung eines Vorgangs zu beteiligen, ohne daß diese "offiziell" sichtbar wird" (1991, S. 246). Eine Untersuchung der Interessenlage der übrigen am Vorgang Beteiligten und der Einsichtnehmenden erfolgte allerdings nicht. Insofern wurde das Befragungsergebnis als ein Votum für eine Gestaltung gesehen, die die Funktion einseitig steuerbar unter der Kontrolle des Aktivators beläßt, ohne den Betroffenen Transparenz zu geben. In der in Kap. 5 vorgestellten empirischen Untersuchung waren durch Befragung von Trägern beider in Frage kommender Rollen Interessengegensätze bezüglich der Funktion "Zugriff auf Dokumente" zwischen Zugriffgebendem und Zugriffnehmendem nachgewiesen worden. Hinsichtlich der technischen Gestaltung des Umgangs mit diesen Konflikten bevorzugten die Zugriffgebenden Intervenierbarkeit, während die Zugriffnehmenden aktivierungsbezogene Transparenz präferierten. Dabei wurde allerdings nicht untersucht, welche Präferenzen die übrigen an diesem Vorgang Beteiligten haben.

Der in Kap. 7 entwickelte Bewertungshintergrund gibt keinen Hinweis darauf, wie mit bei bearbeitungsschritt-immanenten Funktionen auftretenden Konflikten im Verhältnis zwischen den Rollen des momentanen Bearbeiters eines Vorgangs und den übrigen Bearbeitern umzugehen ist.[1] Lediglich für den Fall, daß

---

entsprechenden technischen Unterstützung.

[1]Das Leitbild teilautonomer Gruppenarbeit würde eher für eine Gestaltung plädieren, die die vollständige Kontrolle über jeden einzelnen Arbeitsschritt dem aktuellen Bearbeiter überläßt. Dies würde für die Funktionen "Zugriff geben" und "Delegation" bedeuten, daß sie steuerbar unter der

aus den übergebenen Dokumenten auf Arbeitsergebnisse von einzelnen Nutzern geschlossen werden kann, berührt die Nutzung der bearbeitungsschritt-immanenten Funktionen das Recht auf informationelle Selbstbestimmung der zuvor an einem Vorgang Beteiligten. In diesem Fall wäre ihnen ein Einspruchsrecht zu gewähren.

Im Verhältnis zwischen den Nutzern in der Rolle des aktuellen Sachbearbeiters und den durch diese Funktionen zusätzlich Hinzugezogenen ergibt sich die Notwendigkeit der Selbstabstimmung, wenn die Aktivierung dieser Funktionen mit einer Aufgabenzuweisung einhergeht. Dies bedeutet für die Funktion "Delegation", daß die Nutzer in der Rolle des Delegierten die Möglichkeit haben müssen, über die Aufgabenzuweisung zu verhandeln. Dies kann entweder durch Aushandelbarkeit oder Kommentierbarkeit unterstützt werden; ansonsten muß es der Rolle des Delegierten möglich sein, den Vorgang - nachdem ihm die Delegation aktivierungsbezogen transparent geworden ist - zurückzugeben.

Bei der Funktion "Einsicht geben" ist das Recht der Nutzer in der Rolle der Einsichtnehmenden dadurch gewahrt, daß sie die angebotenen Zugriffsrechte nicht wahrnehmen müssen. Sofern die Aktivierung dieser Funktion mit einer Aufgabenzuweisung einhergeht, kann ein technisch bereitgestellter Kommunikationskanal hilfreich sein, wenn die Beteiligten sich nicht gleichzeitig in räumlicher Nähe befinden. Bei der Gestaltung der Funktion "Zugriff auf Dokumente" muß aufgrund des Rechts auf informationelle Selbstbestimmung ein Einspruchsrecht der Betroffenen Berücksichtigung finden; es ist sicherzustellen, daß ohne Zustimmung des Zugriffgebenden kein Zugang erfolgen kann. Dies sollte in der Regel durch einen entsprechenden technischen Konfliktregelungsmechanismus erfolgen.[1]

9.2.5   Modifizieren eines Vorgangs

Bei dieser Gruppe von Funktionen kann es zu Konflikten bei der Nutzung der durch den Leitfaden-Modus gegebenen Flexibilität beim Bearbeiten eines Vorgangs kommen. Dabei lassen sich im wesentlichen zwei Konfliktkonstellationen feststellen. Zum einen können Konflikte zwischen dem Übergebenden und dem außerhalb der bisherigen Reihenfolge Empfangenden auftreten. Außerdem sind

---

Kontrolle des Aktivators verblieben. Für die Funktion "Zugriff auf Dokumente" bedeutet es, daß der extern Zugriff Begehrende ausschließlich mit dem aktuellen Sachbearbeiter über seinen Zugriffswunsch verhandeln sollte. Die übrigen an diesem Vorgang Beteiligten würden jeweils nicht in das Aktivierungsgeschehen einbezogen, weil dies den Handlungsspielraum der Nutzer in der Rolle des aktuellen Bearbeiters einschränken würde.

[1]Die in Kap. 5 dargestellten Ergebnisse zeigen, daß die Zugriffgebenden in der Tat mehrheitlich eine solche Gestaltung bevorzugten, während die Nutzer in der Rolle des Zugriffnehmenden mehrheitlich sich diese Funktion unter ihrer Kontrolle wünschten. Dabei gestanden sie den davon Betroffenen aktivierungsbezogene Transparenz zu.

Konflikte zwischen dem Übergebenden, der den bisherigen Leitfaden außer Kraft
setzt, und den übrigen am Vorgang Beteiligten festzustellen. Der Umgang mit
solchen Konflikten ist bisher nicht explizit diskutiert worden. In den bisherigen
Implementierungen ist somit von aktivierungsbezogener Transparenz im Verhältnis zwischen Übergebendem und Empfangendem auszugehen, weil Trägern
letzterer Rolle die Dokumentübergabe zwangsläufig sichtbar werden muß. Im
Verhältnis zwischen Übergebendem und den übrigen Beteiligten ist zunächst
von einseitiger Steuerbarkeit ohne Verwendung von Konfliktregelungsmechanismen auszugehen, die eventuell durch Funktionen des Ereignisdienstes auf
die Ebene aktivierungsbezogener Transparenz angehoben werden.

Nutzt man den in Kap. 7 dargestellten Bewertungshintergrund, so trifft für das
Verhältnis zwischen Übergebenden und Empfangenden die bezüglich der Teilfunktionalität "Dokumentübergabe" im Leitfaden-Modus entwickelte Konflikt-
regelungsstrategie zu. Je nach räumlicher Nähe und Synchronizität sollten diese
Konflikte entweder mittels eines technisch bereitgestellten Kommunikationskanals oder mittels aktivierungsbezogener Transparenz gehandhabt werden.

Bezüglich der Regelung von Konflikten im Verhältnis zwischen dem Übergebenden und den übrigen am Vorgang Beteiligten ist – wie bereits bei der Teilfunktionalität "Bearbeitungsschritt-immanente Funktionen" diskutiert – aus den
in Kap. 7 dargestellten Ergebnissen kein eindeutiger Vorschlag abzuleiten.

9.2.6   Ereignisdienst

Bei Funktionen des Ereignisdienstes sind Konflikte zwischen dem Aktivator und
den davon Betroffenen zu erwarten. Deren Regelung sollte unter Wahrung des
Rechts auf informationelle Selbstbestimmung erfolgen (vgl. Kap. 7.2). Vor diesem Hintergrund sind die vom Ereignisdienst erzeugten Transparenzdaten auf
ein Minimum zu beschränken und deren weitere Verarbeitung und der Zugriff
auf diese Daten mit einem Einspruchsrecht der Betroffenen zu versehen.

Gegen eine gänzliche Einschränkung der Erzeugung von Transparenzdaten ergeben sich aus den bisherigen Überlegungen Einwände. Es ist zunächst zu berücksichtigen, daß vorgangsbezogene Ausprägungen dieser Teilfunktionalität die Kooperation zwischen den Bearbeitern eines Vorgangs unterstützen können (vgl.
Abb. 9.1). Die beim Zugriff auf diese Transparenzdaten auftretenden Konflikte
sind einer Handhabung durch Konfliktregelungsmechanismen zugänglich. So
kann der Betroffene mittels Gegensteuerbarkeit, Intervenierbarkeit oder Aushandelbarkeit bestimmen, ob die von bestimmten Aktivatoren gewünschten Daten zugänglich gemacht werden sollen. Aktivierungsbezogene Transparenz erlaubt ihm nachzuvollziehen, auf welche seiner Daten zugegriffen wird. So kann
je nach der räumlichen Nähe und Synchronizität der Rollenträger und der zu
unterstützenden Aufgabe im Anwendungskontext entschieden werden, wie mit

den entstehenden Konflikten umzugehen ist.

Darüber hinaus ist zu berücksichtigen, daß auch aktivierungsbezogene Transparenz als Konfliktregelungsmechanismus für die in den vorigen Teilkapiteln genannten Konflikte als Teil des Ereignisdienstes anzusehen ist. Würde man den Zugriff auf die dabei anfallenden Daten mit einem technischen Einspruchsrecht versehen, so würde der Konfliktregelungseffekt entfallen. Legt man das in Abb. 9.1 dargelegte Schema zugrunde, so handelt es sich hierbei um rollenorientierte Formen des Ereignisdienstes. In diesem Fall erscheint es sinnvoll, dem Aktivator der Grundfunktion und damit dem Betroffenen des Konfliktregelungsmechanismus keinen darauf aufsetzenden Mechanismus zur Verfügung zu stellen.

9.2.7   Zusammenfassung

Betrachtet man das bisherige Konfliktmanagement in Vorgangsbearbeitungssystemen, so wurde bisher lediglich aktivierungsbezogene Transparenz als Konfliktregelungsmechanismus implementiert. Ansonsten werden groupware-spezifische Konflikte einseitig steuerbar aus Sicht des Aktivators gelöst. Dies erscheint aber unzureichend, insbesondere dann, wenn davon ausgegangen werden muß, daß die elektronische Bearbeitung nicht am selben Ort und zur selben Zeit stattfindet.

Bei der Umsetzung der bisher vorgeschlagenen Mechanismen zum Umgang mit Rollenkonflikten muß zwischen Fällen unterschieden werden, in denen einzelne Beschäftigte Träger einer bestimmten Rolle sind, und solchen, in denen ganze Arbeitsgruppen eine Rolle wahrnehmen. Wird eine Rolle von einer ganzen Arbeitsgruppe wahrgenommen, so relativieren sich die aus dem Recht auf informationelle Selbstbestimmung abgeleiteten Vorschläge zur Konfliktlösung dann, wenn die technische Ausgestaltung es nicht erlaubt, auf die von einzelnen Gruppenmitgliedern durchgeführten Aktivitäten zu schließen (vgl. Kubicek und Höller 1991, S. 170 f.).

Nehmen ganze Arbeitsgruppen einzelne Rollen wahr, so ist von diesen intern zu entscheiden, ob sie sich durch einzelne von ihnen bestimmte Vertreter bei der Abstimmung mit anderen Rollenträgern vertreten lassen oder dies von der ganzen Gruppe gemeinsam vorgenommen werden soll. Vorschläge für eine gruppenorientierte Implementierung von Konfliktregelungsmechanismen wurden in Kapitel 4.4 entwickelt.

Im Gegensatz zur Diskussion um ein menschengerechtes Konfliktmanagement bei Kommunikationssystemen ergeben sich bei Vorgangsbearbeitungssystemen Widersprüchlichkeiten bei der Ableitung der geeigneten Mechanismen. Solche Widersprüche innerhalb der Hinweise zu einer menschengerechten Regelung von Konflikten in Groupware sollten partizipativ im Anwendungskontext gelöst werden.

9.3   Aspekte der Implementierung eines flexibilisierten Konfliktmanagements

Basierend auf den Überlegungen von Kapitel 6.2 sollen im folgenden Vorschläge zu einer flexiblen Implementierung von Konfliktregelungsmechanismen in Vorgangsbearbeitungssystemen gemacht werden. Im Gegensatz zu Kommunikationssystemen kann bei Vorgangsbearbeitungssystemen von einer in ihrem Umfang während des Gebrauchszeitraums gleichbleibenden Funktionalität ausgegangen werden. Vorgangsbearbeitungssysteme beinhalten u. a. folgende Komponenten (vgl. Kap. 9.1):

- Vorgangssteuerung,
- Vorgangsmodellierung,
- Ereignisdienst,
- Vorgangsbeschreibung,
- Beschreibung von Vorgangstypen.

Dabei bietet die Vorgangssteuerung die notwendige Funktionalität an, um die Dokumente bei den jeweils zuständigen Nutzern bereitzustellen. Die Vorgangssteuerung überwacht die Einhaltung der vorab definierten Umlaufreihenfolge und anderer bezüglich eines Vorgangs einzuhaltender Bedingungen (vgl. Karbe und Ramsperger 1991, S. 216 f.). Die Vorgangssteuerung kann entweder zentral oder verteilt auf den jeweiligen Arbeitsplatzrechnern realisiert sein. In der Vorgangssteuerung sind Funktionen wie "Dokumentübergabe", "Dokumentempfang", "Delegation", "Einsicht geben", "Schritte überspringen" oder "Wechsel des Vorgangstyps" realisiert. Zur Ausführung dieser Funktionen ist im präskriptiven und Leitfaden-Modus der Zugriff auf Ablaufdaten des betreffenden Vorgangs erforderlich. Diese Ablaufdaten werden als Bestandteil der Vorgangsbeschreibung gespeichert (vgl. Kreifelts 1984, S. 14). Auch die Inhaltsdaten der einzelnen Vorgänge werden im Rahmen der Vorgangsbeschreibung verwaltet. Zusätzlich können in der Vorgangsbeschreibung auch Transparenzdaten gespeichert werden, die von Funktionen des Ereignisdienstes erzeugt und verwaltet werden. Die Vorgangsbeschreibung oder einzelne der diesbezüglichen Datentypen können während der Bearbeitung eines Vorgangs entweder zentral zum sequentiellen Zugriff oder dezentral an den jeweiligen Rechnern der Bearbeiter gespeichert werden. Daneben gibt es in Vorgangsbearbeitungssystemen weitere Daten zur Beschreibung von Vorgangstypen, die das Ergebnis der Vorgangsmodellierung repräsentieren und auf die während des Initialisierens eines Vorgangs zurückgegriffen werden kann (vgl. Abbott und Sarin 1994; Jakobs 1993, Hilpert 1993).

Soll nun ein technisch unterstütztes Konfliktmanagement in einem Vorgangsbearbeitungssystem realisiert werden, so ist es zunächst erforderlich, ein Konfliktregelungsmodul zu implementieren. Je nach der der Anwendung zugrunde
liegenden Architektur kann dieses Modul entweder zentral oder replizit auf den
einzelnen Arbeitsplatzrechnern realisiert sein. Bei Vorgangsbearbeitungssystemen erscheint dabei die Implementierung aller in Kap. 4.3 vorgeschlagener Konfliktregelungsmechanismen angezeigt (vgl. Kap. 9.2). Desweiteren sind Erweiterungen an den globalen Funktionen vorzunehmen, die nach einer Abfrage des
Zustandsspeichers und des Konfigurationsspeichers das Konfliktregelungsmodul
aufrufen (vgl. Kap. 6.2.1). Um ein differenziertes Konfliktmanagement zu erlauben, sollte es möglich sein, die Konfliktregelung eines bestimmten Vorgangs zu
spezifizieren. Insofern sollten die dazu notwendigen Konfigurationsdaten die
Möglichkeit bieten, Mechanismen bezogen auf jeden einzelnen Vorgang in Abhängigkeit von den jeweiligen Rollenträgern zu spezifizieren. Da diese Konfigurationsdaten spezifisch für einen Vorgang oder einen Vorgangstyp sind, erscheint
es sinnvoll, diese zu partitionieren und in die jeweilige Vorgangsbeschreibung
aufzunehmen. Zur Vereinfachung des Konfigurationsgeschehens sollte die Möglichkeit bestehen, diese Konfigurationsdaten im Rahmen der Modellierung eines
Vorgangstyps als während der Initialisierung eines konkreten Vorgangs zu modi-
fizierendes Schema abzulegen. Insofern ist eine Erweiterung der Vorgangsmodellierung vorzusehen, die die Erzeugung und Modifikation der sich auf das Konfliktmanagement beziehenden Konfigurationsdaten erlaubt.

Auch der Zustandsspeicher kann partitioniert und im Rahmen der Vorgangsbeschreibung realisiert werden, weil in Vorgangsbearbeitungssystemen implizite
Betroffenheit sich lediglich über die Aktivierung von Funktionen beschreiben
läßt, die sich auf denselben Vorgang beziehen wie die konfliktauslösende Funktion (vgl. Kap. 6.2). Abb. 9.4 gibt einen Überblick über die Modifikationen, die an
bestehenden Vorgangsbearbeitungssystemen zur Realisierung technisch unterstützten Konfliktmanagements vorgenommen werden müssen.

Ich will im folgenden am Beispiel der Funktion "Schritte überspringen" den Ablauf technisch unterstützten Konfliktmanagements bei Vorgangsbearbeitungssystemen konkretisieren. Diese Funktion beinhaltet lediglich dann Funktionsalternativen, wenn die Anzahl der zu überspringenden Schritte bei der Aktivierung spezifiziert werden kann. Bei ihrer Aktivierung sind fünf Konfliktkonstellationen "Aktivator - Initiator", "Aktivator - Vorbearbeiter", "Aktivator -
Übersprungener", "Aktivator - Ersatzempfänger" und "Aktivator - Nachbearbeiter" zu berücksichtigen (vgl. Kap. 9.1). In den ersten vier Konfliktkonstellationen können die Betroffenen zum Aktivierungszeitpunkt explizit mit Hilfe der
Daten aus der Vorgangsmodellierung – eventuell unter Abfrage der Organisationsdatenbank – und der Transparenzdaten ermittelt werden. In der letzten
Konfliktkonstellation ist implizite Betroffenheit gegeben. Aktiviert ein Nutzer

als Nachbearbeiter desselben Vorgangs die Funktion "Dokumentempfang", so wird er dadurch zum Betroffenen der Funktion "Schritte überspringen". Lediglich in Systemen im präskriptiven Modus sind auch diese Rollenträger zum Zeitpunkt der Aktivierung explizit bekannt.

Wie die Diskussion im Kapitel 9.2.5 gezeigt hat, können zur Regelung der verschiedenen Konfliktkonstellationen je nach Anforderung des Anwendungskontextes verschiedene der in Kap. 4.3 entwickelten Konfliktregelungsmechanismen eingesetzt werden. Die Regelung der verschiedenen Konfliktkonstellationen sollte in der Erweiterung der Grundfunktion so implementiert sein, daß die Einstiegsprozedur des Konfliktregelungsmoduls zuerst mit den Argumentlisten der Konfliktkonstellationen aufgerufen wird, in denen die Betroffenen ein technisch realisiertes Einspruchsrecht haben. Erst wenn in diesen Konfliktkonstellationen die Betroffenen von ihrem Einspruchsrecht keinen Gebrauch gemacht haben und ein entsprechendes Argument an die Erweiterung der Grundfunktion zurückgegeben wurde, sollte die Regelung der übrigen Konfliktkonstellationen angestoßen werden.

Zur Regelung der Konfliktkonstellation "Aktivator - Nachbearbeiter" muß die Erweiterung der Grundfunktion einen Eintrag im Zustandsspeicher vornehmen. Bei der Regelung dieser Konfliktkonstellation darf den Betroffenen kein technisch realisiertes Einspruchsrecht eingeräumt werden, weil die Funktion "Schritte überspringen" bei Ausüben des Einspruchsrechts nicht ausgeführt werden könnte und kein Nutzer in die Rolle des Nachbearbeiters käme. Einer solchen Deadlock-Situation ist bei der Konfiguration des Konfliktmanagements vorzubeugen.

Zur differenzierten Festlegung des Konfliktregelungsmechanismus reicht in der Regel neben der Bezeichnung des Vorgangs eine weitere Dimension pro Konfliktkonstellation in der Konfigurationsmatrix aus. Solange in der der Funktionsaktivierung vorausgehenden Bearbeitung der dem Vorgang zugrunde liegende Leitfaden eingehalten wurde, definieren sich durch die Bezeichnung der Endgeräte- oder Nutzerkennung des Aktivators - bzw. seiner Bearbeiterrolle[1] im Vorgang - alle Betroffenen eindeutig. Insofern können, bezogen auf die Dimensionen Vorgang und Aktivator, differenzierte Festlegungen für die einzelnen Konfliktkonstellationen getroffen werden. Sind Veränderungen in der vorausgehenden Bearbeitung für das Konfliktmanagement einer der Konfliktkonstellationen nicht zu berücksichtigen, so kann auf eine weitere Spezifizierung der Endgeräte- oder Nutzerkennung des Betroffenen verzichtet werden. Ansonsten ist diese zusätzlich zu berücksichtigen.

---

[1]Hier wird der bei der Definition von Vorgangsbearbeitungssystemen übliche Rollenbegriff benutzt. Dieser unterscheidet sich vom ansonsten hier genutzten Rollenbegriff (vgl. Kap. 2.3).

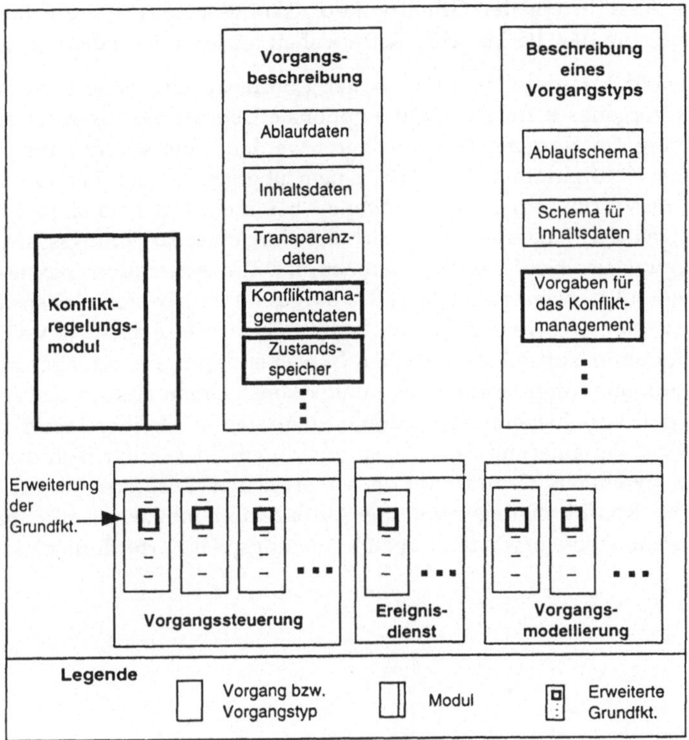

Abb. 9.4:   Modifikation eines Vorgangsbearbeitungssystems für ein technisch unterstütztes Konfliktmanagement

Im Verlauf der Konfliktregelung vom System zu erzeugende Aushandlungsfenster oder Transparenznachrichten sollten bei ihrer Bereitstellung nicht unmittelbar am Bildschirm der Betroffenen angezeigt werden. Vielmehr sollten sie nach Eingang in einem speziellen Ordnungsmittel (z. B. Eingangskorb für das Konfliktmanagement) abgelegt werden. Die Nutzer sollten von ihrer Bereitstellung beispielsweise durch eine Farbänderung des den Eingangskorb darstellenden Icons informiert werden. Eine solche Gestaltung vermeidet eine unerwünschte Störung der Betroffenen.

Die Diskussion des Ablaufs der Konfliktregelung bei der Funktion "Schritte überspringen" hat gezeigt, daß sich aus den Besonderheiten dieser Funktion Einschränkungen bezüglich der in einzelnen Konstellationen zu nutzenden Mechanismen ergeben, um Deadlocks bei der Vorgangsbearbeitung zu vermeiden. Diese Problematik tritt auch bei anderen Funktionen in Vorgangsbearbeitungssystemen auf. Sie ist auch beim Konfliktmanagement in anderen Anwendungen gegeben, wenn die Ausführung der Grundfunktion Voraussetzung für die Möglichkeit zur Ausführung der die implizite Betroffenheit auslösenden Funktion ist.

Der Aufwand für die Konfiguration der Konfliktregelungsmechanismen eines einzelnen Vorgangs konnte durch die optionale Übernahme dieser Daten aus der Beschreibung des Vorgangstyps verringert werden. Eine solche Form der Übernahme von Konfigurationsdaten aus einem übergeordneten Typus stellt einen Ansatz zur Verringerung des Aufwands bei mehrdimensionalen Konfigurationsmatrizen dar. Außerdem zeigt sich bei Vorgangsbearbeitungssystemen, daß die Festlegung der Konfliktkonstellationen u. U. im Anwendungskontext anpaßbar bleiben sollte, weil die in Kap. 9.1 dargestellten Konstellationen die Differenziertheit eines Anwendungskontextes möglicherweise nicht hinreichend erfassen. Bei den in Kap. 6.2 dargestellten Implementierungsvorschlägen ist dies im Hinblick auf eine Vergröberung der Konfliktkonstellation einfach dadurch zu realisieren, daß verschiedene Konfigurationsmatrizen in gleicher Weise ausgefüllt werden. Eine Verfeinerung ist dagegen nur durch einen Eingriff in die Erweiterung der jeweiligen Grundfunktion zu erreichen. Insofern ist für ein differenziertes Konfliktmanagement die Antizipation möglichst aller relevanter Konfliktkonstellationen während der Herstellungsphase erforderlich.

10 Zusammenfassung

Konflikte zwischen Nutzern sind sowohl bei der Herstellung und Einführung als auch bei der Nutzung und Anpassung von Groupware zu erwarten. Ich habe mich in dieser Arbeit lediglich mit der Regelung von Konflikten bei der Nutzung und Anpassung von Groupware beschäftigt. Die Regelung solcher groupware-spezifischer Konflikte stellt m.E. ein wichtiges Gestaltungsproblem der CSCW-Forschung dar, weil die Aktivierung einzelner Funktionen durch den Aktivator zu Beeinträchtigungen anderer Nutzer führen kann.

Dieses Problem wird in der CSCW-Literatur bisher erst in Ansätzen erkannt und einer technischen Gestaltung zugänglich gemacht. Demgegenüber sind groupware-spezifische Konflikte in der bundesdeutschen Diskussion um die Gestaltung von Kommunikationssystemen vertieft diskutiert worden. Hier finden sich verschiedene Ansätze technischer Mechanismen zur Regelung dieser Konflikte. Solche Konfliktregelungsmechanismen sind bisher aber nicht systematisch hergeleitet und geschlossen dargestellt worden. Ihre Anwendung zur Regelung einzelner Konfliktkonstellationen erfolgte in starrer Weise. Eine solche Form des Konfliktmanagements entspricht nicht den Anforderungen, die sich aus der Differenziertheit und Dynamik des Anwendungskontextes von Groupware ergeben.

Um Hinweise auf die Gestaltung technischer Mechanismen zur Regelung groupware-spezifischer Konflikte herzuleiten, habe ich die konflikttheoretische Diskussion ausgewertet. Bei den daraus abgeleiteten Anforderungen an die Gestaltung von Regelungsmechanismen wurde davon ausgegangen, daß Konflikte aufzudecken und einer offenen Austragung zwischen den beteiligten Konfliktparteien zugänglich zu machen sind. Deshalb ermöglichen die hier entwickelten Mechanismen die Handlungen des Aktivators transparent zu machen, einen Kommunikationskanal zwischen Aktivator und Betroffenen zu etablieren und den Betroffenen ein Einspruchsrecht gegen die Aktivierung einer Funktion zu gewähren. Da davon auszugehen ist, daß in bestimmten Anwendungskontexten die Möglichkeit besteht, Konflikte durch persönliche Kommunikation auszutragen und unterschiedliche Formen der Konfliktregelung wünschenswert sein können, wurden zur Umsetzung der obigen Anforderungen nicht ein einzelner, sondern sechs verschiedene technische Mechanismen entwickelt. Diese Mechanismen sind im Hinblick darauf beschrieben worden, wie ihre Anwendung das Aktivierungsgeschehen einer Funktion verändert.

Für die folgende empirische Evaluation wurde davon ausgegangen, daß diese

Regelungsmechanismen das bezüglich einzelnen Funktionen bestehende Konfliktpotential verringern würden. Außerdem wurde angenommen, daß die Anwendung der Konfliktregelungsmechanismen im Vergleich zu einer Gestaltung, bei der die Aktivierung einseitig steuerbar unter der Kontrolle des Aktivators belassen wurde, von den Nutzern bevorzugt würde. Für die Untersuchung dieser Hypothesen wurde eine auf textueller Darstellung von technischen Gestaltungsoptionen basierende Szenariotechnik entwickelt. Dabei waren die zu untersuchenden Konfliktregelungsmechanismen in verschiedenen Szenarien dargestellt. Die teststatistische Auswertung der Untersuchungsergebnisse bestätigte im wesentlichen die diesem Untersuchungsschritt zugrunde gelegten Hypothesen.

Desweiteren wurde untersucht, wie Konfliktregelungsmechanismen in Groupware implementiert werden können. Aufgrund der Differenziertheit und Dynamik der jeweiligen Anwendungskontexte ist davon auszugehen, daß weder bei der Herstellung einer Anwendung noch bei einer einmaligen Konfiguration im Anwendungsfeld die Zuordnung eines Regelungsmechanismus zu einer Konfliktkonstellation letztendlich vorgenommen werden kann. Vielmehr sollten die Konfliktregelungsmechanismen individuell und geregelt anpaßbar sein sowie rekonfiguriert werden können. Zur Umsetzung dieser Anforderungen wurden Vorschläge für eine in diesem Sinne flexible Implementierung der Konfliktregelungsmechanismen entwickelt. Diese beruhten auf einer Trennung von Grundfunktionen und dem Konfliktregelungsmodul bei der Implementierung. Grundfunktionen, deren Aktivierung Konfliktpotential beinhaltet, wurden so erweitert, daß sie vor ihrer Ausführung das Konfliktregelungsmodul in der zuvor konfigurierten Weise aufrufen. Erst nach abgeschlossener Konfliktregelung wird dann die Ausführung der Grundfunktion in der dabei bestimmten Weise vorgenommen. Insofern wurde mittels dieser Modularisierung die Möglichkeit geschaffen, einzelne Konfliktkonstellationen in flexibler Weise durch technische Mechanismen zu regeln.

Aus software-ergonomischer Sicht stellte sich darüber hinaus die Frage, auf Basis welcher Normen Hinweise für eine menschengerechte Konfiguration der Konfliktregelungsmechanismen gegeben werden können. Bezogen auf ausgewählte Konfliktgegenstände wurde die Diskussion um arbeitswissenschaftliche Humankriterien aufgegriffen und um Ergebnisse der rechts- und organisationswissenschaftlichen Diskussion ergänzt. Dabei stellte sich die Frage nach dem Verhältnis von intendierter Flexibilität, die die Auswahl verschiedener Regelungsmechanismen ermöglichen soll, und der Anforderung nach Einhaltung der zuvor abgeleiteten normativen Vorgaben für das Konfliktmanagement. Hier wurde vorgeschlagen, daß normativ abgeleitete Hinweise zur Information und Entscheidungshilfe für die an einem Rekonfigurationsprozeß Beteiligten operationalisiert werden sollten. Dazu war es notwendig, software-ergonomische Vorgaben so darzustellen, daß sie in einem konkreten Konfigurationsfall spezifisch genug sind, um als Gestaltungshilfe zu dienen, und allgemein genug, um für verschiedene Konfigurationsfälle anwendbar zu sein. Eine geeignete Abstraktionsebene stellte die Diskussion von Konfliktpotentialen auf der Ebene von Anwendungstypen dar. Dabei handelt es sich um Anwendungen von Groupware, die deshalb über vergleichbare Funktionalität verfügen, weil sie zur Unterstützung einer ähnlichen Kommunikations- oder Kooperationsaufgabe hergestellt wurden. Für solche Anwendungstypen lassen sich für einzelne Konfliktkonstellationen Konfliktgegenstände bestimmen und Hinweise zu deren Regelung ableiten.

Für Kommunikationssysteme und Vorgangsbearbeitungssysteme wurden beispielhaft solche Konfigurationshinweise zur Regelung von Konflikten ausgearbeitet. Dazu war es zunächst erforderlich, das Konfliktpotential bestimmter Funktionen darzustellen. Dies erfolgte durch eine funktionale Klassifikation innerhalb der einzelnen Anwendungstypen. Die dabei gebildeten Rollen indizieren mögliche Konfliktkonstellationen beim Gebrauch dieser Funktion. Dann wurde im Hinblick auf die zuvor abgeleiteten Hinweise zum Umgang mit bestimmten Konfliktgegenständen und unter Aufarbeitung einschlägiger Literatur ein Vorschlag zur Konfliktregelung entwickelt. Dieser Vorschlag nennt keinen konkreten technischen Mechanismus, sondern Merkmale, die ein solcher Mechanismus zu erfüllen hat. Die genaue Auswahl und die konkrete technische Ausgestaltung dieser Vorgaben sowie die Entscheidung, ob diesem Vorschlag gefolgt wird, hängt von den Beteiligten im konkreten Anwendungskontext ab. Abschließend wurden für jeden Anwendungstyp spezifische Probleme der Implementierung von Konfliktregelungsmechanismen thematisiert.

Ausgehend von den hier erzielten Ergebnissen besteht weiterer Forschungsbedarf. Zunächst wäre es wünschenswert, den hier entwickelten Ansatz zu einem flexibilisierten Konfliktmanagement bei Groupware in einer Anwendung so zu implementieren, daß globale Funktionen flexibel konfigurierbar mit Konfliktregelungsmechanismen versehen werden können. Auf diese Weise wird ein evolutionäres Konfliktmanagement in betrieblichen Anwendungskontexten ermöglicht. Das bisher implementierte Konfliktregelungsmodul wäre an die Spezifika einer solchen Anwendung anzupassen und um zusätzliche Mechanismen zu ergänzen. Die globalen Grundfunktionen wären so zu erweitern, daß bei ihrer Aktivierung ein Aufruf des Konfliktregelungsmoduls erfolgen könnte. Durch eine solche Erweiterung einer im betrieblichen Alltag genutzten Anwendung wäre eine zusätzliche Evaluierung der Konfliktregelungsmechanismen durch Nutzer möglich. Sie könnten in einer konkreten Nutzungssituation eine Abwägung zwischen dem zusätzlich entstehenden Aufwand und den sich ergebenden Vorteilen vornehmen. Bei den diesbezüglichen Ergebnissen wäre zu überprüfen, inwieweit sie sich mit den mittels Szenariotechnik erzielten Resultaten decken, um auf diese Weise auch eine Einschätzung über die Güte der hier verwandten Evaluationsmethode zu gewinnen.

Neben der Evaluation der Wirkung einzelner Konfliktregelungsmechanismen wäre im Anwendungsfeld auch zu untersuchen, wie ein gruppenorientierter Konfigurationsprozeß des Konfliktregelungsmoduls unter Berücksichtigung software-ergonomischer Erkenntnisse zu institutionalisieren ist. Dabei ist zu erwarten, daß die im Anwendungsfeld vorzufindenden Formen der Konfliktaustragung in den Konfigurationsprozeß einfließen werden. Es ist zu untersuchen, wie mit den hier entwickelten Hinweisen zur menschengerechten Regelung von Konflikten umgegangen wird und welche Konsequenzen sich daraus für die Institutionalisierung eines solchen Konfigurationsprozesses ergeben.

Neben einer solchen Erprobung des hier entwickelten Ansatzes in der betrieblichen Praxis sind aber auch die theoretischen Grundlagen für ein menschengerechtes Konfliktmanagement zu erweitern. Es ist erforderlich, arbeits- oder sozialpsychologische Erkenntnisse im Hinblick auf einen menschengerechten Umgang mit Konflikten zu vertiefen. Um solche Erkenntnisse für einen partizipativen Herstellungs- und Konfigurationsprozeß nutzbar zu machen, ist die diesbezügliche software-ergonomische Modellierung voranzutreiben. Es sind weitere Anwendungstypen von Groupware zu bilden und innerhalb dieser Typen funktionale Klassifikationen vorzunehmen.

In dieser Arbeit wurde der Herstellungsprozeß von Groupware nicht weiter thematisiert. Die Gestaltung der Grundfunktionen wurde als vorgegeben angenommen. Dabei wurde davon ausgegangen, daß die Funktionalität bereits so in von Nutzern aktivierbare Grundfunktionen aufgeteilt ist, daß ein differenziertes Konfliktmanagement möglich wird. Dies muß nicht immer gegeben sein. So können in Anwendungen Funktionen so implementiert sein, daß durch ihre Aktivierung verschiedenartige Beeinträchtigungen der Nutzer entstehen.[1] In einem solchen Fall stellt sich während des Herstellungsprozesses die Aufgabe, die verschiedenen Konfliktpotentiale zu erkennen und durch ein angemessenes Design der Grundfunktionen die Voraussetzungen für ein differenziertes Konfliktmanagement zu schaffen.

Es wurde außerdem davon ausgegangen, daß die zur Aktivierung bereitstehenden Alternativen einer Grundfunktion durch den Herstellungsprozeß vorgegeben sind. Die Gestaltung dieser Funktionsalternativen hat einen wesentlichen

---

[1]Beispielsweise sorgt der Verbindungsaufbau im deutschen ISDN-Netz automatisch für eine Anruferidentifizierung beim Empfänger. Insofern führt die Aktivierung der Funktion "Verbindungsaufbau" zu zwei unterschiedlichen Effekten für die Nutzer. Der Aktivator baut eine Verbindung auf und identifiziert sich gleichzeitig, während der Empfänger entscheiden kann, ob er eine Verbindung empfangen will und vorab die Identifizierung des Aktivators erhält. Bezüglich dieser beiden Effekte der Funktion können aus Sicht der Nutzer unterschiedliche Formen der Konfliktregelung wünschenswert sein (vgl. Kap. 3.3 und 8.2).

Einfluß auf die Lösungsmöglichkeiten von groupware-spezifischen Konflikten. Deshalb sollte deren Existenz schon im Herstellungsprozeß berücksichtigt werden. Die unterschiedenen Interessen der verschiedenen Rollenträger wären dabei aufzudecken und aus diesen Differenzen sich ergebende Konflikte auszutragen. Das Ergebnis solcher Verhandlungsprozesse während der Herstellungsphase sollte die Spezifikation von Funktionsalternativen sein, die in einer Gebrauchssituation die Konfliktregelung zwischen den Nutzern erleichtern. Insofern ergeben sich aus der Existenz groupware-spezifischer Konflikte neue Anforderungen an die Ausgestaltung des Herstellungsprozesses bei Groupware.

In dieser Arbeit wurde ein Konzept für ein technisch unterstütztes Konfliktmanagement in Groupware entwickelt. Dabei wurden sechs Mechanismen zur Regelung von groupware-spezifischen Konflikten ausgearbeitet, die Nutzern die Möglichkeit eröffnen, im Konfigurationsprozeß und während des Gebrauchs von Groupware ihre jeweiligen Interessen zu artikulieren. Die bisher erzielten Ergebnisse zeigen, daß diese Mechanismen flexibel implementiert werden können, in ihrer Wirkung von Nutzern positiv eingeschätzt werden und zu einer menschengerechten Regelung von groupware-spezifischen Konflikten beitragen können. Nichtsdestotrotz fehlen bisher weiterreichende praktische Erfahrungen bei der Implementierung und evaluierende Studien zum Gebrauch von in solcher Weise gestalteten Anwendungen. Die in dieser Arbeit erzielten Ergebnisse lassen es aber vielversprechend erscheinen, die hier begonnenen Forschungsarbeiten fortzusetzen.

A Anhang A: Konventionen der Petri-Netz-Darstellung

Zur Modellierung der in dieser Arbeit entwickelten Mechanismen zur Konflikt-regelung in Groupware verwende ich Petri-Netze. Petri-Netze bieten einen mathematischen Formalismus, der in seiner einfachsten Ausprägung aus einem Tripel von S-Elementen, T-Elementen und einer Flußrelation besteht. Die Menge der S- und T-Elemente ist dabei durchschnittsfrei. Sie werden durch Elemente der Flußrelation (Kanten) miteinander verbunden (vgl. Baumgarten 1990, S. 50f). In dieser Arbeit verwende ich zwei verschiedene Ausprägungen von Petri-Netzen. In den Kap. 2 und 5 werden B/E-Systeme (Bedingungs-Ereignis-Systeme) benutzt (vgl. Reisig 1991, S. 19ff.; Baumgarten 1990, S. 111ff.), während in den Kapiteln 4 und 6 auf Systeme mit individuellen Marken zurückgegriffen wird (vgl. Baumgarten 1990, S. 193ff.; Genrich und Lautenbach 1981; Jensen 1981, S. 317ff.; Jensen 1987, S. 249ff.). Die Darstellung der Petri-Netze erfolgt gemäß den in der Literatur üblichen Konventionen. Aus den Spezifika des Modellierungsgegenstandes ergeben sich die folgenden Besonderheiten.

T-Elemente

Ereignisse, die durch T-Elemente dargestellt werden, können im Rahmen dieser Arbeit zweierlei Bedeutung haben. Sie treten entweder automatisch vom System ausgelöst nach Erfüllung der im Netz spezifizierten Vorbedingungen ein, oder sie zeigen Aktivierungsmöglichkeiten von Nutzern an, die diesen für bestimmte Eingaben zur Verfügung stehen. Sofern diese Unterscheidung für die hier darge-stellten Sachverhalte von Bedeutung ist, kennzeichne ich die unterschiedlichen Ereignisse graphisch. Dabei verwende ich die in Abb. A1 dargestellte Konvention.

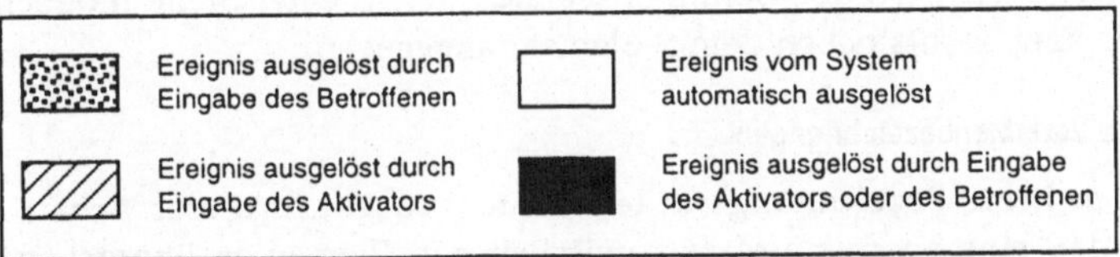

Abb. A1:   Konvention zur Beschreibung verschiedener Ereignisse

In einem T-Element können verschiedene, gemeinsam eintretende Ereignisse zusammengefaßt sein. Jedes T-Element ist mit mindestens einer textuellen Be-zeichnung versehen, die die an dieser Stelle möglichen Ereignisse beschreibt Die zur Beschreibung des Verhaltens gefärbter Netze anzugebenden Vorbedingungen

und Nachbedingungen werden innerhalb der T-Elemente spezifiziert. Die In-
schrift eines T-Elements hat dabei folgendes Format. Vorbedingungen werden in
dieser Arbeit immer oben im Kasten eines T-Elements über der ersten Beschreibung eines Ereignisses eingetragen. Die mit Nachbedingungen verbundene
Wertzuweisung an eine Variable wird jeweils unter der textuellen Beschreibung
des diesbezüglichen Ereignisses eingetragen (vgl. Abb. A2).

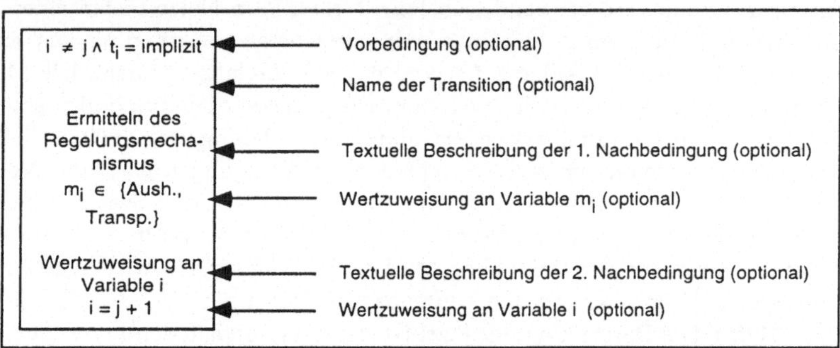

Abb. A2: Darstellung von Vor- und Nachbedingungen eines T-Elements

S-Elemente

Sofern die mit ihrem Erreichen von S-Elementen verbundenen Bedingungen für
die darzustellenden Sachverhalte von Bedeutung sind, werden sie mit einem
Namen bezeichnet, der sich über dem S-Element bzw. neben dem S-Element befindet. In gefärbten Netzen ist zusätzlich die Menge der an diesem S-Element zugelassenen Marken anzugeben (Jensen, 1987, S. 257). Die Menge der an einer
Stelle möglichen Marken ergibt sich dann aus dem Definitionsbereich der in eine
Stelle fließenden Marken, wenn eine Stelle nur im Nachbereich eines T-Elements liegt oder verschiedene T-Elemente dieselbe Variable übergeben. Ist dies
nicht der Fall, so wird der Definitionsbereich der in einer Stelle möglichen Marken unter bzw. rechts neben dem S-Element angegeben.

Kanten und Variablenbezeichnungen

Findet sich keine Bezeichnung an den Kanten, so gilt in dieser Arbeit die Konvention, daß eine anonyme Marke zwischen den Elementen übergeben wird. In
den in den Kapiteln 4 und 6 genutzten gefärbten Netzen sind dann an den Kanten Variablennamen abgetragen, wenn zwischen den Elementen individuelle
Marken übergeben werden. In den Kapiteln 4 und 6 tragen individuelle Marken
repräsentierende Variablen im Vorbereich und im Nachbereich eines T-Element
dann unterschiedliche Bezeichnungen, wenn der Inhalt dieser Variablen im

Rahmen der Nachbedingung des T-Elements verändert wird. Werden Variableninhalte nicht innerhalb eines T-Elements manipuliert, d.h. die von ihnen repräsentierten Marken werden unverändert durch das T-Element gereicht, dann haben diese Variablen im Nachbereich eines T-Elements denselben Namen (vgl.
Abb. A3).[1]

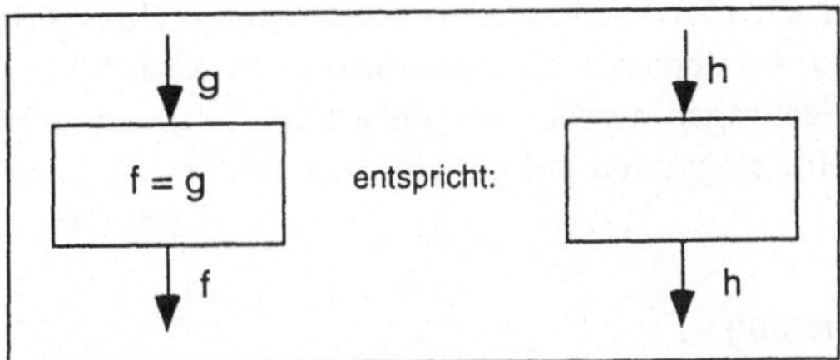

Abb. A3: Darstellungskonventionen für das unveränderte Durchreichen von individuellen Marken

Ausnahmen von dieser Darstellungsregel ergeben sich bei Verfeinerungen von
T-Elementen. Ist durch die Vor- und Nachbedingungen des zu verfeinernden T-
Elements eine Veränderung der Variablenbenennung innerhalb der Verfeinerung erforderlich, so wird diese bei einem T-Element unabhängig davon vorgenommen, ob in der Verfeinerung eine Veränderung der Variableninhalte erfolgt
(vgl. Kap. 4.3).

Verfeinerungen

Die später zu verfeinernden T-Elemente werden hier in dem Obernetz durch
eine fette Umrahmung des zu verfeinernden T-Elements dargestellt. In der Bild-
unterschrift der Verfeinerung wird auf die übergeordnete Abbildung verwiesen.

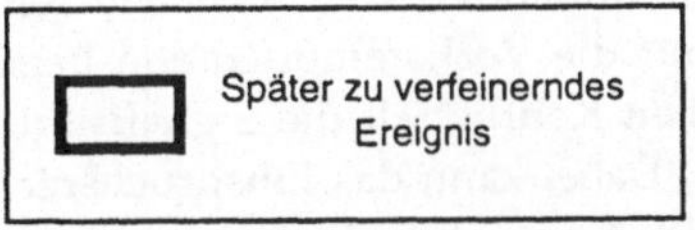

Abb. A4: Darstellung eines zu verfeinernden T-Elements

---

[1]Gemäß dieser Konvention nutzt auch Jensen (1987, S. 253) Variablen bei der Modellierung des Verhaltens von Verkehrsampeln.

Anhang B: Regelung von Konfliktpotentialen in Kommunikationssystemen

Im folgenden will ich Hinweise für ein menschengerechtes Konfliktmanagement bei Kommunikationssystemen weiter ausführen. In Kap. 8.2 wurden die in Abb. 8.3 gegebenen Regelungshinweise nur beispielhaft für einzelne Teilfunktionalitäten begründet. Im folgenden sollen die dort fehlenden Begründungen ausgeführt werden.

Dringlichkeitsindizierung

Die Dringlichkeitsindizierung kann bei synchronen Anwendungen eine Beeinträchtigung des Empfängers bedeuten, dadurch daß er in einer bestehenden Verbindung gestört wird. Wie bei der Etablierung einer Verbindung kann hier bei der Vorkommunikation das Recht des Aktivators auf autonome Selbstdarstellung mit dem des Empfängers auf kommunikative Abschottung unmittelbar in Konflikt geraten.

Die Regelung von Konflikten bei Dringlichkeitsindizierungsfunktionen ist in erster Linie für Telefonanlagen diskutiert worden. Diese Teilfunktionalität liegt im Verhältnis Aktivator zum Empfänger immer auf der Ebene aktivierungsbezogener Transparenz, weil diesem die gewünschte Dringlichkeitsstufe angezeigt werden muß. Hammer, Pordesch und Roßnagel (1993, S. 155) verlangen aus Sicht des Empfängers, daß dieser gegen die Aktivierung dieser Funktion ein technisch realisiertes Einspruchsrecht haben sollte.

Dieser Forderung ist beizupflichten, weil sich das Recht auf kommunikative Selbstbestimmung auch auf die Vorkommunikation bezieht (vgl. Kap. 7.3). Deshalb sollte in einem solchen Konfliktfall die Signalisierung vom Empfänger unterdrückt werden können. Dabei kann das Einspruchsrecht in Form des Konfliktregelungsmechanismus der Gegensteuerbarkeit umgesetzt werden, oder durch Intervenierbarkeit, wenn der Empfänger in jeder einzelnen Nutzungssituation entscheiden will, ob die Dringlichkeitsindizierung ausgeführt werden kann. Auch bei asynchronen Kommunikationssystemen sollte der Empfänger die Möglichkeit haben, ein technisch realisiertes Einspruchsrecht gegen den Empfang der Dringlichkeitsindizierung auszuüben.

Das Verhältnis Aktivator zu anderen Sendern ist bisher nicht thematisiert worden. Um das Recht auf kommunikative Selbstbestimmung des Empfängers nicht zu beeinträchtigen, sollte anderen Sendern allerdings kein technisch realisiertes

Einspruchsrecht gegen die Aktivierung der Dringlichkeitsindizierung eingeräumt werden.

Unterstützung des Verbindungsaufbaus

Im folgenden sollen Konflikte bei der Nutzung von Funktionen untersucht werden, die den Aktivator beim Verbindungsaufbau unterstützen. Im Verhältnis
zwischen Sender und Empfänger gilt hier im allgemeinen der Vorrang des Sen-
derwillens beim Verbindungsaufbau, was auch als "Recht auf autonome Selbstdarstellung" bezeichnet wird. Es stellt sich allerdings die Frage, inwiefern dem
Empfänger Transparenz über die Aktivierung dieser Funktionen zu gewähren
ist.

Adressierungsunterstützung

Funktionen der Adressierungsunterstützung, die zur Erleichterung des Verbindungsaufbaus durch den Aktivator dienen, sind bisher vorrangig unter datenschutzrechtlichen Gesichtspunkten thematisiert worden. Diesbezüglich stellt sich
die Frage, inwieweit dabei genutzte Listen von Empfängeradressen gespeichert
werden dürfen (vgl. Hammer, Pordesch, Roßnagel 1993, S. 110 ff.). Sofern die Datenerfassung aber nicht durch eine Groupwarefunktion erfolgt, entstehen keine
groupware-spezifischen Konflikte. Ansonsten wären sie im Rahmen des Ereignisdienstes zu thematisieren.

Funktionen der Adressierungsunterstützung etablieren keine Verbindungen,
sondern unterstützen lediglich den Aktivator beim Verbindungsaufbau. Die bisherigen Implementierungen der Adressierungsunterstützung haben die Aktivierung immer einseitig steuerbar unter der Kontrolle des Senders belassen, ohne
den betroffenen Empfängern Transparenz einzuräumen. Solche Implementierungen sind bisher nicht kritisiert worden, weil die dadurch dem Empfänger
möglicherweise entstehenden Beeinträchtigungen als gering einzustufen sind.

Distributionslisten

Die Gestaltung von Distributionslisten ist bei Message-Handling-Systemen, bei
asynchroner Text- und Datenkommunikation und beim Versand von Sprach-
nachrichten diskutiert worden. Höller (1993, S. 284 ff.) thematisiert Konflikte im
Verhältnis von Sendern und Empfängern von Nachrichten in Message-Handling-Systemen. Dabei betont er den Vorrang des Rechts auf kommunikative Abschottung des Empfängers beim Verbindungsempfang. Er macht aber keine Aus-
führungen darüber, wie dieses Recht des Empfängers praktisch umgesetzt werden
kann.

Konfliktpotentiale zwischen Eignern auf der einen und Sendern und Empfängern auf der anderen Seite werden bei Höller nicht explizit diskutiert. Hammer, Pordesch und Roßnagel (1993, S. 169 f.) gehen auf das Verhältnis von Eigner und Empfänger bei der Gestaltung von Distributionslisten ein. Sie verlangen für den Fall, daß ein Empfänger in eine öffentlich zugängliche Verteilliste eingetragen wird, aus datenschutzrechtlichen Gründen dessen Zustimmung. Andelfinger, Pordesch und Roßnagel (1991, S. 145 f.) thematisieren Konflikte im Verhältnis zwischen Eigner auf der einen Seite und Sender und Empfänger auf der anderen. Sie fordern, sowohl Sendern als auch Empfängern entweder ein Einspruchsrecht oder zumindest Transparenz bei Neueintragungen oder Modifikationen zu erteilen.

Aus diesen Erörterungen und dem Recht auf kommunikative Selbstbestimmung läßt sich ableiten, daß im Falle allgemein zugänglichen Distributionslisten dem betroffenen Empfänger ein Einspruchsrecht hinsichtlich der vom Eigner vorgenommenen Anpassungen der Liste (Hinzufügen oder Streichen von Empfängern) einzuräumen ist. Dem Sender sollte dies zumindest aktivierungsbezogen transparent werden, um dadurch das Recht auf autonome Selbstdarstellung beim Verbindungsaufbau zu wahren.

Für das Verhältnis Sender zu Empfänger im Falle der Nutzung einer Distributionsliste lassen sich m. E. aus dem Recht auf kommunikative Selbstbestimmung folgende Erfordernisse ableiten. Das Recht auf autonome Selbstdarstellung priorisiert die Interessen des Senders beim Verbindungsaufbau. Deshalb sollte die Aktivierung von den Verbindungsaufbau unterstützenden Distributionslisten unter der Kontrolle des Senders verbleiben. Zur Wahrung des Rechts auf kommunikative Abschottung beim Verbindungsempfang ist es sinnvoll, diese Funktion aktivierungsbezogen transparent zu machen, um dem Empfänger zu ermöglichen, auf diese spezifische Form des Verbindungsaufbaus angemessen reagieren zu können.

Unterstützung des Verbindungsempfangs

Bisher wurde der Umgang mit Konfliktpotentialen bei Funktionen untersucht, die den Sender beim Verbindungsaufbau unterstützen. Im folgenden sollen dem Empfänger zur Verfügung stehende Funktionen beleuchtet werden. Im Verhältnis zwischen Sender und Empfänger gilt hier der Vorrang des Empfängerwillens beim Verbindungsempfang, was auch als "Recht auf kommunikative Abschottung" bezeichnet wird.

Filter

Bei Konflikten bezüglich Filtern und Abschottungsfunktionen stehen sich Aktivator und Sender gegenüber. Diese Funktionen sorgen für eine allgemeine bzw. gezielte Unterdrückung der Vorkommunikation. Insofern realisieren Filter Gegensteuerbarkeit bei der Verbindungsetablierung.

Der Umgang mit sich aus dieser Teilfunktionalität ergebenden Konflikten ist unter Bezugnahme auf das Recht auf kommunikative Selbstbestimmung diskutiert worden. Höller (1993, S. 223 ff., 258 ff.) geht auf Fragen der Gestaltung von Filterfunktionalität bei Message-Handling-Systemen ein. Er fordert, daß dem Empfänger solche Funktionalität in jedem Fall zur Verfügung zu stellen ist, um dessen Recht auf autonome Abschottung zu realisieren. Filter sind in der X.400-Norm nur in Ansätzen realisiert (Funktionen: "Delivery-Control" und "Restricted Delivery") und werden vom Empfänger gesteuert. Auf die Frage, ob der davon betroffene Sender Transparenz über die Effekte dieser Funktionen haben sollte, geht Höller in der Weise ein, daß er eine "Aushandlung" darüber fordert. Falls keine Einigung dabei erzielt wird, kommt ebenso keine Vorkommunikation zustande wie bei Nutzung des Filters. Diese Lösung läuft darauf hinaus, dem Aktivator des Filters die Entscheidung über die Transparenz zu überlassen. Damit kann Höllers Ansatz der Konfliktregelung als einseitige Steuerbarkeit angesehen werden. Allerdings überläßt er es dem Aktivator, den Konfliktregelungsmechanismus aktivierungsbezogen transparent zu machen. Einer solchen Konfliktregelung kann auf Basis der Ergebnisse von Kap. 7.3 beigepflichtet werden.

Auch die Ergebnisse der empirischen Evaluationsstudie (vgl. Kap. 5) ergeben, daß es aus der Sicht des Aktivators wünschenswert sein kann, dem betroffenen Sender aktivierungsbezogene Transparenz zu gewähren. Der Sender hat in solchen Fällen sogar Intervenierbarkeit und Aushandelbarkeit über die Aktivierung des Filters bevorzugt, was aber im Hinblick auf eine dem Recht auf kommunikative Selbstbestimmung entsprechende Konfliktregelung als nicht angemessen erscheint. Dadurch entsteht eine erweiterte Vorkommunikation, zu deren Unterdrückung Filter ja gerade konzipiert sind. Falls Intervenierbarkeit und Aushandelbarkeit dennoch als Konfliktregelungsmechanismus herangezogen werden soll, muß der Default-Wert dafür sorgen, daß ein technisch realisiertes Einspruchsrecht des Empfängers gegen die Kanaletablierung bestehen bleibt und somit kein Zwang zur Verbindungsannahme entsteht.

Empfangsselektion

Im Gegensatz zu Filtern greifen Funktionen der Empfangsselektion zu einem geringeren Ausmaß in das Kommunikationsgeschehen ein. Hierbei wird nicht die Vorkommunikation beim Verbindungsaufbau unterdrückt, sondern der Empfänger wird lediglich bei der Auswahl der ihm angebotenen Verbindungen unterstützt. Verglichen mit der Filterfunktionalität werden dadurch die Rechte des Senders in geringerem Ausmaß beeinträchtigt, so daß die Anwendung von Konfliktregelungsmechanismen lediglich in eingeschränktem Maße sinnvoll erscheint.

Hammer, Pordesch und Roßnagel (1993, S. 156) thematisieren bei·der ISDN-Telefon-Funktion "Frei für zweiten Anruf" Konflikte zwischen Anrufer und Angerufenem nicht. Sie sind vor dem Hintergrund ihrer Bewertungsperspektive mit einer aus Sicht des Aktivators einseitig steuerbaren Gestaltung des Systems einverstanden. Dieser Einschätzung soll sich hier angeschlossen werden.

Verbindungsausweitung

Die Gestaltung von Funktionen der Verbindungsausweitung ist sowohl im Hinblick auf das Recht auf informationelle als auch auf das Recht auf kommunikative Selbstbestimmung hin zu untersuchen. Bei der Verbindungsausweitung sind zwei Konfliktkonstellationen zu unterscheiden. Zum einen besteht Konfliktpotential zwischen dem Aktivator und dem neu in die Verbindung aufzunehmenden Teilnehmer, zum anderen können Konflikte zwischen dem Aktivator und den bisher beteiligten Nutzern auftreten.

Der neu aufzunehmende Teilnehmer kann in seiner informationellen und kommunikativen Selbstbestimmung dadurch gefährdet werden, daß er nicht erkennt, zu wem er neben dem Aktivator eine technisch vermittelte Verbindung aufnimmt. In synchronen Kommunikationssystemen ist auch das Recht auf informationelle sowie auf das Recht auf kommunikative Selbstbestimmung der übrigen Nutzer durch die Verbindungsausweitung gefährdet.

Hammer, Pordesch und Roßnagel (1993, S. 151 ff.) fordern deshalb bezogen auf die Funktion "variable Konferenz" bei ISDN-Telefonanlagen aktivierungsbezogene Transparenz für alle Teilnehmer bezüglich des Hinzuschaltens und Verlassens bestimmter Teilnehmer. Dabei gehen sie davon aus, daß das Einspruchsrecht der Betroffenen im Rahmen der Kanaletablierung bzw. durch die Möglichkeit des Verbindungsabbruchs gewährleistet ist.

Wird einem neu hinzukommenden Teilnehmer aktivierungsbezogene Transparenz über die Teilnehmer im Rahmen der Verbindungsetablierung gegeben, so hat er - bei entsprechender Gestaltung - die Möglichkeit, die Verbindungsetablierung zu unterbinden. Er erhält somit keine Eingriffsmöglichkeiten auf die Aktivierung der Verbindungsausweitung beim Gegenüber; weil der Verbindungsaufbau aber steuerbar ist, kann er durch die Transparenz negative Auswirkungen auf sich vermeiden. Insofern erfolgt diese Konfliktlösung in Analogie zur Handhabung von Konflikten zwischen Sender und Aktivator bei der Verbindungslenkung (vgl. Kap. 8.2.5).

Die Frage, ob aktivierungsbezogene Transparenz ausreicht zur Handhabung von Konflikten zwischen dem Aktivator und den bereits beteiligten Teilnehmern hängt vom Anwendungskontext ab. Ansonsten sollte den Betroffenen ein technisch zu realisierendes Einspruchsrecht gegen die Aktivierung eingeräumt werden.

Inhaltsbeschreibung

Hinsichtlich der Inhaltsbeschreibung können Konflikte zwischen dem Aktivator, der für die jeweilige Verbindung zu nutzende Formate bzw. Darstellungsformen festlegt, und dem davon betroffenen Nutzer entstehen. Der Umgang mit diesen Konflikten berührt ihr Recht auf kommunikative Selbstbestimmung. Daraus können beide Rollen ein Einspruchsrecht bei der Festlegung dieses Merkmals einer Verbindung ableiten.

Höller (1993, S. 264, 297 ff.) thematisiert solche Konflikte bei Message-Handling-Systemen im Hinblick auf die Frage, wer über die Art der Zustellung - insbesondere bei Dienstübergängen zur physischen Post - entscheiden kann. Er kritisiert dabei die in der Norm festgelegte Handhabung, die dem Aktivator Kontrolle über die Darstellungsform einräumt, und fordert, daß dem passiv Betroffenen Einspruchsmöglichkeiten im Rahmen der Verbindungsetablierung zu geben seien. Ähnliche Konflikte sind bisher beim ISDN-Telefon noch nicht aufgetreten, weil dort die Inhaltsdaten ohne Auswahlmöglichkeiten der Nutzer nach fest vorgegebenem Standard dargestellt werden.

Konflikte bezüglich der Inhaltsbeschreibung treten einerseits während der Verbindungsetablierung auf und sollten dann in diesem Rahmen geregelt werden. Die vom Sender beim Verbindungsaufbau gewählte Alternative der Inhaltsbeschreibung sollte für den Empfänger transparent werden. Dieser hat dann die Möglichkeit, im Rahmen des Verbindungsempfangs die vom Sender gewählte Alternative zurückzuweisen. Darüber hinaus kann im Rahmen einer aushandelbaren Verbindungsetablierung über verschiedene Alternativen der Inhaltsbeschreibung verhandelt werden (vgl. Kap. 8.2.1).

Treten diesbezügliche Konflikte andererseits während einer etablierten Verbindung in synchronen Kommunikationssystemen auf, so sind zwei Formen der Konfliktregelung möglich. Zum einen kann den Betroffenen ein technisches Einspruchsrecht gegen die Ausführung dieser Funktion eingeräumt werden. Darüber hinaus wäre auch Vorabtransparenz über die Aktivierung der Inhaltsbeschreibung denkbar. In diesem Fall wäre das Recht der Betroffenen auf kommunikative Selbstbestimmung durch die Möglichkeit zur Aktivierung des Verbindungsabbruchs gewahrt.

Referenzierung

Hinsichtlich der Referenzierung können Konflikte zwischen dem Aktivator und den Betroffenen dieser Teilfunktionalität auftreten. Der Aktivator kann sich auf sein Recht auf kommunikative Selbstbestimmung stützen, demzufolge er festlegen kann, unter welchen Bedingungen er zur Kommunikation bereit ist. Die Betroffenen können sich auf dasselbe Recht berufen.

Wird diese Teilfunktionalität im Rahmen der Kanaletablierung als vorbereitete Funktion automatisch ausgeführt, kann dem Aktivator die Kontrolle über die Vorbereitung dieser Funktion belassen bleiben, wenn dies dem betroffenen Sender vorab transparent wird und er Gelegenheit hat, beim Verbindungsaufbau auf die ihm angezeigte Aktivierung zu reagieren. Bei asynchronen Anwendungen kann dies zusätzliche technische Vorkehrungen beim Verbindungsaufbau bedeuten (vgl. Kap. 8.2.2). Da im asynchronen Fall dem Betroffenen möglicherweise entstehende Beeinträchtigungen in der Regel als gering einzuschätzen sind, kann dort unter Umständen gänzlich auf Transparenz verzichtet werden.

Verbindungsabbruch

Bei diesen Funktionen besteht ein Konfliktpotential zwischen dem Aktivator und den betroffenen Kommunikationspartnern. Beim Telefon wird dieser Konflikt so gelöst, daß der Aktivator über diese Funktion verfügen kann, ohne daß die übrigen Kommunikationspartner darüber verhandeln bzw. dagegen Einspruch erheben könnten. Diesen wird die Ausführung dieser Funktion transparent. Eine solche Form der Konfliktregelung entspricht dem Recht auf kommunikative Selbstbestimmung (vgl. Kap. 7.3).

Tabellenverzeichnis

Literatur

Abbott, K. R.; Sarin, S. K.: Experiences with Workflow Management: Issues for the Next Generation. In: CSCW '94. Transcending Boundaries. Proceedings of the Conference on Computer-Supported Cooperative Work, ACM Press, New York, 1994, S. 113 - 120

Ackermann, D.; Ulich, E.: The chances of individualization in human-computer interaction and its consequences. In: Frese, M.; Ulich, E.; Dzida, W. (eds), Psychological issues of human computer interaction in the work place, North Holland, Amsterdam 1987, S. 131 - 146

Andelfinger, U.; Pordesch, U.; Roßnagel, A.: Gestaltungsanforderungen an die Text- und Datenkommunikation in ISDN-Anlagen, provet-Arbeitspapier 47, Darmstadt 1991

Arbeitskreis Software-Ergonomie Bremen: Eigenprogrammierung als Unterstützung individueller Anpassung. In: Ackermann, D.; Ulich, E. (Hrsg.): Software-Ergonomie '91 - Benutzerorientierte Software-Entwicklung, Teubner, Stuttgart 1991, S. 262 - 271

Austin, J. L.: How to Do Things with Words, 2. Aufl., Oxford University Press, Oxford 1976

Axmann, H.: PC kombiniert mit ISDN - Drehscheibe der Bürokommunikation. In: PC-Magazin, Nr. 25 v. 19.6.1991, S. 36 - 40

Babatz, R.; Bogen, M.; Pankoke-Babatz, U.: Elektronische Kommunikation X.400 MHS, Vieweg, Braunschweig 1990

Bahler, D.; Dupont, C.; Bowen, J.: Mediating Conflict in Concurrent Engineering with a Protocoll Based on Utility. In: Concurrent Engineering - Research and Application, Vol. 2, No 3, 1994, S. 197 - 207

Balzert, H.: Software-Architekturen zur Realisierung ergonomischer Anforderungen, Unterlagen zur Software-Ergonomie Herbstschule 1986, S. 97 - 136

Bannon, L.; Schmidt, K.: CSCW: Four Characters in Search of a Context. In: Bowers, J.M.; Benford, S.D. (eds): Studies in Computer Supported Cooperative Work - Theory, Design, Practice, North Holland, Amsterdam 1991, S. 3 -16

Baumgarten, B.: Petri-Netze – Grundlagen und Anwendungen, BI-Wissenschaftsverlag, Mannheim u.a. 1990

Bayer, E.: Flexibilität in E-Mail Systemen – Ein Modell für Aushandelbarkeit, Diplomarbeit am Institut für Informatik der Universität Bonn, Bonn 1995

Belotti, V.; Sellen, A.: Design for Privacy in Ubiquitous Computing Environment. In: de Michelis, G.; Simone, C.; Schmidt, K. (eds): Proceedings of the Fourth Conference on Computer Supported Cooperative Work - ECSCW '93, Kluwer, Dordrecht, 1995, S. 77 - 92

Bentley, R.; Dourish, P.: Medium versus Mechanism: Supporting Collaboration Through Customization. In: Marmolin, H; Sundblad, Y.; Schmidt, K. (eds): Proceedings of the Third Conference on Computer Supported Cooperative Work - ECSCW '95, Kluwer, Dordrecht 1995, S. 133 - 148

Berse, H.; Wulf, V.: Aushandelbarkeit und aktive Objekte. In: Reichel, H. (Hrsg.): Informatik - Wirtschaft - Gesellschaft, Springer, Berlin u. a. 1993, S. 189 - 194

Bleicher, K.: Dynamisch-integriertes Management. In: Scharfenberg, H. (Hrsg.): Strukturwandel in Management und Organisation, FBO-Verlag, Baden-Baden 1993, S. 29 - 53

Bocker, P.: ISDN - Das dienstintegrierende digitale Nachrichtennetz, Konzept, Verfahren, Systeme, Springer, Berlin u. a. 1990

Borghoff, U.; Schlichter, J.: Rechnergestützte Gruppenarbeit, Springer, Berlin u.a. 1995

Brehmer, B.: Social judgement theory and the analysis of interpersonal conflict. In: Psychological Bulletin, 83. Jg., 6/1976, S. 985 - 1003

Brödner, P.: Fabrik 2000 - Alternative Entwicklungspfade in die Zukunft der Fabrik, 3. Auflage, Edition Sigma, Berlin 1986

Brödner, P.; Pekruhl, U. (unter Mitarbeit von Henning, J.; Malberg, M.): Rückkehr der Arbeit in die Fabrik - Wettbewerbsfähigkeit durch menschenzentrierte Erneuerung kundenorientierter Produktion, Institut Arbeit und Technik, Gelsenkirchen 1991

Brooks, J.: Positionstatement: Privacy and Networked Search and Retrieval. In: Clement, Andrew (ed.): Documentation of the Workshop "Privacy Consideration in CSCW", Toronto 1992, S. 14 - 17

Bullinger, H.-J.; Fahnrich, K.-P.; Hanne, K.-H.; Ziegler, J.: Benutzerschnittstellen an multifunktionalen Büroarbeitsplätzen. In: Krückeberg F.; Schindler, S.; Spanial O. (Hrsg.): Offene multimediale Büroarbeitsplätze und Bildschirmtext, Springer, Berlin u. a. 1984, S. 141 - 159

Carroll, J. M.: The Adventure of Getting to Know a Computer. In: Computer 11/1982, S. 49 - 58

Clement, A.: Electronic Workplace Surveillance: Sweatshops and Fishbowls, Canadian Journal of Information Science, Vol. 17, No. 4, 1992

Clement, A.: Working in (and on) the Electronic Fishbowl? Privacy Aspects of Multi-media Communications. In: Clement, A.; Kolm, P.; Wagner, I. (eds): NetWORKing: Connecting Workers in and between Organizations, North Holland, Amsterdam 1994, S. 123 - 132

Clement, A.; Kling, R.: Working Notes from a Workshop on Privacy Consideration in CSCW, University of Toronto, Toronto 1992, (Arbeitspapier)

Condon, C.: The Computer Won't let me: Cooperation, Conflict and the Ownership of Information. In: Easterbrook, S. (ed.) CSCW: Cooperation or Conflict, Springer, London u. a. 1993, S. 171 - 185

Cool, C.; Fish, R.S.; Kraut, R.E.; Lowery, C.M.: Interactive Design of Video Communication Systems. In: CSCW '92. Sharing Perspectives. Proceedings of the Conference on Computer-Supported Cooperative Work, ACM Press, New York 1992, S. 25 - 32

Cords, D.: Betriebliche CAD-Systemanpassung: produktbezogen und kooperativ. In: Müller, W.; Senghaas-Knobloch, E. (Hrsg.): Arbeitsgerechte Softwaregestaltung, Lit-Verlag, Münster 1993, S. 181 - 192

Cornelius, D.: Arbeitsorientierte Softwaregestaltung, hrsg. v. DGB, Düsseldorf 1985

CSCW '92: Sharing Perspectives. Proceedings of the Conference on Computer-Supported Cooperative Work, New York, ACM Press 1992

CSCW '92a: Controversities about Privacy and Open Information in CSCW. In: Proceedings of CSCW '92. Sharing Perspectives. Proceedings of the Conference on Computer-Supported Cooperative Work, ACM Press, New York 1992, S. 15

CSCW '94: Transcending Boundaries. Proceedings of the Conference on Computer-Supported Cooperative Work, New York, ACM Press 1994

Dahrendorf, R.: Elemente einer Theorie sozialen Konflikts. In: Dahrendorf, R. (Hrsg.): Gesellschaft und Freiheit, München 1961, S. 197 - 236

Dahrendorf, R.: Homo Sociologicus, 15. Aufl., Westdeutscher Verlag, Opladen 1977

Deutsches Institut für Normung e. V. (Hrsg.): DIN 66234 Teil 8, Grundsätze ergonomischer Dialoggestaltung, Beuth, Berlin u.a. 1988, S. 284 - 294

Dorow, W.: Unternehmenskonflikte als Gegenstand unternehmenspolitischer Forschung, Duncker & Humbolt, Berlin 1978

Dourish, P.; Belotti, V.: Awareness and Collaboration in Shared Workspaces. In: Proceedings of the Conference on Computer Supported Cooperative Work (CSCW '92), ACM-Press, New York 1992, S. 107 - 114

Dourish, P.: Culture and Control in a Media Space. In: de Michelis, G.; Simone. C.; Schmidt, K. (eds): Proceedings of the Third Conference on Computer Supported Cooperative Work - ECSCW '93, Kluwer, Dordrecht 1993, S. 125 - 138

Dunckel, H., Volpert, W.; Zölsch, M.; Kreutner, U.; Pleiss, C.; Hennes, K.: Kontrastive Aufgabenanalyse im Büro - Der KABA-Leitfaden Grundlagen und Manual, Teubner, Stuttgart 1993

Dzida, W.: Das IFIP-Modell der Benutzerschnittstelle. In: Office Management, Sonderheft 31, 1983, S. 6 - 8

Dzida, W.: Modellierung und Bewertung von Benutzerschnittstellen. In: Software Kurier für Mediziner und Psychologen, Nr. 1, 1988, S. 13 - 28

Dzida, W.: Bestimmung und Anwendung ergonomischer Gestaltungskriterien im Prozeß der Softwareentwicklung. In: Hartmann, A.; Herrmann, Th.; Rohde, M.; Wulf, V. (Hrsg.): Menschengerechte Groupware - Software-ergonomische Gestaltung und partizipative Umsetzung, Teubner, Stuttgart 1994, S. 285 302

Easterbrook, S. M.; Beck E. E.; Goodet, J. S.; Plowman, L.; Shaples, M.; Wood, C. C.: A Survey of Empirical Studies of Conflict. In: Easterbrook, S. (ed.) CSCW: Cooperation or Conflict, Springer, London u. a. 1993, S. 1 - 68

Easterbrook, S.; Finckelstein, A.; Kramer, J.; Nuseibeth, B.: Coordinating distributed ViewPoints: the Anatomy of a Consistency Check. In: Concurrent Engineering - Research and Application, Vol. 2, No 3, 1994, S. 209 - 222

Eberspächer, J.: CSTA: Standardarchitektur für die funktionale Integration von Rechner- und Vermittlungssystemen. In: Encarnacao, J. (Hrsg.): Telekommunikation und multimediale Anwendungen der Informatik, Proceedings der 21. GI-Jahrestagung, Informatik Fachberichte 293, Berlin/Heidelberg 1991, S. 701 - 710

ECMA: Computer Supported Telecommunications Applications, Technical Report 52. o. O. 1990

Effelsberg, W.; Fleischmann, A.: Das OSI-Referenzmodell für offene Systeme und seine sieben Schichten. In: Informatikspektrum, 9. Jg., 1986, S. 280 - 299

Egger, E.: Considering Privacy-Aspects in CSCW-Applications. In: Clement, A.; Kolm, P.; Wagner, I. (eds): NetWORKing: Connecting Workers in and between Organizations, North Holland, Amsterdam 1994, S. 133 - 142

Egger, E.; Wagner, I.: Time Management: A Case for CSCW. In: CSCW '92. Sharing Perspectives. Proceedings of the Conference on Computer-Supported Cooperative Work, New York 1992, S. 249 - 256

Ellgass, P.; Krcmar, H.: Computerunterstützung für die Planung von Geschäftsprozessen. In: Hasenkamp, U.; Kirn, S.; Syring, M. (Hrsg.): CSCW – Computer Supported Cooperative Work, Bonn u.a. 1994, S. 67 - 84

Ellis, C.A.; Gibbs, S.J.; Rein, G.L.: Groupware - Some Issues and Experiences. In: Communications of the ACM, Vol. 34, No. 1., 1991, S. 39 - 58

Fahrenbach, L.: CIT - ein offenes Konzept zur funktionalen Integration von Sprache und Daten. In: EWI (Hrsg.): ISDN-Congress Nr. 6, 1990, S. 185 - 190

Fink, C. F.: Some conceptual differences in the theory of social conflict. In: Journal of Conflict Resolution, Vol. 12, 1968, S. 412 - 460

Fischer, G.; Girgensohn, A.: End-User Modifiability in Design Environments. In: Proceedings of the Conference on Computer Human Interaction (CHI '90), April 1 - 5, 1990, Seattle, Washington, ACM-Press, New York 1990, S. 183 - 191

Flecker, J.: Privacy versus Transparency. In: Clement, A.; Kolm, P.; Wagner, I. (eds): NetWORKing: Connecting Workers in and between Organizations, North Holland, Amsterdam 1993, S. 117 - 121

Floyd, Ch; Reisin, F.-M.; Schmidt, G.: *STEPS* to software development with users. In: Ghezzi, C.; McDermid, J.A. (eds.): ESEC '89 - 2nd European Software Engineering Conference, University of Warwick, Coventry. Lecture Notes in Computer Science No. 387, Springer, Heidelberg u. a. 1989, S. 48 - 64

Floyd, Ch.: Software-Engineering - und dann? In: Informatik-Spektrum, 17. Jg., Nr. 1, 1994, S. 29 - 37

Frank, U.: Integrierte Dokument- und Vorgangsbearbeitung in Polikom. In: Kirn, S., Klöckner, K. (Hrsg.): Betrieblicher Einsatz von CSCW-Systemen, GMD-Studien Nr. 230, St. Augustin 1994, S. 37-49

Frese, M.; Brodbeck, F. C.: Computer in Büro und Verwaltung, Springer, Berlin u. a. 1989

Friedrich, J.: Adaptivität und Adaptierbarkeit informationstechnischer Systeme in der Arbeitswelt - Zur Sozialverträglichkeit zweier Paradigmen. In: Reuter, A. (Hrsg.): Proceedings der 20. GI-Jahrestagung, Springer, Heidelberg u. a. 1990, S. 178 - 191

Friedrich, J.: Defizite bei der software-ergonomischen Gestaltung computergestützter Arbeit. In: Hartmann, A.; Herrmann, Th.; Rohde, M.; Wulf, V. (Hrsg.): Menschengerechte Groupware - Software-ergonomische Gestaltung und partizipative Umsetzung, Teubner, Stuttgart 1994, S. 15 - 31

Fuchs, L; Pankoke-Babatz, U.; Prinz, W.: Supporting Cooperative Awareness with Local Event Mechanisms: The GroupDesk System. In: Marmolin, H; Sundblad, Y.; Schmidt, K. (eds): Proceedings of the Third Conference on Computer Supported Cooperative Work - ECSCW '95, Kluwer, Dordrecht, 1995, S. 247 - 262

Fuchs, L.; Sohlenkamp, M.; Genau, A.; Pfeifer, A.; Kahler, H.; Wulf, V.: Transparenz in kooperativen Prozessen – Der Ereignisdienst in POLITeam; in: Krcmar, H.; Lewe, H.; Schwabe, G. (Hrsg.): Herausforderung Telekooperation (der DCSCW´96, 30.9. - 2.10.1996 in Stuttgart-Hohenheim), S. 3 - 16

Gaver, W.; Moran, T.; MacLean, A.; Lövstrand, L.; Dourish, P.; Carter, K.; Buxton, W.: Realizing a Video Environment: Europarc's Rave System. In: Proceedings of the Conference on Computer Human Interaction (CHI ´92), Monterey, Cal., May 3- 7 1992, ACM-Press, New York 1992, S. 27 - 35

Gärtner, J.; Egger, E.: Datenschutz für drinnen und draußen - Praktische Lösungsansätze für Datenschutzprobleme in und zwischen Gruppen bei Groupwareapplikationen. In: Hartmann, A.; Herrmann, Th.; Rohde, M.; Wulf, V. (Hrsg.): Menschengerechte Groupware - Software-ergonomische Gestaltung und partizipative Umsetzung, Teubner, Stuttgart 1994, S. 259 - 284

Genrich, H. J.; Lautenbach, K.: System Modelling with High-Level Petri Nets. In: Theoretical Computer Science, Vol. 13, 1981, S. 109 - 136

Glasl, F.: Konfliktmanagement, 3. Aufl., Bern u. a. 1992

Greenberg, S.: Personizable Groupware: Accommodating individual roles and group differences. In: Bannon, L.; Robinson, M.; Schmidt, K. (eds): Proceedings of the Second European Conference on Computer Supported Cooperative Work, Kluwer, Dordrecht 1991, S. 17 - 31.

Greenberg, S.: Computer-supported Cooperative work and Groupware. In: Greenberg, Saul (ed.): Computer-supported Cooperative Work and Groupware, Academic Press, London 1991a, S. 1 - 8

Greif, I.; Sarin, S.: Data Sharing in group work. In: Proceedings of the First Conference on Computer-Supported Cooperative Work, New York, ACM Press 1986, S. 175 - 183

Grudin, J.: Why groupware applications fail: problems in design and evaluation. In: Office: Technology and People, 4. Jg., No. 3, 1989, S. 245 - 264

Grunwald, W.: Konflikt-Konkurrenz-Kooperation: Eine theoretisch-empirische Konzeptanalyse. In: Grundwald, W.; Lilge, H.-G. (Hrsg.): Kooperation und Konkurrenz in Organisationen, Bern u.a. 1983, S. 50 - 96

Gurbaxani, V.; Whang S.: The Impact of Information Systems on Organizations and Markets. In: Communicatons of the ACM, Vol. 34, No. 1, 1991, S. 59 - 73.

Haaks, D: Anpaßbare Informationssysteme - Auf dem Weg zu aufgaben- und benutzerorientierter Systemgestaltung und Funktionalität, Göttingen u.a. 1992

Hacker, W.: Software-Ergonomie – Gestalten rechnergestützter geistiger Arbeit?! In: Schönpflug, W.; Wittstock, M. (Hrsg.): Software-Ergonomie '87, Teubner, Stuttgart 1987, S. 31 - 45

Hacker, W.; Richter, P.: Spezielle Arbeits- und Ingenieurspsychologie: Psychologische Bewertung von Gestaltungsmaßnahmen, Deutscher Verlag der Wissenschaften, Berlin 1980

Hales, K.; Lavery, M.: Workflow Management Software: the Business Opportunity, ed. by: Ovum - Consultancy, London 1991

Hammer, M.; Champy, J.: Reengineering the Cooperation, Harper, New York 1993

Hammer, V.; Pordesch, U.; Roßnagel, A.: Gestaltungsanforderungen für die ISDN-Nebenstellenanlage der Hochschulregion Darmstadt (Datenschutz - Datensicherung - Sozialverträglichkeit), Provet-Arbeitsspapier, Darmstadt 1989

Hammer, V.; Pordesch, U.; Roßnagel, A.: ISDN-Anlagen rechtsgemäß gestaltet, Berlin u. a. 1993

Hammer, V.; Pordesch, U.; Roßnagel, A.: KORA - eine Methode zur Konkretisierung rechtlicher Anforderungen zu technischen Gestaltungsvorschlägen für Informations- und Kommunikationssysteme. In: InfoTech Nr. 1, 1993a, S. 25 ff.

Hammer, V.; Pordesch, U.; Roßnagel, A.; Schneider, M.-J.: Verzeichnisdienste und Personal Digital Assistants in der Dienstleistungsgesellschaft. In: provet-Arbeitspapier 120, August 1993

Hampe-Neteler, W.: Software-Ergonomische Bewertung zwischen Arbeitsgestaltung und Software-Entwicklung, Peter Lang, Frankfurt/M 1994

Hanson, E.; Widom, J.: An Overview on Production Rules in Databases. In: The Knowledge Engineering Review, Vol. 8, No. 2, 1993, S. 121 - 143

Hartmann, A.: Integrierte Organisations- und Technikentwicklung - ein Ansatz zur sach- und bedürfnisgerechten Gestaltung der Arbeitswelt. In: Hartmann, A.; Herrmann, Th.; Rohde, M.; Wulf, V. (Hrsg.): Menschengerechte Groupware - Software-ergonomische Gestaltung und partizipative Umsetzung, Teubner, Stuttgart 1994, S. 303 - 328

Hartmann, A.; Kahler, H.; Wulf, V.: Groupware - Probleme und Gestaltungsoptionen, Teil 1. In: Office Management, 11/1993, S. 72 - 76

Hartmann, A.; Kahler, H.; Wulf, V.: Groupware - Probleme und Gestaltungsoptionen, Teil 2. In: Office Management, 12/1993a, S. 64 - 67

Heath, Ch.; Luff, P.: Collaborative Activity and Technological Design: Task Coordination in a London Underground Control Room. In: Bannon, L.; Robinson, M.; Schmidt, K. (eds): Proceedings of the Second European Conference on Computer Supported Cooperative Work, Kluwer, Dordrecht 1991, S. 65 - 80

Henderson, A. and Kyng, M.: There's No Place Like Home: Continuing Design in Use. In: Greenbaum, J.; Kyng, M.: Design at Work - Cooperative Design of Computer Artifacts, Hillsdale 1991, S. 219 - 240.

Herrmann, Th.: Grenzen der Softwareergonomie bei betrieblichen ISDN-Anlagen. In: Valk, R. (Hrsg.): Proceedings der GI-18. Jahrestagung, Springer, Berlin u.a. 1988, S. 521 - 532

Herrmann, Th.: Dispositionsspielräume bei der Kooperation mit Hilfe vernetzter Systeme. In: Frese, M.; Kasten, Chr.; Skarpelis, C.; Zang-Scheucher, B. (Hrsg.): Software für die Arbeit von morgen, Bilanz und Perspektiven anwendungsorientierter Forschung, Springer, Berlin 1991, S. 57 - 68

Herrmann, Th.: Loss of Situative Context and its Relevance for Computer Mediated Communication and Cooperation. In: Clement, A.; Kolm, P.; Wagner, I. (eds): NetWORKing: Connecting Workers in and between Organizations, North Holland, Amsterdam 1994, S. 87 - 97

Herrmann, Th.: Grundsätze ergonomischer Gestaltung von Groupware. In: Hartmann, A.; Herrmann, Th.; Rohde, M.; Wulf, V. (Hrsg.): Menschengerechte Groupware - Software-ergonomische Gestaltung und partizipative Umsetzung, Teubner, Stuttgart 1994, S. 65 -108

Herrmann, Th.; Heß, K.; Meise, K.: Die Verformung von Kommunikationsstrukturen durch ISDN. In: Kitzing, R.; Linder-Kostka, U.; Obermaier, F.(Hrsg.): Schöne neue Computerwelt, Berlin 1988, S. 62 ff.

Herrmann, Th.; Maaß, S.; Paetau, M.: Protokoll der Arbeitsgruppe "Software-Ergonomie und vernetzte Systeme". In: Herrmann, Th. (Hrsg.): Beiträge des Bereichs Informatik und Gesellschaft 1987/88, Forschungsbericht Nr. 266 der Universität Dortmund, Dortmund 1989, S. 46 - 56

Herrmann, Th.; Wulf, V.: Entwicklung von Gestaltungsanforderungen bei vernetzten Systemen. In: Ergonomie und Informatik, Nr. 13, Juli 1991, S. 45 - 47

Herrmann, Th.; Wulf, V.; Hartmann, A.: Kriterien zur software-ergonomischen Gestaltung von Groupware. In: Müller, W.; Senghaas-Knobloch, E. (Hrsg.): Arbeitsorientierte Technikbewertung und Softwaregestaltung - Leitbilder, Methoden und Werkzeuge, Lit, Münster, Hamburg 1993, S. 193 - 211

Herrmann, Th.; Just, K.: Anpaßbarkeit und Aushandelbarkeit als Brücke von der Software-Ergonomie zur Organisationsentwicklung. In: Hasenkamp, U. (Hrsg.): Einführung von CSCW-Systemen in Organisationen, Vieweg, Braunschweig u.a. 1994, S. 89 - 109

Herrmann, Th., Wulf, V. and Hartmann, A.: Requirements for a human centred design of Groupware. In: Shapiro, D.; Tauber, M.; Traunmüller, R. (eds): Design of Computer Supported Cooperative Work and Groupware Systems, North Holland, Amsterdam 1996, S. 77 - 99

Hesse, W.; Welz, F.: Projektmanagement für evolutionäre Software-Entwicklung. In: Information Management, 3/1994, S. 20 - 32

Hilpert, W.: The Architecture Concept for an Integrated Workflow Management Environment. In: Fachberichte des Fachbereichs 5 der Universität Paderborn, Paderborn 1993

Höller, H.: Kommunikationssysteme - Normung und soziale Akzeptanz, Braunschweig u.a. 1993

Höller, H.: Anforderungskonflikte bei infrastrukturellen Kommunikationssystemen. In: Hartmann, A.; Herrmann, Th.; Rohde, M.; Wulf, V. (Hrsg.): Menschengerechte Groupware - Software-ergonomische Gestaltung und partizipative Umsetzung, Teubner, Stuttgart 1994, S. 215 - 236

Höller, H.; Kubicek, H.: Leistungsmerkmale moderner Telefonnebenstellenanlagen, hrsg. v.: Technologieberatungsstelle beim DGB-Landesbezirk Hessen, Frankfurt 1989

Höller, H.; Kubicek, H.: Angemessener Technikeinsatz zur Unterstützung selbststeuernder Arbeitsgruppen in der Verwaltung. In: Forschungsberichte des Studiengangs Informatik der Universität Bremen, Bremen 1/1990

IBM: PROFS Professional Office System Bedienerhandbuch, hrsg. v.: IBM, MS NLS Bürokommunikation, 2066, o. O. 1985

ISDNreport: EURO-ISDN-Einführung. In: ISDNreport, Nr. 1, Januar 1993, S. 2 - 7

ISO 9241: Ergonomic requirements for office work with visual display terminals (VDTs) Part 10: Dialogue Principles, 1st DIS, February 2, 1993

Ihlow, O.: Computergestützte Telekommunikation: Technologie, Einführung und Anwendungen. In: net 45. Jg., Nr. 9, 1991, S. 349 - 353

Jablonski, S.; Barthel, S.; Kirsche, Th.; Rödinger, T.; Schuster, H.; Wedekind, H.: Datenbankunterstützung für kooperative Gruppenarbeit. In: Informationstechnik und Technische Informatik (it + ti), Februar 1993, S. 34 - 44

Jacobson, I.: Object-Oriented Software Enegineering: A Use Case Driven Approach, Addison Wesley, Reading 1992

Jakob, Th.: Fehlende Verbindung hergestellt - Synergieeffekte bei der EDV-TK-Anlagenkopplung. In: net, 46. Jg., Nr. 10, 1992, S. 504 - 506

Jakobs, S.: Von aktionsorientiertem zu entscheidungsorientiertem Workflow. In: Kirn, S.; Unland, R. (Hrsg.): Arbeitsberichte des Instituts für Wirtschaftsinformatik der Universität Münster – Proceedings des Workshops "Unterstützung Organisatorischer Prozesse durch CSCW", Münster 1993, S. 1 - 11

Jakobs, S.: Methodenorientierte Entwicklung von CSCW. In: Hasenkamp, U. (Hrsg.): Einführung von CSCW-Systemen in Organisationen, Braunschweig u.a. 1994, S. 47 - 67

Jansen, K.: Die CIT-Philosophie bei Ericson. In: EWI (Hrsg.): ISDN-Congress, Nr. 6, 1990, S. 191 - 208

Jensen, K.: Coloured Petri Nets and the Invariant-Method. In: Theoretical Computer Science, Vol. 14, 1981, S. 317 - 336

Jensen, K.: Coloured Petri Nets. In: Brauer, W.; Reisig, W.; Rozenberg, G.: Petri Nets: Central Models and Their Properties, Lecture Notes in Computer Science, No. 254, Springer, Heidelberg u.a. 1987, S. 248 - 299

Johansen, R.: Current User Approaches to Groupware. In: Johansen, Robert (Hrsg.): Groupware, Freepress, New York 1988, S. 12 - 44

Kahler, H.: Von der Empirie zur Gestaltungsanforderung - Beispiele für den Einfluß explorativer Empirie auf die Entwicklung von Gestaltungsanforderungen für Groupware. In: Hartmann, A.; Herrmann, Th.; Rohde, M.; Wulf, V. (Hrsg.): Menschengerechte Groupware - Software-ergonomische Gestaltung und partizipative Umsetzung, Teubner, Stuttgart 1994, S. 109 -124

Kaplan, S. M.; Talone, W. J.; Bogia, D. P.; Bignoli, C: Flexible, Active Support for Collaborative Work with Conversation Builder. In: CSCW '92. Sharing Perspectives, Proceedings of the Conference on Computer-Supported Cooperative Work, ACM Press, New York 1992, S. 378 - 385

Karbe, B.: Flexible Vorgangssteuerung mit ProMInanD. In: Hasenkamp, U.; Kirn, S.; Syring, M. (Hrsg.): CSCW – Computer Supported Cooperative Work, Bonn u.a. 1994, S. 117 - 134

Karbe, B.; Ramsperger, N.: Wirklichkeitsgerechte Koordinierung kooperativer Bürovorgänge. In: Friedrich, J.; Rödiger, K.-H. (Hrsg.): Computergestützte Gruppenarbeit (CSCW), Teubner, Stuttgart 1991, S. 207 - 220

Kieser, Alfred; Kubicek, Herbert: Organisation, 2. Aufl., Berlin u.a. 1983

Kilberth, K.; Gryczan, G.; Züllighoven, H: Objektorientierte Anwendungsentwicklung - Konzepte, Strategien, Erfahrungen, Vieweg, Braunschweig u.a. 1993

Kirsche, Th.: Eine Datenanfragesprache für den praktischen Umgang mit vorläufigen Daten in und zwischen eng kooperierenden Gruppen. In: Stucky, W.; Oberweis, A. (Hrsg.): Datenbanksysteme in Büro, Technik und Wissenschaft, Springer Verlag, Berlin u. a. 1993, S. 196 - 205

Klein, L.; Rohde, M.: Der Szenariobogen - Herleitung und Evaluation software-ergonomischer Gestaltungsanforderungen. In: Hartmann, A.; Herrmann, Th.; Rohde, M.; Wulf, V. (Hrsg.): Menschengerechte Groupware - Software-ergonomische Gestaltung und partizipative Umsetzung, Teubner, Stuttgart 1994, S. 173 - 194

Klotz, U.: Vom Taylorismus zur Objektorientierung. In: Scharfenberg, H. (Hrsg.): Strukturwandel in Management und Organisation, FBO, Baden-Baden 1993, S. 161 - 199

Koch, M.; Reiterer, H.; Tjoa, A M.: Software-Ergonomie, Wien u. a. 1991

Kreifelts, Th.: DOMINO: Ein System zur Abwicklung arbeitsteiliger Vorgänge im Büro. In: Angewandte Informatik, Nr. 4, 1984, S. 137 - 146

Kreifelts, Th.; Hinrichs, E.; Klein, K.-H.; Seuffert, P.; Woetzel, G.: Experiences with the DOMINO-Procedure System. In: Bannon, L.; Robinson, M.; Schmidt, K. (eds): Proceedings of the Second European Conference on Computer Supported Cooperative Work, Kluver, Dordrecht 1991, S. 117 - 130

Kreifelts, Thomas; Hinrichs, E.; Klein, K.-H.; Seuffert, P.; Woetzel, G.: Erfahrungen mit dem Bürovorgangssystem Domino. In: Friedrich, Jürgen; Rödiger, Karl-Heinz (Hrsg.): Computergestützte Gruppenarbeit (CSCW), Stuttgart 1991a, S. 235 - 251

Krysmanski, H. J.: Soziologie des Konflikts, Reinbek 1971

Kubicek, H.: Mikropolis - Mit Computernetzen in die "Informationsgesellschaft", 2. Aufl., VSA, Hamburg 1986

Kubicek, H.: ISDN - der Schnelle Brüter der Kommunikationstechnik. In: Unternehmensbereich Kommunikations- und Datentechnik, Öffentlichkeitsarbeit, Siemens AG (Hrsg.), Aktuelles '88. Meinungen, Gedanken, Bilder, München 1988, S. 41 - 55

Kubicek, H.: ISDN, Privacy und Datenschutz. In: Gabe, D.; Lange, K. (Hrsg.): Technikfolgenabschätzung in der Telekommunikation, Berlin u. a. 1991, S. 71 - 105

Kubicek, H.: Datenschutz bei der Telekommunikation. In: Wechselwirkung, Nr. 58, Dez. 1992, S. 44 - 48

Kubicek, H.; Höller, H.: Teilautonome Arbeitsgruppen als Leitbild für Groupware-Systeme. In: Oberquelle, H. (Hrsg.): Kooperative Arbeit und Computerunterstützung. Stand und Perspektiven, Verlag für angewandte Psychologie, Göttingen u. a. 1991, S. 149 - 174

Kühnen, M.: Die Netzwerkrealisierung beim dm-drogerie markt. In: EWI (Hrsg.): ISDN Congress Nr. 7., Starnberg 1991, S. 111 - 148

Langel-Nentwig, H.: Der Benutzerservice als kritischer Erfolgsfaktor der Bürokommunikation. In: Zeitschrift für Organisation (zfo), Nr. 4, 1991, S. 277 - 279

Lövstrand, L.: Being Selectively Aware with the Khronika System. In: Bannon, L.; Robinson, M. and Schmidt, K. (eds): Proceedings of the Second European Conference on CSCW (ECSW '91), Kluwer, Dordrecht 1991, S. 265 - 279

Maaß, S.: Computergestützte Kommunikation und Kooperation. In: Oberquelle, Horst (Hrsg.): Kooperative Arbeit und Computerunterstützung, Stand und Perspektiven, Verlag für angewandte Psychologie, Göttingen u. a., 1991, S. 11 - 36

Malone, Th. W., Grant, K. R.; Lai, K.-Y.; Roa, R.; Rosenblitt, D.: Semistructured Messages are Surprisingly Useful for Computer-Supported Coordination. In: Greif, I. (ed.): CSCW: A Book of Readings, San Mateo 1988, S. 311 - 334

Malone, Th. W.; Fry, Ch.; Lai, K.-Y.: Experiments with Oval: A Radically Tailorable Tool for Cooperative Work. In: CSCW '92. Sharing Perspectives, Proceedings of the Conference on Computer-Supported Cooperative Work, ACM-Press, New York, 1992, S. 289 - 297.

Mark, W.; Dukes-Schlossberger, J.: Cosmos: A System for supporting Engineering Negotiations. In: Concurrent Engineering - Research and Application, Vol. 2, Nr. 3, 1994, S. 173 - 182

Medina-Mora, R.; Winograd, T.; Flores, R.; Flores, F.: The Action Workflow Approach to Workflow Management Technology. In: CSCW '92. Sharing Perspectives. Proceedings of the Conference on Computer-Supported Cooperative Work, New York, ACM Press 1992, S. 281 - 288

Mørch, A.: Three Levels of End-user Tailoring: Customization, Integration and Extension. In: Proceedings of the Third Decennial Conference on Computers in Context: Joining Forces in Design, Aarhus 14. - 18.8.1995, Aarhus University, Department of Computer Science 1995, S. 157 - 166

Müller, A.: Der PC als Bürokommunikationssystem im ISDN-Netz. In: EWI (Hrsg.): ISDN Congress Nr. 6., Starnberg 1990, S. 371 - 384

Murnighan, K. J.; Conlon, D. E.: The Dynamics of Intense Work Groups: A Study of British String Quartetts. In: Administrative Science Quarterly, 36. Jg., 1991, S. 165 - 186

Nake, F.: Software-Ergonomie bei Büro-Kommunikations-Systemen, Werkstattbericht des Forschungsprogramms "Sozialverträgliche Technikgestaltung", Nr. 49, MAGS, Düsseldorf 1987

Narayanaswamy, K.; Goldman, Neil: "Lazy" Consistency: A Basis for Cooperative Software Development. In: CSCW '92. Sharing Perspectives. Proceedings of the Conference on Computer-Supported Cooperative Work, New York 1992, S. 257 - 264

Nardi, B. A.: A Small Matter of Programming - Perspectives on end user computing, MIT-Press, Cambridge et al. 1993

Noam, E. M.: Privacy bei Telekommunikationsdiensten. In: Kubicek, H. (Hrsg.): Telekommunikation und Gesellschaft - Kritisches Jahrbuch der Telekommunikation, C. F. Müller, Karlsruhe 1991, S. 112 - 135

Nullmeier, E.: Gestaltung rechnerunterstützter Arbeitsplätze in Büro und Verwaltung. In: Nullmeier, E., Rödiger, K.-H. (Hrsg.): Dialogsysteme in der Arbeitswelt, Mannheim 1988, S. 109 - 121

Oberquelle, H.: Kooperative Arbeit und menschengerechte Groupware als Herausforderung für die Software-Ergonomie. In: Oberquelle, H. (Hrsg.): Kooperative Arbeit und Computerunterstützung, VAP, Göttingen 1991, S. 1 - 10

Oberquelle, H.: CSCW- und Groupware-Kritik. In: Oberquelle, H. (Hrsg.): Kooperative Arbeit und Computerunterstützung, VAP, Göttingen 1991a, S. 37 - 61

Oberquelle, H.: Anpaßbarkeit von Groupware als Basis für die dynamische Gestaltung von computergestützter Gruppenarbeit. In: Konradt, U.; Drisis, L.: Benutzeroberflächen in der teilautonomen Arbeit, Köln 1993, S. 37 - 54

Oberquelle, H.: Situationsbedingte und benutzerorientierte Anpaßbarkeit von Groupware. In: Hartmann, A.; Herrmann, Th.; Rohde, M.; Wulf, V. (Hrsg.): Menschengerechte Groupware - Software-ergonomische Gestaltung und partizipative Umsetzung, Teubner, Stuttgart 1994, S. 31 - 50

Olson, G. M.; McGuffin, L. G.; Kuwana, E.; Olson, J. S.: Designing Software for a Group's Needs: A Functional Analysis of Synchronous Groupware. In: Bass, G.; Dewan, P.(eds): User Interface Software, John Wiley, Chichester u.a. 1993

Oppermann, R.: Individualisierte Systemnutzung. In: Paul, M. (Hrsg.): Proceedings der 19. GI-Jahrestagung, Band 1, Springer, Heidelberg u. a. 1989, S. 131 - 145

Oppermann, R.: Adaptability: User-Initiated Individualization. In: Oppermann, R. (ed.): Adaptive User Support - Ergonomic Design of Manually and Automatically Adaptable Software, Lawrence Earlbaum, Hillsdale, N.J. 1994, S. 13 - 59

Oppermann, R.; Muchner, B.; Paetau, M.; Piper, M.; Simm, H.; Stellmacher, I.: Evaluation von Dialogsystemen - Der software-ergonomische Leitfaden EVADIS, De Gruyter, Berlin u. a. 1988

Oppermann, R.; Marchner, B.; Reiterer, H. und Koch, M.: Software-ergonomische Evaluation - Der EVADIS II Leitfaden, De Gruyter, Berlin 1992

Paetau, M.: Kooperative Konfiguration - Ein Konzept zur Systemanpassung an die Dynamik kooperativer Arbeit. In: Friedrich, Jürgen; Rödiger, Karl-Heinz (Hrsg.): Computergestützte Gruppenarbeit (CSCW), Stuttgart 1991, S. 137 - 152

Paetau, M.: Konfigurative Technik und die Dynamik sozialer Systeme - ein Überblick über die Gestaltungsproblematik und ein Lösungsvorschlag. In: Müller, W.; Senghaas-Knobloch, E. (Hrsg.): Arbeitsorientierte Technikbewertung und Softwaregestaltung - Leitbilder, Methoden und Werkzeuge. Münster u. a. 1993, S. 149 - 180

Paetau, M.: Komplexität, Differenziertheit und Dynamik als strategische Probleme der Innovationswirksamkeit der Informatik. In: GMD-Spiegel, 24. Jg., 3/1994, S. 13 - 19

Pfeifer, A.: Spezifikation und Modellierung von Metafunktionen in Groupware, Diplomarbeit am Institut für Informatik der Universität Bonn, Bonn 1994

Pfeifer, A.; Lehner, K.; Kahler, H.; Berse, H.: Eine aktive objektorientierte Datenbank zur Unterstützung kooperativer Arbeitsprozesse in Design Umgebungen. In: Cremers, A. B.; Kahler, H.; Lehner, K. (Hrsg.): KI-NRW Summary 93 - 94, Institut für Informatik III, Bonn 1994, S. 20 - 25

Pfeifer, A.; Wulf, V.: Negotiability as a Strategy for Conflict Management. In: Proceedings of the Workshop on Concurrent/Simultaneous Engineering, 5.4 - 7.4. 1995 in Lissabon (Portugal), S. 333 - 343

Piepenburg, U.: Ein Konzept zur Kooperation und die technische Unterstützung kooperativer Prozesse in Bürobereichen. In: Friedrich, J.; Rödiger, K.-H. (Hrsg.): Computergestützte Gruppenarbeit (CSCW), Stuttgart 1991, S. 79 - 94

Podlech, A.: Unter welchen Bedingungen sind neue Informationssysteme gesellschaftlich akzeptabel? In: Steinmüller, W. (Hrsg.): Verdatet und Vernetzt, Frankfurt 1988, S. 118 ff.

Pondy, L. R.: Organizational Conflicts: Concepts and Methods. In: Administrative Quarterly, Vol. 12, 1967, S. 296 - 320

Pondy, L. R.: Varieties of organizational Conflicts. In: Administrative Quarterly, Vol. 14, 1969, S. 499 - 506

Popitz, H.; Bardt, H.P.; Jüres, E.A.; Kesting, A.: Technik und Industriearbeit - Soziologische Untersuchungen in der Hüttenindustrie, Tübingen 1957

Pordesch, U.: Rechtsgemäße Gestaltung von Signaturverfahren am Beispiel von Formularsystemen, provet-Arbeitspapier 108, Darmstadt, März 1993

Pordesch, U.: Rechtliche und softwareergonomische Gestaltungsanforderungen. In: Hartmann, A.; Herrmann, Th.; Rohde, M.; Wulf, V. (Hrsg.): Menschengerechte Groupware - Software-ergonomische Gestaltung und partizipative Umsetzung, Teubner, Stuttgart 1994, S. 195 - 214

Pordesch, U.; Hammer, V.; Roßnagel, A.: Prüfung des rechtsgemäßen Betriebs von ISDN-Anlagen, Vieweg, Braunschweig 1991

Reinhardt, A.: Smarter E-Mail is Coming. In: Byte, Nr. 6, 1993, S. 90 - 107

Reisig, W.: Petrinetze – Eine Einführung, Springer, Berlin u.a. 1991

Resnick, P.: HyperVoice: A Phone-Based CSCW Platform. In: Computer-Supported Cooperated Work '92. Sharing Perspectives. Proceedings of the Conference on Computer-Supported Cooperative Work, ACM Press, New York 1992, S. 218 - 225

Robinson, M.: Design for an anticipated use ... In: de Michaelis, G.; Simone, C.; Schmidt, K. (eds): Proceedings of the Third European Conference on Computer Supported Cooperative Work - ECSCW '93, Kluwer, Dordrecht u. a. 1993, S. 187 - 202

Rodden, T.; Mariani, J.A.; Blair, G.: Supporting Cooperative Applications. In: Computer Supported Cooperative Work (CSCW), Vol. 1, 1992, S. 41 - 67

Rodden, T.; Blair, G.: Computer-Supported Cooperated Work and Distributed Systems: The Problem of Control. In: Bannon, L.; Robinson, M.; Schmidt, K. (eds): Proceedings of the Second European Conference on Computer-Supported Cooperative Work, Kluwer, Dordrecht 1991, S. 49 - 64

Rohde, M.: Evaluationsstudie zum Konzept gestufter Metafunktionen. In: Hartmann, A.; Herrmann, Th.; Rohde, M.; Wulf, V. (Hrsg.): Menschengerechte Groupware - Software-ergonomische Gestaltung und partizipative Umsetzung, Teubner, Stuttgart 1994, S. 151 - 172

Rohde, M.: The Scenarionnaire - Empirical Evaluation of Software-ergonomical Requirements for Groupware. In: Anzai, Y.; Ogawa, K.; Mori, H. (eds): Symbiosis of Human and Artifact - Future Computing and Design for Human-Computer Interaction, Elsevier, Amsterdam 1995, S. 333 - 339

Rohde, M.; Wulf, V.: Introducing a Telecooperative CAD-System – The Concept of Integrated Organization and Technology Development. In: Anzai, Y.; Ogawa, K.; Mori, H. (eds): Symbiosis of Human and Artifact - Future Computing and Design for Human-Computer Interaction, Elsevier, Amsterdam 1995, S. 787 - 792

Rohde, M.; Wulf, V.: An Early Evaluation of Technical Mechanisms Supporting Negotiations in Groupware; in: Proceedings of the Second International Conference on the Design of Cooperative Systems (COOP'96), 12. - 14.6.1996 in Juan les Pins, INRIA, Sophia Antipolis 1996, S. 281 - 297

Rohde, M; Pfeifer, A.; Wulf, V.: Konfliktmanagement bei Vorgangsbearbeitungssystemen. In: WIRTSCHAFTSINFORMATIK, 38. Jg., Nr. 2, 1996, S. 199 - 209

Roßnagel, A.: Das Recht auf (tele-)kommunikative Selbstbestimmung. In: Kritische Justiz, 23. Jg., 1990, S. 267 - 289

Roßnagel, A.: Vom informationellen zum kommunikativen Selbstbestimmungsrecht. In: Kubicek, H. (Hrsg.): Telekommunikation und Gesellschaft, Karlsruhe 1991, S. 86 - 111.

Rothe, G.: Kundenfreundliche Anlageberatung durch Kombination von Telefon und Computer. In: Bank und Markt 5/91 (Sonderdruck), o. S.

Rumbaugh, J.; Blaha, M.; Premerlani, W.; Eddy, F.; Lorensen, W.: Object-Oriented Modeling and Design Prentice-Hall, Eaglewood Cliffs 1991

Rüttinger, B.: Konflikt und Konfliktlösen, München 1980

Schäl, T.: System design for cooperative work in the language action perspective - A case study. In: Shapiro, D.; Tauber, M.; Traunmüller, R. (eds): Design of Computer Supported Cooperative Work and Groupware Systems, North Holland, Amsterdam 1996, S. 349 - 368

Schäl, T.: Workflow Management Technology for Process Organizations, Dissertation an der Fakultät für Maschinenwesen der RWTH Aachen, Aachen 1995

Scherer, J.: Rechtsprobleme des Datenschutzes bei den "Neuen Medien", Düsseldorf 1988

Schlüter, H.: ISDN-fähige Kommunikationsanlagen, Heidelberg 1987.

Schmandt, Ch.; Arons, B.: A conversational Telephone Messaging System. In: IEEE Transactions on Consumer Electronics, 30. Jg., No. 3, 1984, S. 21 - 24

Schmidt, K.: Riding a Tiger or Computer Supported Cooperative Work. In: Bannon, L.; Robinson, M.; Schmidt, K. (eds): Proceedings of the Second European Conference on Computer Supported Cooperative Work, Amsterdam 1991, S. 1 - 16

Schmidt, K.; Rodden, T.: Putting it all together: Requirements for a CSCW platform. In: Shapiro, D.; Tauber, M.; Traunmüller, R. (eds): Design of Computer Supported Cooperative Work and Groupware Systems, North Holland, Amsterdam 1996, S. 157 - 176

Shen, H.H.; Dewan, P. : Access Control for Collaborative Environments. In: Computer-Supported Cooperated Work '92, Sharing Perspectives, Proceedings of the Conference on Computer-Supported Cooperative Work, ACM Press, New York 1992, S. 51 - 58

Shepherd, A.; Mayer, N.; Kuchinsky, A.: Strudel - An Extensible Electronic Conversation Toolkid. In: Computer-Supported Cooperated Work '90. Proceedings of the Conference on Computer-Supported Cooperative Work, ACM Press, New York 1990, S. 93 - 104

Simitis, S.: Die informationelle Selbstbestimmung. In: NJW, 1984, S. 398 - 407

Sohlenkamp, M; Chwelos, G.: Integrating Communication, Cooperation, and Awareness: The DIVA Virtual Office Environment. In: Transcending Boundaries – Proceedings of the Conference on Computer-Supported Cooperative Work, ACM Press, New York 1994, S. 331 - 343

Stefik, M.; Foster, G.; Bobrow, D. G.; Kahn, K.; Lanning, S.; Suchman, L.: Beyond the Chalkboard: Computer Support for Collaboration and Problem Solving in Meetings. In: I. Greif (ed.), Computer-Supported Cooperative Work: A Book of Readings, Morgan-Kaufmann Publisher, San Mateo 1988, 335 - 366

Suchmann, L.: Do Categories have Politics? The Language/Action Perspective Reconsidered. In: de Michelis, G.; Simone C.; Schmidt, K. (eds): Proceedings of the Third Conference on Computer Supported Cooperative Work - ECSCW '93, Kluwer, Dordrecht 1993, S. 1 - 14

Trevor, J.; Rodden, T.; Blair, G.: COLA: a Lightweight Platform for CSCW. In: de Michelis, G.; Simone, C.; Schmidt, K. (eds): Proceedings of the Third European Conference on Computer-Supported Cooperative Work ECSCW'93, Kluwer, Dordrecht et al. 1993, S. 15 - 30

Thierbach, H.: TeleConnect - eine Voice-Applikation im CIT-Konzept. In: unix/mail Nr. 4, 1991, S. 236 - 239

Thompson, J. D.: Organizations in Action, New York u.a. 1967

Trigg, R.H.; Moran, T.P.; Halasz, F.G.: Adaptability and tailorability in Note Cards. In: Bullinger, H.J., Shackel, B. (eds): Herman-Computer Interaction - INTERACT '87, Elsevier, Amsterdam, 1987, S. 723 - 728

Turoff, M.; Foster, J.; Hiltz, S. R.; Kenneth, N.: The TEIES Design and Objectives: Computer Mediated Communications and Tailorability. In: Proceedings of the 22nd Annual Hawaii International Conference on System Sciences, IEEE Computer Society, 1989, S. 403 - 411

Ulich, E.: Über das Prinzip der differentiellen Arbeitsgestaltung. In: Industrielle Organisation, 47. Jg., Nr. 12, 1978, S. 566 - 568

Ulich, E.: Arbeitspsychologische Konzepte und neue Technologien. In: Organisationsentwicklung, 3. Jg., 1984, S. 53 - 65

Ulich, E.: Arbeitspsychologie; 2. Auflage, Poeschel, Stuttgart 1992

Veit, R.: IBM-Lösungen für Telefon/Daten Integration. In: EWI (Hrsg.): ISDN-Congress, Nr. 6, 1990, S. 161 - 183

Veit, R.: IBM-Lösungen für integrierte Vorgangsverarbeitung durch Telefon/Datenintegration. In: Unterlagen zum Symposium IV-2 (Offene Bürokommunikation in IBM-Umgebung: Strategien Konzepte, Produkte) der Online '91-Messe, 4. - 8.2.1991 in Hamburg

Verein Deutscher Ingenieure (VDI) - Richtlinien: Bürokommunikation. Software-Ergonomie in der Bürokommunikation, Düsseldorf 1988

Viller, S.: The Group Facilitator: A CSCW Perspective. In: Bannon, L.; Robinson, M.; Schmidt, K. (eds): Proceedings of the Second European Conference on Computer Supported Cooperative Work, Amsterdam 1991, S. 81 - 96

Volpert, W.: Welche Arbeit ist gut für den Menschen? Notizen zum Thema Menschenbild und Arbeitsgestaltung. In: Frei, F.; Udris, I. (Hrsg.): Das Bild der Arbeit, Huber, Bern 1990, S. 23 - 40

Walz, S.: Das neue Bundesdatenschutzgesetz. In: CR, Nr. 6, 1991, S. 364 - 369

Waern, Y.; Malmsten, N.; Oesterreicher, L.; Hjalmarsson, A.; Gidlöf-Gunnarsson, A.: Office automation and users' need for support. In: Behaviour & Information Technology, Vol. 10, No. 6, 1991, S. 501 - 514

Wagner, M. P.: Automatisches Büro – Arbeitsgruppenmanagement mit WordPerfect Office 4.0. In: c't, Nr. 7, 1993, S. 112 - 116

Warnecke, H.-J.: Die Revolution in der Unternehmenskultur, Springer, Heidelberg u.a. 1993

Weber, W.; Ulich, E.: Psychological Criteria for the Evaluation of Different Forms of Group Work in Advanced Manufacturing Systems. In: Salvendy, G., Smith, M.J. (eds): Human-Computer Interaction: Applications and Case Studies, Elsevier, Amsterdam u. a. 1993, S. 26 - 31

Winograd, T.: A Language / Action Perspective on the Design of Cooperative Work. In: Greif, Irene (ed.): CSCW: A Book of Readings, San Mateo 1988, S. 311 - 334

Winograd, T.; Flores, F.: Understanding Computers and Cognition, 3. Aufl., Addison - Wesley, Norwood, NJ 1988

Wiswede, G.: Rollentheorie, Kohlhammer, Stuttgart u.a. 1977

Wölm, J.: Computerunterstützte Gruppenarbeit im Büro - Ein Schritt zur Humanisierung der Arbeit. In: Fachberichte des Fachbereichs Informatik, Nr. 193, Hamburg 1991

Womack, J. P.; Jones, D. P; Roos, D.: Die zweite Revolution in der Autoindustrie, Frankfurt/New York 1992

Wulf, V.: Klassifizierung benutzungsrelevanter Aspekte asynchroner Groupware. In: Rödiger, K.-H. (Hrsg.): Software-Ergonomie '93, Teubner, Stuttgart 1993, S. 275 - 290

Wulf, V.: Gestaltungshinweise für die Computerunterstützung teilautonomer Arbeitsgruppen im Büro. In: Konradt, U.; Drisis, L.: Benutzeroberflächen in der teilautonomen Arbeit. Leske und Budrich, Köln 1993a, S. 55 - 77

Wulf, V.: Negotiability: A Metafunction to Support Personalizable Groupware. In: Salvendy, G., Smith, M.J. (eds): Human-Computer Interaction - Software and Hardware Interfaces, Elsevier, Amsterdam u. a. 1993b, S. 985 - 990

Wulf, V.: Das Konzept gestufter Metafunktionen - ein Mittel zur Moderation von Konflikten in Groupware. In: Hartmann, A.; Herrmann, T.; Rohde, M.; Wulf, V. (Hrsg.): Menschengerechte Groupware - software-ergonomische Gestaltung und partizipative Umsetzung, Teubner, Stuttgart u. a. 1994, S. 125 - 150

Wulf, V.: Anpaßbarkeit im Prozeß evolutionärer Systementwicklung. In: GMD-Spiegel, 24. Jg., 3/1994a, S. 41 - 46

Wulf, V.: Mechanisms for Conflict Management in Groupware. In: Anzai, Y.; Ogawa, K.; Mori, H. (eds): Symbiosis of Human and Artifact - Future Computing and Design for Human-Computer Interaction, Elsevier, Amsterdam 1995, S. 379 - 385

Wulf, V.: Negotiability: A Metafunction to Tailor Access to Data in Groupware. In: Behaviour & Information Technology, 14. Vol., No 3, 1995a , S. 143 - 151

Wulf, V.: On Conflicts and Negotiation in Multi–User Applications; in: Kent, A.; Williams, J. G. (eds): Encyclopedia of Microcomputers, Dekker, New York et al., 1997 (im Druck)

Wulf, V.; Fuchs, P.: Läßt sich CAD-Arbeit menschengerecht gestalten?. In: CIM Management 2/1990, S. 57-63

Wulf, V.; Pordesch, U. : Datenschutzprobleme bei computer-integrierter Telefonie. In: Datenschutz und Datensicherheit 8/1993, S. 438 - 446

Wulf, V.; Hartmann, A.: The Ambivalence of Network's Visibility in an Organizational Context. In: Clement, A.; Kolm, P.; Wagner, I. (eds): NetWORKing: Connecting Workers in and between Organizations, North Holland, Amsterdam 1994, S. 143 - 152

Wulf, V.; Rohde, M.: Towards an Integrated Organization and Technology Development. In: Proceedings of the Symposium on Designing Interactive Systems, Ann Arbor (MI), 23. - 25.8.1995, ACM-Press, New York 1995, S. 55 - 64

Wulf, V.; Rohde, M.: Reducing Conflicts in Groupware: Metafunctions and their Empirical Evaluation. In: International Journal on Behaviour and Information Technology, Vol. 15, No. 6, 1996, S. 339 - 351

Unternehmenserfolg mit EDI

Strategie und Realisierung
des elektronischen Datenaustausches

von Markus Deutsch

1995. VIII, 260 Seiten.
(Zielorientiertes Business-Computing; hrsg. von Stephen Fedtke)
Gebunden.
ISBN 3-528-05440-9

Aus dem Inhalt: Strategische Bedeutung des elektronischen Datenaustausches (EDI) - Integration von EDI in Unternehmensabläufe - Re-
Engineering durch EDI - Übertragungswege - Nachrichtentypen - Gestaltung eines Projektes zur Einführung von EDI: Vorbereitung, Durchführung,
Nachbereitung - Erfahrungsberichte aus Firmen- und Branchenprojekten.

Das Buch spannt einen Bogen von der Einführung in die Denkweise des
elektronischen Datenaustausches (EDI) bis hin zu einer Präsentation der
momentanen Einsatzgebiete. Den Schwerpunkt bildet die Gestaltung eines Projektes zur Einführung von EDI im Unternehmen, unabhängig von
Branche und Firmengröße. Die Praxisbeispiele und Erfahrungsberichte
machen das Buch zu einer leicht verdaulichen Lektüre und Arbeitshilfe, in
der die Leser ihre eigenen Problemstellungen wiederfinden können. Mit
einer Vielzahl von Checklisten und Erfassungsbögen liefert das Buch einen idealen Begleiter, der weit über die Einführungsphase von EDI hin-
ausreicht.

Verlag Vieweg · Postfach 1547 · 65005 Wiesbaden · Fax (0611) 78 78-420